JN274875

IAN STEWART
イアン・スチュアートの数学物語
THE STORY OF MATHEMATICS

無限をつかむ
TAMING THE INFINITE

イアン・スチュアート 著
沼田 寛 訳

近代科学社

◆ 読者の皆さまへ ◆

小社の出版物をご愛読くださいまして，まことに有り難うございます．

おかげさまで，(株)近代科学社は1959年の創立以来，2009年をもって50周年を迎えることができました．これも，ひとえに皆さまの温かいご支援の賜物と存じ，衷心より御礼申し上げます．

この機に小社では，全出版物に対してUD（ユニバーサル・デザイン）を基本コンセプトに掲げ，そのユーザビリティ性の追究を徹底してまいる所存でおります．

本書を通じまして何かお気づきの事柄がございましたら，ぜひ以下の「お問合せ先」までご一報くださいますようお願いいたします．

お問合せ先：reader@kindaikagaku.co.jp

なお，本書の制作には，以下が各プロセスに関与いたしました：

・企画：冨髙琢磨
・編集：冨髙琢磨，石井沙知，高山哲司
・組版：DTP（InDesign）／藤原印刷
・印刷：藤原印刷
・製本：藤原印刷
・資材管理：藤原印刷
・カバー・表紙デザイン：藤原印刷
・広報宣伝・営業：冨髙琢磨，山口幸治

TAMING THE INFINITE: THE STORY OF
MATHEMATICS by Ian Stewart
Copyright © Joat Enterprises 2008
Japanese translation published by arrangement with
Quercus Publishing Plc through The English Agency
(Japan) Ltd.

・本書の複製権・翻訳権・譲渡権は株式会社近代科学社が保有します．
・ JCOPY 〈(社)出版者著作権管理機構 委託出版物〉
本書の無断複写は著作権法上での例外を除き禁じられています．
複写される場合は，そのつど事前に(社)出版者著作権管理機構
（電話 03-3513-6969，FAX 03-3513-6979，e-mail：info@jcopy.co.jp）の
許諾を得てください．

まえがき

　数学は，完全にまとまった形で，いきなり出現したわけではない．文化も言語も多様に異なる，数多くの人たちの努力の積み重ねのなかから育ってきたものだ．現在でも使われている数学的アイデアのいくつかは，4000年前にまで遡(さかのぼ)る．

　人類史上の発明・発見の多くは，つかの間の脚光を浴びては，背景に退く．たとえば，新王国時代の古代エジプトで戦闘用馬車の車輪デザインは非常に重要なものだったが，現在では最先端の技術と呼ぶわけにはゆかない．これに対し，数学の成果はしばしば永続的だ．いちど数学的な発見が行われると，それは誰にでも使えるものとなってゆくし，発見された内容は独自の生命を帯び始める．すぐれた数学的アイデアは，姿を大きく変えて現れることはあっても，時代遅れになってしまうことは，まずない．古代バビロニアで発見された方程式の解法は，今でも使われている．もちろん私たちは彼らの表記法で解法を使うわけではないが，歴史的なつながりは疑う余地がない．じつは，学校で現在教えられている数学は，ほとんどが200年以上前のものである．1960年代から始まった数学カリキュラムの「現代化」によって，ようやく19世紀の数学が入ってきた．しかし，このような外観にもかかわらず，数学が同じ状態に止まっているわけではない．現在も新しい数学がどんどん作られており，毎週生み出される新しい数学の分量は，古代バビロニア2000年間での数学の産出を上回ると言っていい．

　人類文明の興隆と数学の興隆は，互いに手に手をたずさえて進んできた．古代ギリシャからアラブ，ヒンドゥーの世界で三角法が発見されなかったとしたら，大航海時代の偉大な航海者たちが大陸間航路を開く冒険は，ずっと危険なものになっていただろう．中国からヨーロッパに至る交易航路でも，インドネシアから南北アメリカに至る航路でも，数学の見えざる糸に導かれて進むことができたのだ．現在の社会は，数学の助けなしには全く機能しないだろう．テレビから携帯電話，大型ジェット旅客機，衛星GPS利用のカーナビ，列車ダイヤの制御から医療用CTスキャナーに至るまで，ことごとく数学的な考え方と手法によって支えられている．これらの技術に活用されている数学は，何千年も前から知られている場合もあれば，先週発見された数学的知識がさっそく活用されたという場合だってある．でも，最新テクノロジーの驚異の舞台裏で数学が働いていることに，私たちの大部分は気づくことすらない．

　これは，ちょっと不幸なことだ．最新テクノロジーをただ魔法のように思い，その魔法がどんどん新しい奇蹟を生み出してくれると期待するのが，私たちの習慣に

なってしまう．その一方で，こうした態度はごく自然なものである．私たちは，科学技術の奇蹟を享受するとき，可能な限り簡単に何も考えずに使いたいと思うからだ．テクノロジーの利用者たちにとって，その驚異を可能にしている舞台裏の細かい仕掛けは，たぶん不必要な情報であり，いちいち知らなくても恩恵にあずかれるほうがいい．もし航空機に搭乗する前に乗客が三角関数についての試験に合格しなければならないとしたら，ごく一部の人しかフライトできないという馬鹿げたことになってしまう．二酸化炭素の排出量を減らすことにはなるかもしれないが，人々を地域性に縛られた偏狭な世界に閉じ込めてしまう．

　本書は数学の歴史をテーマにしたものだが，最初に断っておくと，本当にまとまった数学の通史を書くことは事実上不可能である．数学の諸分野は現在ではとてつもなく多岐にわたり，極度に込み入っていて，かつテクニカルになっている．完全な通史を書くのは誰にも不可能だという事実は措くとしても，専門家でもまともに読めるものになるとは考えにくいのだ．モリス・クライン (Morris Kline) の画期的な著書『古代から現代までの数学的思考』(*Mathematical Thought from Ancient to Modern Times*) などは，いい線をいっているほうだが，細かい活字で 1200 ページを超える．それに，残念なことに，この大作からは最近 100 年の数学で起こったことは，ほとんどすべて除外されてしまっている．

　この本は，それよりはずっと短い．だから，私は題材を無理やり取捨選択しなければならなかった．20 世紀と 21 世紀の数学については，特にそうだ．多くの大切な話題を切り捨てる結果となったことを，私はよく承知している．本書には代数幾何学もなければコホモロジー理論もないし，有限要素法もウェーヴレット解析も出てこない．本書から抜け落ちてしまった話題のリストは，本書に盛り込むことができた話題のリストよりも，はるかに長いものになる．結局，ごく一般的な読者が持っている予備知識で理解できて，かつ新しい考え方が明晰に説明できる題材を選ぶこと —— が私の方針となった．

　ストーリーは，各章の中ではほぼ年代順に書かれているけれども，各章は私が選んだ話題ごとに立てられている．こうした構成は，首尾一貫した語り方をするためには，どうしても必要になる．すべてを年代順に書いていったら，話の道筋はランダムに飛び飛びに逸れていってしまって，どこへ向かっているのかわからなくなってしまう．実際に歴史で起こったことに近くなるかもしれないが，そんな書き方をした本は読めたものではないだろう．そこで，各章ごとに時代を過去に遡ったところから話を始め，その主題が発展してくる過程での歴史的に重要な出来事を，順にたどってゆく書き方を選んだ．ただし，前のほうの章ほど，より遠い過去まで遡って立ち止まることが多く，後半の章では話が一気に現在にまで到達することがし

ばしばある．

　私は本書で，できるだけ現代数学——最近の100年やそこらの数学の展開をそう呼んでいるのだが——の香りを読者に伝えようと試みた．現代数学の中でも読者が耳にしたことがありそうな話題をいくつか選んで，それを数学全体の歴史的傾向と関連づけて紹介することを試みた．もちろん，取り上げることのできなかった現代数学の話題も多いが，それは重要度が低いからというわけではない．私は，たとえばワイルズがフェルマーの最終定理を証明したといった話——これは少し聞いたことがある読者も多いだろう——に数ページを割いて説明するほうが，たとえば非可換幾何について語る——予備知識を説明するだけで数章は必要だ——よりも有意義だと判断したのである．

　要するに，私が書いたのは一つの切り口から見た歴史に過ぎない．唯一の正史などというものでは全くない．そして，これは過去を語るという意味での歴史である．本書は，専門の歴史家に向けて書かれたものではない．歴史家に求められる史実と解釈との明確な区別を本書は欠いているし，過去を現在の目で見るようなこともやっている．特に後者は，歴史家にとっては重罪である．昔の人たちの考えたことが，あたかも現代人の考え方を生み出そうとする努力であったかのように錯覚させるからだ．古代ギリシャ人たちは，なにもケプラーの惑星運動の理論を可能にするために楕円の幾何学を研究したわけではない．そしてケプラーは，ニュートンによる万有引力の法則の発見を用意しようとして，惑星運動三法則を定式化したわけではない．しかし，ニュートンの発見は，ギリシャの楕円幾何学とケプラーによる惑星観測データの解析に，決定的なものを負っているのである．

　本書の副次的なテーマは，数学の実用目的への応用である．ここでは，私は非常に雑多な例を過去と現在から選んで，コラムで紹介した．この場合も，取り上げることができなかったものが重要性を欠くというわけでは全くない．

　数学は，長い，輝かしい歴史を持ちながら，わりと顧みられることが少ない．しかし，数学が人類文化の発展に与えた影響は計り知れない．本書がその歴史のほんの一端でも伝えることができたとしたら，私の企図はそれで達せられたことになろう．

コヴェントリーにて　2007年5月

目　次

まえがき …………………………………………………………………………… iii
第 1 章　数の誕生　トークン・線刻・書字板 …………………………………… 1
第 2 章　形のロジック　初期の幾何学 …………………………………………… 15
第 3 章　算術と記数法の歴史　十進記数法による筆算という大発明 ……… 41
第 4 章　未知数への目印　 x を追って代数学へ ………………………………… 59
第 5 章　不滅の三角形　三角法と対数の発明 …………………………………… 79
第 6 章　解析幾何学の誕生　座標が幾何学と代数学をつないだ ………… 97
第 7 章　数論のはじまり　整数の中に隠れたパターンを探れ！ ……… 109
第 8 章　微積分法　物理世界が従う文法の発見 ……………………………… 129
第 9 章　微分方程式と自然法則　数理物理学の形成 ……………………… 151
第 10 章　虚の数　負の数は平方根をもつか？ ……………………………… 169

第 11 章　解析学の土台　連続・極限・関数の明確な定義 …………… 183

第 12 章　不可能な三角形　ユークリッド幾何学を超えて …………… 197

第 13 章　対称性の数理　解けない方程式の形は？ …………………… 215

第 14 章　抽象代数学の発展　数の世界から代数構造へ ……………… 233

第 15 章　ゴムシートの幾何学　「かたち」の定性的理解へ ………… 251

第 16 章　4 次元の空間　幾何学と現実世界 …………………………… 273

第 17 章　論理のかたち　数学の基礎を求めて ………………………… 293

第 18 章　どのくらい確かなの？　偶然性の合理的な扱い方 ………… 317

第 19 章　高速計算の時代　計算機の発展と計算数学 ………………… 331

第 20 章　カオスと複雑系　不規則な現象にもパターンがある ……… 345

　　　　　さらに詳しく知るために ……………………………………… 363

　　　　　訳者あとがき ……………………………………………………… 366

　　　　　索引 ………………………………………………………………… 367

1

Tokens, Tallies and Tablets
The birth of numbers

第 **1** 章
数の誕生
トークン・線刻・書字板

数学は，数とともに始まった．そして，数学という学問の範囲がもはや数の計算に限定されなくなった現在でも，数はなお基本的なものであり続けている．数を基礎として，より洗練された概念を組み立てることにより，数学は人類の思考のますます広く多様な領域を拓いてきたし，それは私たちが学校の授業で出会う世界のはるか先にまで進んでいる．現在の数学は，数そのものに関わるよりも，数学的な構造やパターンあるいは形式をもっぱら扱う．その方法は，非常に一般化された扱いになってきており，ときに抽象的である．一方，現在の数学が応用される分野は，科学から工業，商取引さらにはアートにまでおよぶ．すなわち，数学はいたるところに遍在するに至っている．

数と数学のはじまり

何千年もかかって多くの異なる文化圏の数学者たちによって育まれてきた数学は，数という基礎の上に壮大な構築物を創造してきた．幾何学，微分積分学，力学，確率論，トポロジー，カオス，複雑系などなど．「数学評論」(*Mathematical Reviews*)という学術誌からは，世界で発表された新しい数学論文の書誌情報すべてが追跡できるが，そこでは各論文のテーマが100近い数学の主要分野にまず分類されてから，さらに数千もの詳細な専門分野に分けた上で周知される．毎年，世界中で5万を超える数の数学研究論文が発表されており，それらの総ページ数は100万ページを超える．これらは，すべて真に新しい数学の創造である．たんに既存の結果に多少の変更を加えた程度のものは含まれていない．

数学者たちはまた，数学の論理的な基礎を掘り下げることで，数よりもさらに根源的な概念を発見してきた．数理論理学や集合論がよい例である．しかし，ここでもまた，探求の主要な動機となり，すべての源泉そして出発点となるのは，数の概念である．

数は，単純で直接的なものに見える．しかし，私たちは見かけに欺かれやすい．数の計算に関する問題でも非常に難しく，正しい答えを見つけるのが困難な場合があり得る．数を使うのに易しくても，使っている数が本当のところ何であるかは，ずっと難しい話だ．数に事物を数えることができるが，数そのものは事物とは言い難い．私たちは2つのカップを手に取ることはできるが，2そのものは手に取ってつかむことはできないからだ．数は記号によって表される．しかし，同じ数に対して，異なる文化ごとに異なった記号が使われる．

> 数は，単純で直接的なものに見える．しかし，私たちは見かけに欺かれやすい．

数は抽象的なものであるが，私たちの社会はそれを土台にして成り立っており，数がなければ社会は機能しない．数は，一種の心的構築物である．それでいて私たちは，仮に全世界的な破局によって人類が滅び去って，数を考える心の働きを持った人が誰もいなくなったとしても，数はその意味を保ち続けるかのように感じる．

数の表記

　数学の歴史は，数を表記する記号の発明から始まると言っていい．私たちになじみ深い，0，1，2，3，4，5，6，7，8，9の数字を使う位取り表記法は，どんなに大きな数であっても考えられる限りの数を表すことができるが，これは比較的新しいものだ．1500年ぐらい前に初めて生み出された．それが小数にまで拡張され，いくらでも精度の高い数値を表せるようになったのは，たかだか450年前のことにすぎない．コンピュータは，数学的計算を私たちの文化の底深くに埋め込み，そのことを私たちは逆にもう意識すらしないほど当たり前に感じてしまっているが，それはここ50年ほどのことにすぎない．コンピュータの性能が上がって，家庭やオフィスでも便利なツールとして普及するようになったのは，たかだか20年前のことである．

　数というものなしに，私たちが知っているような文明は存在しえない．数は，私たちの身の周りのいたるところで，舞台裏の召使いとして走り回っている．通信メッセージを運び，文字をタイプするときにスペルミスや誤字を直してくれ，休暇中にカリブやどこかで過ごすための飛行機の旅程を組んでくれ，商品の配送状況を追跡してくれ，私たちに施される医薬や処置が安全で効果的かどうかを確認してもくれる．記述の公平なバランスのために付け加えるが，数や数学は核兵器も可能にしたし，爆弾やミサイルが狙った標的を破壊できるよう誘導することも可能にした．数学の応用すべてが，人類の状況を改善してくれたわけではない．

　では，このような数を基盤にした途方もなく高度な産業世界は，どのようにして登場してきたのだろうか？　それは，1万年前の中東で使われた原始的なトークン[訳註1]

> それは，1万年前の中東で使われた原始的なトークンから始まった．

[訳註1]　トークンとは，もともとコインのかわりとなる代用通貨，商品券，バッジや記念品などイベントの証拠となる象徴的な飾りグッズなどを指す言葉だが，最近ではネット上での商取引やゲームに参加したりする際の認証セキュリティを確保するためのツール（USB型，カード型，非接続型など）を指すのにも用いられている．ここで言うトークンは，おもにメソポタミアを中心とする中近東とその周辺地域からの考古学遺物として出土する．粘土で作られ，あまり高くない温度で焼結された，ごく小型のオブジェを指す．紀元前8000年から紀元前3000年にかけての時期の遺跡から出土し，通貨を思わせる形状のものもあるが，考古学者シュマント-ベッセラによると交易や商取引の目的で使われた形跡は全くないという．

から始まった．まだ書字のシステムも数を表す記号もない当時であっても，会計官は，誰が何をどれだけ所有しているかを辿(たど)れるようにしていた．数を表す記号の代用として，彼ら古代の会計官たちは，粘土製のトークンを用いた．これらは円錐形状だったり球形だったり卵形だったりした．円柱状，円盤状，さらにはピラミッド形のものもあった．考古学者のシュマント-ベッセラ (Denise Schmandt-Besserat) は，これらのトークンは当時の主要産品を表したものだと推論している．粘土製の球は何袋かの穀物を，粘土製の円柱は家畜を表し，卵形のものは容器何杯かの油を表す，といった具合に．こうしたトークンの最古のものは，紀元前 8000 年にさかのぼり，その後 5000 年にもわたって広く使われた．

　時代とともに，トークンは次第に工夫をこらした，特殊なものになっていった．何斤(きん)かのパンを表す装飾付きの円錐，ビールを表すダイヤ形の板などもあった．シュマント-ベッセラは，これらのトークンがたんに会計官が使う仕掛け以上の意味合いをもつことに気づいた．これらは，数記号と算術および数学への重要な最初のステップを用意したのである．しかしその最初のステップは，むしろ奇妙な，ある偶然から起こったようだ．

　それは，徴税目的か会計記録または所有の法的証明のためか，トークンが記録を残すのに使われたために起こった事件だと思われる．トークンの利点は，会計官がそれらを素早く一定パターンに並べることによって，家畜が何頭か穀物がどれだけの量か，ただちに把握できることだ．その一方で，トークンの欠点は偽造しやすいことである．だから，会計記録を誰も勝手に操作できないようにするために，会計官はトークンを並べた会計簿に陶製の覆いをかぶせる必要があった．一種の証明用封印である．必要が生じれば，会計官は陶製の覆いを割って中にトークンがいくつ入っているかを見て，ただちに会計記録を確認できる．そのあとの帳簿には，新しい覆いをかぶせて，また封印することができる．

　しかし，毎度毎度そうした覆いを割って中の記録を確認し，また新しい覆いをかぶせるというのは，あまり効率のいい方法ではない．そこで，古代メソポタミアの役人たちは，もっといい方法を考えた．彼らは，中に入っているトークンの一覧を，覆いのほうに記号で刻印することにしたのだ．たとえば，中に球状のトークンが 7 つ入っていれば，会計官は球状の絵を 7 つ，覆い用の粘土がまだ湿っている間に刻みつける．

　この方法を採用したのち，ある時点でメソポタミアの役人たちは，覆いの外側に記号を描いてあるのなら，じつは中身は要らないということに気づいた．覆いを割って中身を見なくても，外にちゃんと記してあるからだ．当たり前のことに気づいただけのようでも，異なった形象により異なった品目を表すこの仕組みは，実質的

に数を書き表す記号群を作り出したという意味で決定的な一歩なのであった．他のあらゆる数記号体系は，私たちが現在使っているものも含めて，すべてこの古代会計官たちの仕掛けの知的子孫であると言っても過言ではない．トークンを記号で置き換えるというステップは，事実上，書字そのものの誕生をも兼ねた事件であった．

線刻

　これら粘土に記されたマークは，数を記した最古の例というわけでは決してない．ただし，粘土上の絵よりも少しでも古い例はいずれも線状に引っかいた刻み以上のものではない．刻み線による記録，つまり回数や個数を記録するのに引っかき線を重ねる方法だ．たとえば，|||||||||||||という線の刻みが 13 を表す．こうした例として知られる最古のものは，29 の切れ込みが刻まれたヒヒの足の骨で，約 3 万 7000 年前のものである．この骨は，スワジランドと南アフリカ共和国との境にあるレボンボ (Lebombo) 山系の洞窟から発見されたので，洞窟は境界洞窟 (the Border Cave)，骨はレボンボ骨として知られている．タイムマシンに乗って当時の現場を訪れることはできないので，これらの線刻が何を表しているか確かなことは知りようがない．できるのは，手持ちの情報をもとにした推測だけだ．太陰暦の 1 か月は 28 日である．刻まれた線は，もしかすると月の満ち欠けに関係したものかもしれない．

　似たような遺物は，先史ヨーロッパの地層からも出土している．旧チェコスロバキアから見つかったオオカミの骨には，57 本の線刻が 2 本の残りを除いて 5 本ずつ 11 の集まりに配列されている．これは，約 3 万年前のものだ．28 の 2 倍は 56 なので，太陰暦 2 か月ぶんの記録なのかもしれない．繰り返すが，こうした推測

線刻は，1 本ずつ刻んだ線が書き換えられたり消えたりせずに累積するという利点があり，現在でも使われている．5 本目ごとに斜めに線を引いて，まとめにすることが多い [訳註 2]

線刻で数を表した名残は，現在使われている数字にも見出せる．アラビア数字の 1，2，3 は，対応する本数の線刻を一筆書きにたどった形をしている [訳註 3]

[訳註 2]　票数を数えるとき「正」の字を書いてゆく日本の方法が，これに対応するであろう．
[訳註 3]　漢数字の「一」「二」「三」は，より直接的である．

が正しいかどうか検証する方法は，まずありそうにない．けれども，線は意図的に刻まれたもののように見え，そうだとしたら何か理由があって刻まれたのに違いない．

さらに別の太古の数学的と思われる線刻遺物は，ザイール（現コンゴ民主共和国）から出土したイシャンゴ (Ishango) 骨で，約2万5000年前のものだ（以前は6000－9000年ほど前の遺物と思われていたが，1995年に年代推定が見直された）．一見したところ，骨の端に沿って刻まれた線の並びは，ほとんどランダムに見えるのだが，よく眺めると隠れたパターンらしきものも見えてくる．一つの並びには10から20までの素数，すなわち11，13，17，19という本数の線がそれぞれ刻まれており，合計すると60になる．別の並びには9，11，19，21という本数の線が刻まれており，これまた合計すると60になる．三つ目の列は，2つの数の組を繰り返し2倍にしたり半分にしたりする，ある種の計算手法のようなものに似ている．しかしながら，こうした見かけ上のパターンは単なる偶然の符合かもしれないし，イシャンゴ骨もまた太陰暦のカレンダーだという推測も提出されてきた．

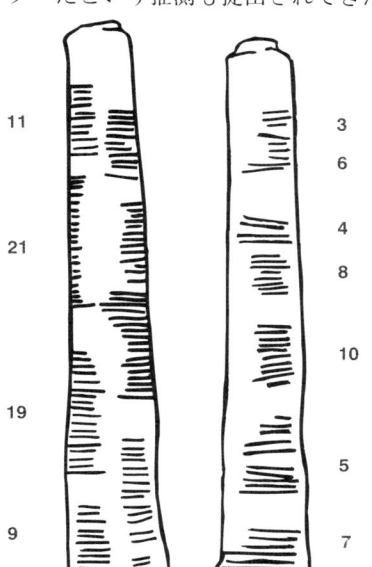

何本もの線が一定のパターンで刻まれたイシャンゴの骨．それらが表していた可能性のある数を，線刻パターンの横に記してある

最初の数字

　太古の会計官のトークンから現代的な数字に至る歴史は，長い紆余曲折のみちすじを経ている．何千年かを経て，メソポタミアの人々は農業を発展させ，彼らは遊牧生活からバビロン，エリドゥ，ラガシュ，シュメール，ウルといった一連の都市国家を形成しての定住生活へと移行していった．粘土板に刻まれた初期の記号は，象形文字 —— 単純化した絵によって語の意味するところを示す記号体系 —— に取って替わられた．そして，この象形文字は，やがて，ごく少種類の楔形マークを組み合わせる方式にまで単純化され，葦を乾かして先を整え尖らせた筆記具で粘土に刻印されるようになった．違う種類の楔形は，葦ペンの持ち方を変えることによって刻まれた．紀元前3000年ころまでに，シュメール人は楔形文字と現在呼ばれている精巧な書字システムを作り上げた．

　この時代は，異なる都市国家の間で覇権がめまぐるしく移り変わる，複雑な歴史上の時期である．やがて，バビロンが覇者として栄え，その時代に作られた粘土書字板が，メソポタミアの砂地から大量に発掘されている．その数は，全部で約100万枚におよぶ．そのうちの数百枚には数学や天文学について突っ込んだ内容[訳註4]が書かれており，その内容からバビロン人たちが両方の分野に高度の知識を持っていたことが裏付けられている．彼らの天文学はとりわけ洗練されたものであり，高い精度の天文学的データを十分に表現できるだけの，系統的で巧みな数表記の記号体系を彼らは持っていた．

　バビロニアの数記号体系は，簡単な線刻のシステムよりはるかに進んだものであり，数記号のシステムと言えるものとしては，知られている限り最古のものである．ここでは，2種類の楔形マークが用いられる．細い縦の楔形は1を表し，太い横になった楔形は10を表す．これらの楔形マークを何個かまとめて並べることにより，2から9まで，あるいは20から50までを表すことができる．しかし，この方式で表されるのは59までで，それから先は細い縦の楔形が2番目の意味合いで使われ，60を表すことになる．

　それゆえ，バビロニアの数記号体系は60を基礎にしたもの，あるいは60進法的なシステムだと言われる．すなわち，同じ一つの記号が，その書かれた位置によって，単位数を表したり，その60倍を表したり，さらにその60倍を表したりするのである．このやり方は，私たちがよく知っている十進法のシステムと似ている．十進法の数表記では，ある数字が表す値は，その数字が書かれた位置によって，そ

[訳註4]　次の節に著者が書いているように，天文学のことが何ほどか記された書字版だけでも1000枚を超えるはずだ．ここで言っている「数百枚」というのは，特に科学史的に興味深い内容を含み，研究者が注目してきたものを指すと思われるので少し意訳した．

バビロニアの数表記体系で表された1から59までの数

1	𒁹	11		21		31		41		51	
2		12		22		32		42		52	
3		13		23		33		43		53	
4		14		24		34		44		54	
5		15		25		35		45		55	
6		16		26		36		46		56	
7		17		27		37		47		57	
8		18		28		38		48		58	
9		19		29		39		49		59	
10		20		30		40		50			

の10倍になったり，100倍になったり，1000倍になったりするからだ．たとえば，777という数表記の場合であれば，最初の7の数字は700を，2番目の7という数字は70を，3番目の7はそのまま7を表している．バビロニアでは，"7"を表す記号を3つ並べたもの 𒁹𒁹𒁹 は，似たような原理に従うのだが，私たちの表記体系とは異なる意味をもつ．最初の記号は，$7 \times 60 \times 60$ つまり25,200を，次の記号は $7 \times 60 = 420$ を，最後の記号は7を意味するといった具合になる．したがって，3つの記号をまとめた表現は，私たちの十進法システムでは 25,200 + 420 + 7 すなわち 25,627 を表すことになる．バビロニアの60進法の名残は，今も残っている．60秒が1分であり，60分が1度であり，360度で円を1周することになるという角度の表記法は，古代バビロニアに淵源する．

　楔形文字をいちいち印字するのはやっかいなので，専門の学者たちはバビロニアの数表記を私たちの十進法と彼らの60進法とを組み合わせて表記している．この方法だと，7を表す楔形記号を3つ並べたものは，"7，7，7"のように記される．この方法で "23，11，14" と表記された場合であれば，十進法で 23，11，14 と

なる数をバビロニアの記号でこの順に書いて並べた表現を指し，私たちの十進表記法だと $(23 \times 60 \times 60)+(11 \times 60) + 14$ すなわち 83,474 となる数を意味する．

小さい数値を表す記号システム

私たちは，10 種類の記号だけを用いて，いくらでも大きな数を表現できるだけでなく，同じ記号を用いていくらでも小さな数を表現することもできる．後者も含めてやりくりするために，私たちは小数点というものを使う．この点の左側の各桁の数字で整数部分を，右側の各桁の数字によって小数部分を表すわけだ．小数部分に書かれた各数字は，10 分の 1 の何倍か，100 分の 1 の何倍か，等々を表している．たとえば，25.47 と表記して私たちは，10 が 2 つ＋ 1 が 5 つ＋ 10 分の 1 が 4 つ＋ 100 分の 1 が 7 つという数値を示すわけである．

バビロン人たちは，このトリックを知っていた．そして，この方法を効果的に天文観測に活用した．専門の学者たちは，バビロニア流の「小数点」をセミコロン（;）で書くことにしている．これは 60 進法の小数点なので，少し注意が必要だ．小数部分の 1 桁目は 1/60 の何倍か，小数第 2 位は $(1/60 \times 1/60) = 1/3600$ の何倍か，等々

数はどのように使われてきたか

これは，古代バビロニアの木星天文データ表である．バビロン人たちは，彼らの数表記体系を日々の商取引や会計記録だけでなく，もっと高尚な目的にも使った．天文学がその最たるものだ．ここでは，数値を高い精度で表現できる彼らの分数表記体系が，ものを言った．数百枚の粘土書字板が，惑星のデータを記している．そのうちの 1 枚が，ひどく破損しているものの，400 日余りにおよぶ木星の日ごとの動きを詳細に記している．バビロンで紀元前 163 年ころに書き記されたものだ．粘土書字板へ記入されているのは，典型的には，以下のような数の列記である．

126　8　16 ; 6, 46, 58　−0 ; 0, 45, 18
−0 ; 0, 11, 45　＋0 ; 0, 0, 10

これらは，惑星の天空における位置を計算するのに用いられた，数種の量を表している．60 進法で小数第 3 位までの数値で記述されていることに注意．これは，十進法で小数点以下 5 桁を少し超える精度に相当する．

を表すことになる．たとえば，12, 59 : 57, 17 と並べた表現は，

$$12 \times 60 + 59 + 57/60 + 17/3600$$

を意味しており，近似的には 779.955 ぐらいの値になる．

　天文学的な情報を含む 2000 枚近くのバビロニア粘土書字板が知られているが，その多くは通常業務的な内容のものである．日食や月食を予測する方法の記述，定常的な天文事象の記述，それらの短い要約などである．300 枚ほどの粘土書字板は，より高度な目標を目指しており，私たちの興味をかきたてる．たとえば，水星，火星，木星，土星の動きを観測したデータをまとめたものがある．

　バビロニア天文学の話はとても魅力的だが，私たちの本題すなわちバビロニアの純粋数学からは，すこし話題がそれる．にもかかわらず，バビロニア数学の天文学への応用は，より知的な活動への刺激にもなっていたと思われる．その意味で，バビロン人の天文学者たちが，いかに高い精度で天上の出来事を観測していたかだけでも見ておく意義は十分にある．たとえば，彼らは火星の軌道周期（厳密には軌道周期ではなくて火星が天空の同じ位置に再び現れるまでの時間）が，彼らの数表記法で 12, 59 : 57, 17 日であることを見出した．これは，先ほど例として説明したように，約 779.955 日に相当する．現在の天文学データによれば，この周期は 779.936 日である．

古代エジプト人

　おそらく古代文明のうち最も壮大なものは，ナイル河岸とナイル・デルタで紀元前 3150 年から紀元前 31 年まで栄えたエジプト文明であろう．王朝以前の時代まで含めると紀元前 6000 年にまで遡るし，ローマに征服された紀元前 31 年以降も衰退はするが残り火は続いてゆく．エジプト人は偉大な建築技術をもち，高度に体

古代エジプト人が数表記に使った記号

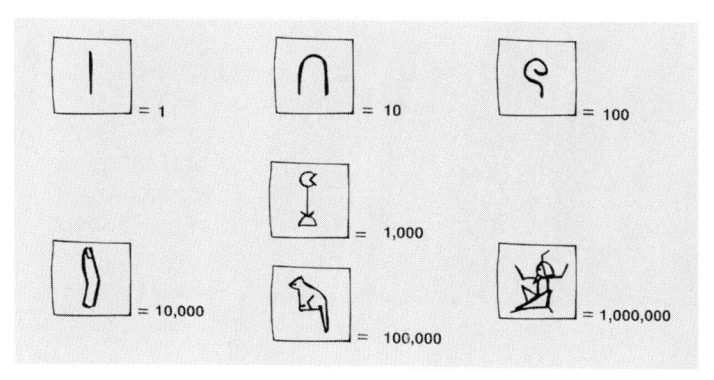

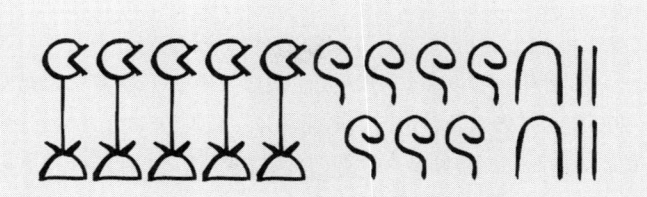

5724を古代エジプト人の神聖文字（ヒエログリフ）で表記したもの

系化された宗教と儀式を発達させ，また恐るべき記録魔でもあった．しかし，彼らの数学的達成は，バビロン人たちと比較すると，月並みなものにとどまった．

　古代エジプト人が整数を表記した方法は，単純で直接的なものであった．彼らは，1，10，100，1000などを表す記号を用意した．これらの記号を，それぞれ9個以内並べ書きし，全部を足し合わせることで望みの整数が表現できる，というものだ．たとえば，5724という数を書き表すのに，エジプト人たちは1000を表す記号を5つ，100を表す記号を7つ，10を表す記号を2つ，1を表す記号を4つ，書き並べたわけである．

　分数は，エジプト人たちにとって，非常に困った頭痛の種であった．さまざまな時代に，彼らはいくつかの異なった分数表記の方法を用いている．古王朝期（紀元前2700年から紀元前2200年）には，数値を繰り返し半分にしてゆく表現を用いて，

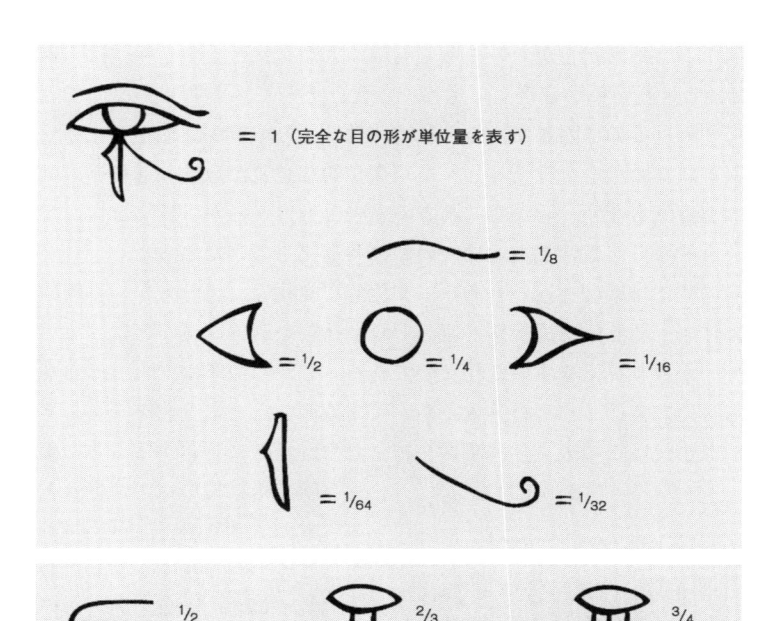

"ワジェト・アイ"の各部分を用いて特定の分数を表す記法

特別な分数を表すために用意された記号

1/2，1/4，1/8，1/16，1/32 および 1/64 を表す，独特の記法が使われた．神聖文字の"ホルス神の目"または"ワジェト・アイ"の各部分が記号として使われた．

最もよく知られている古代エジプトの分数表記法は，中期王朝時代（紀元前 1700 年から紀元前 200 年）に考案された．この記法は，$1/n$（n は任意の自然数）の形をした分数をもとに組み立てられる．標準的な古代エジプト記数法で n を示す表現の上に⬭（文字 R に対応する神聖文字）を添えることで，$1/n$ が表現される．たとえば，1/11 は ⌢ と表記される．他の分数は，これら「単位分数」の和として表される．$5/6 = 1/2 + 1/3$ といった具合である．

面白いことに，古代エジプト人たちは，2/5 を $1/5 + 1/5$ というふうには表記しなかった．彼らは，分数を和で表記するときは異なった「単位分数」のみを用いる，という規則を持っていたようである．このほか，彼らは 1/2 や 2/3，3/4 といった，一部の簡単な分数を表すための別の記号も用意して，使っていた．

古代エジプトの分数表記法は煩雑であり，計算には向いていない．公式文書への記録に使うという彼らの用途には十分役に立ったのだろうが，後続する各文化の中ではほぼ完全に無視されてしまう結果となった．

数と人類

あなたが算術が好きであろうと嫌いであろうと，数というものが人類文明の発展に深く影響してきたことは否定しがたいことである．人類文化と数学の進化は，過去 4000 年にわたって，互いに手を携えて進んできた．そして，どちらが原因でどちらが結果かを切り分けるのは困難である．私は，数学上の革新が文化を変化させてきたと論ずることにためらいを覚えるし，また文化的な必要が数学の進歩を方向づけてきたと言い切る気もない．しかし，両方の主張とも何がしかの真実を含んでいるのは確かだ．なぜなら，数学と文化は，いわば共進化してきたからだ．

とはいえ，両者の間には顕著な違いもある．文化的な変化は，現れ方が一目瞭然だ．新しい種類の住居，新しい交通形態，新しい政治体制や官僚機構などは，すべての人々にとって，かなり見えやすい変化なのである．しかし数学は，もっぱら舞台裏で動いている．たとえば，バビロン人たちが天文観測をもとに日食を予言していた時代，平均的な市民はこの天文学的事件を神官たちが正確に予言することに驚嘆したに違いない．けれども，大半の神官たちすら，どういう方法で予言が行われているのかほとんど理解していなかっただろう．神

> " 人類文化と数学の進化は，過去 4000 年にわたって，互いに手を携えて進んできた． "

数は現在どのように使われているか

　現在の乗用車のほとんどは，衛星カーナビ装置を搭載している．装置を単品で，比較的安く買うこともできる．あなたのクルマに設置されているこの装置は，刻々と各瞬間にクルマがどこにいるかを教えてくれ，地図上に表示してくれる．しかも，表示にはカラフルでお洒落なグラフィックスが使われていたり，ときには立体的透視図法を用いて，走っている位置の周辺道路状況を表示してくれる．音声ガイドシステムがついていて，あなたが目的地に向かう効率的なルートをアドバイスしてくれたりもする．全く，一昔前のSFの場面みたいではないか？　この仕掛けの中枢部分は，乗用車内の小さな箱に入った装置というよりは，地球を周回する24個の人工衛星――予備の衛星が打ち上げられて25以上になる場合もある――を用いたGPS（全地球測位システム）と呼ばれる情報基盤にある．これらの衛星は電波信号を送り続けており，この信号がクルマの位置を数メートル以内の誤差で割り出すのに用いられる．

　数学はさまざまな面でGPSのシステムに重要な役割を演じているが，ここでは衛星からの信号がいかにしてクルマの位置同定に役立てられるかを，ごく簡単に説明するにとどめよう．

　電波信号は光速（秒速約30万km）で伝搬する．乗用車に搭載されたコンピュータ――と言ってもカーナビの箱に入っているマイクロチップのことだが――は，衛星からクルマまで信号が伝わるのにかかった時間さえわかれば，衛星からクルマまでの距離を割り出すことができるはずだ．この所要時間は，10分の1秒ほどだが，現在では高精度の計測が容易にできる．信号の中に，タイミングに関する情報を巧みに埋め込んでおくのがトリックだ．

　GPS衛星とカーナビ側の受信機は，どちらも同じ楽譜の曲を演奏するのに相当することをやっており，いわば旋律のタイミングのズレを比較できる．衛星からの「音符」は，カーナビのチップが生成する「音符」よりも，少し遅れて届く．たとえてみれば，次のような時間遅れの「輪唱」を聞くようなものだ．

　　　　クルマ　…　足跡を，はるか久遠の，英国の地に残せり　…
　　　　衛　星　…　かくて彼らの足跡を，はるか久遠の，英国　…

　ここでは，衛星からの歌は，クルマ側の歌に比べて，3語ほど遅れている．衛星でもカーナビのチップでも全く同じ歌を歌っているので，音符がどれだけズレているかは明瞭に検出でき，タイミングがどれだけ遅れたかを容易に計測できる．

　もちろん，実際のカーナビ・システムがこういう歌を使っているわけではない．実際には，パルス列の信号が用いられ，各パルスの持続時間が疑似乱数生成プログラムで決められている．疑似乱数とは，ランダムに見えて，じつは一定の数学規則によって作られる，数の列だ．衛星にもカーナビ側のチップにも，同じ疑似乱数生成規則の情報が与えられているので，両者は全く同一のパルス列を作ることができるのである．

官たちが知っていたのは，粘土書字板に記されている日食データの読み方であり，重要なのはその利用方法だった．どのようにして予言を組み立てるかという点になると，秘伝奥義のたぐいであり，ほんの一握りの専門家だけに委ねられていた．

　神官たちの一定部分は，立派な数学教育を受けていただろう．少なくとも書記業務に携わる神官たちは，その養成コースで書記実務と同じ時間数ぐらいの数学のレッスンを受けていたに違いない．しかし，数学の中身を深く理解することは，新発見から生まれる利益を受けるのに絶対必要というわけではなかった．こういう事情はその後もずっと変わらなかったし，今後もその通りに違いない．数学者たちが，世界を変えてゆく担い手として評価されることは，めったにない．コンピュータが洗練されたアルゴリズムを用いてプログラミングされた場合にのみ効果的に動作するということなど全く考えずに，あなたは現代のコンピュータの威力を何度も何度も経験しているのではないだろうか？　アルゴリズムとは，問題を解くための手順である．そして，ほとんどすべてのアルゴリズムの基礎には数学があるのだが，そんなことを詳しく理解していなくてもコンピュータの便利さは享受できるのである．

　こうした状況の表面下で働いている数学は，おもに算術である．そして，電卓やレジ機械の発明は支払勘定や納税額を簡便に計算可能にしてくれたが，算術の四則演算すら舞台裏に押しやってしまった．それでも，私たちの多くは，少なくともそこに算術が介在していることには気づいている．法的義務を忘れずに手続きをするのにも，税を徴収するのにも，地球の裏側と瞬時に通信するのにも，火星の表面を探査するのにも，最新特効薬の情報にアクセスするのにも，すべて私たちは数を頼りにしている．こうした状況はみな古代バビロニアにまで遡(さかのぼ)ることができる．当時の書記官たちや，数を記録し計算する効率的な方法を見出した数学教師たちは，その算術的技能を，おもに2つの目的に用いた．土地台帳のための面積計測とか会計といった地上的な人間生活の日常業務，および，日食や月食の予言とか夜空を横切る惑星運動の記録といった高尚な活動，の2つだ．

　現在の私たちも同じことをしている．私たちは算術に少し毛が生えた程度の簡単な数学を，何百という身の周りの小さな用事のために役立てる．魚が泳ぐ庭の池には寄生体駆除薬をどれだけ使えばよいか，寝室に貼る壁紙を何ロール買えばよいか，安いガソリンを買いに遠くのあのガソリン・スタンドまで行くのが得かどうか，等々．もう一方で私たちは，洗練された数学を，科学，技術，そして最近では商取引にも使っている．数表記と算術の発明は，言語と文字の発明と肩を並べて，私たち人類をサルから区分することになる，画期的な一歩であった．

第 **2** 章

形のロジック
初期の幾何学

数学には，おもに 2 つの推論方法がある．記号操作を用いる推論と，目で見ながら進める推論だ．記号を用いる推論は，数表記法にはじまり，このあとの章ですぐに出てくるが，やがて代数学の発明につながる．代数学において記号は，"7" のように特定の数を表すよりは，より一般化された数的対象（未知数のような対象）を表すのに，もっぱら用いられる．中世以降は，現代に至るまで，いまどきの数学書をどれでも一目眺めてみればわかるように，数学はどんどん記号表現に頼るようになってきた．

幾何学のはじまり

その一方で数学者たちは，記号だけでなく図表なども用い，さまざまな種類のビジュアルな推論方法も開発してきている．絵は記号に比べて形式性が低いので，十分に信用できないところがある．論理性という点で言うと，記号を使った計算に比べて絵は厳密さが足りないという感じをもつ人が多い．たしかに，絵は記号よりも解釈が多義的になりやすい．絵には隠れた前提が，しばしば伴う．私たちは三角形一般というものを描くことはできない．どんな三角形を私たちが描いても，個別の形と大きさをもった三角形にしかならないから，任意の三角形を代表させようとすると困ってしまう．にもかかわらず，目に訴える直観は人間の脳の強力な特性だから，絵を描くことは数学できわめて大切な役割を担っている．実際，これが数に次ぐ二つ目の重要な概念として，数学に持ち込まれた．形という概念である．

粘土書字板 "YBC7289" に楔形文字で刻まれた数値．高い精度で $\sqrt{2}$ の値と一致している

30
1;24,51,10
42;25,35

数学者たちは，遠い過去から形に魅せられてきた．バビロニアの粘土書字板には，図を描いたものがいくつもある．たとえば，YBC 7289 という整理番号で呼ばれている粘土書字板には，正方形とその対角線 2 つが描かれている．正方形の 1 辺の長さとして，楔形文字で 30 と記してある．一つの対角線には，上に 1；24，51，10，その下に 42；25，35 と記してあり，前者に 30 を掛けたものが後者，すなわち対角線の長さとなっている．だから，1；24，51，10 は 1 辺が単位長 1 の正方形の対角線の長さを表している．ピタゴラスの定理によれば，単位長 1 の正方形の対角線の長さは 2 の平方根，私たちの表記法で $\sqrt{2}$ である．バビロン人たちが用いた $\sqrt{2}$ の近似値 1；24，51，10 は非常に精度が高く，十進法で小数点以下 6 桁目まで合っている．

　はじめて図形を体系的に扱い，限られた記号も用い，そして論理をふんだんに使った幾何学の書物は，アレクサンドリアのユークリッド (Euclid) のものだ．ユークリッドの著作は，紀元前 500 年ころに活躍したピタゴラス主義者の教団にまで遡る伝統を受け継いだものだが，ユークリッドがそれに付け加えたのは，数学上の主張が真だと認められるには論理的な証明が必ず与えられなければならない，という考え方だ．したがって，ユークリッドの書物は，図形を使うことと証明の論理構造という，2 つの要素を新たに結合したものだと言うことができる．その後ずっと何世紀も何世紀もにわたって，幾何学 (geometry) という術語は，この両者と深く結びついて用いられることになる．

　この章では，初期幾何学の流れを，ピタゴラスからユークリッドとそれに少し先行するエウドクソス (Eudoxus) を経て，古代ギリシャ時代後期のユークリッドの後継者であるアルキメデスとアポロニウスに至るまで，たどってみることにしよう．これら初期の幾何学者たちは，ずっとのちのちまで受け継がれる，目で見て考える数学的方法の基礎をつくった．また彼らは，以後 2000 年ほど乗り越えられることのなかった論理的証明のお手本も残した．

ピタゴラス (Pythagoras)

　今日，私たちは数学が自然法則の基礎を理解する鍵を与えてくれるということを，ほとんど当たり前のように感じている．こういう発想の流れで最初に体系的な考えを打ち立てたのは，ピタゴラス学派，というよりは秘教集団に近い人々で，紀元前 500 年前後に活動した．教団の祖とされるピタゴラスは，紀元前 569 年ころにサモス[訳註1]で生まれた．彼がいつどこで死んだかは，謎のままだ．

　紀元前 460 年には，彼のつくった教団は襲われ，解体される．教団の集会場は

[訳註 1]　エーゲ海東部の，トルコ沿岸に近いギリシャの小島．

破壊され，焼かれた．クロトンのミロ[訳註2]の会堂では，50人以上のピタゴラス主義者たちが虐殺された．生き残った者の多くは，上エジプトのテーベに逃れた．ピタゴラス自身もそのうちの一人だったという説もあるが，真偽のほどは定かではない．

こうした言い伝えのほかには，ピタゴラスという人物については，ほとんど何もわかっていない．彼の名前は，直角三角形に関する定理のおかげで誰もが知っているが，これを証明したのが本当にピタゴラスだったのかどうかも，わかっていない．

一方，ピタゴラス派の哲学や信仰については，多くのことが知られている．彼らは数学を，現実に関するものではなく，抽象的な概念に関わるものだと理解していた．しかし彼らは，こうした抽象物が何らかの「理想型」として具現化されていると信じていた．これら理想化された概念は，どこかの不可解な想像界に実在するというのである．たとえば，砂の上に棒切れで描いた円は歪んでいるけれども，これは完璧に丸くて無限に細い線で描かれた実在の「理想円」をまねて描いた，へたくそなコピーなのである．

ピタゴラス教団の哲学のうちで，後世に最も深遠な影響を与えた考え方は，宇宙は数を基礎につくられているという信念である．彼らはこの信念を，数秘術的な象徴主義によって表現し，経験的な観察によっても裏付けようとした．彼らの神秘主義によると，1という数は宇宙のすべての始原である．2と3は，女性原理と男性原理を象徴する．4という数は，調和を象徴する．また，万物をつくる四元素（土，空気，火，水）をも象徴する．ピタゴラス主義者たちは，10という数は神秘主義的に深遠な意味をもつと考えた．なぜなら，10＝1＋2＋3＋4であり，始原の

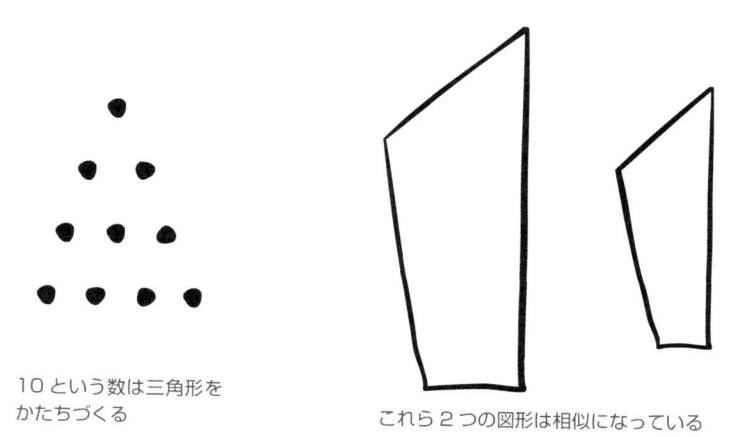

10という数は三角形をかたちづくる

これら2つの図形は相似になっている

[訳註2]　クロトンはイタリア半島の南端近くの，ギリシャ人が植民していた都市．クロトンのミロは，オリンピックで勝者となったレスラーで，ピタゴラスの徒であったと伝えられている．

統一性と女性原理，男性原理そして四元素のすべてを統合した含意をもつからだ．それに加えて，これらの数は三角形をかたちづくる．ギリシャの幾何学は，いつも三角形の性質にこだわってきた．

ピタゴラス主義者たちは，9つの天体を認めていた．太陽，月，水星，金星，地球，火星，木星，土星そして宇宙の中心にある火の天体（これは太陽とは異なる）の9つである．彼らの宇宙論にとって10という数は非常に重要な意味を担っていたから，10番目の天体もあるに違いないと彼らは信じていた．これは，反地球という天体で，いつも太陽のちょうど反対側にあるために，私たちからは見えないのである．

すでに見てきたように，1, 2, 3, …という整数からは，分数あるいは有理数という二つ目のタイプの数が自然に導かれる．数学的に正式な言い方をすると，有理数と呼ばれ，a, bを整数とするときにa/bという分数の形で表される数のことである（ただし，$b \neq 0$とする．さもないと意味のある分数として定義されないから）．分数は，整数をいくらでも細かい部分に分割する．だから，幾何学図形の中の線分について言うと，その長さは有理数によって望みの精度で限りなく近似できる．十分に細かく分割すれば，最後には分割区間の何個かと，与えられた線分がぴたりと一致しそうな感じがする．もしそうだとすると，任意の長さが有理数で表せるはずである．

この通りであったなら，幾何学はずっと簡単なものになっていただろう．なぜなら，任意の2つの長さは共通の（たぶんとても小さい）長さのそれぞれ整数倍で表され，この共通単位をたくさんコピーしさえすれば原寸とぴったり一致するものが得られるからだ．これは，それほど重要なことには聞こえないかもしれない．しかし，もしそうであったなら，長さや面積そして相似図形──全く同じ形でサイズだけが違う図形──などの理論はとても簡単な話で済んでしまう．唯一の基本図形を多数コピーして適当に配置しさえすればどんな図形でも作れるわけだから，すべてはこのやり方を使うだけで証明できてしまう．

残念ながら，ピタゴラス派が夢見た，この虫のいい話は実現することができない．言い伝えによると，メタポンタムのヒッパサスというピタゴラスの弟子が，この言明が誤りであることを発見した．彼は，とりわけ単位正方形（1辺の長さが単位長である正方形）の対角線の長さが単位長の分数倍で正確に表すことはできず，無理数（倍）になることを証明した．彼は，教団メンバー（カルト）と一緒に地中海を航行している際に，うっかりこの事実を仲間に告げてしまい，動顛（どうてん）した仲間たちは激怒のあまり彼を船から投げ落とし，溺死させたと言われている．真偽のほどは怪しいが，話としてはよくできている．たぶん，彼はたんに教団から追放されただけであった，というほうが実際にはありそうな話である．ともあれ，どんな処罰を彼が受けたに

世界の調和(ハーモニー)

> ピタゴラス学派の数(整数)的宇宙という概念を支持する経験事実は,もっぱら音楽からきている.彼らは,調和的に響く音が単純な整数比と結びついているという,注目すべき事実に気づいていた.簡単な実験により,弦をつま弾いて特定の高さの音を鳴らすとき,その半分の長さの弦が元の音と非常によく調和する諸調(かいちょう)の音 —— 今日オクターブと呼ばれているもの —— を生み出すことに彼らは気づいた.3分の2の長さの弦は,それに次いで調和的な諸調の音を生じ,4分の3の長さの弦も非常によく調和する音を生じる.
>
> 今日,音楽に関連したこうした数的側面は,弦の振動の物理学が教える可能な定常波パターンに根拠を求めることができる.与えられた長さの弦に適合する定常波の波数は整数であることが知られており,それらの整数に対応して調和的に響く音を与える整数比が決まる.もし弦の長さが整数比になっていなければ,対応する諸調の音は互いに干渉して,調和しないうなりを生じ,私たちの耳には不快に響く.現実の状況は脳がそうした調和音や不調和音に慣れる過程も含め,もっとずっと複雑になるのだが,ピタゴラス学派が発見した事実の背景には物理学的な根拠がちゃんとあることは明らかである.

せよ,ピタゴラス学徒たちが彼の発見を喜ばなかったことだけは確かである.

現代的な解釈をすれば,ヒッパサスが見出したのは,$\sqrt{2}$が無理数であるという事実である.この冷酷な事実はピタゴラス学徒たちにとって,数 —— 彼らにとっては整数を意味した —— に根ざして宇宙が構成されているという,宗教的信仰に近い彼らの信念(ボディブロー)への大打撃となった.分数すなわち整数の比だけで話が完結すれば,彼らの世界観にきれいに適合するのだが,ここで証明されたのは,分数では答えにならないような数を考えなければならないという事実だ.そして,溺死させられたにせよ教団から追放されたにせよ,あわれなヒッパサスは言うなれば宗教的信仰の非合理性[訳註3]の初期の犠牲者の一人となったのである.

無理数に手綱をつけて使いこなす

最終的にギリシャ人たちは,なんとかして無理数を使いこなす方法を見出した.この方法は,無理数が有理数によって限りなく近似できるという性質を用いている.近似の精度を上げるためには,より複雑な形の分数が必要になり,しかも誤差が完全になくなることはない.しかし,誤差をどんどん小さくしてゆく過程で,近似に使う有理数の性質をうまく使えば,無理数そのものの性質にアプローチできるのではないか.問題はこのアイデアを,当時のギリシャ人たちが幾何学や証明を扱って

[訳註3] 原著の表現は"irrationality"で,非合理性と無理(数)性の両方の意味が込められている.無理数(irrational numbers)の発見者が,教団(カルト)の信念に固執する人たちの非合理性(irrationality)の犠牲になったという,掛け言葉になっているわけである.

> 古代ギリシャの
> 無理数論は，紀元前
> 370 年ころにエウドクソス
> によって創案された．

いた方法とうまく適合させることである．実際それは可能であることがわかった．ただし，扱い方はかなり込み入ったものとなってしまう．

古代ギリシャの無理数論は，紀元前 370 年ころにエウドクソスによって創案された．彼のアイデアは，有理数か無理数かにかかわらず任意の量を，2 つの長さの比で —— すなわち 1 対の長さの組を用いて —— 表すというものである．$2/3$ であれば，長さ 2 の線分と長さ 3 の線分 2 つを用いて，それらの比 $2:3$ として表される．$\sqrt{2}$ であれば，単位正方形の対角線の長さの 1 辺の長さに対する比 —— すなわち $\sqrt{2}:1$ として表される．どちらの場合も，1 対の線分が幾何学的に構成されるという点に注意しておこう．

このアイデアの要点は，どういう場合に 2 つの比が等しいのかを，巧みに定義している点にある．比の相等 $a:b = c:d$ は，どういう条件が満たされれば，成り立つと言えるのか？ 古代ギリシャ人たちは適切な数体系を持っていなかったので，直接割り算をして $a \div b$ と $c \div d$ を比較することはできなかった．そのかわりにエウドクソスは，ちょっと面倒くさい方法だが，古代ギリシャ幾何学で認められていた規約にきちんと沿うかたちで，正確な比較をするやり方を見つけた．

a:b と c:d の比が同じかどうかを確かめる方法は？

まず，a と b を比較するために，それぞれ整数を掛けて，ma と nb を構成する．これらの長さを構成するには，まず長さ a の線分を同じ向きに m 個コピーして継ぎ合わせ，同様に長さ b の線分を n 個コピーして継ぎ合わせればよい．全く同様の方法で，こんどは mc および nd という長さを構成する．ここからがエウドクソスの巧みな論法になるのだが，もしも $a:b$ と $c:d$ が等しい比ではなかったとしよう．わずかでも比が違っていたら，長さに掛ける整数を大きくしていけば，違いは十分に拡大できるはずだ．だから私たちは，$ma > nb$ だけれども $mc < nd$ [訳註 4]，または大小関係がその逆 [訳註 5] となるような，整数 m と n を必ず見つけることができる．この論法を用いて，私たちは比の相等を定義できる [訳註 6]．

[訳註 4] 言うまでもなく，$a:b > c:d$ の場合である（$a/b > n/m > c/d$）．
[訳註 5] $ma < nb$ だけれども $mc > nd$ となるのだから，$a:b < c:d$（$a/b < n/m < c/d$）の場合に対応する．
[訳註 6] 比が等しければ上記のような違いが決して検出されないはずだという議論から，ユークリッド『原論』第 5 巻の定義 5 が導かれる．すなわち（現代的な表記と言い方を交えて述べると），2 つの比 $a:b$ と $c:d$ が等しいとは，任意の整数 m と n について 1) $ma < nb$ ならば $mc < nd$, 2) $ma = nb$ ならば $mc = nd$, 3) $ma > nb$ ならば $mc > nd$ がつねに成り立つことである．

この定義に慣れるには，ちょっと忍耐を要する．当時のギリシャ幾何学で許されていた手続きの範囲内で定義できるよう，注意深く工夫されているため，ややこしい言い方になっているからだ．にもかかわらず，この定義で完全にうまくゆく．ギリシャの幾何学者たちは，これを用いて，有理数比の場合に容易に証明できた定理を，さらに無理数比の場合にまで拡張することができた．

　ギリシャの幾何学者たちは，しばしば，取り尽し法と呼ばれる手法を用いて，現在では極限や微分積分法を使って証明される定理のいくつかを証明することができた．たとえば，円の面積はつねに，その半径を1辺とする正方形の面積と一定比をなすことを，この流儀で彼らは証明することができた．証明は，ユークリッドの著書に記されている「相似な正多角形の面積の比は，1辺がなす比の平方に比例する」という単純な事実から始まる．円は多角形ではないから，新しい問題が提起される．そこでギリシャ人たちは，2つの多角形の系列を考えた．片方は円に内接する多角形の系列であり，もう一方は外接多角形の系列である．両方の系列とも，円にどんどん近づく．ここでエウドクソスの定義がものを言う．サイズの異なる相似な近似多角形同士の面積比と，対応する大小の円の面積比が等しいことを，最終的に論証することができる．

ユークリッド (Euclid)

　最もよく知られているギリシャの幾何学者は，アレクサンドリアのユークリッド（エウクレイデス）であろう．ただし，最も有名ではあっても，たぶん彼は最も独創的な数学者というわけではなかった．ユークリッドは，偉大な集大成者であった．彼の幾何学書『原論』は，以後の時代ずっと読み継がれる超長期ベストセラーとなった．彼は少なくとも10の数学的著作を書いたが，そのうち現在まで残っているのは5つであり，すべて後世の写本という形で著作の一部が残されたものである．私たちは，古代ギリシャ時代に彼が書いた原本そのものは何も手元に残していないのである．残っているユークリッドの著作は，『原論』『図形の分割について』『デドメナ』(*Data*)『現象論』(*Phaenomena*)『光学』の5つだ．

　『原論』はユークリッドが集大成した幾何学の名作であり，2次元（平面）と3次元（空間）の幾何学の扱いについては決定版ともいえる内容を提供してくれる．『図形の分割について』と『デドメナ』は，幾何学に関するさまざまな補遺と注釈を含む．『現象論』は天文学者向けに書かれており，球面幾何学 —— 球面上に描かれた図形を扱う幾何学を扱っている．『光学』も幾何学書であり，透視画法 —— 人間の目がどのようにして3次元の光景を2次元の視覚像に変換するかを扱う手法 —— の幾何学を研究した初期の試みのうちの最上のものと言えるかもしれない．

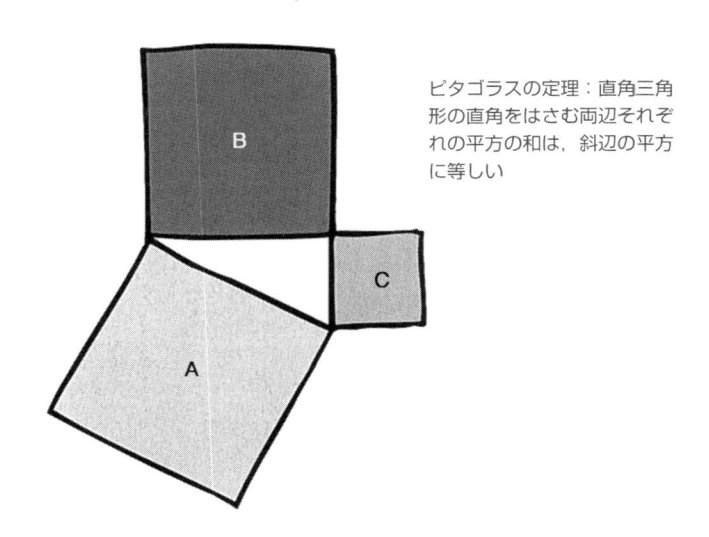

ピタゴラスの定理：直角三角形の直角をはさむ両辺それぞれの平方の和は，斜辺の平方に等しい

　おそらくユークリッドの著作を理解する最も適切な方法は，これを空間的関係のロジックの検証として読むことであろう．もしも，ある図形が一定の性質をもっていれば，その図形が別の性質をもつことも論理的に導かれるかもしれない．たとえば，ある三角形の各辺がすべて同じ長さをもっていれば —— 正三角形と呼ばれるわけだが，そこからの論理的帰結として3つの内角すべてが等しくなければならない．この種の言明，一定の前提条件をいくつか列挙し，次いでそれらからの論理的帰結を述べる言明は，定理と呼ばれる．上の例では，前提条件となる三角形の辺の性質を，その帰結としての内角の性質へとつなげ，論理的に関係づけた定理だと言うことができる．これほど直観的ではないが，より有名な定理としては，ピタゴラスの定理がある．

　『原論』は全部で13巻に分けて書かれており．各巻がその前までの巻からの論理的帰結となる構成となっている．まず平面図形の幾何学が論じられ，そのあとで空間図形の幾何学のいくつかの側面に光が当てられる．後者のクライマックスとなるのが，正多面体として正4面体，立方体，正8面体，正12面体，正20面体の5つが存在し，それ以外には存在しないことの証明である．平面幾何学で認められている基本図形は直線と円であり，これらがさまざまに組み合わせて用いられる．たとえば，三角形は3つの直線から作られる．空間幾何学では，平面と円柱および球が基本図形となる．

　現代の数学者たちにとって，ユークリッドの幾何学で最も興味があるのは，幾何学的内容ではなくて，その論理構成である．それ以前の数学者とは違って，ユークリッドはかくかくしかじかの定理が成り立つとだけ述べるのではなかった．彼は，

> ## 正多面体
>
> ある立体は，各面が合同な正多角形であり，かつ各頂点の周りの状態が全く同じであるとき，正多面体（プラトン多面体）と呼ばれる．ピタゴラス主義者たちは，そういう立体が5つあることを知っていた．
>
> | 正4面体 | 立方体 | 正8面体 | 正12面体 | 正20面体 |
> | --- | --- | --- | --- | --- |
> | 土 | 水 | 空気 | 火 | 精素(エーテル) |
>
> ・正4面体は4つの正三角形から構成される．
> ・立方体（正6面体）は6つの正方形から構成される．
> ・正8面体は8つの正三角形から構成される．
> ・正12面体は12個の正5角形から構成される．
> ・正20面体は20個の正三角形から構成される．
>
> これらは，古代自然哲学の4つの元素——土，空気，火，水——および天上界を構成するとされた第5元素，精素(エーテル)（quintessence）と対応づけられた．

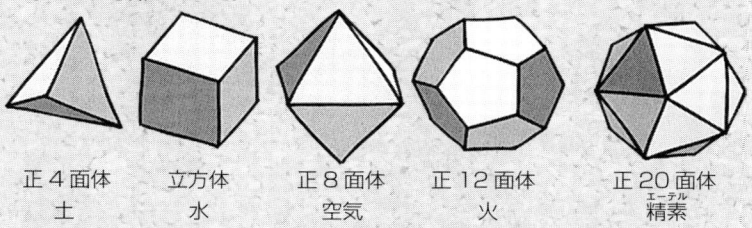

証明を与えたのだ．

　証明とは何だろうか？　証明とは，数学的内容を語る方法の一つである．そこでは，各ステップの言明が，それ以前のステップで語られたことからの論理的帰結となっている．語られるすべての言明は，それに先立つ言明に照らして正当化できるものでなくてはならず，それらの論理的帰結として導けることを示さなければならない．ユークリッドは，このプロセスを無限に遡(さかのぼ)ることはできないことを知っていた．証明は，どこかの始点からスタートしなければならない．そして，その最初の諸言明それ自体は，証明することができない——でなければ，証明は少し前の別の出発点から始まることになる．

　このスタート地点に，ユークリッドは，いくつかの定義をリスト・アップした．定義とは，これから専門的に用いる術語，たとえば直線とか円が何を意味するか，明晰で正確な記述を与えておくことだ．たとえば，「鈍角とは直角より大きな角である」といった言明が，典型的な定義となる．こうした定義のリストによって，彼は証明ぬきに仮定として用いる言明をきちんと述べるための術語を確保した．証明

ユークリッド

Euclid of Alexandria 325–265 BC

ユークリッド（エウクレイデス）は，その幾何学書『原論』で有名である．これは2000年間にもわたって数学教科書の最高峰であり続けた，偉大な書物である．

しかし，ユークリッドの生涯については，ほとんど何も知られていない．彼は，アレクサンドリアで教えていた．紀元前45年ころ，ギリシャの哲学者プロクロス（Proclus）は次のように書いている．

「ユークリッドは（中略）プトレマイオス1世[訳註7]治下の時代に生きた人である．なぜなら，アルキメデスはプトレマイオス1世の直後の人だが，彼がユークリッドに言及しているからである．（中略）プトレマイオス王はユークリッドに，『『原論』よりも手早く幾何学を学ぶ方法はないだろうか？』と尋ねたことがあるという．ユークリッドは答えて言った．『王，幾何学には王の道のような便利な道はございません』と．これらのことから，彼はプラトンのサークルよりは若い世代に属し，エラトステネス（Eratosthenes）やアルキメデスよりは年上の世代に属することがわかる．（中略）彼はプラトンの哲学に親近感を抱くプラトン主義者であった．それゆえ，彼は『原論』全体の最後を，いわゆるプラトン多面体［正多面体］の構成をもって締めくくったのである」．

なしで用いる仮定を，ユークリッドは公理（common notions）と公準（postulate）という2つのタイプに分けた．公理とされたのは，「同じ一つのものと等しいもの同士は，互いに等しい」のような言明である．公準とされたのは，「すべての直角は，互いに等しい」を典型とするような言明である．

現在の数学者たちは，ふつう両方のタイプをひとまとめの命題群として扱い，公理（axioms）と呼ぶ．数学的体系の公理とは，それを土台にして全体が組み立てられる，証明なしに前提する仮定のことである．公理の役割は，ゲームがそれに従って行われるルールのようなものだと思うと，わかりやすいかもしれない．私たちは，果たしてこのルールは正しいのだろうか，などと試合中に考えたりはしない．特定のゲームに参加するには，そのルールに従わなければならない．みんなでそのルールに従うのをやめて，別のルールでゲームをしたければ，それはそれで参加者たち

[訳註7] エジプトのプトレマイオス王朝の始祖（Ptolemy I Soter, 紀元前367年―283年）．アレクサンダー大王の大遠征時のマケドニア有力将軍の一人で，大王の死の直後，紀元前323年にエジプトに王朝を創設した（在位：紀元前323年―283年）．アレクサンドリアを首都と定め，学問を奨励したことで知られる．ちなみに，約250年後，プトレマイオス朝の最後となった女王がクレオパトラである．

の勝手である．ただし，そのとき行われるのは最初に考えていたゲームではなく，全く別種のゲームなのである．

　ユークリッドの時代，そして引き続く 2000 年の間，数学者たちは上述したような考え方はしなかった．ふつう彼らは，公理とは誰も疑問をはさむ余地のないほど明らかな，自明の真理を述べた命題（群）だと理解していた．ユークリッドもそう考えて，すべての公理をできる限り明白な言明として表そうと最善を尽くした．そして彼の試みは，完璧な成功に近いところまでいった．しかし，公理のうちの一つだけ，「平行線の公理」と呼ばれるものだけは，不自然なまでに込み入った主張で，直観的に納得できるものでもなかった．もっと単純な主張に還元できないかと，多くの人々が試みた．私たちが本書の後続の章で見ることになるように，やがてこれは予想外の驚くべき発見につながる．

　単純な言明を並べた冒頭にはじまり，『原論』は一歩一歩進んでいって，次第に複雑で洗練された数々の幾何学的定理の証明を与えてゆく．たとえば，第 1 巻の命題 5 では，二等辺三角形の 2 つの底角が等しいことが証明されている．この定理は，ヴィクトリア時代の学校に通っていた英国少年たちにとっての試練の難問であり，証明のために描く図が橋に似ていることから「ロバ（できない生徒）のつまずきの橋」などと呼ばれてきた．ここで勉強につまずいた生徒たちは，証明を理解するよりも証明の文言を丸暗記して試験に通ろうとしたと言われている．第 1 巻の命題 47 は，ピタゴラスの定理である．

　ユークリッドは，一つ一つの定理を，それまでに証明済みの定理と公理のいくつかを使って，論理的に導き出してゆく．彼は，公理を土台にして，命題というブロックをつなぎ固めるモルタルとして論理的推論を用いて一段一段と上へ積み重ね，空の高みに向かってそびえ立つ論理の塔を打ち建てた．

　現在の私たちにとって，ユークリッドの論理にはそこここに欠陥があり，十分に満足のゆくものではない．ユークリッドは，議論の余地のある多くのことを当然とみなしてしまっている．彼の公理系は，完全に近いとは，とても言えない．たとえば，円の内側の 1 点を通る直線が円周を横切ることは，自明と思えるかもしれない．直線を遠くまで延ばしさえすれば十分だ，と．図を描いてみれば，それで間違いないと思えるに違いない．しかし，このことがユークリッドの公理系からは導かれないことを示す例が，ちゃんと存在する．ユークリッドが素晴らしい仕事を残したことは間違いないが，彼は図を描いたとき明白だと思える性質を自明としてしまうことが多く，それらを証明も公理的な基礎づけも必要ないものとして扱った．

　こうした欠陥は，見た目以上に深刻である．図が与える微妙な錯覚から導かれる，有名な誤謬推論の例がいくつもある．そのうちの一つのニセ論証は，すべての三角

形が等しい2辺をもつことを「証明」してしまう．

黄金比

『原論』の第5巻は，第1巻から第4巻までの流れとはがらりと方

> "当たり前のことに恰好だけつけて，定理だと称しているのだろうか？全く違う．"

向が変わり，なにか曖昧模糊とした感じさえする議論に入ってしまう．この巻の内容は，ふつうの幾何学のようにはとても見えない．実際，第一印象としては，まわりくどい難解で無意味なたわごとが並んでいるようにしか読めないのだ．たとえば，次の第5巻の命題1などは，何を言ってると思ったらいいのだろうか？「いくつかの量が，他のいくつかの量を等倍したものだとせよ．そのとき，それが何倍されたにせよ一つの量についての倍数は，他の量に対する倍数でもあり，すべての量について同様である」とある．

この言語表現（著者が少し簡明化を試みた）は，どうにも助けにならない．しかし，証明を見ると，ユークリッドが何を言いたかったのかが明瞭になる．19世紀の英国の数学者ド・モルガン（Augustus De Morgan）は，彼の幾何学の教科書の中でユークリッドの意図を平易な言葉を使って説明している．「10フィート10インチは，1フィート1インチの10倍である」と．

ここでユークリッドは何を問題にしているのだろうか？　当たり前のことに恰好だけつけて，定理だと称しているのだろうか？　神秘的なナンセンス？　全く違う．不明瞭な表現に見えるけれども，ここは『原論』の中でも最も深遠な，エウドクソスが見出した無理数比を扱う技法が書かれている部分なのだ．現在の数学者たちは，古代ギリシャの量や比の概念のかわりに，数を用いて話を簡明にする．それが，一般によく知られている表現方法なので，以下では古代ギリシャの考え方を説明するのに現代流の言い方を交える．

ユークリッドは，無理数という難題と向き合うのを避けるわけにはゆかなかった．というのも，『原論』のクライマックスは——そして多くの人が主要目標だったと信じているのは——正多面体として，正4面体，立方体（正6面体），正8面体，正12面体，正20面体の5つだけが存在するという証明であったからだ．ユークリッドは2つのことを証明した．これら以外には正多面体は存在しないこと，および，これら5つの正多面体が実際に存在する——幾何学的に構成できて，それらの各面は少しの誤差もなくぴったり完全に重なる——ことだ．

正多面体のうちの2つ，正12面体と正20面体は正5角形を含む．正12面体の場合は，各面が正5角形であり，正20面体の各頂点では5つの面が接するが，そ

れら5つの面を囲む外側の境界線は正5角形になっている．正5角形は，ユークリッドが中末比 (extreme and mean ratio) と呼んだものと直接結びついている．線分AB内の点Cを，AB：ACとAC：BCが等しい比となるようにとってみよう．すなわち，線分全体が区分されたうちの大きいほうの区間に対してなす比が，大きい区間の小さい区間に対する比と等しい．正5角形に，隣接しない頂点間を結ぶ線分を描き加えると内部に5つの尖端をもつ星形の図形ができるが，星形図形の頂点間を結ぶ線分が正5角形の1辺に対してなす比が，まさにこの比そのものになる．

　今日，私たちは，この比を黄金比と呼んでいる．比の値は $\frac{1+\sqrt{5}}{2}$ に等しく，無理数値になる．小数で数値を表すと，約1.618である．古代ギリシャ人たちは，これが無理数比になることを，正5角形の幾何学を使って証明することができた．ユークリッドも彼の先輩たちもそのことを知っていたから，正12面体と正20面体を正しく理解するためには，無理数の扱い方を把握しておく必要があることを十分に自覚していた．

　これが，『原論』に対する従来の理解の仕方である．しかし，デヴィッド・ファウラー (David Fowler) は，その著『プラトンのアカデミーの数学』(*The Mathematics of Plato's Academy*) において，全く正反対の見解を披歴している．彼によると，ユークリッドの主要目的は無理数の理論を示すことにあり，正多面体の話はその理論がきれいに応用できる例に過ぎなかった，というのである．残された証拠は，どちらにも解釈可能であるが，『原論』の一つの特徴に限って言うなら，ファウラーの説がよりきれいに適合する．『原論』に書かれている詳細な数の理論[訳註8]の大部分は，じつは正多面体の分類には必要不可欠なものではない，という事実だ．それな

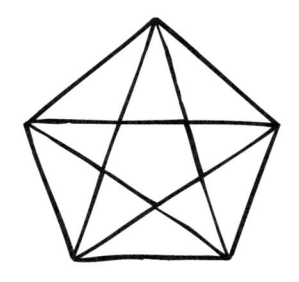

正5角形の対角線の長さと1辺の長さの比は，黄金比をなす

中末比（黄金比）：線分全体（上）を左右の線分（中段および下段に表示）に分け，線分全体と左側部分との長さの比が，左側と右側の長さの比と等しいようにする

[訳註8]　比の理論あるいは量の理論と呼ぶべきかもしれないが，ここで著者はユークリッドの無理数論をテーマに議論している．

のに，なぜユークリッドはそれらを『原論』に編入したのか？ これらの記述は，しかし無理数の問題と深く関連している．だからこそ，編入されることになった，というのが一つの見方である．

アルキメデス（Archimedes）

　古代ギリシャ最大の数学者といえば，なんといってもアルキメデスである．彼は，幾何学において重要な貢献をしたし，数学を自然界の現実に適用することにおいて先頭を切った，卓越したエンジニアでもあった．数学の世界においては，彼の名前はつねに円・球・円柱に関する業績とともに記憶されている．そして，こうした対象を扱うとき必ず出てくるのが π（パイ）という数値で，おおよそ 3.14159 程度の数である．もちろん，古代ギリシャ人たちは，π を数として直接扱うことはなかった．つねに幾何学的に，円周が直径に対してなす比として理解されていた．

　もっと以前の文化においても，円周の長さが直径にいつも同じ値を掛けたものになること，そしてそれが 3 に近い数——たぶん 3 より少し大きい数であることは認識されていた．バビロン人たちは一般に $3\frac{1}{8}$ という値を使っていた．しかし，アルキメデスは，はるかに先を行っていた．高い精度の値を得ただけでなく，その結果には厳密な証明が伴っていた．その意味で，彼はエウドクソス以来の精神を引き継いでいた．古代ギリシャ人たちも，円周の直径に対する比は無理数らしいと思っていた．私たちは π が実際に無理数であることを知っているが，それが確認されたのはようやく 1770 年になってのことで，ランベルト（Johann Heinrich Lambert）が証明を考え出した（$3\frac{1}{7}$ という［英国の］学校で使う数値は便利だが，近似値である）．それはともかく，アルキメデスは π が有理数かどうかを調べ，有理数だとは証明できず，無理数かもしれないと想定せざるを得なかった．

　ギリシャ幾何学は多角形——線分をつないで作ることのできる平面図形——を扱うのを得意とした．しかし，円は曲線であり，多角形ではない．そこでアルキメデスが考えついたのは，多角形によって円をどんどん近似してゆくという方法だ．π の値を見積もるために，彼は円周の長さを 2 系列の多角形と比較することを考えた．片方は円に内接する多角形，もう一方は外接多角形の系列である．内接する多角形の周長は円周より短く，外接する多角形の周長は円周よりも長いに違いない．計算を容易にするため，アルキメデスは正 6 角形から出発して，次に正 12 角形，次いで正 24 角形，正 48 角形，…と辺の数を繰り返し 2 倍にしてゆく方法を採用した．彼は，正 96 角形までで計算を打ち切った．彼はその計算から，$3\frac{10}{71} < \pi < 3\frac{1}{7}$ であることを証明した．現在の十進小数表記でいうと，π が 3.1408 よりは大きく 3.1429 よりは小さい，その区間のどこかの値であることを，彼は証明したこ

アルキメデス
Archimedes of Syracuse 287-212 BC

アルキメデスは，シシリー島のギリシャ人植民都市であったシラクサに，天文学者フィディアス (Phidias) の息子として生まれた．彼はエジプトを訪れ，そこで彼の名を冠して呼ばれる「アルキメデスの螺旋ポンプ」——ごく最近までこれはナイル河の水を灌漑用に汲み上げるのに広く使われていた——を発明したとされている．彼は，おそらくアレクサンドリアにユークリッドを訪ねている．彼がアレクサンドリアの数学者たちと交流していたことは間違いない．

彼は，誰もかなわない数学的技量で，幅広い分野の問題を扱った．成果は実用的目的にも援用され，巨大な兵器製作にも用いられた．これは梃子の原理を応用したもので，大きな石塊を敵に向かって放擲することができた．彼の投石機は，ローマがアレクサンドリアを包囲した紀元前 212 年に用いられて効果を上げ，ローマ軍を悩ませたと言われている．彼は光の反射の幾何学を使って，太陽光線をローマ侵略軍艦隊船上の焦点に集め，戦艦を焼き払ったとさえ伝えられている．

彼の著作で現在まで残っているもの（いずれものちの時代の写本）には，『平面内での釣り合いについて』(On Plane Equilibria)，『放物線球積法』(Quadrature of the Parabola)，『球および円柱について』(On the Sphere and Cylinder)，『螺旋について』(On Spirals)，『円錐曲線と回転楕円面について』(On Conoids and Spheroids)，『浮体について』(On Floating Bodies)，『円の計測』(Measurement of a Circle)，『砂粒の計算者』(The Sandreckoner) および 1906 年にヨハン・ハイベーアが発見した『力学的理論の方法』がある．

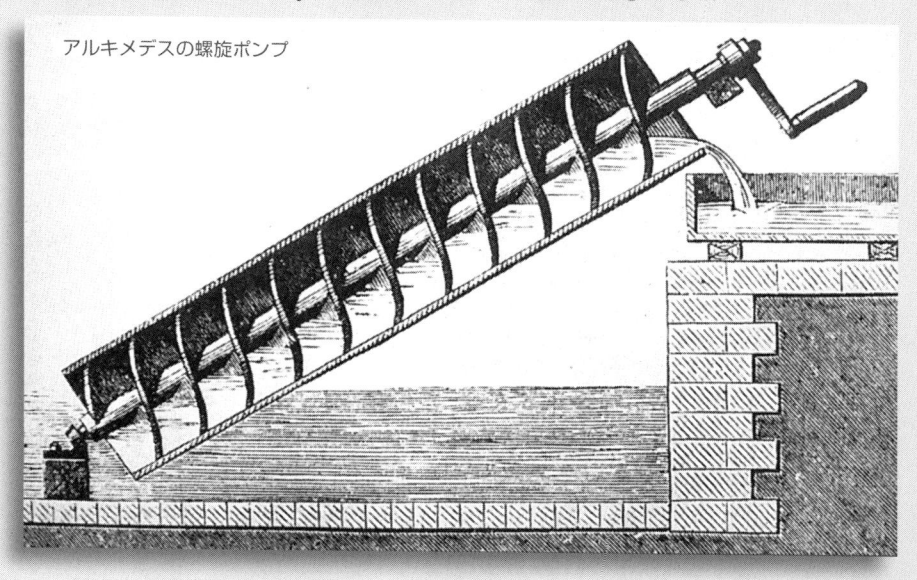

アルキメデスの螺旋ポンプ

π計算を何兆桁まで？

現在では，円周率 π の値は，巧妙な計算手法を用いて何兆桁までも計算されている．こうした計算の試みは，計算手法への興味から，計算機システムをテストするため，あるいは単なる好奇心から行われているもので，計算結果そのものに意味がそれほどあるわけではない．実用目的での計算では，π の精度は小数点以下5桁か6桁でたいていは用が足りる．現在の世界記録は，2002年12月に金田泰正ほか9名のチームが日立SR8000スーパーコンピュータを約600時間走らせて計算した約1.24兆桁（十進法で）である[訳註9]．

とになる．

アルキメデスの球についての仕事は，とりわけ興味深い．これは，彼が厳密な証明をつけているからではなく，彼が解を見出した方法が厳密さとは正反対のものだったからである．証明のほうは，彼の著書『球および円柱について』(On the Sphere and Cylinder) の中で与えられている．彼は，球の体積がそれに外接する円柱の体積の3分の2であること，そして球の表面積が，外接円柱のうち上下の平行面部分を除いた表面積に等しいことを証明している．現代的な表記を用いると，アルキメデスは半径 r の球の体積が $\frac{4}{3}\pi r^3$ であり，表面積は $4\pi r^2$ になることを証明したわけである．これらの事実は，現在でもよく使われる公式となっている．

証明は，取り尽し法の卓抜な援用によるものだ．ただし，この方法には重大な限界がある．正しい答えを前もって知っていないと，証明がうまくゆく見込みがないのだ．何世紀にもわたって，アルキメデスがどうやって答えを推察したのか，学者たちは見当もつかなかった．ところが，1906年のことだ．デンマークの言語学者で歴史家のハイベーア (J.L.Heiberg) は，祈祷文を記した13世紀の羊皮紙を調べていて，驚くべきことを発見した．彼は，祈祷文を書き込むために消そうとした以前の書き込みが，かすかに見えるのに気づいた．元の文書が何であるかを調べてみて，彼はそれがアルキメデスの著作のいくつか

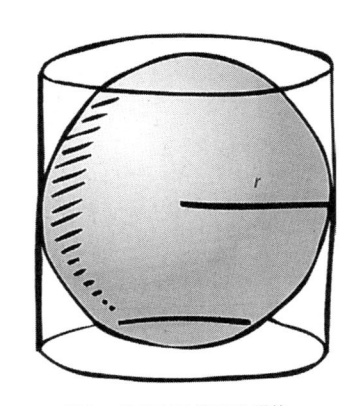

球と，それに外接する円柱

[訳註9] その後2009年8月に筑波大学の高橋大介らのチームが記録を更新し，約2.57兆桁を計算した．が，同年12月には，フランスのベラール (Fabrice Bellard) が約2.70兆桁を計算した．2013年5月現在，米国のカレルス (Ed Karrels) らのグループは，約4000兆桁まで計算したと主張している．

再利用写本に記されたアルキメデスの著作　　—— それまで見つかっていなかったものを含む —— を写本したものであることを発見した．そうした文書は，再利用写本（パリムプセスト）と呼ばれる．高価な羊皮紙を再利用するため，元の書き込みを消去した上に別の写本などを上書きしたものだ（驚くべきことに，この写本にはアルキメデスのほかの古代人2人の失われた著作の一部まで含まれていた）．

こうして見つかったアルキメデスの著書の一つ『力学的理論の方法』(*Method of Mechanical Theorems*) に，彼がどのようにして球の体積を推察したのかが説明されている．基本的なアイデアは，球を限りなく薄くスライスすることにある．同じ高さの位置で，外接円柱と円接する球および内側に倒立で置いた円錐を，それぞれ限りなく薄くスライスする．円柱のスライスを天秤ばかりの片方に，球のスライスと円錐のスライスを一緒にしてもう一方に置いてみよう．天秤の位置を調整すると，どこかで釣り合うはずである．釣り合う位置は梃子の原理を使って計算でき，どの高さでスライスしても一定になる．アルキメデスは円錐の体積はすでに知っていたから，この方法から球の体積を推察することができた．この数奇な運命をたどった羊皮紙は，1998 年に 200 万ドルで個人の買い手の手元に渡った．

ギリシャ幾何学にとっての難問

古代ギリシャの幾何学には限界があった．そのうちのいくつかは，新しい方法や概念を導入することで克服された．ユークリッドは実質的に，許される幾何学的構成法を，目盛のついていない定規とコンパスとだけを使って作図できる範囲に限定した．このことを彼が要請したとしばしば言われてきたが，彼の幾何学の組み立て方からそう暗示されるだけで，明示的な規則としては書かれていない．特別な道具——コンパスが完全な円を描くとされるのと同じ意味で理想化された別の道具を使えば，幾何学的構成は拡張可能だ．

たとえば，アルキメデスは 2 箇所に印をつけた定規を使えば，角を 3 等分できることを知っていた．ギリシャ人たちは，こうした図形構成法を「傾け滑らす作図法」(*neusis* constructions) と呼んでいた．私たちは——古代ギリシャ人たちもうすうす予感していたように——定規とコンパスだけを使って角を 3 等分するのは不可能なことを，現在では知っている．だから，アルキメデスの貢献は，幾何学的構成法の制約をゆるめて，何が可能かの範囲を拡張した点にある．当時の難問としては，このほかに立方体倍積問題（与えられた立方体の 2 倍の体積をもつ立方体を幾何学的に構成すること）と円積問題（与えられた円と同じ面積の正方形を作図すること）がある．いずれも，定規とコンパスだけを使う方法では，解を構成することが不可能なことが今ではわかっている．

幾何学的操作の拡張がもたらした重要な成果として，円錐曲線の新たな導入がある．これは，その後アラブ世界で西暦 800 年ころに 3 次方程式を扱うのに使われ，機械学や天文学にさかんに応用された．これらは，数学の歴史できわめて重要な役割を果たした曲線群だが，1 対の円錐を平面で切った切断面に現れ，以下の 3 つに分類される．

3種類の円錐曲線

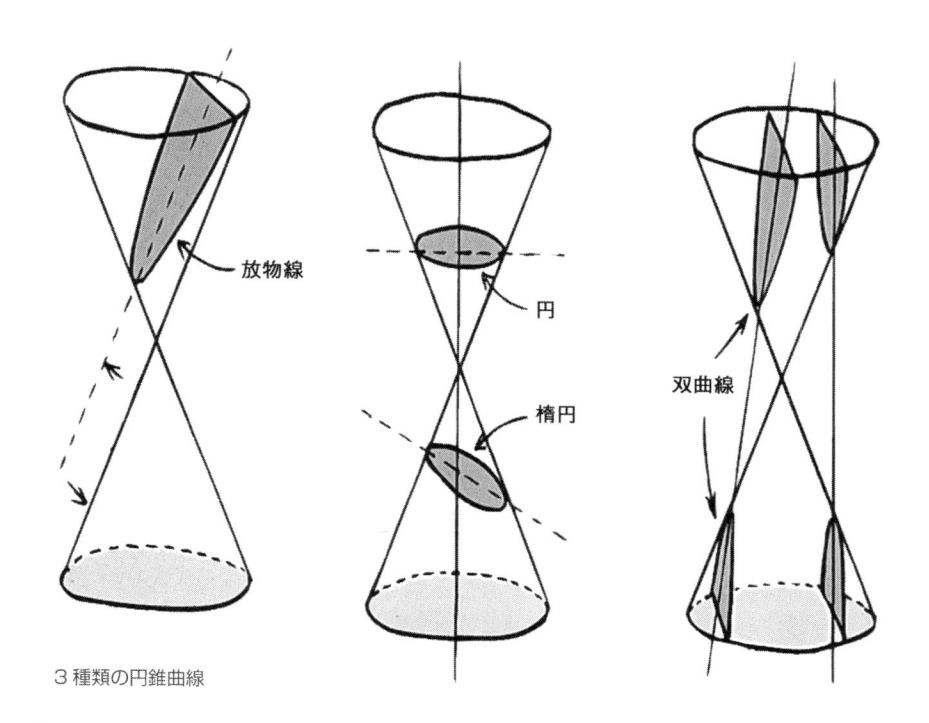

楕　円　平面が円錐の一方だけを切ったときに得られる長円形の曲線．円は，楕円の特殊な場合とみなされる．

双曲線　平面が両方の円錐を切ったときに得られる曲線で，2つに分かれている．

放物線　楕円と双曲線との境目の条件——円錐の頂点を通り円錐上に乗る直線と平行な平面で切ったときに得られる曲線．

　円錐曲線は，ペルガのアポロニウス（Apollonius of Perga）によって詳細に研究された．彼は，小アジア（現在のトルコ）のペルガからアレクサンドリアに渡り，ユークリッドのもとで研究した．紀元前230年ころに著された彼の大作『円錐曲線論』には，487もの定理が含まれている．ユークリッドもアルキメデスも円錐の性質をいくつか研究したが，アポロニウスの成果ははるかに膨大である．その定理群を要約して紹介しようとするだけで，たぶん1冊まるまるの本が必要になってしまうので，ここでは重要な1点だけを指摘するにとどめよう．それは，楕円または双曲線の焦点という概念である．焦点は，これらの曲線に付随する，特別な2

幾何学はどのように使われてきたか

紀元前250年ころ，キュレネ[訳註10]のエラトステネス (Eratosthenes of Cyrene) は，地球の大きさを見積もるために，幾何学を用いた．彼は，シエネ（現在のエジプト南部アスワン）では夏至の真昼には太陽がほぼ真上にくるのに対し，同じ日のアレクサンドリアでは真上から約7.2°の角度で陽が射すことを高い柱の影の観察から確かめた．ギリシャ人たちは，地球が丸いことを知っていた．そして，アレクサンドリアはシエネのほぼ真北に位置している．だから，球の断面円を考えると，アレクサンドリアからシエネまでの距離は，地球の周の50分の1だということがわかる．

エラトステネスは，駱駝の隊商がアレクサンドリアからシエネまで到着するのに，50日かかること，そして隊商は1日に100スタディアの距離を旅することができることを知っていた．したがって，アレクサンドリアからシエネまでの距離は5000スタディアということになる．そこから，地球1周の長さは25万スタディアだという計算結果が得られる．残念なことに，私たちは1スタディアの正確な長さを知らない．一説に1スタディアが157メートルだとする見積もりがあるので，これを採用すると地球の周長は3万9250kmという値になる．現在知られている値は3万9840kmである．

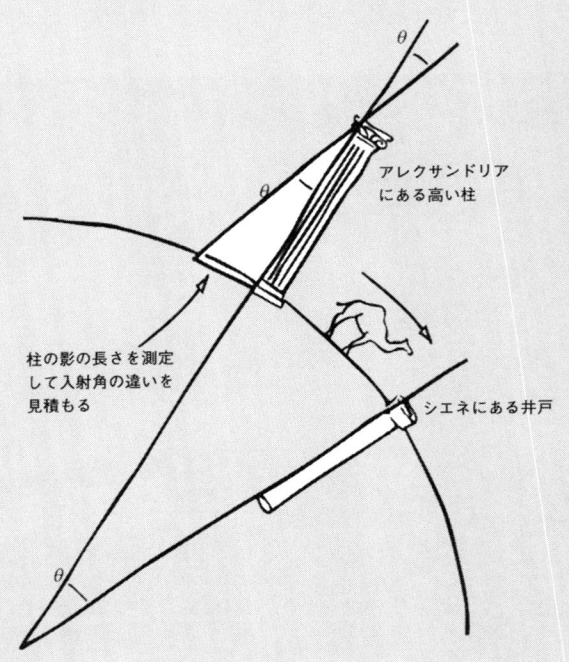

[訳註10] 現在のリビア東部のシャハット．ここも当時は，ギリシャ人たちの植民都市であった．

> ギリシャ人たちは，どうすれば
> 角を3等分できるかを知っていたし，
> 円錐曲線を使って立方体を
> 倍積する方法も知っていた．
> 与えられた円と同じ面積の正方形を
> 見つけることもできた．

つの点である．焦点に関係する興味深い性質はたくさんあるが，一つだけ挙げると，曲線上の点と両焦点との距離がきれいな関係になっている．楕円上の各点と2つの焦点との距離の和は，つねに一定（楕円の長径に等しい）となる．双曲線についても類似の性質があるが，こんどは2つの焦点との距離の差が一定となる．

　ギリシャ人たちは，どうすれば角を3等分できるかを知っていたし，円錐曲線を使って立方体を倍積する方法も知っていた．さらに別の種類の特殊な曲線，円積曲線（quadratrix）というものを使って，与えられた円と同じ面積の正方形を見つけることもできた．

　古代ギリシャの数学は，2つのきわだった考え方を生み出すことで人類に貢献した．まず明らかなのが，幾何学を系統的に理解するやり方．幾何学という道具を使いこなすことによって，ギリシャ人たちは地球の形状や大きさを理解することがで

ロンドン北西部にあるサッカーの聖地，ウェンブリー・スタジアム．古代ギリシャ以来，各文化圏を通じて発見されてきた幾何学の原理が，設計に活用されている

ヒュパティア
Hypatia of Alexamdria 370-415

ヒュパティアは，歴史に名前が残っている最古の女性数学者である．彼女はアレクサンドリアのテオン (Theon of Alexandria) の娘で，父親も数学者であった．おそらく彼女は父親から数学を学んだのだと思われる．西暦 400 年までには彼女はアレクサンドリアのプラトン学派の指導者となり，哲学と数学を教える地位に就いた．いくつかの歴史資料は，彼女が秀逸な教師であったと記述している．

ヒュパティアがオリジナルな数学的貢献をしたかどうかについては，よくわかっていない．しかし，彼女は父テオンが天文学者プトレマイオス[訳註11]の『アルマゲスト』の注釈を書くのを助けたし，彼がユークリッドの『原論』の改訂版 —— その後の版がすべて依拠したもの —— を編集するのも助けた可能性がある．彼女自身は，ディオファントス (Diophantus)『算術』とアポロニウス『円錐曲線論』の注釈を書いている．

ヒュパティアの教え子の中には，当時急速に広がっていった宗教であるキリスト教の指導的な人物も何人かいて，その中の一人シネシオス (Synesius of Cyrene) が彼女に送った書簡が何通か残っている．その中で，彼はヒュパティアの能力を称賛している．

不幸にも，初期のキリスト教徒たちはヒュパティアの哲学と科学を異教に根ざすものとしてとらえ，彼女の影響力に対する憤慨に駆られた人々もいた．412 年，新たにアレクサンドリアの大主教となったキュリロス (Cyril) は，ローマが任命した属領長官オレステスと政治的に対立した．ヒュパティアはオレステスの親しい友人であり，彼女の教師および雄弁家としての能力を，キリスト教徒たちは脅威と感じた．彼女は不穏な政治状況の焦点となり，ついには群衆に殺害される．経緯には諸説あり，ニトリア派 (Nitrian) の狂信的なキリスト教修道僧らに責ありとするもの，アレクサンドリアの群衆を非難するもの，さらには彼女自身も政治的謀略に加担しており死は避けられなかったとしている史料もある．

彼女の殺され方は，残虐をきわめた．鋭い陶片（牡蠣(かき)の貝殻とする説もある）を振るって，群衆は彼女の体をずたずたに切り刻んだ上，焼いたという．この処刑の仕方は，ヒュパティアが魔女として断罪されたことを示唆する．実際，コンスタンティウス 2 世[訳註12]は，魔術を使った者は彼（女）らの肉体を「鉄の鉤(かぎ)で骨がばらばらになるまで引き裂いて」処刑せよと指示しており，ヒュパティアは初期キリスト教徒らによる最初の著名な魔女狩り犠牲者だったと思われる．

[訳註11] 西暦 2 世紀にアレクサンドリアで活躍した天文学者（90 年ころ—168 年ころ）．主著『アルマゲスト』は，古代から近世初期まで支配的であった天動説の虎の巻として，長年にわたって信奉された．彼が王朝の子孫だとする説もあるが，プトレマイオスという姓は当時のグレコローマン上流階級ではありふれた姓であり，まともに取る歴史家はいない．

[訳註12] ローマ帝国の皇帝（在位 337 年—361 年）で，父帝コンスタンティヌス 1 世とともにキリスト教を優遇した．従兄弟のユリアヌスらと帝国を分割統治するが，政治的・宗教的に不安定な時代であった上，複雑な家系も絡んで多くの親族や部下を猜疑心から粛清処刑したことでも知られる．

幾何学は現在どのように使われているか

アルキメデスによる球の体積の公式は，現在でも非常に役立っている．応用例の一つに——これはπの精密な値が当然必要になるが——自然科学の全分野で使われる質量の標準単位の定義がある．

長年にわたって，1メートルという単位は，特定の金属の棒の長さを特定の温度で測定した長さとして定義されてきた．しかし，こうした物理単位の多くは，今ではもっと基本的な物理測定をもとにした定義に取って替わられている．たとえば，1メートルであれば，ある特定の原子が発する特定の光の波長の何万何千何百…倍という具合に，今では定義されている．

しかし，基本単位のいくつかは，今でも特定の物体を用いて定義されている．質量の場合がそうだ．質量の基本単位はキログラムだが，これは特定の球状物体の質量として定義されており，純粋なシリコンでできた球が原器としてパリに保管されている．この球は，きわめつきの精度で球状に加工されている．シリコンの密度も，非常な高精度で測定されている．アルキメデスの公式は，この球の体積を計算してシリコンの密度と関連づけるのに，どうしても必要である．

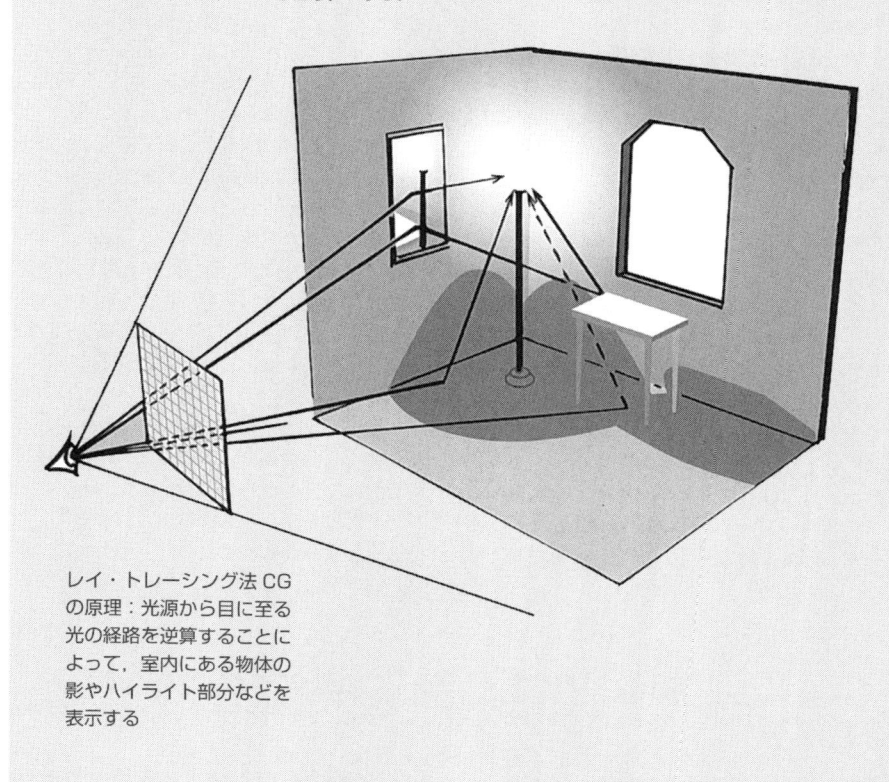

レイ・トレーシング法CGの原理：光源から目に至る光の経路を逆算することによって，室内にある物体の影やハイライト部分などを表示する

現在での応用例として，もう一つ，コンピュータ・グラフィックスを挙げておこう．いまどきの映画は，コンピュータで生成される画像（CGI：computer-generated images）に高いお金をかける．こうしたグラフィックスでは，鏡であれワイングラスであれ，物体に当たった光がどのように次々と反射してゆくかを考慮に入れないと，リアルな感じを出せない．効果的にこれを計算する技法に，レイ・トレーシング法がある．私たちが光景をある角度方向から見るとき，私たちの目は物体で何度か反射されて結果的にその角度で入射してくる光線をとらえることになる．そこで，私たちの目から光線がたどってきた経路を逆算するのが，この手法である．どの反射面でも，光の入射角と反射角が等しいことが使われる．この幾何光学の原理を数値的な計算に置き換えて，コンピュータは何度か反射して目に届く光線を見つけ出してくれる．たとえば鏡の前に置かれたワイングラスの映像をいい感じで出そうとしたら，少なくとも数回まで反射する光の成分を計算に入れる必要がある．

> **どのサッカー場も，古代ギリシャ幾何学の偉大さの証(あかし)なのである．**

きたし，地球と太陽や月との関係，さらには太陽系内のより複雑な動きまで理解することができた．彼らは，長いトンネルを両端から掘り始めて中間点でぴたりと合流できるよう幾何学を応用し，工期を半分にまで短縮した．彼らは，梃子(てこ)の原理のような単純な基本原理をもとに，平和目的にも戦争目的にも使える巨大で強力な機械を作り上げた．彼らは，幾何学を造船や建築にも活用した．パンテオンのような建築物は，数学と美が決して無関係なものではないことを，私たちに教えてくれる．パンテオンの華麗なたたずまいは，人間の視覚の成り立ちと建物を地上に均整よく建てる必要性との両方からくる制約条件に解決を与えるため，建築家が数多くの巧みな数学的仕掛けを駆使した結果なのである．

　古代ギリシャ人たちの大きな貢献の2番目は，主張された数学的言明が本当に正当化できるかどうかを確認するために，論理的な演繹(えんえき)推論を系統的に用いる方法を生み出したことである．論理的な議論は哲学に始まったものだが，最もよく発達し，かつ明示的な形態のものは，ユークリッドとその後継者たちの幾何学の中に見出すことができる．こうした論理的な基礎づけなしには，その後の数学の発展はありえなかったであろう．

　両方とも，今日まで必要不可欠なものとして引き継がれている．現代の工学——たとえばコンピュータを使った設計と製造の技術など——は，ギリシャ人たちが発見した幾何学の原理に依拠している部分が大きい．どの建築物も，自重で倒壊しないよう設計されているし，多くは耐震構造設計もされている．どの高層マンションも，吊(つ)り橋も，サッカー場も，古代ギリシャ幾何学の偉大さの証(あかし)なのである．

　合理的な考え方，論理的な議論も，同じく決定的に重要な遺産だ．私たちの生きている世界は非常に複雑だから，現実が本当のところどうなっているかにもとづかず，何を信じたいかをもとに意思決定するのは，潜在的な危険があまりにも大きい．科学的方法というものは，人間の本性に深く根ざしている「何が実際に真実であるか」よりも「何が真実であってほしいか」をもとに判断してしまう傾向を克服するために，意識的に工夫して作られている．科学においては，人々が深く信じていることが実際には間違っていることを証明することに，しばしば力点が置かれてきた．反証の余地がないか何度も何度も厳しくチェックされ，それに耐えて生き残ってきた考えが，最も真実に近いと考えるのである．

3

Notations and Numbers
Where our number symbols came from

第 **3** 章

算術と記数法の歴史
十進記数法による筆算という大発明

私たち（欧米人）は，0, 1, 2, 3, 4, 5, 6, 7, 8, 9 の 10 種類の数字を使う，現在の十進法のシステムにすっかり慣れ切っているので，これとは全く違う記数法があることを知ると少し驚いてしまう．現在でも，アラブ諸国や中国・韓国などでは，異なる数字記号が，より大きな数を表す記号とともに，位取り記数法とも組み合わせて使われている．しかし，もっとずっと異なる記数法だってありうる．10 という数は，特別な数というわけでは全くない．たまたま，私たち人類が 10 本の指を持っていて，数えるのに都合がよかったというだけの話だ．もし私たちが，7 本とか 12 本とかの指を持った生物に進化していたとしたら，数字や記数法は，だいぶ趣の違ったものになっていただろう．

ローマ数字から電卓の数表記まで

　欧米人が必ず知っている別の数表記法としては，ローマ数字のシステムがある．たとえば，2013 年であれば MMXIII と書き記される．私たちは，整数ではない場合には 2 通りの表し方，3/4 のような分数表記と 0.75 のような小数表記の両方を使っていることに気づくだろう．でも，さらに別の表し方もある．非常に大きな数や非常に小さな数を統計や科学技術計算で扱うときは，5×10^9 と書いて 50 億を表したり（電卓などでは 5E9 などと表示されることが多い），5×10^{-6}（5E − 6）で 100 万分の 5 を表したりする．

　こうした数表記の記号システムとしては，何千年もの間に，さまざまな文化でさまざまな異なる方式のものが発展してきた．私たちは，すでにバビロン人たちの 60 進法の記数法（もし私たちが 60 本の指を持っていたら素直に使う気になるだろう）や，それよりは単純な古代エジプトの記数法では少し奇妙な分数の扱い方をすることを見てきた．その後，中米のマヤ文明では 20 進法の記数法も開発された．現在の記数法を人類の大部分が採用するようになったのは比較的最近のことだし，多くの場合は各文化の伝統的記数法と混合しながら，便利さを追求する中で普及してきた．数学そのものは概念に関わるものであり，記号は副次的なものだけれども，よい記号を採用することが大きな助けになるのは事実である．

古代ギリシャの数字表記

　まず，ギリシャ数字の話から始めよう．ギリシャの幾何学はバビロニア幾何学からの大きな進歩であったのだが，ギリシャの算術は——残されている史料から判断する限り——ちっとも進歩がなかった．むしろ，ひどく退化してしまったと言うべきだろう．彼らは，位取り記数法を使わなかった．そのかわり，10 とか 100 に対する特別な記号を使って，それらを単位にして何倍かする方法を用いた．その

ため，たとえば，50 という数の記号表現は，5 や 500 の記号表現となんら特別な関連を持たなかった．

最も初期のギリシャ数字表記の記録としては，紀元前 1100 年ころのものが見つかっている．ローマ数字と似たアッティカ文字[訳註1]の導入とともに，紀元前 600 年ころまでには記数法が変わる．そして，これは紀元前 450 年ころまでには再び変更される．アッティカの数字表記法では，|，||，|||，||||の記号を 1，2，3，4 に対して用いる．数 5 に対しては，パイの大文字（Π）が使われた．これは，おそらくギリシャ語で 5 を意味する「ペンタ」の頭文字からきている．同様に，10 を表すのには「デカ」の頭文字である Δ が，100 に対しては「ヘクタ」の頭文字 H が，1000 に対しては「キリオリ」の頭文字 Ξ が，10,000 に対しては「ミュリオイ」の頭文字 M が，それぞれ使われた．のちに，Π の文字は Γ に取って替わられた．したがって，たとえば 2178 という数は，次のように表記された．

$$\Xi\Xi H \Delta\Delta\Delta\Delta\Delta\Delta\Delta\Gamma|||$$

ピタゴラス主義者たちが数を哲学の基礎に据えたことは前章で述べたが，彼らが実際に数をどのように書き表したかは，はっきりわかっていない．彼らが平方数や三角数[訳註2]に関心を寄せていたことを考えると，ドット（点）を並べたパターンによって数を表していたのかもしれない．

紀元前 600 年ころから紀元前 300 年ころまでのギリシャ都市文化の古典時代が到来する時期に，ギリシャの記数法は再び変わる．こんどは，彼らのアルファベット 27 文字を総動員して，次のようなやり方で 1 から 900 までの数を表記した．

1	2	3	4	5	6	7	8	9
α	β	γ	δ	ε	ϛ	ζ	η	θ

10	20	30	40	50	60	70	80	90
ι	κ	λ	μ	ν	ξ	o	π	ϟ

100	200	300	400	500	600	700	800	900
ρ	σ	τ	υ	ϕ	χ	ψ	ω	ϡ

[訳註1] アッティカ言語は，ギリシャ語の古代アテナイ方言で，古典ギリシャの文学言語のいわば「標準語」となっていった．

[訳註2] 現代的な言い方をすれば，n を自然数としたとき，平方数は n^2 の形で書ける数，三角数は $\sum_{k=1}^{n} k = \dfrac{n(n+1)}{2}$ の形で書ける数だと言うことができる．

これらは，すべて小文字である．ギリシャ文字だけでは足りないので，フェニキア文字由来のϚ（スティグマ），Ϙ（コッパ），Ϡ（サンピ）の3つを借りてきて使っている．

同じ文字でもっと大きい数を表さなければならないので，あいまいさを避けるために文字の上に線を引いて区別することが行われた．999より大きい数については，上の表の各文字の上に線を引くことによって，元の数の1000倍の数が表された．

ギリシャの記数法は，計算結果を記録するときには理にかなったものだと言えるが，計算そのものを実行するのには全く役に立たない（たとえば $\sigma\mu\gamma$ に $\omega\lambda\delta$ を掛ける場合を考えてみよ）．実際の計算は，おそらく計算盤を用いて行われたのであろう．早期の計算盤（アバカス）は，砂の上に砂利石を並べて計算中の数を表すようなものだったかもしれない．

古代ギリシャ人たちは，分数をいくつかの方法で書き表した．一つの方法は，まず分子となる数にダッシュを一つつけて，そのあとに分母となる数にダッシュを2つつけて書く表記法である．しばしば，分母は2回続けて書かれた．たとえば，21/47 は，

$$\kappa\alpha'\ \mu\zeta''\ \mu\zeta''$$

のように書き記された．ここで，$\kappa\alpha$ は 21 を，$\mu\zeta$ は 47 を表していることを思い出しておこう．彼らは，エジプト流の分数表記も使っていて，1/2 を特別に表す記号もあった．何人かの古代ギリシャ天文学者，特にプトレマイオスは，正確さを期すためにバビロニア式の60進法を援用したが，各桁の数字だけはギリシャ数字で書いた．これらの記数法は，いずれも私たちが現在使っているものとは，ひどく違う．はっきり言って，面倒で手に負えないしろものだ．

ヒンドゥー・アラビア数字の起源

現在の十進法で用いられる10種類の数字は，しばしばヒンドゥー・アラビア数字と呼ばれる．これは，記数法と数字がインドで生まれ，アラブ世界に取り入れられて発展したものだからである．

最も初期のインド記数法は，古代エジプトのシステムと似たものであった．たとえば，紀元前400年ころから西暦100年ころにかけて使われたカローシュティー (Kharosthi) 記数法では，1から8までの数を次のような記号で表現し，

| || ||| X |X ||X |||X XX

これらと10を表す特別な記号とを組み合わせていた．現在使われている数字につながる最古のものは，紀元前300年ころのブラーフミー (Brahmi) 数字の中に見てとれる．当時の仏典の碑文の中には，のちのヒンドゥー数記号の1，4，6の前駆

| 1 | 2 | 3 | 4 | 5 | 6 | 7 | 8 | 9 |

1から9までに対応するブラーフミー数字

といえる文字が含まれている．しかし，ブラーフミーの記数体系では10や100の倍数を表すための別の記号が使われており，アルファベットの文字とは別個の数字を使っている点を除けば，ギリシャの記数法と似たり寄ったりである．西暦100年ころまでには，ブラーフミーの記数法の完成形の記録が見つかるが，これは位取り記数法ではなかった．洞窟やコインに刻まれた数字から，このシステムは4世紀まで使われていたことが知られている．

4世紀から6世紀までグプタ (Gupta) 朝の帝国がインドの大部分を支配するに至ると，ブラーフミー数字体系はグプタ数字体系へと発展し，そこからさらにナガリ数字 (Nagari numerals) が生まれる．基本的な考え方は同じだが，数字が変わっていった．

インド人たちが西暦1世紀ころまでに位取り記数法を考え出していた，という可能性を指摘する人もいる．しかし，年代を特定できる最古の位取り記数法を用いた公文書はチェディイ (Chedii) 暦346年と記されているものだ．この年は，西暦594年に当たる．この日付が偽造かもしれないと考える学者もいるが，西暦7世紀[訳註3]以降インドでは位取り記数法が使われたとする見方が一般に受け入れられている．

1から9までの数字を使って位取り数表記をしようとすると，問題が一つある．曖昧さが避けられないのだ．たとえば，25と書いたとき，これはどの数を指すのか？ 私たちの現在の表記法での25をそのまま指すのか，205のことなのか，2005なのか250を意味するのか，等々．位取り記数法では，それぞれの数字記号が何を意味するのかは，どの位置に書かれているかによって決まるから，曖昧さなしに数字の書かれた位置をはっきり示すことが非常に重要になる．今日，私たちはゼロ (0) という記号を使って，この問題を解決している．しかし，この問題に気づいて，今のような解決策を見出すまでに，初期の文明は長い時間を要した．その理由の一つは，哲学的なものである．数が事物の個数や量を指し示すものだとしたら，どうしてゼロは数なのか？ 無というのは個数や量と言えるのか？ 別の理由は，実用性が

[訳註3] 原著ではたんに「400年ころ以降」となっているが，チェディイ暦での年代の意味だと思われるので，おおよその西暦年代に意訳した．

すぐには理解されにくいこと，たいていの場合は 25 と書いて，そのまま 25 を表すのか，250 かまたは別の数を表すのかは，前後の脈絡から見当がつく．

正確な年代はわかっていないが，紀元前 400 年より以前にバビロン人たちは，彼らの記数法において「数字の書かれない場所」を表す特別な記号を導入している．この方法は，書記官たちにとって，数字の欠けた位取りスペースを注意深く判断する手間が省ける上，雑に記された場合でも各数字が何を意味するかを判断できるので便利であった．その後，この発明は忘れ去られてしまい，他の文化へと伝達されることもなく，結局ヒンドゥー教徒が別個に再発見する．

バクシャーリー写本 (Bhakshali manuscript) は，成立年代について議論が決着しておらず西暦 200 年から 1100 年までの範囲で諸説あるインドの数学書だが，数字の欠けた桁を表すのに大きめのドット (●) を使っている．西暦 458 年に書かれたジャイナ教典『ロカヴィバーガ』(*Lokavibhaaga*) では，ゼロの概念が使われているが，それを表す記号はなかった．ゼロを使わない位取り記数法の考え方は，数学者・天文学者であったアーリヤバタ (Aryabhata) によって，西暦 500 年ころに導入された．その後，インドの数学者たちはゼロという名前を，記号のないまま使うようになる．ゼロを使った位取り記数法が用いられた最初の疑う余地のない記録は，グワリオール (Gwalior)[訳註 4] の石碑に刻まれた表記であり，西暦 876 年のものである．

インドの数学者たち

古代中世インドを代表する数学者として特に重要なのは，アーリヤバタ (Aryabhata：476 年生まれ)，ブラーマグプタ (Brahmagupta：598 年生まれ)，マハーヴィラ (Mahavira：9 世紀)，バースカラ (Bhaskara：1114 年生まれ) の 4 人だ．彼らは，いずれも天文学者として記述すべきであろう．数学は，もっぱら天文学上の技法と考えられていたからだ．数学的記述として残されているものは天文学書の中のいくつかの章としてであり，それ自身が独立した価値をもつ主題とはみなされていなかった．

アーリヤバタは，23 歳のときに『アーリヤバティヤ』(*Aryabhatiya*) を著した．この本の中の数学的記述部分は簡潔なものだが，内容豊富である．アルファベットを用いて先ほど述べた位取り記数法を導入したほか，算術の規則，1 次方程式と 2 次方程式の解法，三角法（サイン関数と「逆サイン」と称されている関数 $1 - \cos\theta$ を含む）を取り上げている．さらに，円周率 π について素晴らしい近似値 3.1416 を与えている．

ブラーマグプタは 2 冊の著書を残している．『ブラーマ・スプタ・シッダーンタ』

[訳註 4] インド北部マディヤ・プラデーシュ州の都市．

(*Brahma Sputa Siddhanta*) と『カンダカディヤカ』(*Khanda Khadyaka*) である．前者は特に重要で，天文学書だが数学的に興味深い何節かを含んでおり，算術および単純ながら明らかに代数と呼べる内容の記述がある．後者には，三角関数表を計算するための見事な内挿法 —— 大小の角度に対応するサイン関数値から真ん中の角度のサイン関数を求める方法 —— が示されている．

マハーヴィラはジャイナ教徒であり，彼の著書『ガニタ・サーラ・サングラハ』(*Ganita Sara Samgraha*) には，ジャイナ数学の成果がたくさん取り入れられている．この本には，アーリヤバタとブラーマグプタの結果の大部分も，より洗練された形でおさめられている．分数の扱い，順列と組合せ，2次方程式の解，ピタゴラスの定理，楕円の面積と周長を見出す試みなども述べられている．

バースカラ（「大先生」として知られる）は，『リラーヴァティ』(*Lilavati*)，『ビジャガニタ』(*Bijaganita*) および『シッダーンタ・シロマニ』(*Siddhanta Siromani*) という，3冊の重要な著書を残した．約4世紀後のムガール朝の宮廷詩人であったフィズィ (Fyzi) によると，リラーヴァティはバースカラの娘の名前だったという．バースカラは，娘の結婚に最もふさわしい日時を，ホロスコープによって決定することにした．この予言をより劇的に演出するために，彼は水を入れた器に，底に孔のあいた小杯を浮かべ，結婚にふさわしい日時を指し示す瞬間がくると小杯が下へ沈む仕掛けを用意した．ところが，器を覗き込んだリラーヴァティの服から一粒の真珠が落ちて，小杯の底に穿たれた孔を塞いでしまった．小杯が沈むことはなく，これはリラーヴァティが一生結婚できないことを意味した．娘を元気づけようと，バースカラが彼女のために1冊の数学書をまとめたのが，この著書だという．ただし，娘がこれをどう思ったかについては，何も伝えられていない．

『リラーヴァティ』には，ある数が9の倍数かどうかは各桁の数字を足し合わせれば判定できる[訳註5]といった，算術の洒落たアイデアも含まれている．この本には，3，5，7および11で割り切れるかどうかを判定する類似の規則も紹介されている．位取り記数法において，0が数として独自の重要な役割を果たしていることは，もう明白である．『ビジャガニタ』は，方程式の解について述べている．『シッダーンタ・シロマニ』

> これはリラーヴァティが一生結婚できないことを意味した．娘を元気づけようと，バースカラが彼女のために1冊の数学書をまとめたのが，この著書だという．

[訳註5] たとえば8703の各桁の数字を足し合わせると，$8+7+0+3=18$で，9倍数になる．このことより，8703は9の倍数だと判定できる．これは位取り記数法の仕組みを思い出せば，簡単に理解できる．すなわち，
$8703 = 8 \times 1000 + 7 \times 100 + 0 \times 10 + 3 = 8 \times (999+1) + 7 \times (99+1) + 0 \times (9+1) + 3$
$= (8 \times 999 + 7 \times 99 + 0 \times 9) + (8+7+0+3)$.

ムガール帝国時代にジャイプールの近くに建てられたジャンタル・マンタル天文台．写真を一目見るだけで，建物をデザインしたのが卓越した数学者だったことがわかる

では三角法が扱われており，三角関数表および，さまざまな三角関数の間の関係式も含む．バースカラの名声の大きさは，彼の著作が1800年ころまで写本され続けた事実からもうかがえる．

インド記数法の伝搬

インドの位取り記数法は，発祥の地で完成形に発展する以前から，まずアラブ世界に広がり始めた．シリアの碩学セヴェルス・セボフト (Severus Sebokht) は662年に書いている．「私はここでインド科学の全体については議論を省略する．(中略) 彼らの巧みな天文学上の発見の数々や (中略) 貴重な計算技法もあるが (中略) 彼らが9つだけの数字記号を用いて計算ができるという事実にだけは，ぜひ言及しておきたい」．

西暦776年には，インドからの旅行者がカリフの宮廷に現れて，彼のシッダーンタ——計算技法——の腕前および三角法と天文学の知識を披露している．このときの計算技法の基礎となったのは，おそらく628年にブラーマグプタが著した『ブラーマ・スプタ・シッダーンタ』だと思われるが，どの本であれすぐにアラビア語に翻訳されていった．

当初インド記数法は，もっぱら学者たちの間でだけ使われていた．アラブ商人た

ちの世界や日常生活では，従来の記数法が西暦1000年ころまでそのまま広く使われていた．しかし，アル‐フワーリズミー (al-Khwarizmi) が825年に著した『インド記数法を用いた計算』(*On Calculation with Hindu Numerals*) は，インドの進んだシステムを広くアラブ世界全体に知らしめることとなった．830年に数学者アル‐キンディ (al-Kindi) が著した4巻本『インド記数法の用法』(*Ketab fi Isti'mal al-'Adad al-Hindi*) は，10種類の数字だけでどんな数の計算もできると人々が気づくのを，さらに後押しした．

暗黒時代？

　アラビアやインドが数学や科学でめざましい進歩をとげていたころ，よく言われるような全くの暗黒時代だったというわけではないけれども，中世ヨーロッパはそれに比べて遅れたままだった．進歩はいくらかあったが，ゆっくりで，また根本的なものでもなかった．変化のペースは，しかし東方世界での発見がヨーロッパに伝えられるたびに加速していった．イタリアはヨーロッパのほかの地域よりもアラブ世界の近くに位置しており，アラブの進んだ数学がイタリアを通路にしてヨーロッパに持ち込まれる結果になったのは，必然的だったとも言えるだろう．ヴェネツィア，ジェノヴァ，ピサなどが交易の中心地となっており，商人たちはこれらの港から北アフリカや地中海東岸へと航海に旅立った．彼らは，ヨーロッパの毛織物や木材と引き換えに，絹や香料を手に入れていた．

　これら商品の交易とともに，学問や知識もやりとりされた．アラブ世界での科学上あるいは数学上の発見が，こうした交易ルートを通じて，しばしば口伝えで運び込まれてきた．交易が盛んになりヨーロッパが豊かになるにつれ，物々交換は金銭を用いた取引に変わってゆき，会計や税徴収の仕組みも複雑になっていった．この時代の電卓に当たるものは計算盤（アバカス）——針金を通したまま動くビーズによって数を表す装置——であった．これを用いて計算した数は，法的文書作成のため，あるいは記録を残しておくために，紙の上に書き記す必要もあった．だから，商人たちは便利な数表記の方法と，素早く正確に計算する方法を必要としていた．

　ここで目立った役割を果たしたのが，ピサのレオナルド (Leonardo of Pisa) あるいはフィボナッチ (Fibonacci) として知られる人物である．彼は1202年に著した『算術の書』(*Liber Abbaci*) で，ヒンドゥー・アラビア数字による表記法をヨーロッパに導入し，大きな影響を与えた（本のタイトルに使われているイタリア語 "abbaco" はふつう「計算」の意味で使われ，ラテン語の abacus ＝計算盤を必ずしも意味しない）．

　『算術の書』には，もう一つの数表記上の新しい仕掛けが含まれており，それは

ピサのレオナルド

Leonardo of Pisa あるいは Fibonacci 1170-1250

レオナルドはイタリアで生まれたが，育ったのは北アフリカのブジア（現在のアルジェリアにある都市）である．この地に，彼の父グリエルモ (Guilielmo) は，通商関係を担う外交官としてピサから派遣されていた．彼は何度も何度も父の旅行に同行し，アラブ人の記数法と出会い，その重要性を理解した．1202年に出版された『算術の書』の中で，彼は次のように書いている．「私の父が，交易に訪れるピサ商人のために駐在するブジアの税関書記官に任命されたとき，彼はまだ子供だった私を呼び寄せ，その有用さと将来の便宜を考えて私に現地の会計学校での訓練を受けさせた．その学校での素晴らしい教育を通じて，私はインドの9つの数字を使うシステムの技芸を伝授された．すぐに，この技芸についての知識は，何にもまして私を喜ばせてくれるものとなった」．

この本は，ヒンドゥー・アラビアの数表記をヨーロッパに紹介するとともに，算術の教科書としてもよくまとまっていて，交易や通貨交換に関係する内容もたくさん含まれていた．ヒンドゥー・アラビア記数法を用いた筆算がそれまでの計算盤(アバカス)に取って替わるまでには数世紀かかったが，紙に書いた数字だけで計算できる新しい方法の利点はもう明らかであった．

レオナルドは，しばしばフィボナッチの名前でも知られる．ボナッチオ (Bonaccio) の息子という意味の愛称だが，Bonaccio という名前は18世紀より前には戸籍に登録された例がない．おそらく，この呼称はギヨーム・リブリ (Guillaume Libri) によって19世紀に作り上げられたものだと思われる．

現在でも使われている．4分の3のような分数を表記するときに用いる横棒（括線）である．インド人たちも似たような表記法は用いたが，横棒はなかった．横棒は，アラブ人によって導入されたようである．フィボナッチは，これを広範に用いた．ただし，私たちが現在使っているものとは，少しばかり使い方が違う．たとえば，かれは同じ一つの横棒を，いくつかの分数を表すのに兼用する書き方もしている．

分数の話は大事なので，その表記法について，もう少しだけ言及しておこう．$\frac{3}{4}$ といった分数表記において，横棒の下の数字4は，1という単位を4つに等分することを，横棒の上の数字3は等分した断片のうちの3つを選び取ることを，それぞれ表している．もうちょっと正式な言い方をすると，4が分母であり3が分子である．活字印刷の都合で，分数はしばしば3/4のような形でも書き記される．あるいは，両者の中間の妥協策として，$^3/_4$ と書き記されたりもする．本来は水平

ヒンドゥー AD800	o	?	2	3	8	Ч	3	७	7	९
アラビア AD900	·	I	ᴦ	ᴦᴦ	3	ᴐ	ᴧ	ᴠ	ᴧ	9
スペイン AD1000	O	1	て	ɛ	ʑ	પ	6	7	8	9
イタリア AD1400	O	1	2	3	4	5	6	7	8	9

算用数字の進化

の横棒が，これらの表記法では斜線に置き換えられている．

それはともあれ，分数表記は実用的な場面では，そんなに頻繁には使われないと言っていいだろう．私たちは実用目的では，たいてい小数を使う．たとえば π の値を 3.14159 のように書く——もちろん厳密な値ではないが，たいていの計算ではこれで用が足りる．歴史的には，小数の表記法が確立するのは，だいぶ先の話である．けれども本書で私たちは，概念の発展のつながりを追っているのであって年代記を追っているのではないから，話を手短にするため，少し飛ばして先へ進むことにしよう．というわけで話は，オランダのウィレム沈黙公 (William the Silent) が息子マウリッツ (Maurice of Nassau) の家庭教師に同国人のシモン・ステヴィン (Simon Stevin) を選んだ，16 世紀の終わり[訳註6] へと飛ぶ．

国家指導者の子息の家庭教師に任じられるだけあって，ステヴィンは相当な経歴の持ち主であった．実際，彼は，オランダの堤防監視官，軍主計総監，ついには財務相も務めた人物である．こうした経歴の中で，彼は正確な会計手続きの必要性をすぐに見て取り，ルネサンス期のイタリア算術家たちや，ピサのレオナルドを通じてヨーロッパに伝えられたヒンドゥー・アラビア記数法に注意を向けた．彼は，分数の計算が面倒なことに気づき，もし 60 進法でなかったならバビロニアの小数システムは，正確で整然としているので好ましいと考えた．彼は，ヒンドゥー・アラビア十進記数法とバビロニア小数の両方から，いいところをとって組み合わせ，バビロニア小数システムの十進法版——私たちが十進小数と呼んでいるもの——を作ることを試みた．

彼は，その新しい記数法について解説をまとめ，1585 年に出版した．その中で彼は，この方法がすでに何度も試験的に使ってみたものであること，彼のような実務的な人間にとって完全に実用的なものだと確認済みであることを強調している．

[訳註6] 原著では，1585 年に沈黙公が息子マウリッツの家庭教師にステヴィンを選んだとあるが，ウィレム沈黙公は 1584 年に暗殺されているので，もっと以前のはずである．1585 年は，ステヴィンがここで述べられている小数表記法をまとめた 36 ページの小冊子 "De Thiende"（十進小数の技法）を公刊した年である．

算術はどのように使われてきたか

残存する中国最古の数学書は『九章算術』で，西暦 100 年ころに書かれたものだ．記されている問題の典型的なものを紹介しよう．「2 坦(たん)半の米は，銀貨 3/7 両で買うことができる．9 両の銀貨があれば，何坦の米が買えるか？」．提示されている解法は，ヨーロッパ中世数学で比例の三数法 (rule of three) と呼ばれていたものを用いている．現代的表記を用いるならば，x を解として求める（米の）量として，

$$\frac{x}{9} = \frac{5/2}{3/7}.$$

これを解いて，$x = 52\frac{1}{2}$（坦）を得る．なお，1 坦は約 60 キログラムに相当する．

そして，「あらゆる実務上の計算は，これによって分数の助けを借りずに整数だけを操作して行うことができる」と，実務的な計算の道具として効果的である理由を付け加えている．

彼自身の表記法は私たちにおなじみの小数点を含むものではなかったが，まもなく現在の表記法が導かれるに至った．たとえば私たちが 5.7731 と書くところを，ステヴィンは 5⓪7①7②3③1④と書いた．⓪という記号は整数を，①は 10 分の 1 を，②は 100 分の 1 を表す，といった具合である．人々がこの表記システムに慣れてくると，①，②などの記号は省略して⓪だけを残すようになった．そして，この⓪は次第に縮んで，かつ単純化されてゆき，ついには今日の小数点になったのである．

負の数

数学者たちは，正の整数からなるシステムを自然数と呼ぶ．負の数も含めることで，整数の全体が得られる．有理数は，正と負の分数全体から成る．実数は，正と負の無限小数の全体だと言うことができる[訳註7]．

> 中国では西暦紀元直後から算木(さんぎ)という計算用具が計算盤(アバカス)のかわりに使われてきた．

では，負の数は，どのようにして数学の歴史の中に入ってきたのだろうか？　中国では西暦紀元直後から[訳註8]

[訳註7]　言うまでもなく，厳密な言い方をしようとするなら，整数，有理数，実数の集合には 0 も含める必要がある．

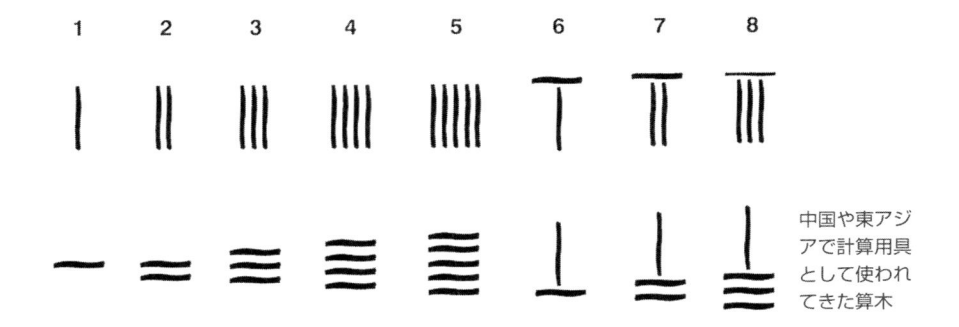

中国や東アジアで計算用具として使われてきた算木

算木（さんぎ）という計算用具が計算盤（アバカス）のかわりに使われてきた．木や竹でできた何本もの棒をさまざまなパターンに配置して数を表し，計算するのである．

図に示した上の列は縦式と呼ばれる表示方法で，1，100，10000，…などの位の数を表すのに用いられる．図の下の列は横式と呼ばれる表示方法で，10，1000，…などの位の数を表すのに用いられる．両方の表示方式を交互に並べることで，位取りを間違わないようにしている．計算は，数を表す算木の配置を，規則に従って系統的に並べ変えることにより，遂行される．

1次方程式を解くようなとき，中国の計算家は表を作るようにして算木を並べた．このとき，加える項には赤い算木を用い，減ずる項には黒い算木を用いた[訳註9]．たとえば，私たちの表記で以下のように表される連立方程式

$$3x - 2y = 5$$
$$x + 5y = 7$$

を解こうとするとき，彼らは2つの列に算木を並べた表を作った．片方の列には3（赤），2（黒），5（赤）を並べ，もう一方の列には1（赤），5（赤），7（赤）を並べる．

この赤/黒の表示法は，そのまま正/負の数を意味したわけではなくて，加法/減法の演算の区別を意味していた．けれども，これは正負の数の概念 —— 正負術（cheng fu shu）—— へ至る道を開いた．負の数は，正の数と同じ並べ方の算木で表現されるようになり，算木から派生した記数法（算木数字）においては最後の桁に斜線を加えることで負の数であることが表現されるようになった．

[訳註8] 湖南省の古墳から1954年に見つかった算木は，戦国時代（紀元前3世紀ころ）のものだとされている．
[訳註9] 算木では，加法や正の数が赤で，減法や負の数が黒で表される．これは，会計簿記の赤字・黒字とは逆になっていることに注意．後者は，ヨーロッパ起源の色分けだと言われている．一方，電子回路の配線で赤いコードはプラス，黒いコードはマイナスである．

連立方程式を解くための算木の配置．グレーの棒は赤の算木を表す

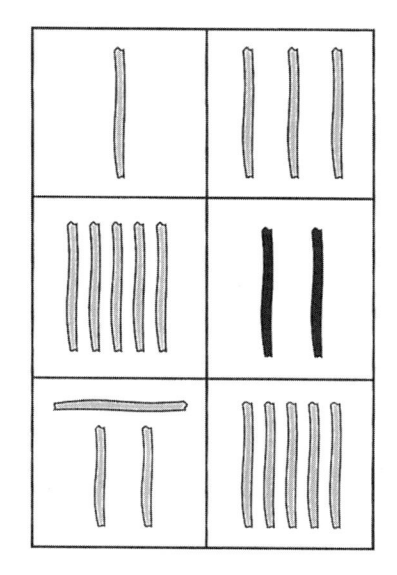

　アレクサンドリアで3世紀に『算術』を著したディオファントスにとって，すべての数は正でなければならなかった．彼は，方程式の負の解を拒否している．インドの数学者たちは，負の数は会計計算で負債を表すようなときに便利であることに気づいていた．誰かが債務超過になっていれば，その人は会計上お金を全く持っていないよりも悪い状態だから，負債は明らかにゼロよりも小さい数で表されるべきだ，と．もしあなたが，3ポンドのお金を所持していて，そこから2ポンドの支払いをすれば，$3-2=1$ で所持金残高は1ポンドということになる．同じ考え方は，あなたが2ポンドの負債を持っていて，そこへ3ポンドのお金を手に入れたときにも使える．こんどは，あなたの所持金残高を計算する式は $-2+3=1$ ということになる．バースカラは，ある種の方程式は 50 と -5 というふうに2つの解を持つことを指摘している．しかし，彼は後者の解を採ることには神経質で，こちらは「解として採るべきではない．人々は負の解を認めないからだ」と言っている．

　こうした疑いや不安にもかかわらず，負の数は次第に受け入れられていった．負の数で表された結果を，現実世界の中でどう解釈するかは，注意が必要だ．ある場合は無意味になるが，別のある場合は負債を表すだろうし，上向きではなくて下向きの運動を意味する場合もあるだろう．しかし，そうした解釈は別に考えればいい．負の数の計算はどんな場合でも全く問題なく実行できるし，計算を助ける仕組みとしてこんな便利なものはないのだから，これを使わない手はないだろう．

算術は生き続ける

　私たちは現在の位取り十進記数法にすっかりなじんでいるので，これが唯一の，あるいは最も賢い方法だと思いがちである．実際には，ここまでくるのには何千年もの紆余曲折があり，途中で袋小路に入ってしまった試みをいくつもあとに残しつつ，たいへんな手間をかけて進化してきたのだ．別の方法はいくつも存在するのである．マヤ文明の記数法のように過去に使われたものもあるし，現在でもさまざ

マヤ文明の記数法

　十進法のかわりに20進法を用いるという，驚くべき数体系が使われていたのはマヤ文明——中米ユカタン半島を中心に西暦1000年前後に栄えた文明——である．20進法で347と書かれた数は，私たちの表記法では，

$$3 \times 400 + 4 \times 20 + 7 \times 1 \quad (20 \times 20 = 400 に注意)$$

となり，十進法表記では1287ということになる．実際の記号表記は，下図に示したような具合である．

　どの文明もたいてい十進法を使っているのは，たぶん人間が両手で10本の指を持っているからだろう．とすると，マヤの人々は両手だけでなくて両足の指も使って事物を数えていたのだろうか？

算術は現在どのように使われているか

私たちは，日常生活から商取引，科学技術に至るまで幅広く算術を使っている．電卓やコンピュータが開発される以前は，私たちは筆算をするか，算盤(そろばん)とか計算早見表を使って日常的な計算を行っていた．現在では，算術計算のほとんどが人目につかない舞台裏で行われている．たとえば，スーパーのレジ機が今では店員にお釣りをいくら客に手渡すべきかを表示するし，銀行では預金残高を行員が計算したりせずにシステムが瞬時に自動計算する．ふつうの人が1日に「消費」する算術計算の総量は相当なものになるだろう．

コンピュータが実行する算術計算は，じつは十進法にもとづくものではない．コンピュータは基本的には十進法ではなくて，2進法(バイナリー)表現でのデータ処理を行う．1, 10, 100, 1000, …のかわりに，コンピュータは1, 2, 4, 8, 16, 32, 64, 128, 256 等々——すなわち2のベキ乗を基本として数値を表現するわけだ（デジタルカメラのメモリカードの容量などが256メガバイトといった妙な値になっているのも，そのせいだ）．コンピュータの2進法で100という数を表そうとすると，64 + 32 + 4 の形に分解して，1100100という表現を得る．こうしたデータ表現が，コンピュータの内部では山ほど行き交っているのである．

まな国で，0 から 9 の数字を用いる記数法とは異なるものが使われている．そして，私たちのコンピュータ．これは内部では，十進法ではなくて 2 進法で数値を表現している．プログラマーたちは，それらの機械内部の数値を再び十進法の表現に変換するのに意を尽くす．その変換の結果が，ディスプレイに表示されたり，プリント・アウトされるのである．

　コンピュータは，今やどこにでもある．だったら，もう算数なんか教えなくたっていいのではないだろうか？　そうではない．理由はいくつかある．まず，誰かが電卓やコンピュータを設計し，組み立てなければならない．そして，正しく動くようプログラミングしなければならない．出来上がったものをどう使うかだけではなくて，マシンがなぜ，どのように動作するかを理解するには，算術が不可欠だ．あなたが電卓の計算結果を読み取れるだけだとしたら，スーパーでレジ計算が間違っていても気がつかないだろう．算術の基本演算をよく理解できていなかったら，数学体系のどの部分にもアクセス不可能だ．それでも構わないという人がいるかもしれない．しかし，もし算数を教えるのをやめてしまって，将来のエンジニアや科学者をめざす 5 歳の子供たちが育たなくなれば，そして将来の銀行家や会計士も育たなくなれば，現代文明はあっという間に崩壊してしまうに違いない．

　もちろん，いったん筆算で四則演算の基礎を学んだら，電卓によって時間や手間を省くのは理にかなっている．けれども，私たちが松葉杖をついて歩き方を覚えるのではないように，電卓だけに頼って計算していては数について考える力は身につかないのである．

" もし算数を教えるのを
やめてしまえば，現代文明は
あっという間に崩壊
してしまうに違いない． "

第 4 章
未知数への目印
X を追って代数学へ

数学では，数表記よりもずっと高度なやり方で記号が使われる．このことは，そのへんにある数学の本をどれでも手に取って，ちょっと眺めてみるだけで，すぐにわかる．たんなる数表記のレベルを超えた，記号を用いた数学的推論への重要な第一歩は，問題を解くという過程の中で現れた．なんらかの未知の量に関する手掛かりを読者に示して，その数値を尋ねるという形の問題は，古代バビロニア以来おびただしい数のテクストの中で提示されてきた．バビロニア粘土書字板に記された問題の標準的な形式は，次のように表現される．「私は宝石を見つけたが，目方は計っていない」．これに次のような情報が付け加えられる．「これに，最初の石の半分の目方をもつ２つ目の宝石を合わせて重量を測定すると，15ジン[訳註1]になった」．── 学生は，元の石の重量を計算するよう求められる．

代数への糸口

こうした種類の問題から，やがて現在の私たちが代数と呼んでいる数学の手法が生まれる．ここでは，数を文字によって一般的に表すことが行われる．未知の数量は伝統的に x の文字で表され，この x が満たすべき条件がさまざまな数式で表され，学生たちは与えられた数式から未知数の値を求めるための標準的な方法を教えられる．たとえば，上記の古代バビロニアの問題であれば，$x + \frac{1}{2}x = 15$ という方程式で表すことができ，これを解いて $x = 10$ という答えを得る方法を私たちは学校で習う．

中学高校レベルの数学では，代数とは未知数が文字で表される数学の分野だと理解されている．これら文字に施されるのは算術レベル程度の演算であり，方程式を解いて未知数の値を求めることが主要な課題となっている．学校数学の代数の典型として，与えられた方程式 $x^2 + 2x = 120$ から未知数の値を求める問題を取り上げてみよう．この２次方程式は，正値の解 $x = 10$ をもつ．これが解になっていることは，代入して足し算・掛け算をやってみることで容易に確認できる．すなわち，$x^2 + 2x = 10^2 + 2 \times 10 = 100 + 20 = 120$．$x = -12$ も方程式の解である．こんどは，$x^2 + 2x = (-12)^2 + 2 \times (-12) = 144 - 24 = 120$ が成り立つ．古代の人々は，正の解は認めても，負の解のほうは認めたがらなかった．現在，私たちは両方の解を認めている．多くの問題設定において負の数はちゃんとした意味をもつし，現実の物理世界でのもっともらしい解を与える場合が多いからだ．また，負の数を承認することによって，すっきりとしたシンプルな数学的記述が可能になるからだ．

高等数学においては，文字が数を一般化して代表するというのは，そこから始ま

[訳註1] 古代バビロニアの重量単位で，１ジン (gin) は約９グラムに相当したと言われている．

フィボナッチ数列

『算術の書』の第3節には，著者レオナルド（フィボナッチ）が創案したと思われる問題が記されている．「ある男が，壁面で囲まれた場所にウサギのつがいを飼っているとせよ．ウサギのつがいは，毎月1対のつがいを産むものとする．産まれた仔ウサギは，翌々月にはもう十分に育って繁殖可能になる．1年後には，何つがいのウサギがいることになるか？」．

この，ちょっと奇抜な問題[訳註2]から，興味深い，また有名な次の数列が得られる．

$$1 \ 2 \ 3 \ 5 \ 8 \ 13 \ 21 \ 34 \ 55 \ \cdots$$

数列の各項が，先行する2つの項の和となっている．フィボナッチ数列として知られているもので，数学の世界と自然界の数理で繰り返し現れてくる．たとえば，多くの花はフィボナッチ数の花弁を持っている．これは決して偶然ではなくて，植物の成長パターンの結果であり，花芽原基——花芽や花弁の元になる細胞集団がつくる構造——の幾何学のなせる業なのである．

ウサギの繁殖に関するフィボナッチ数列の規則はあまりにも非現実的だが，似たような考え方を発展させた一般的ルール（たとえばレスリー行列モデル）は，ポピュレーション・ダイナミックス——動物個体数などの時間変動を研究するための数理モデル——で実際に使われている．

代数はどのように使われてきたか

『算術の書』のいくつかの章には，商人たちのニーズにも関わりのある代数の問題が載っている．そのうちの一つ，これはあまり実用的な例題とは言い難いが，こんな問題がある．「ある男が，ヤマウズラ，ハト，スズメを取り合わせて，全部で30羽の鳥を買う．ヤマウズラは1羽が銀貨3枚，ハトは銀貨2枚，スズメは銀貨1/2枚の値段である．彼は全部で銀貨30枚の支払いをする．どの種類の鳥を，それぞれ何羽買うべきか？」

現代的なやり方で整理してみよう．ヤマウズラをx羽，ハトをy羽，スズメをz羽買うとすれば，以下が解くべき方程式であることがわかる．

$$x + y + z = 30$$
$$3x + 2y + z/2 = 30$$

実数または有理数の解を許すと，上記の連立方程式には，無数の解が存在する．しかし，この問題の場合は，もう一つ，状況設定から含意される特別な制約条件がある．すなわち，x, y, zは（負でない）整数でなければならない．この制約条件を勘案すると，解はただ一つで，ヤマウズラが3羽，ハトが5羽，スズメが22羽ということになる．

レオナルドは，馬を買う問題もいくつか取り上げている．ある男が別の男に言った．「もし，きみの所持金の3分の1を僕にくれたら，馬を買うことができる」．それに対して，他方の男が言った．「もし，きみの所持金の4分の1を僕にくれたら，僕のほうで馬を買うことができる」．馬の値段は，どれだけか？こんどは，整数解に限定しても，無数の解が存在する．最小の整数解は，11（銀貨11枚）である．

[訳註2] この問題の設定は，極度に人工的に単純化してあって，現実離れしていることに誰もが気づくが，ほとんど数学的興味だけで考えられているので，そういう部分には目をつぶるのがよい．たとえば，各つがいは，毎月ちょうど2羽の仔ウサギを産むが，オスとオスとかメスとメスが生まれることは決してありえず，必ずオスとメスのペアが生まれるものと仮定されている．また，ウサギは1羽も死なないし，近親交配の悪影響なども無視するわけである．

" 代数学は，どのようにして生まれたのだろうか？ "

った代数分野の広範で多様な側面の一つに過ぎない．代数学は，記号表現そのものを，それ自体で立派な数学的研究対象として扱う．たんに数を記号によって代表して扱うだけではなくて，数を代表していた記号表現そのものの形式や構造を問題にしてゆくのである．代数学をこの方向に拡張してゆく視点は，数学者たちが学校数学レベルの問題を一般化して考え始めたときに生まれた．特定の係数をもつ方程式について数値として解を求めるのにとどまらず，彼らは解を導くプロセスに介在する構造を熟視したのである．

代数学は，どのようにして生まれたのだろうか？　最初は，問題とその解法だけがあった．それを記号によって表す —— それが本章のテーマなのだが —— のは，そのあとに生まれた工夫である．ここでも，さまざまな記号表記の方法が生み出されたが，最終的には現在使われている方式がそれ以外のすべてを淘汰した．英語で代数学を意味するアルジェブラ (algebra) という語は，その歴史の中ころに現れた術語で，語源はアラビア語である（英語の the に相当するアラビア語の冠詞 al からも見当がつく）．

方程式

私たちが現在「方程式を解く」と呼んでいる作業 —— 与えられた情報をもとに未知の数量の値を見出すこと —— は，算術とほとんど同じぐらい古くから行われてきた．古代バビロン人たちが，すでに紀元前 2000 年ころ，かなり複雑な方程式を解いていたという間接的な証拠がある．紀元前 1700 年ころには，より簡単なものだが，彼らが方程式を解いていたことを示す直接的な証拠が，楔形文字で記された粘土書字板として残っている．

旧バビロン時代（紀元前 1800 年—1600 年ころ）のものである YBC 4652 の整理番号をもつ粘土書字板の残存部には，11 の問題とそれらの解が含まれている．粘土書字板に記されているテクストは，22 の問題と解が元々は記されていたことを示唆している．典型的な設問は，次のようなタイプのものである．
「私は宝石を見つけたが，目方は計っていない．この宝石の 6 倍の重量に 2 ジンの重量を加えた合計に，その合計重量の 3 分の 1 の 7 分の 1 の 24 倍に当たる重量を加えた．結果として，総重量は 1 マナになった．宝石の元々の重量はどれだけか？」
1 マナは，60 ジンの重量に相当する．

現代的な表記で，この問題を方程式に表してみよう．ジンを単位として表した宝石の重量を x としよう．すると，この問題は，

代数方程式の問題を幾何学的に表現した旧バビロン時代の粘土書字板

$$(6x + 2) + \frac{1}{3} \times \frac{1}{7} \times 24\,(6x + 2) = 60$$

という方程式で表せる．ふつうの代数的な解法を使えば，すぐに解 $x = 4\frac{1}{3}$（ジン）が得られる．粘土書字板には，この答えが示されているが，どういう方法でそれを求めたかは明示されていない．しかし，現在の私たちのように記号代数を用いて答えを見出したのでないことは断言していいだろう．なぜなら，粘土書字板には解法を記したものもあって，その典型的な例をみると，「この数を半分にせよ」「これらの積をそれに加えよ」「その平方根をとれ」といった調子で指示を与えてゆくやり方になっているからだ．

いま紹介した問題は，粘土書字板 YBC 4652 に記されているほかの問題もそうなのだが，私たちが現在 1 次方程式と呼んでいるタイプの問題である．これは，未知数が 1 次の項としてだけ現れる方程式だ．このタイプの方程式は，すべて次の形に書き直せる．

$$ax + b = 0$$

そして，その解は $x = -\frac{b}{a}$ である．しかし，古代には負の数という概念も，代数的な記号操作も確立していなかったから，このように単刀直入に解を求めることはできなかった．もっとも，現在でも多くの生徒たちが，粘土書字板 YBC 4652 の問題に頭を悩ませていたりするのだけれども．

もっと興味深いのは，2 次方程式である．ここでは，未知数は，2 乗の項すなわ

ち平方された形でも現れる．現代的な書き方をするならば，
$$ax^2 + bx + c = 0$$
の形の方程式であり，これから x を求める標準的な解の公式がある．バビロン人たちの解法は，BM 13901 という粘土書字板に例示されている．問題のほうは，こうだ．

「正方形の 1 辺に 7 を掛けたものに，正方形の面積の 11 倍を加えたところ，6 ; 15 となった．正方形の 1 辺の長さはどれだけか？」（ここで「6 ; 15」はバビロニア 60 進法表記を簡略化したもので，現代的表記法で $6 + \frac{15}{60}$ あるいは $6\frac{1}{4}$ を意味する）．解は，次のように記されている．

「7 と 11 を書き下しておけ．まず，6 ; 15 に 11 を掛けよ．積として 1, 8 ; 45 を得る．次に，7 のほうを半分ずつに分割せよ．結果として，3 ; 30 と 3 ; 30 を得る．これらを掛け合わせよ．12 ; 15 が得られる．これに，先ほど計算した 1, 8 ; 45 を足し合わせよ．和として，1, 21 を得る．これは，9 の平方である．先ほど掛け合わせた 3 ; 30 を，この 9 から引け．結果として，5 ; 30 が得られる．11 の逆数が見つかるとよいのだが，これは見つけることができない．そこで，次のように問う．何に 11 を掛けると 5 ; 30 となるのか？ 答えは，0 ; 30 である．これが，求める正方形の 1 辺の長さである」．

　粘土書字板には，読者に対して「何を」すべきかという計算手順は書かれているけれども，「なぜ」その操作を行うのかという理由は書かれていない．このことに注意しておこう．これは，いわば料理のレシピみたいなものだ．ちゃんと答えが出る解法が記されているからには，なぜこの解法でうまくゆくのかを誰かが理解していたのに違いない．しかし，いったん解法が発見されると，適切な訓練を受けた人たちは誰でも，その解法を使えるようになる．バビロニアの学校では，解法をたんにレシピとして教えていたのか，それとも，なぜこの解法でうまくゆくのかまで説明していたのか，私たちには知るすべがない．

　先ほど紹介した解法は，一見しただけでは何をやっているのか訳がわからないが，レシピの狙いを理解するのは見かけよりはずっと易しい．計算が面倒な数値が使われているため，逆にどこでどの演算規則が適用されているのかを容易に見分けることができる．それには，計算操作を系統立てて眺めればよい．現代的な記法を使って，

$$a = 11, \ b = 7, \ c = 6 ; 15 = 6\frac{1}{4}$$

と書こう．すると，方程式は次の形になる．

$$ax^2 + bx = c$$

ここで a, b, c は，上記の数値である．ここから，x を求めるわけである．バビロン人たちが記した解法を見ると，次の手順で計算しているのがわかる．

(1) c に a を掛けて ac を得る．
(2) b を2で割って $b/2$ を得る．
(3) $b/2$ を平方せよ．結果は $b^2/4$ である．
(4) これに ac を加えよ．$ac + b^2/4$ が得られる．
(5) その平方根を求めよ．すなわち，$\sqrt{ac + b^2/4}$ を得る．
(6) この平方根から $b/2$ を引け．結果は，$\sqrt{ac + b^2/4} - b/2$ となる．
(7) これを a で割ったものが解である．すなわち，$x = \dfrac{\sqrt{ac + b^2/4} - b/2}{a}$

これが学校で現在教えている解の公式，

$$x = \frac{-b + \sqrt{b^2 - 4ac}}{2a}$$

と全く同じものであることは，容易にわかる．符号が違っているところがあるのは，定数項 c を左辺に置いた方程式 $ax^2 + bx + c = 0$ に対する解の公式を学校で教わるのに対し，ここでは元の方程式の定数項を左辺に移項すると $ax^2 + bx - c = 0$ となるからである．

　バビロン人たちが，この手順が一般化できるのを知っていたのは明らかである．引用した例はとても複雑な過程を扱っており，特殊な問題にだけ使える解法を示す例とは考えにくい．

　古代バビロン人たちは，どうやって，この解法を思いついたのだろうか？ そして彼らは，どのような理解の仕方をしていたのだろうか？ このような込み入った解法手順の基底には，もっと簡明な考え方があったに違いない．直接的な証拠はないが，彼らが平方完成についての幾何学的な考えを持っていたことは十分に考えられる．平方完成という考え方は，おもに代数的な手法として，現在の学校でも教えている．この考え方をわかりやすく示すために，ここでは $x^2 + ax = b$ という方程式を図形でも表現してみよう．

　　　　x^2　　　　$+$　　　ax　　　$=$　　　b

ここで，正方形と最初の長方形は高さがともに x で，幅はそれぞれ x と a である．右端の長方形の面積は b である．これに対するバビロン人のレシピは，まず最初の長方形を半分ずつに分割するというものである．

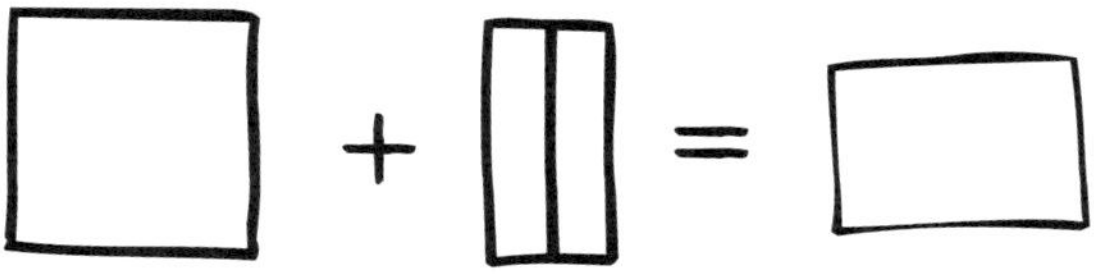

$$x^2 + 2\left(\frac{a}{2} \times x\right) = b$$

ここで，私たちは分割した 2 つの新しい長方形を，正方形の 2 つの辺に接するよう再配置することができる．

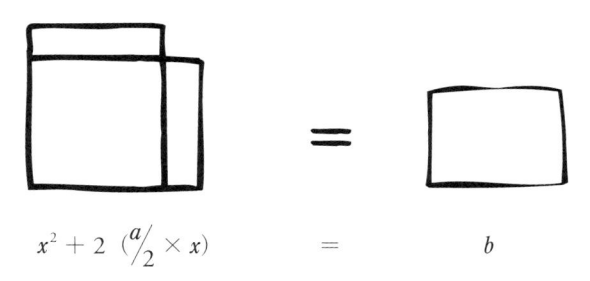

$$x^2 + 2\left(\frac{a}{2} \times x\right) = b$$

左側の図形は，いまや一回り大きい正方形を完成させるのに，あと一歩という形をしている．灰色で表示された正方形（下）を付け加えると，大きい正方形が完成する．

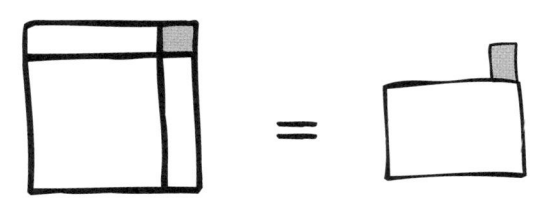

方程式の等号を正しく保つためには，同じ灰色の正方形を右側の図形にも付け加えなければならない．ここで，私たちは左側の図形は 1 辺が $\left(x + \frac{a}{2}\right)$ の正方形となっていることを確認できる．左右の図形の面積が等しいという主張は，次の代数的言明と同等である．

$$x^2 + 2\,(\tfrac{a}{2} \times x) + (\tfrac{a}{2})^2 = b + (\tfrac{a}{2})^2$$

左側の図形が正方形になっていることから，私たちは左辺の式を書き換えて

$$(x + \tfrac{a}{2})^2 = b + (\tfrac{a}{2})^2$$

と表現できることがわかる．次は，両辺の平方根をとるのが自然なステップである．

$$x + \tfrac{a}{2} = \sqrt{b + (\tfrac{a}{2})^2}$$

最後に，左辺に未知数だけを残すよう移項の操作を行って，

$$x = \sqrt{b + (\tfrac{a}{2})^2} - \tfrac{a}{2}$$

という解を得る．以上が，バビロン人のレシピの手順そのものであることを，容易にご理解いただけるはずである．

このような幾何学的図絵が古代バビロン人の解法レシピを導いたという見方を支持する直接的証拠は，どの粘土書字板からも見出すことはできない．しかし，理にかなった仮定とみることは許されよう．数々の粘土書字板に現れる，さまざまな図式が，この仮定と符合しており，間接的にこの見方を支持してくれている．

アル - ジャブル (al-jabr)

英語で代数学を意味する「アルジェブラ」(algebra) という語は，アラビア語の「アル - ジャブル」(al-jabr) に由来する．この術語を創案したのは，820 年ころを中心に活躍したイスラム数学者のアル - フワーリズミー (Muhammad ibn Musa al-Khwarizmi) である．彼の著書『アル - ジャブルとワル - ムカーバラを用いた計算の書』(*Al-Kitāb al-mukhtaṣar fī ḥisāb al-ǧabr wa'l-muqābala*) は，未知の量を含む方程式を操作して解を求めるための一般的手法を説明した，体系的な代数学書である．

アル - フワーリズミーは，記号的な代数を展開したのではなくて，言葉によって代数操作を説明した．しかし，彼の手法が現在学校で教えられている初等代数と類似したものであることは，容易に確認できる．「アル - ジャブル」(al-jabr) とは，「方程式の両辺に等しい量を加える」という操作を意味する術語である．たとえば，私たちは方程式，

> 英語で代数学を意味する「アルジェブラ」(algebra) という語は，アラビア語の「アル - ジャブル」(al-jabr) に由来する．

$$x - 3 = 5$$

から解 $x = 8$ を導くときに，この操作を使う．

ここで解を導出するために，じつは方程式の両辺に3を加えるという操作を，私たちは使っている．これが，アル‐ジャブルである．一方，ワル‐ムカーバラ (wa'l-muqābala) には，2通りの意味がある．一つは限定された意味で，「方程式の両辺から等しい量を引く」という操作を指す．たとえば，私たちが方程式，

$$x + 3 = 5$$

から解 $x = 2$ を導くときに使う操作がこれである．しかし，「ワル‐ムカーバラ」には，比較するとかバランスをとるといった，もっと広い一般的な意味もある．

アル‐フワーリズミーは，6種類の方程式を解くための一般的なルールを与えた．これらのルールは，すべての1次方程式と2次方程式を解くのに用いることができる．彼の仕事の中に，私たちは現在の初等代数学の基本的な考え方を見出すことができる．ただし，それは記号的な代数表現を用いたものではなかった．

3次方程式

古代バビロン人たちは2次方程式を解くことができたし，その解法は現在学校で教えられているものと本質的に同じものである．代数的には，基本的な算術演算（加減乗除）を超えるものとしては，平方根を求める開平（かいへい）の操作が含まれるだけだ．明らかな次のステップは，3次方程式である．これは，未知数の3乗からなる項を含む．3次方程式は一般に，

$$ax^3 + bx^2 + cx + d = 0$$

の形に書ける．ここで，x は未知数，係数 a, b, c, d は既知の数である．しかし，負の数の概念が十分に発展する以前は，数学者たちは3次方程式をたくさんの違ったタイプに分類して扱っていた．たとえば，$x^3 + 3x = 7$ と $x^3 - 3x = 7$ は全く違うタイプの方程式とみなされ，異なる解法を要するものとなっていたのである．

ギリシャ人たちは，ある種の3次方程式を解くのに円錐曲線をどのように使えばいいかを発見した．近代代数学は，円錐曲線と円錐曲線が交わるとき，その交点が3次または4次の方程式（次数は円錐曲線の種類に依存）によって決定されることを見出した．古代ないしヘレニズム時代のギリシャ人は，このことを一般的な事実としては理解していなかったが，彼らはその帰結を特殊な場合について利用し，円錐曲線を新しい幾何学的装置として使うことができたのである．

オマル・ハイヤームは詩人として最もよく知られるが，卓越した数学者でもあった

　この方向に沿った解法の研究は，ペルシャ人のオマル・ハイヤーム (Omar Khayyám) によって完成され，定式化された．オマル・ハイヤームは，彼の名に帰せられる詩篇『ルバイヤート』[訳註3]によって非常に有名だが，この詩人と数学者は同一人物である．1075年ころに，彼は『代数と釣り合いの諸問題に対する解の証明』(*On the Proofs of the Problems of Algebra and Muqabala*) という書物を著し，3次方程式を14種類に分類し，それぞれに対して円錐曲線を用いて解を見出す方法を与えた．この書物は，まさに幾何学の傑作であり，幾何学の諸問題をほとんど完璧と言っていい洗練された手法で扱っている．ただ，現在の数学者はごくわずかな欠陥を見つけている．いくつかの場合，オマルの幾何学的証明には条件によっては存在しない点を仮定しているため，完全な解を示したことにはなっていない．彼は，円錐曲線同士が交わらない場合についても，交点の存在を仮定した証明を記している．とはいえ，これらは些細な欠点と言うべきだろう．

　幾何学的に3次方程式の解を与えることは素晴らしい成果である．しかし，3乗根をとるような操作を含む以外は簡潔な演算で表現される，代数的な解を見つけることはできないのだろうか？　ルネサンス期イタリアの数学者たちが3次方程式の代数的な解を発見したことは，代数学における大きなブレイクスルーであった．

[訳註3]　もともと，ルバイヤート (rubaiyat) はペルシャ語文芸の伝統である四行詩を指し，複数形なので四行詩集という意味になる．オマル・ハイヤームの『ルバイヤート』は数千行におよぶ長大な詩集で，19世紀後半フィッツジェラルドによって"Rubaiyat of Omar Khayyam"のタイトルで英訳され，英語圏を中心に全世界で熱心に読まれるようになった．邦訳としては，森亮，小川亮作，陳舜臣らのものがある．

ジェロラモ・カルダーノ

Girolamo Cardano 1501–1576

ジェロラモ・カルダーノは，ミラノの法律家ファツィオ・カルダーノ (Fazio Cardano) と，チアラ・ミケリア (Chiara Micheria) という名のすでに3子を抱えていた若い未亡人との間の非嫡出子として生まれた．チアラが近郊のパヴィアでジェロラモを出産する間に，彼女の子供たちは3人とも流行病で亡くなってしまった．父親のファツィオは有能な数学者でもあり，数学への情熱はジェロラモに受け渡された．父親の希望に逆らって，ジェロラモはパヴィア大学で医学を学んだ．ファツィオは彼に法律を学ばせたかったのである．

まだ学生であった時に，カルダーノはパドバ大学——彼はパヴィア大学からこちらに転籍していた——の学生組合長[訳註4]選挙に立候補し，なんと一発で当選してしまう．その少し前に父親が亡くなり，いくらかの財産を相続した彼は，財力をギャンブルによって増強しようとする．トランプ賭博，ダイス，賭けチェスなどに手を出す．彼は，いつもナイフを持ち歩いており，ギャンブルでいかさまを働いたと彼が信じた相手の顔を切り付けたことが一度ある．

1525年に，カルダーノは医学の学位を取得する．しかし，ミラノの医科大学のポストに応募したものの拒否される．おそらく，厄介な人物だという評判のせいであろう．彼は，サッカ (Sacca) という村で医師を開業し，民兵の隊長の娘であったルシア・バンダリーニ (Lucia Bandarini) と結婚する．医者稼業は，あまり儲からなかった．そこで，1533年にジェロラモは再びギャンブルに手を出す．しかし，こんどは散々で，彼は妻の宝石と家族の財産の一部を質入れしなければならなかった．

それでも，まもなく幸運が訪れる．彼の父親が就いていた数学講師の地位を，同じピアッティ (Piatti) 財団から提供されたのだ．その傍ら，彼は医業も継続し，目を見張るような治療実績のいくつかにより名声を博した．1539年には，何度目かの応募の末，ついに医科大のメンバーに迎えられた．彼は，さまざまな主題について学問的著述を開始した．数学も，主題の一つだ．カルダーノは驚嘆すべき自伝『わが人生』(De propria vita) を残しており，雑多な章に数えきれないほどの話題を盛り込んでいる．聖アンドリューズ大主教ジョン・ハミルトン (John Hamilton) の治療のためにエジンバラを訪問したころ[訳註5]が，彼の名声のピークであった．ハミルトン公は喘息持ちであった．カルダーノの治療により，その症状は劇的に改善し，スコットランドの宮廷は2000金貨に値する王冠で報い

[訳註4] 原文は"rector"．ふつうに訳すと，学長とか学監ということになるが，この表現は有名な彼の自伝に使われているもののようである．清瀬卓・澤井繁男訳『カルダーノ自伝』やオア『カルダノの生涯：悪徳数学者の栄光と悲惨』（安藤洋美訳，東京図書）では「学生組合長」としており，これらに従った．

[訳註5] 1552年の夏である．

ることを申し出たが，カルダーノは辞退し王冠を宮廷に残してきた．

　帰国とともに彼はパドゥヴァ大学医学部の教授に任じられ，万事は順風満帆に見えた．ところが，彼の長男であるジャムバシスタ (Giambasista) が，カルダーノの見立てによれば「価値のない恥知らずな」ブランドニア・ディ・セローニ (Brandonia di Seroni) という女性と密かに結婚していたのが発覚したころから，運命は暗転する．彼女とその家族は，寄ってたかってジャムバシスタを傷つけ侮辱し，思い余った彼は妻を毒殺してしまう．カルダーノはできる限りのことをしたが，ジャムバシスタは処刑されてしまう．1570年には，カルダーノは異端の疑いをかけられて審問される．イエスの星占いをした，との嫌疑である．彼は捕えられ，その後に釈放された．しかし，大学に勤務することは禁止された．ところが，思いがけないことにローマ法王が彼に年金を与え，ローマで彼は医科大学に勤めることを許された．

　彼は，自分自身が死ぬ日を予言し，自殺を図ることで予言を的中させたと言われている．さまざまな苦難を伴う一生であったが，最後の最後まで彼は楽天家であった．

　当時，数学者たちの間では，その能力と名誉を懸けた公開試合というものが盛んに行われていた．それぞれの競い手は，対戦相手に対する挑戦状として，まだ解かれていない数学の問題

> **しがたって，数学者たちの公開試合は，真剣勝負の果たし合いと言ってよかった．**

をぶつける．互いに，挑戦状として出された問題を必死に解く．相手の出した問題を首尾よく解いたほうが勝者となる．聴衆たちが，どちらが勝つかを賭けて試合を見守ることもあった．対戦者らはしばしば巨額の賞金を賭け合い，ある記録によると敗者が勝者（とその友人たち）に30回もの饗宴を供応しなければならなかったという．それに加えて，公開試合での勝者となった数学者はその有能さの評判から，多くの学生 ── ほとんどが裕福な貴族 ── を惹き付けて高い授業料を受け取ることができた．したがって，数学者たちの公開試合は，真剣勝負の果たし合いと言ってよかった．

　1535年に，そんな公開試合の一つが行われた．対戦したのは，アントニオ・フィオール (Antonio Fior) と，タルタリア（どもり）という綽名[訳註6]をもつニコロ・フォンタナ (Niccolo Fontana) であった．結果は，タルタリアの圧勝に終わり，彼の成功の評判が広がってゆくと，やがてジェロラモ・カルダーノの耳に入った．カ

[訳註6]　ニコロが少年時代に生地がフランス軍に侵攻され，このとき住民多数が虐殺された．その際に彼は殺害は免れたが，顎と口蓋を切り落とされ，その後は通常の喋り方ができなくなってしまったので，この綽名がついたと伝えられている．

ルダーノは耳をそばだてて噂を聞いた．というのも，彼はまとまった代数学の本を書いている途中であり，フィオールとタルタリアが勝負を賭けた問題は3次方程式の解法に関するものだったからだ．

当時，3次方程式は3つの異なるタイプに分類されていた．負の数が正当に認められていなかったためである．フィオールは3つのタイプの3次方程式のうち，一つだけについて解き方を知っていた．タルタリアも，最初は別の一つのタイプの3次方程式を解くことができただけであった．現代的に表記すると，3次方程式 $x^3 + ax = b$ に対する彼の解は，

$$x = \sqrt[3]{\frac{b}{2} + \sqrt{\frac{a^3}{27} + \frac{b^2}{4}}} + \sqrt[3]{\frac{b}{2} - \sqrt{\frac{a^3}{27} + \frac{b^2}{4}}}$$

であった．集中した必死の努力の末に，試合の1週間前かそこらになって，タルタリアはなんとか他の2つのタイプの方程式も解く方法を見つけ出した．そして，彼は自分が解法を知っていてフィオールには解くことができないタイプの方程式だけを，フィオールに対する問題としてぶつけた．

カルダーノはこの対決の話を聞いて，彼ら2人が3次方程式の解法を考え出したことを理解した．3次方程式の解法を彼の本に書き加えたくてしょうがなかったカルダーノは，タルタリアを引き留めて長話をし，彼の解法を明かしてくれるよう頼んだ．当然ながら，タルタリアは乗り気ではなく，教えるのを渋った．彼の生活の糧は，その数学的奥義を手元にしまっておくことで成り立っていたからである．しかし，最後にはカルダーノの懇願に応じて，解法の秘密を教えた．タルタリアによれば，カルダーノは解法を決して公表しないことを約束したという．だから，彼がカルダーノの著書『アルス・マグナ (*Ars Magna*) —— 代数学の大技芸』の中に彼の解法が載っているのを見つけて憤慨したのは，全く当然のことである．タルタリアは激しい不満を表明し，カルダーノの剽窃行為を非難した．

さて，このカルダーノだが，もともと品行方正と言うには，ほど遠い男であった．彼はギャンブル常習者であって，トランプやダイス，さらにはチェスでも博打を続け，相当な金銭をこれらのギャンブルで失っている．その結果，彼は一家の財産を全部なくし，貧窮に陥ってしまった．その一方，彼はまぎれもない天才であった．有能な医師であり，輝かしい数学者であり，見事な自己宣伝家でもあった．もっとも，彼のこうした優れた特性は，あまりに率直で単刀直入な態度 —— しばしば相手からは無遠慮で無礼かつ侮辱的だと受け取られた —— のため帳消しにされたのだけれども．だからタルタリアが，カルダーノが嘘をついて彼の数学的発見を盗んだと思ったのは無理からぬことであった．カルダーノは著書の中で，方程式の解法

がタルタリアによるものだと謝辞とともに明記していたのだが，事態を少しも改善させなかった．タルタリアは，人々に名を記憶されるのは書物の著者であって，小さな文字で謝辞を表された人物ではないことを，よく知っていた．

しかし，カルダーノのほうにも，いちおう理にかなった言い分があった．彼がタルタリアとの約束を守らなかったのには，明確な根拠があった．その理由は，彼の弟子ルドヴィコ・フェラーリ (Lodovico Ferrari) が 4 次方程式の解法を発見したことからきている．これは全く新しい発見であり，非常に重要なものである．当然，カルダーノはこの結果を本に含めたかったし，彼の弟子による成果だから解法を載せることには特に問題はない．ところが，フェラーリの解法は 4 次方程式の解を対応する 3 次方程式の解に帰着させるものだったので，どうしてもタルタリアが見つけた 3 次方程式の解法を使う．カルダーノは，タルタリアの解法を公表せずにフェラーリの成果を出版することはできなかったのだ．

やがて，このいざこざを解決してくれるニュースが届いた．タルタリアとの公開試合に敗れたフィオールは，数学者スキピオ・デル・フェッロ (Scipio del Ferro) の弟子であった．このデル・フェッロが 3 次方程式の 3 つのタイプすべての解を——フィオールが伝授された一つのタイプだけでなく——すでに見つけていた，とカルダーノは聞いたのである．そして，デル・フェッロの未発表の草稿をアンニーバレ・デル・ナヴェ (Annibale del Nave) とかいう人物が持っている，という噂であった．そこで，カルダーノとフェラーリは，デル・ナヴェと会うために 1543 年にボローニャを訪れ，首尾よくデル・フェッロの原稿を見ることができた．そこに明明白白に書かれていたのは，3 次方程式の 3 つのタイプすべての解であった．だから，今やカルダーノは悪びれずに言うことができる．自分が出版したのはデル・フェッロがすでに発見していた解法であり，「タルタリアの解法」ではなかった，と．

タルタリアは，事態をそんなふうに理解し，納得することはなかった．しかし，彼はカルダーノが指摘した点，すなわち彼が出版したのはデル・フェッロの発見でありタルタリアの発見ではなかった，という点に対しては結局のところ何も答えなかった．そのかわりに，彼はカルダーノを激しく非難する長文の弾劾状を出版した．フェラーリは，師を弁護するため，公開の場での論争をタルタリアに申し入れた．論争は，フェラーリの側に分があることを誰の目にも明らかに示す結果に終わった．タルタリアは，この敗北から二度と立ち上がることができなかった．

代数学的記号表記

ルネサンス期イタリアの数学者たちは多くの代数学的手法を発展させたけれども，その表記法は原始的なものにとどまっていた．現在のような代数学的な記号の使い

> **現在のような代数学的な記号の使い方が発展するには，なお何百年もの年月が必要だったのである．**

未知数に対する記号を用いた最初の一例は，アレクサンドリアのディオファントス (Diophantus of Alexandria) のものである．西暦 250 年ころに書かれた彼の『算術』(*Arithmetica*) は，もともと 13 巻からなる書物だったことが知られているが，写本によって残存しているのは，そのうちの 6 巻である．この書物が主眼を置いているのは代数方程式の解で，解としては整数だけでなく有理数——p と q を整数として q/p で表せる数——も想定されていた．ディオファントスの記号の使い方は，現在の私たちのものとは，かなり異なる．『算術』はこの題目を扱った当時の文書としては唯一残存しているものだが，断片的な証拠が示唆しているのは，この書物が孤立したものではなくて，より広範な伝統の一部を成しているということだ．ディオファントスの記号表記は計算には適していないが，問題や結果を簡潔な形に要約することができる．

中世期アラビア（イスラム圏）の数学者たちは，方程式を解くための華麗な手法を発展させたが，解法はすべて言葉によって説明され，代数的な記号表現は使われなかった．

ディオファントスの記号表記と現代の記号

意味	現代の記号	ディオファントスの記号
未知数	x	γ
未知数の 2 乗	x^2	$\Delta\gamma$
未知数の 3 乗	x^3	$K\gamma$
未知数の 4 乗	x^4	$\Delta\gamma\Delta$
未知数の 5 乗	x^5	$\Delta K\gamma$
未知数の 6 乗	x^6	$K\gamma K$
加法演算	+	項の連記（AB を A + B の意で用いる）
減法演算	−	⋀
等号	=	$\iota\sigma$

代数的な記号表現に向けた動きに弾みがつくのは，ルネサンス期である．そして，代数的な記号を系統的に使い始めた最初の偉大な代数家が，フランソワ・ヴィエート (François Viète) である．彼は，その代数学的成果の多くを記号表現の形で示した．ただし，彼の表記法は，現在の私たちのものとは，かなり異なっている．にもかかわらず，彼は未知数だけでなく，既知とされる量についてもアルファベットの記号を用いて表したのである．両者を区別するために，彼は既知の数を表現する記号としては子音文字 $B, C, D, F, G, \ldots$ を，未知数を表現する記号には母音文字 $A, E, I, \ldots$ を用いるという規約を採用した．

　15 世紀に，原始的な代数演算記号がわずかばかり姿を見せる．特に目を惹くのは，文字 p と m を加法演算および減法の記号として用いる試みである．これらは，記号というよりはプラス，マイナスの簡約形と言うべきかもしれない．＋と－の記号も，ほどなく同時期に現れる．これらは商取引から出てきた記号で，ドイツ人の商人たちが記載項目を加重すべき数量か減重すべき数量か区別するために用いたものであった．数学者たちも，この記号をすぐに取り入れ，最初に書かれた例は 1481 年に現れている．ウィリアム・オートレッド (William Oughtred) は，乗法演算の記号として×を導入した．これは，ライプニッツから頭ごなしに（そして，たぶん正当に）批判される．未知数を表す x とまぎらわしいではないか，というのがライプニッツの苦情である．

　1557 年に英国の数学者ロバート・レコード (Robert Recorde) は，その著書『ウィットの砥石』(The Whetstone of Witte) の中で彼が考案した等号＝を初めて使い，この記号は現在まで使われることになる．彼は，長さの等しい平行な 2 本の線ほど同等性がよく表されているものは他に存在しない，と述べている．ただ，彼は私たちが現在使っているよりもずっと長い等号，＝＝＝＝＝＝という感じに近いものを使った．ヴィエートは最初，同値性を言葉 (aequalis) で表現していたが，のちに記号 $\sim$ で置き換えた．デカルトは別の記号 ∞ を使った．

　現在使われている不等号 $>$ と $<$ は，トーマス・ハリオット (Thomas Harriot) の創案とされている．丸括弧（　）は 1544 年にお目見えする．カギ（大）括弧 [　] と中括弧 | | は，1593 年ころにヴィエートが初めて使った．デカルトは根号 $\sqrt{\ }$ を使った．これは根 (radix) の頭文字 r を少し装飾したもの．彼は，立方根を $\sqrt{c}$ の記号を使って表した．

　ルネサンス期の代数の記法が現在の私たちの記法とどのくらい違っているかを見るために，カルダーノの代数書『アルス・マグナ』から少しだけ引用してみよう．

$$5p : \mathcal{R} \ m : 15$$
$$5m : \mathcal{R} \ m : 15$$

$$25\mathrm{m} : \mathrm{m} : 15 \, qd. \; est \; 40$$

これは，現在の記法で書くならば，次の式を意味している．

$$(5 + \sqrt{-15})(5 - \sqrt{-15}) = 25 - (-15) = 40$$

だから，カルダーノの "p：" と "m：" がプラスとマイナスを意味し，"℞" が平方根を意味し，"qd. est" は「すなわち（以下と等しい）」を意味するラテン語句の簡約表現であることがわかる．彼は，以下のような表現も使っている．

$$qdratu \; aeqtur \; 4 \; rebus \; \mathrm{p}：32$$

これは現代的に書くと，

$$x^2 = 4x + 32$$

のことである．したがって，ここで彼は別々の簡約表現 "rebus" と "qdratu" を，未知数とその2乗を指すのに使っていることがわかる．彼はこれ以外の箇所では，未知数に R を，その平方には Z を，未知数の立方には C を使っている．

あまり知られていないが影響力のあった人物がニコラ・シュケ (Nicolas Chuquet) というフランス人で，彼は1484年に著した『数の科学に関する三題』(*Triparty en la Science de Nombres*) の中で，算術・ベキ根・未知数という3つの重要な主題を論じている．ベキ根に対する彼の表記法はカルダーノと似たりよったりだが，未知数のベキ乗については添字を使って系統的に表すことを彼は始めている．彼は，未知数の最初の1次から4次までのベキ乗を指すのに，"*premier*"，"*champs*"，"*cubiez*" および "*champs de champs*" という用語を使った．現在の私たちが $6x$, $4x^2$ および $5x^3$ と書くところを，彼は ".6.1"，".4.2" および ".5.3" と表記した．彼は，未知数の0乗さらにはマイナス乗についての表記も考えた．彼の表記で ".2.0" および ".3.1.m." は，それぞれ現代的表記で 2 および $3x^{-1}$ を表す．要するに，添字を用いて未知数のベキ乗指数を表す彼の表記法は，指数表記法そのものなのである．しかし，彼は未知数そのものを明示的に表す記号は持っていなかった．

この欠落を埋めたのが，デカルトである．彼の表記法は私たちが現在使っているものと非常に近い．ただ一つの例外として，私たちが，

$$5 + 4x + 6x^2 + 11x^3 + 3x^4$$

のように書くところを，デカルトは以下のように表記した．

$$5 + 4x + 6xx + 11x^3 + 3x^4$$

すなわち，彼は未知数の平方を xx と書いたのである．しかし，ときどき彼は x^2

の表記も使っている．ニュートンになると，未知数のベキ乗については，指数が分数や負の場合をも含め，私たちが現在使っているものと全く同じに表記している．たとえば彼にとって，x^3 の平方根を $x^{3/2}$ と表記するのは全く自然なことであった．未知数の平方を表すのに xx を使うことを最終的に廃止し，x^2 を使うほうに軍配を

代数は現在どのように使われているか

現代世界での代数学の最大の「消費者」は科学者たちである．彼らは，自然界の規則性を代数的表現を用いた方程式によって書き記す．方程式を解くことによって，科学者たちは既知の数量を用いて未知の数量を導き出すことができる．この作業はあまりにも常態化しているため，科学者たちも代数を使っているとはほとんど意識しない．

代数はもっと身近なところでも使われる．たとえば，考古学．テレビ番組の「タイム・チーム」[訳註7]で取り上げられた挿話の一つでは，考古学探偵役が中世の井戸の深さを知りたいという場面が出てきた．最初に出てきたアイデアは，何かを井戸の中に投げ入れ，底に届くまでの時間を測ってみる，というものだった．実際にやってみると，6秒間かかった．ここで必要になる代数方程式は，

$$s = \frac{1}{2}gt^2$$

である．ここで s は井戸の深さ，t は石ころが井戸の底面にぶつかって音をたてるまでの時間，g は重力加速度である．ここでは，g の近似値として 10 メートル／（毎秒）^{2} を採用しよう．実測結果 $t = 6$ を方程式に代入すると，井戸の深さが約 180 メートルだという結論を私たちは得る．

この方程式をちゃんと覚えていたかどうか少し怪しい――じつは正確に彼らは覚えていたのだが――タイム・チームの出演者たちは念のため巻尺での測定も行った．これには長い巻尺を3本つないで計測する必要があったのだが，めでたく 180 メートルに非常に近い測定結果が得られた．

もし，井戸の深さが先にわかっていて，落とした物体が底面にぶつかるまでの時間を知りたいという場合であれば，代数を使う必要性はより明白になるだろう．この場合，私たちは先ほどの方程式を t について解いて，

$$t = \sqrt{\frac{2s}{g}}$$

と s および g で表される形に変形しておけばよい．$s = 180$ だとわかっていれば，これを上式に代入して t が 36 の平方根，すなわち 6 であることがわかる．石ころが底にぶつかって音をたてるのは，6秒後である．

[訳註7] タイム・チーム (Time Team) は，英国 TV のチャンネル 4 が 1994 年から放送を続けている考古学に取材する 60 分の番組で，2013 年 2 月までに 275 話が放映されている．人気俳優が扮する考古学者が毎回異なる考古学遺蹟（おもに英国内の遺蹟）を 3 日ほどかけて発掘調査し，その過程を一般視聴者にもわかる言葉で説明するという趣向だという．2009 年からは，同じ趣向の「タイム・チーム・アメリカ」も米国内で放送されている．

上げたのはガウスである．大先生が号令をかけると，その他大勢はそれに従うのが世の常である．

数の代数から式の代数へ

　代数は，算術演算の問題を系統的に扱う手法として始まった．しかし，ヴィエートの時代になると代数それ自体が新しい生命を帯びて動き始める．ヴィエート以前には，代数的な記号化や操作は，算術演算の手続きを一般化して述べるものと理解されてはいたが，主眼となる対象としては具体的な数が依然として念頭にあった．これに対しヴィエートは，彼の言う「種類 (species) のロジック」と「数のロジック」という決定的な区別を導入した．彼の見方では，ある代数的表現は一つのクラスの算術的表現すべてを代表するものなのである．これは，従来とは全く違った，新しい概念だと言っていい．彼は，1591年に著した『解析技法序説』(Artem Analyticam Isagoge) の中で，代数学とは一般的な形式に対する操作を扱う手法であり，算術が特定の数に対する演算操作を扱うのと区別される，と説明している．

　これは，些細な論理的こだわりに過ぎないように聞こえるかもしれない．しかし，この視点の違いは深い意味をもつ．ヴィエートにとって，以下のような代数演算（現代的表記で書いてある），

$$(2x+3y)-(x+y)=x+2y$$

は，記号表現された式そのものを操作していることになるのである．$(2x+3y)$ のような個別の項それぞれは，立派な数学的対象なのである．これら（単項式や多項式）は，それぞれが特定のどういう数を代表するかといったことを考える必要なしに，足したり引いたり掛けたり割ったりすることができるのだ．ヴィエートに先行する数学者たちにとって同じ方程式が意味しているのは，x や y の記号にどんな数を代入しても等式が成り立つという，単なる数的な関係であった．ここから離陸することによって，代数学は記号表現そのものに対する操作を扱う数学分野として，独自の息吹を吹き込まれたのである．これが，算術的な解釈という足かせから代数学が解放される，最初のステップであった．

第 5 章
不滅の三角形
三角法と対数の発明

ユークリッド幾何学は，三角形を基礎にしている．その理由としては，どんな多角形でも三角形をもとに組み立てることができること，そして円や楕円のような数学的に興味深い図形は多角形で近似できること，が挙げられよう．三角形の計量可能な特性 —— 各辺の長さや各内角の大きさ，面積など —— は互いにさまざまな関係式で結びついており，その多くはエレガントな形式で表現される．こうした関係式は実用的にも重要で，特に航海や測量には非常に役立つものだったが，そのためには三角法の開発が必要であった．

三角法

三角法は，たくさんの特別な関数 —— ある量から別の量を算出する数学的ルール —— を付随して生み出した．正弦（サイン），余弦（コサイン），正接（タンジェント）などである．これらは三角関数と呼ばれるが，たんに三角形の幾何学的計量を表しているだけではなくて，数学の全領域と関わりをもつ非常に重要な関数であることが明らかになっていった．

三角法は，数学的技法としては最も広範に使われているものの一つである．測量からGPSを利用したカーナビまで，ありとあらゆるところに応用されている．汎用性の高いツールの常として，科学技術のほとんどの分野で日常的に使われているため，人々はそれを利用していることすらほとんど意識しない．歴史的に三角法は，対数算法 —— 掛け算（ふつう難しい）を足し算（もっと計算が易しい）に変換して行う巧妙な計算手法 —— と密接に関連しながら発展してきた．これらが表舞台に登場したのは，おもに1400年から1600年あたりにかけてだが，長い前史と，その後の数学的に洗練される過程を伴っており，その概念は現在も進化し続けている．

この章では，三角関数，指数関数，対数関数についての，基礎的な話題を紹介する．と同時に，その応用の昔と今を考えてみる．これらの応用の主なものは，計算技法であったが，コンピュータが普及した現在ではほとんどが時代遅れになってしまった．たとえば現在では，対数を利用して掛け算をする人は，ほぼ皆無だ．三角関数や対数の数表は，もう誰も使わない．コンピュータが，高速で高精度の計算をやってくれるからだ．しかし，対数を使う方法が最初に考案されたとき，対数の数表は画期的な利器となった．とりわけ，長大で煩雑

> "人類社会は，こうした舞台裏の作業に携わってきた先駆者たちから，大きな恩恵を受けているのである．"

三角法と三角関数の初歩

　三角法で使われる関数（三角関数）には数多くのものがあるが，最も基礎的なものは正弦（サイン），余弦（コサイン），正接（タンジェント）の3つである．これらは，角度の関数として与えられ，この角度は伝統的にギリシャ文字のθ（シータ）で表す慣例になっている．ふつう直角三角形を使って，これらの関数は定義される．角θとの位置関係によって，各辺は隣辺 (adjacent)，対辺 (opposite)，斜辺 (hypotenuse) などと呼ばれるが，それぞれの長さをa, b, cとする（図）．

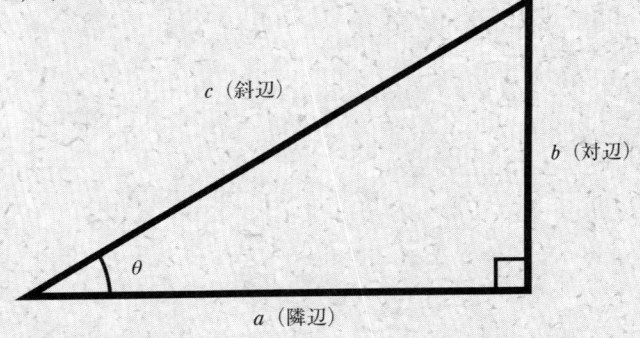

　このとき，3つの関数は次の式で与えられる．
　　θの正弦（サイン）：　　　$\sin\theta = b/c$
　　θの余弦（コサイン）：　　$\cos\theta = a/c$
　　θの正接（タンジェント）：$\tan\theta = b/a$

　θがこの図とは異なる角度の値をとるときも，3つの関数は同様の直角三角形の幾何学によって決定される（角度はすべて同じで大きさだけが異なる三角形が存在し得るが，相似な三角形についての幾何学は辺の間の比は三角形の大きさによらないことを教えている）．これらの三角関数の値がすでに計算されていて数表などに記されていれば，θの値をもとに三角形の問題（1辺の長さから他の辺の長さを求めたり，各内角の大きさを求めるといった問題）を解くことができる．

　3つの関数は，いくつかの美しい関係式によって，互いに関連づけられている．たとえば，ピタゴラスの定理から次の公式が容易に導かれる．

$$\sin^2\theta + \cos^2\theta = 1$$

な計算が必要な天文学者のような人たちにとって，欠かせない便利な道具となった．こうした数表を作成するのに何年も，いや何十年も，人生の貴重な時間を捧げた人たちがいる．人類社会は，こうした舞台裏の作業に携わってきた先駆者たちから，大きな恩恵を受けているのである．

三角法のはじまり

　三角法が扱う基本的な問題は，三角形の計量的な特性を割り出すことである．すなわち，各辺の長さや各内角の大きさのうち，既知のものから未知のものを求めるような類(たぐい)のことである．三角法の初期の歴史を述べるには，まず近代的な三角法の概要を先に要約し —— これは18世紀ころの概念的枠組みをおさらいすることになるわけだが —— そこから古代ギリシャあたりに遡(さかのぼ)るのが便利そうである．このやり方は，古代の考え方を，不明確なあるいは時代遅れになってしまった部分に必要以上に深入りすることなしに，簡便に述べる枠組みを与えてくれる．

　三角法は，天文学に源をもつように思われる．天文観測では，角度の測定は比較的容易だが，はるか彼方の天体までの膨大な距離を測定するのは困難である．ギリシャの天文学者アリスタルコス (Aristarchus) は，紀元前260ころに著した『太陽と月の大きさと距離について』(*On the Sizes and Distances of the Sun and Moon*) の中で，地球から太陽までの距離を月までの距離の18倍から20倍であると推論した (正しい値は400倍程度である．しかし，エウドクソス (Eudoxus) とフィディアス (Phidias) は10倍だと論じていた)．アリスタルコスの論拠は，こうである．半月の時期に観測者から見た太陽の方向と月の方向との角度を測定すると，私たちが使っている単位にして約87°であった．観測者と太陽および月が作る三角形の距離関係を三角法によって見積もることにより，月までの距離の太陽までの距離に対する比は$\sin 3°$程度だ —— これは1/18と1/20の間の値になる —— と彼は結論づけた．これは正しい方法だったのだけれども，残念ながら観測した値のほうが不正確であった．角度の正確な測定値は，89.8°になるはずである．

　紀元前150年ころには，ヒッパルコス (Hipparchus) が残存する最古の三角関数表を作った．彼は，現在使われているサイン関数ではなくて別の量を用いたが

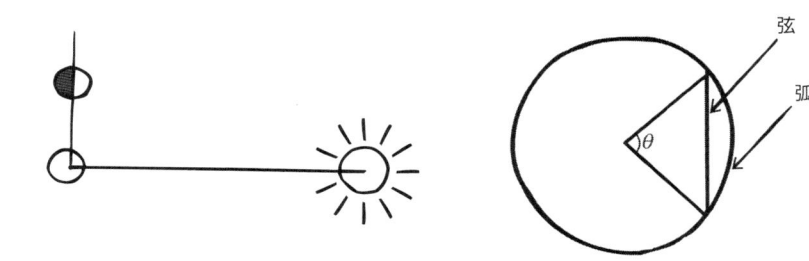

半月が見えているときの太陽と地球と月との位置関係　　　中心角θに対応する弧と弦

——これはサイン関数と密接に関連しており幾何学的には同程度に自然な選択である．2つの半径が中心で角度 θ で交わっているとしよう．この2つの半径が円周を切る両端点を直線で結ぶと，弦と呼ばれる線分が得られる．ヒッパルコスの三角関数表は，この弦の長さを中心角と対応させたものである．もし半径の長さを単位長 1 とし，中心角 θ をラジアンを単位に表せば，弦の長さが $2\sin(\theta/2)$ になることを簡単な計算によって導くことができる．だから，ヒッパルコスの三角関数表は直接サイン関数を計算したものではないけれども，ほとんど同等の数表だったと言うことができる．

天文学

　初期の三角法を見て驚くのは，それが現在の学校で教えているような内容に比べると，きわめて複雑なものであることだ．これは，天文学（のちには航海術）のニーズからくるものだったと思われる．自然現象が生起するのは，平面ではなくて空間においてである．天体が位置するのは，天球と呼ばれる想像上の球面上だと考えられてきた．天空は，観察者が巨大な球の中心に位置しているのと実質的に同等の見え方をする．そして，天体は私たちから途方もなく遠い位置にあるから，この天球面上にあると見なされたのは，そう理解しにくい話ではない．

　こうした事情のため，天文学が扱う計算には，平面幾何学よりも空間幾何学がもっぱら使われる．平面三角法よりも，球面三角法が重要になる．この分野の初期の労作は，メネラウス (Menelaus of Alexandria) の『球面論』(Sphaerica) で，西暦 100 年ころに著された．その中の定理の一例を挙げると，「等しい内角を持つ三角形は互いに合同である」というものがある．ユークリッドの幾何学には，これに対応する定理はない．平面幾何学では，内角がすべて等しくても，三角形の大きさは違うかもしれないから，相似だとは言えても合同であるとは言えないのである．また，球面幾何学では，平面幾何学とは違って，三角形の内角の和は 180° にはならない．たとえば，北極および赤道上で経度が 90° 違う 2 点を頂点とする地球表面上の「三角形」を思い浮かべてみるといい．内角はすべて直角となり，その和は 270° となる．大ざっぱな言い方をすると，三角形が大きくなるにつれて，内角の和も大きくなる．実際，内角の和から 180° を引いたものが，三角形の面積に比例する．

　これらの例は，球面幾何学が独自の新しい諸性質をもつ幾何学であることを教えてくれる．同じことは，球面三角法についても当てはまるが，平面三角法で使われる標準的な三角関数だけを使ってすべてを表すことが可能である．使われる関数が変わるのではなくて，幾何学を表現する公式だけが変わるのである．

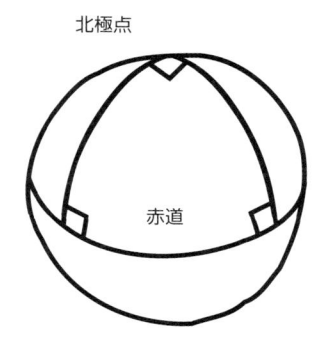

球面幾何学では三角形の
内角の和は 2 直角には
ならない

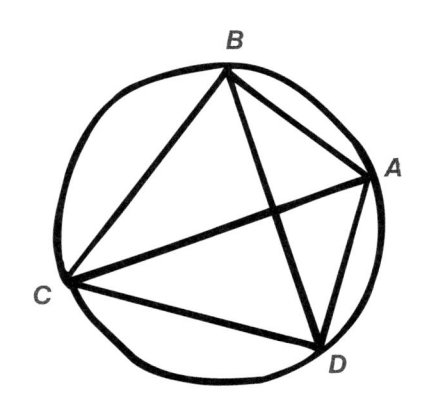

円に内接する四辺形と
2 つの対角線

プトレマイオス

三角法に関する古代で最も重要な書物は，プトレマイオス (Ptolemy of Alexandria) が西暦 150 年ころに著した『数学全書』(*Mathematical Syntaxis*) である．この書物は，アラビア語で「最も偉大な」という意味の『アルマゲスト』(*Almagest*) の名で，一般に知られている．この書物には，三角関数表も含まれているが，やはり弦の長さを中心角の関数として表したものである．三角関数の値を計算する方法も記されている．また，天空上の多数の星の位置を記したカタログも含まれている．三角関数を計算する方法の基礎を与えるのが，プトレマイオスの定理である．これは，円に内接する四辺形 ABCD について，次の関係が成り立つことを主張するものだ．

$$AB \times CD + BC \times DA = AC \times BD$$

すなわち，対辺の長さの積を足し合わせたものは，対角線の長さの積に等しい．

この定理を，現代的な三角関数を用いた形で表すと，そこから次の 2 つの注目すべき公式（加法定理の公式）が導かれる[訳註1]．

$$\sin(\theta + \varphi) = \sin\theta\cos\varphi + \cos\theta\sin\varphi$$
$$\cos(\theta + \varphi) = \cos\theta\cos\varphi - \sin\theta\sin\varphi$$

この公式の要点は，2 つの角度についてサインとコサインの値がわかっていれば，2 つの角度の和についてもサインとコサインの値を簡単に求めることができるということだ．

たとえば出発点として $\sin 1°$ と $\cos 1°$ の値がわかっていれば，$\theta = \varphi = 1°$ とおく

ことによって，sin 2°とcos 2°の値をすぐに計算でき，次には$\theta = 1°$，$\varphi = 2°$とおくことによって，sin 3°とcos 3°の値も計算でき，以下同様に続けてゆくことができる．この場合，スタートの値さえ得られれば，あとは算術計算——相当手間のかかる分量にはなるが——以上の難しい作業は必要とせずに，順にさまざまな角度に対する三角関数値を求めることができるわけである．

最初の小さな角度に対する三角関数の値を知るのが困難だと思われるかもしれないが，算術計算のほかに平方根を求める算法さえ知っていれば，わりと簡単である．自明な足し算の式$\theta/2 + \theta/2 = \theta$を用いて，プトレマイオスの定理（および加法定理）から，公式

$$\sin\frac{\theta}{2} = \sqrt{\frac{1-\cos\theta}{2}}$$

（半角公式と呼ばれる）が容易に導かれるからだ．

たとえば出発点として$\cos 90° = 0$を用い，上記の半角公式を順々に適用してゆけば，どんどん小さな角度に対するサインとコサインの値を求めてゆくことができる（プトレマイオスは，三角関数表の角度の刻み単位として$\frac{1}{4}°$を用いた）．最小角度単位を決めたら，あとは加法定理を順に適用してゆきさえすればいい．要するに，比較的少数の角度についての三角関数から，これらの公式をうまく使うことで，いくらでも詳しい三角関数表を必要に合わせて計算できるのである．これは見事な仕掛けと言うべきだろう．この方法を利用して，天文学者たちは1000年以上にわたり首尾よく仕事を進めてきたのである．

『アルマゲスト』の大きな達成として，惑星運動を高い精度で記述するための独特の工夫があった．夜空を続けて観察した人は，誰でも惑星の特異な動きにすぐ気づく．背景の恒星との相対位置関係で見ると，行きつ戻りつ，あるいは寄り道をす

[訳註1] 少し手間はかかるが，そう難しくはないので，練習問題としてプトレマイオスの定理から加法定理を導いてみよう．内接四辺形$ABCD$の各辺AB, BC, CD, DAそれぞれで区切られる弧に対する円周角を，θ_1, θ_2, θ_3, θ_4とおくと，よく知られている正弦定理により，

$$\frac{AB}{\sin\theta_1} = \frac{BC}{\sin\theta_2} = \frac{CD}{\sin\theta_3} = \frac{DA}{\sin\theta_4} = \frac{AC}{\sin(\theta_1+\theta_2)} = \frac{BD}{\sin(\theta_2+\theta_3)} = 2r$$

が導かれる（rは円の半径）．これを用いてプトレマイオスの定理を書き換えると，
$$4r^2\sin\theta_1\sin\theta_3 + 4r^2\sin\theta_2\sin\theta_4 = 4r^2\sin(\theta_1+\theta_2)\sin(\theta_2+\theta_3)$$
が得られる．ここで$\theta_1 = 90°$の場合を考える．内接四辺形の内角の和は360°だから，$2(\theta_1+\theta_2+\theta_3+\theta_4) = 360°$，$\theta_1 = 180° - (\theta_2+\theta_3+\theta_4) = 90°$より$\theta_2+\theta_3+\theta_4 = 90°$．
加法定理にもってゆくために$\theta_2 = \theta$, $\varphi = -(\theta_2+\theta_3)$とおいて，これを
$$\sin\theta_1\sin\theta_3 + \sin\theta_2\sin\theta_4 = \sin(\theta_1+\theta_2)\sin(\theta_2+\theta_3)$$
に代入すると，
$$\sin 90°\sin\theta_3 + \sin\theta\sin(90°+\varphi) = \sin(90°+\theta)\sin(-\varphi).$$
少し書き換えて，
$$1 \times \sin\{-(\theta+\varphi)\} + \sin\theta\cos\varphi = -\cos\theta\sin\varphi.$$
移項して符合を反転すると，
$$\sin(\theta+\varphi) = \sin\theta\cos\varphi + \cos\theta\sin\varphi.$$
コサインの場合も，同様のやり方で導くことができる．

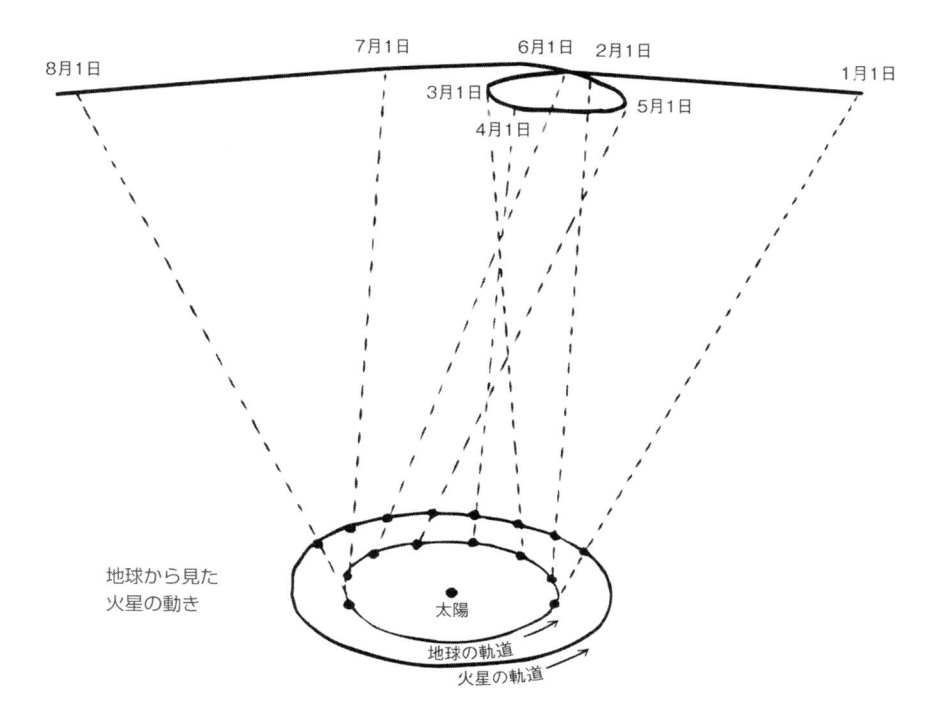

るような複雑な動きを見せる．

　エウドクソス (Eudoxus) は，プラトンの求めに応じて，こうした複雑な動きを天球の回転の上に別の回天球を乗せることで再現する方法を見出した．このアイデアは，アポロニウス (Apollonius) とヒッパルコス (Hipparchus) によって，より簡潔な周転円の概念へと整理された．これは，中心がより大きな円（搬送円）の上を公転しながら自らも回転してゆくという概念装置で，プトレマイオスはこの搬送円と周転円のシステムを洗練させ，惑星運動に対する非常に精度の高いモデルを完成させたのである．

近世初期までの三角法の発展

　三角法の概念は，ヒンドゥーの数学者＝天文学者たちによって，より整理されたものにまとめられていった．ヴァラーハミヒラ (Varahamihira) が6世紀半ばに著した『パンカ・シッダーンタ』(*Pancha Siddhanta*) とブラーマグプタ (Brahmagupta) が628年に著した『ブラーマ・スプタ・シッダーンタ』(*Brahma Sputa Siddhanta*) の中で三角法が紹介され，大先生と呼ばれたバースカラ (Bhaskara) が1150年に著した『シッダーンタ・シロマニ』(*Siddhanta Siromani*) の中でより詳細に展開されている．

三角法はどのように使われてきたか

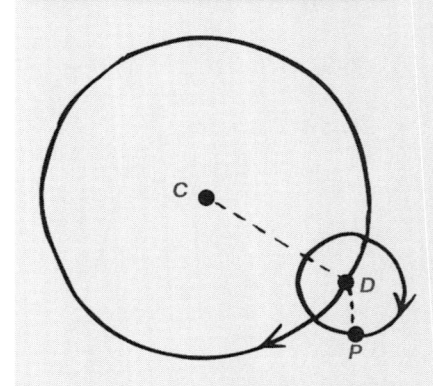

プトレマイオスの『アルマゲスト』は，ケプラーが惑星軌道は楕円であることを発見する以前は，惑星運動研究すべての基礎となっていた．観測される惑星運動の複雑さは，地球の公転運動との相対的位置変化として現れているものだが，プトレマイオスの時代には地球の運動は理解の枠組みには入っていなかった．仮に惑星が等速円運動するとしても，地球の公転運動がもたらす見かけの相対運動を表すには少なくとも2つの円運動の組合せが必要になるから，実際の惑星の動きを円運動の組合せだけで正確に表すモデルを作ろうとしたらプトレマイオスのモデルよりもさらに複雑になるほかはない．ともあれ，プトレマイオスの枠組みは，地球を中心とする搬送円の上に各惑星はさらに周転円を作って回転するといった，円運動の組合せを基本としていた．等速円運動を表す幾何学は，当然のこととして三角関数による記述を必要とし，彼以降の天文学者たちは惑星軌道を三角法によって計算した．

小さいほうの円が周転円で，惑星PはDを中心とする円周上を等速で回っているが，この中心DもCを中心とする搬送円上を等速で動いてゆくとされていた

インドの数学者たちは，三角関数の値を一般に半弦 (jya-ardha) で表した．これは，実質的に近代のサイン関数と同様の扱いと言っていい．ヴァラーハミヒラは，3°45′刻みに，その整数倍の24通りの90°までの角度について，三角関数の値を計算している．7世紀にバースカラ[訳註2]は『マハー・バースカリア』(*Maha Bhaskarya*) の中で鋭角のサイン関数を近似する有益な公式を記しているが，彼はアーリヤバタ (Aryabhata) によるものとしている．これらの著者たちは，三角関数に関する基本的な関係式の多くを導いている．

アラビアの数学者ナシル・エッディン (Nasîr-Eddin) は，その著『四辺形に関する論稿』の中で，平面幾何学と球面幾何学を統一的に記述し，

> 三角法の概念は，ヒンドゥーの数学者＝天文学者たちによって，より整理されたものにまとめられていった．

[訳註2] 12世紀の「大先生」バースカラ（バースカラ2世）とは別人．バースカラ1世と呼ばれることもある．

平面三角法

現在では，三角法は平面幾何学上の平面三角法が最初に教えられる．そのほうが，ずっと易しいし，基本的な原理を明確に理解できるからだ（新しい数学の概念が，たいてい複雑な文脈の中でまず発展し，その基底にある単純さが見出されるのはずっとあとになることが多いのは，奇妙な逆説ではある）．

ちょっと話が脇道にそれるかもしれないが，平面三角法における正弦定理と余弦定理をここにまとめておこう．平面上の三角形の各内角の大きさを A, B, C で表し，それらの向かいに位置する対辺の長さを a, b, c とするとき，次の公式が成り立つ．

$$\frac{a}{\sin A} = \frac{b}{\sin B} = \frac{c}{\sin C}$$

これが，平面三角法の正弦定理である．もう一つの公式，

$$a^2 = b^2 + c^2 - 2bc \cos A$$

は，（第二）余弦定理と呼ばれる．こちらについては，それぞれの角ごとに文字を置換した同じ形の公式があるので，正式には全部で3つだが他の2つは省略する．余弦定理を使うと，私たちは三角形の各辺の長さをもとに，3つの内角それぞれを知ることができる．

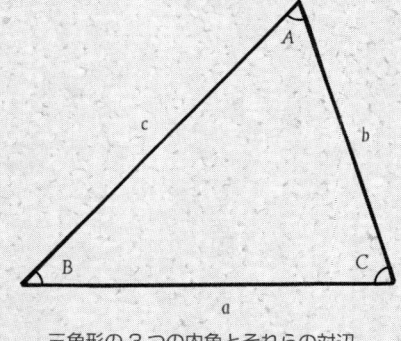

三角形の3つの内角とそれらの対辺

球面三角法に関するいくつかの基本的公式を導いている．彼は，この内容を天文学の一部としてではなくて，独立した数学的論稿として残した．しかし，彼の業績は1450年ころまで西欧では気づかれないままだった．

天文学との関連が強かったため，1450年ころまでの三角法は，ほとんどすべてが球面三角法であった．測量は現在では三角法の主要なユーザーだと言っていいが，当時のヨーロッパではローマ帝国時代に策定された経験的知識に頼る方法で続けられていた．しかし，15世紀の半ばから，平面三角法が独自の発展を始める．この動きは，ドイツ北部のハンザ同盟の地域を中心に始まった．ハンザ同盟は，中部北部ヨーロッパの交易のほとんどを牛耳っていたから，富裕で，影響力も大きかった．そして，計時法の改善や天文観測の応用を含む，航海法の改良も必要としていた．

こうした中で特筆すべき人物の一人が，ヨハネス・ミューラー (Johannes Müller) で，通称のレギオモンタヌス (Regiomontanus) として知られる．彼は，ゲオルク・フォン-ポイルバッハ (George von Peuerbach) の弟子で，ポイルバッハは『アルマゲスト』の版を改訂する仕事をしていた．1471年にレギオモンタヌスは裕福な商

人ベルンハルト・ワルサー (Bernhard Walther) の資金援助を得て，新しく計算した三角関数表（サインのほかタンジェントの値も含む）を作成する．

15世紀から16世紀にかけて独自の三角関数表を計算した，もう一人の著名な数学者にゲオルク・ヨアヒム・レティクス (George Joachim Rhaeticus) がおり，彼はものすごく高い精度まで値を求めた．レティクスは，半径が 10^{15} の円について整数値で三角関数を計算した．つまり，実質的に小数点以下15桁の精度ということになる．彼は，これを角度1秒ごとに求めた．

レギオモンタヌスは，球面三角法における正弦定理，

$$\frac{\sin a}{\sin A} = \frac{\sin b}{\sin B} = \frac{\sin c}{\sin C}$$

と余弦定理，

$$\cos a = \cos b \cos c + \sin b \sin c \cos A$$

を彼の著書『三角法』(De Trianguli) の中に記している[訳註3]．ここで，A, B, C は球面上の三角形の各内角の大きさ，a, b, c はそれぞれの角に対する対辺の長さ――各辺が決める球の中心についての中心角の大きさとして表した長さ――である．彼の『三角法』は，1462-3年ころに書かれたが，出版されたのは彼の死後の1533年になってからである．

ヴィエートは，1579年に著した『三角形に応用された数学的諸法則』(Canon mathematicus seu ad triangula) の中で，三角法についての広範な話題を論じている．彼は，三角法の問題を解く――各辺の長さと各内角の大きさについての情報の一部を用いて残りの情報を割り出す――ための数多くの方法を集め，独自に統合した．そして，新しい三角関数の公式をいくつか見出している．その中には，θ の整数倍の角度に対するサイン関数やコサイン関数の値を，元の θ についてのサイン関数とコサイン関数を使って表す，といった興味深い表現の公式も含まれている．

対数

この章の後半のテーマは，数学の中で最も重要な関数の一つ，対数関数 $\log x$ である．まず最初に，対数関数は次の関係式を満たすという点に注目しておこう．

$$\log xy = \log x + \log y$$

この関係式を用いると，掛け算（計算が面倒である）を足し算（計算が容易で素早くできる）に変換することができる．対数を利用して x と y の掛け算を行うには，

[訳註3] これは，これらの公式をレギオモンタヌスが発見したことを必ずしも意味するものではない．球面三角法の正弦定理については，10世紀イスラムの数学者アブ・アル＝ワファ・ブジャーニ (Abū al-Wafā' Būzjānī) を発見者とするのが通説である．

次のようにすればいい．まず，xとyの対数を見つける．次いで，それら（対数）の和を求める．最後に，求めた和がその対数となっている数（対数和の真数）を求める．それが，求める積xyである．

いったん数学者たちが対数を計算した表を作成したら，その対数表を用いて誰でもこの方法で掛け算をすることができる．17世紀から20世紀の半ばまで，ほとんどすべての科学技術計算 —— 特に天文学の計算 —— は，対数を用いて行われてきた．1960年代以降，電卓とコンピュータは，この対数表を時代遅れのものにしてしまった．しかし，対数の概念はいささかも重要性を失っていない．微積分学や複素解析をはじめ数学の広範な分野で基本的な役割を担っているし，物理学や生物学などの分野でも対数関数が絡む数理が頻繁に現れるからだ．

現在の標準的なやり方では，対数関数は指数関数の逆関数として導入される．十進法の記数法にとって自然な選択である底が10の対数で，まず定義することにしよう．$y = 10^x$が成り立つとき，xをyの対数という．たとえば，$10^3 = 1000$だから，1000の（10を底とした）対数は3だということになる．冒頭に示した対数関数の基本関係式は，ベキ乗で表現された数同士の積の公式（指数法則），

$$10^{x+y} = 10^x \times 10^y$$

から直接に導かれる性質である．

とはいえ，対数を計算の道具として有用なものにするためには，私たちは任意の正の実数yに対して，その対数xを見つける方法を知っていなければならない．ニュートンおよび同時代の数学者たちは，ベキ乗の演算が任意の有理数を指数にもつ場合にも定義できることに気づいた．すなわち，$10^{p/q}$は10^pのq乗根として定義できる．任意の実数xは，有理数p/qによって望みの精度へと近似をいくらでも高めることができる．私たちは，10^xを$10^{p/q}$の形のベキ乗表現によって，限りなく近似してゆくことができる．このことは対数を効率よく計算する方法を示したことにはならないが，少なくとも求める対数が存在することを示す最も単刀直入な方法にはなっている．

歴史的には，対数の発見は，これほど直接的なものではなかった．対数の歴史は，スコットランドの数学者でマーキストン (Murchiston) 領地の男爵であったジョン・ネイピア (John Napier) から始まる．彼は，生涯にわたって計算を効率的に行う方法に興味をもち続け，ネイピアの計算棒（ネイピアの骨）と呼ばれる計算道具を考案した．これは，数字を刻んだ何種類かの棒を組み合わせて筆算の仕組みを模倣し，

［訳註4］　ネイピアの計算棒そのものは，アナログ的に対数目盛を刻んだ棒を組み合わせる方式のものではなかった．対数目盛を組み合わせる計算尺が発明されるのは，対数の理論が確立した以後で，1632年ウィリアム・オーレッドによる．ネイピアの死の15年後ということになる．

掛け算などを迅速・確実に実行することを目指した道具である[訳註4]．1594年ころに彼は，より理論的な方法の研究に向かい，それを完成して公表するまでに以後20年を要した．ネイピアは，最初，等比数列から始めたようである．たとえば，公比が2の等比数列は，

$$1 \quad 2 \quad 4 \quad 8 \quad 16 \quad 32 \quad \cdots$$

のような具合に続き，公比が10であれば，

$$1 \quad 10 \quad 100 \quad 1000 \quad 10{,}000 \quad 100{,}000 \quad \cdots$$

のような数列が得られる．

こうした数の集まりの中では，指数を足し合わせることと，ベキ乗の項同士を掛け合わせることが同等になることは，ずっと以前から気づかれていたことだ．もし2のベキ乗同士，10のベキ乗同士の掛け算だけが必要なのだったら，これで十分だ．しかし，こうした数列の間は隙間だらけだ．このままでは，たとえば57.681 × 29.443のような計算をしようとするときには，何の助けにもならない．

ネイピアの対数

善意に満ちた男爵（ネイピア）が等比数列の項の間のギャップをどうやって埋めるかに頭を悩ませていたころ，スコットランド王ジェイムズ6世の侍医ジェイムズ・クレイグ (James Craig) がネイピアに，デンマークで広がっている新発見について耳打ちした．これは，積和変換法（プロサフェイレシス）(*prosthapheiresis*) とかいう不恰好な名前のついた，新しい計算手法であった．この用語は，掛け算を足し算に変換して迅速な計算を行うテクニックを指していた．実際に使われていたのは，ヴィエートが発見した次の三角関数の公式を援用するものであった．

$$\sin\frac{x+y}{2}\cos\frac{x-y}{2} = \frac{\sin x + \sin y}{2}$$

サイン関数とコサイン関数の数表があれば，上の公式を使って積を和の形に変換できる．

この方法は途中で補足的な変数変換が必要で，けっこう煩雑な計算手順になるが，それでも大きな数の掛け算を直接実行するよりは速く，楽に計算できる．

ネイピアは，このアイデアに興味を惹かれた．そして，これを大幅に改良する方法を見つけた．等比数列で，公比が1にきわめて近いものを用意すればいいのだ！つまり，公比が2と

> ネイピアは，
> このアイデアに興味を
> 惹かれた．そして，
> これを大幅に改良する
> 方法を見つけた．

か 10 とかではなくて，たとえば公比を 1.0000000001 といった具合にすればうまくゆくだろう．隣接項が非常に近い値で並んでゆくから，びっしりと密に数値が続いてゆき，困りものの間隙はわずかになる．実際にネイピアが選んだ公比は，いくつかの理由から 1 よりほんの少しだけ小さな値 0.9999999 となった．したがって，彼の等比数列は大きい数からわずかずつ小さくなってゆくという，逆向きの数列になっている．彼は初項を 10,000,000 にとって，順に 0.9999999 を掛けてゆく数列を，対数計算用に構成した．実数 x に対するネイピアの対数を Naplog x と書くことにするならば，これは以下のような少し変わった性質をもつことになる．

$$\text{Naplog} 10{,}000{,}000 = 0$$
$$\text{Naplog} 9{,}999{,}999 = 1$$

等々．ネイピアの対数 Naplog x は，以下の関係式を満たす．

$$\text{Naplog}(xy/10^7) = \text{Naplog}(x) + \text{Naplog}(y)$$

この対数を計算の道具として使うときには，最後に 10 のベキ乗 (10^7) を掛ける必要がある．十進法を使っている限り大した手間ではないが，あまりエレガントな方法とは言い難い．とはいえ，ヴィエートの三角関数公式を使う方法よりはずっと使いやすい．

常用対数

次の改良は，オックスフォード大学の初代サヴィル幾何学教授職に就いたヘンリー・ブリッグス (Henry Briggs) がネイピアを訪ねたのを発端に生じた．ブリッグスは，ネイピアの対数概念を，より簡潔な扱いができる，底が 10 の対数 $L = \log_{10} x$ で置き換えることを提案する．この対数 L は，次の関係式を満たしている．

$$x = 10^L$$

ここでは，

$$\log_{10} xy = \log_{10} x + \log_{10} y$$

という単純明快な和の公式が成り立っている．積 xy を見出すには，x と y の対数をとって足し合わせ，その和について真数を求めさえすればいい．

彼の独創的なアイデアが普及する前に，ネイピアは 1617 年に世を去った．計算棒についての記述をまとめた『計算棒の原理』(*Rhabdologia*) は死の直後に出版されたが，対数表作成方法をまとめた『驚異の対数表構成法』(*Mirifici Logarithmorum Canonis Constructio*) は死の 2 年後の 1619 年に出版された．ブリッグスのほうは底が 10 の対数表を計算する作業に着手した．$\log_{10} 10 = 1$ から出発して，平方根を繰り返し求める，という方法が採られた．1617 年に，彼はその成果を『1000 までの対数』(*Logarithmorum Chilias Prima*) として出版する．これは，1 から 1000 まで

の整数に対する常用対数を 14 桁の精度で計算した対数表であった．1624 年にブリッグスは，『計算必携対数』(Arithmetic Logarithmica) を刊行する．ここには，1 から 20,000 までの全整数に対する常用対数と，90,000 から 100,000 までの整数に対する常用対数が，やはり 14 桁の精度で掲載されている．

対数のアイデアは，雪だるま式に発展していった．ジョン・シュピーデル (John Speidell) は log sin x のような三角関数の対数について研究し，『新しい対数』(New Logarithmes) と題して 1619 年に出版した．スイスの時計職人ヨスト・ビュルギ (Jobst Bürgi)[訳註5] は，1620 年に対数について独自に行ってきた研究を出版する．彼は，ネイピアよりも早く，すでに 1588 年に対数の基本概念を見出していた可能性がある．しかし，数学（科学）発展の歴史は，誰がいつ何を公表していたかをもとに記述されるほかない．どんな独創的な考えを持っていたとしても，個人的な知識にとどまっていたら何の影響も与えることができないからだ．だから，対数発見の先取権は，その考えを出版するか，少なくとも広く回覧される書簡の形で公表した人（たち）に与えられるのが，やはり正しいのではないだろうか（例外は，出版はしたけれども他人の考えを無断で付け加えたという場合である．言うまでもなく，これは剽窃行為であり問題外だ）．

自然対数の底 e

ネイピアの方式の対数に付随して，数学全体の中でも最も重要な数――現在 e と表記される数が姿を現す．この数の値は，約 2.71828 である．この数は，対数を構成するために，1 よりほんのわずかだけ大きい公比をもつ等比数列を考えたとき，出現する．自然に導かれるのが，n を非常に大きな整数としたときの，$(1+1/n)^n$ という表現である．n が限りなく大きくなってゆくとき，この表現は一つの特別な数 e に収束する．

ここから，対数には自然な底というものがあって，それは 10 でも 2 でもなくて，e だという考えが示唆される．これが自然対数で，次のように定義される．x の自然対数とは，$x = e^y$ を満たす数 y のことである．現代の数学では，自然対数は底を省略して $y = \log x$ のように書くのがふつうである．$y = \log_e x$ と底を明示して書くことがあるのは，ほとんど学校数学においてだけである．高等数学や自然科学では，対数として重要なのは，もっぱら自然対数に限られるからだ．底が 10 の常用対数は十進法での計算手段とするには便利だが，自然対数のほうが数学的にはずっと基

[訳註5] ヨスト・ビュルギ (1552–1632) は，すぐれた時計製作者だっただけでなく，天文観測機器や天球儀などの卓抜な製作技術で著名であった．神聖ローマ帝国皇帝ルドルフ 2 世やヨハネス・ケプラーの知遇を得，ケプラーのために観測機器を製作したり彼の計算助手として働いた．

本的である．

　e^x という表現は x の指数関数と呼ばれ，数学全体の中で最も重要な概念の一つである．e という数は，数学の世界に現れてくる不思議で特別な数の一つで，非常に重要な意義を担っている．そんな数の例をもう一つ挙げるとしたら，円周率 π がそれに該当するだろう．しかし，そういう数は他にもいろいろあるから，これら 2 つの数は氷山の一角だと思ったほうがいい．数学のさまざまな分野に絶えず出没する，不思議な特別な数というものが，いろいろ存在するのである．

三角関数表や対数表がなかったら？

　対数や三角法を考案し，それを計算した数表を作成するのに何年何十年もの時間を費やした人々の先見性は，おそらく強調し過ぎることはないだろう．彼らの努力が，自然界を定量的な科学的方法で理解する道を用意してくれた．彼らの努力が，航海術や地図製作の技術を向上させ，世界中を旅行し，互いに交易することを可能にしてくれた．

　測量技術の基礎は，三角法の計算に依拠している．現在でこそレーザーと専用計算チップを内蔵した測量用機器が使われるが，レーザーや専用チップそのものが古代中世のインドやアラビアの数学に触発された三角法の技術的子孫なのである．

　対数の発明は，科学者たちが手間のかかる掛け算を手早く正確に行うことを可能にしてくれた．数表を計算するのに 20 年の歳月を費やした一人の数学者の努力が，それ以後の人々の計算時間を何万人×年と節約することを可能にした．こうした数表のおかげで，それなしには時間がかかりすぎて不可能だった科学的解析を，科学者たちは紙と鉛筆で行うことができた．科学は，こうした計算手法なしには，決して現在のレベルまで発展することはできなかっただろう．数表のアイデアは単純だが，その恩恵は計り知れない．

三角法は現在どのように使われているか

三角法は，ビルの位置測定から大陸間のスケールに至るまで，測量技術の基礎となっている．高精度での角度の測定が比較的容易なのに比べて，距離の測定は特に複雑な地形の場所では非常に困難である．そこで測量家たちは，まず一つの距離——特定の2地点を結ぶ基線の長さ——を注意深く計測することから始める．次に，彼らは三角地点のネットワークを決定し，角度の測定と三角法によって，それぞれの三角形の辺の長さを決定してゆく．この手順で，対象となった地域全体の正確な地図が作られてゆく．これが，三角測量と呼ばれるやり方だ．測量の正確さをチェックするために，三角測量が全部終わった時点で，第2の距離を選んで直接計測が行われることもある．

ここに示した図は初期の例で，偉大な天文学者ニコラ・ルイ・ド・ラカーユ (Abbé Nicolas Louis de Lacaille) が 1751 年に南アフリカで行った有名な測量での三角測量点が表示されている．彼が測量を行った目的は，南半球の夜空を調査して星のカタログを作るためであった．正確な天体観測を行うには，まず適当な経線を決めてその弧長を計測する必要がある．そこで，彼はケープタウンの一帯を三角測量したのであった．

彼の測量結果は，地表面の曲率が南に行くほど小さくなっていることを示唆していた．この驚くべき結論は，のちの時代の計測によって裏付けられた．地球は，ほんの少し洋梨のような形状をしているのだ．彼の南半球天文調査は大成功で，南天の星座として現在までに知られている 88 の星座のうち 15 は彼が名付けたものである[訳註6]．そして，小さな屈折望遠鏡を用いた観測ながら，かれは1万以上の星を記載することができた．

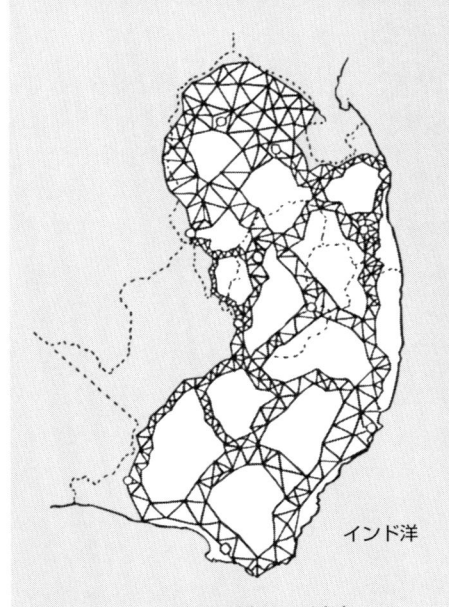

インド洋

ラカーユが南アフリカを測量する際に設定した三角地点のネットワーク

[訳註6] このうち 14 が現在も標準的な星座として採用されている．

Curves and Coordinates
Geometry is algebra
is geometry

第 **6** 章

解析幾何学の誕生
座標が幾何学と代数学をつないだ

数学はいくつかの分野——算術とか代数とか幾何学など——にふつう区分されているが，こうした区分は本来の数理的構造によるものと言うよりは，人々の便宜のための分類と言うべきだろう．数学において，見かけの上で区別される領域の間に，確（かく）として決まった境界などというものは存在しない．一つの分野での問題だと思われているものでも，つねにほかの分野で用いられている手法によって解かれる可能性がある．実際，数学上の大きなブレイクスルーは，それまでは全く別の主題だと思われてきたもの同士の間に予想外の関連が見つかることで成就されることが，しばしばだったのである．

フェルマー

　古代ギリシャの数学者たちも，そうした意外な関連と遭遇した足跡を残している．たとえば，ピタゴラスの定理と無理数の存在，アルキメデスによる球体積の求積への機械学的類推の利用，等々．しかし，1630年をはさむ10年ほどの短い期間に起こった異分野交配ほど，強烈で影響の大きかったものはほかに見当たらない．この短い時期に，世界で最も偉大な当時の数学者2人が，代数学と幾何学との間の驚くべき関連を発見した．彼らは，座標という道具を導入することによって，これら2つの分野を互いに変換して扱えることを示したのであった．ユークリッドとその後継者たちの成果は，すべて代数的な計算に帰着させることができる．逆に，代数的に証明できることは何でも，曲線や曲面といった幾何学的な言葉によって解釈することができる．

　ちょっと考えると，こうした密接な関連の発見の結果，どちらかの分野が余分なものになってしまいそうな気がする．もし幾何学がすべて代数的に記述できるのだったら，なぜ幾何学を残しておく必要があるのだろうか？　模範的な答えはこうである．それぞれの分野には，独自の特徴的な視点がある．それぞれに固有のものの見方が，ときに透徹した洞察力を与えてくれ，威力を発揮する．ある場合は幾何学的な考え方が，別の場合には代数的な考え方が，より適切で有効なものになるのだ，と．

　座標という考え方について述べた最初の人物はフェルマー (Pierre de Fermat) である．フェルマーと言えば彼の名を冠した数論の定理で有名だが，彼はほかにも確率論や，幾何学とその光学への応用など，広範な数学の分野で業績を残している．1620年ころ，彼は曲線の幾何学を理解するため，当時手に入る限られた情報をもとに，アポロニウス (Apollonius of Perga) の失われた書物『平面上に描かれる軌跡について』(*De Locis Planis*) を復元再構成する試みを始めた．その作業を終えると，フェルマーは彼独自の方法による研究に乗り出し，1629年に成果を書物にまとめ

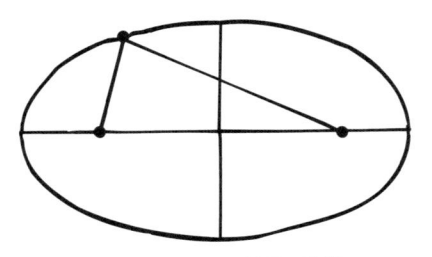

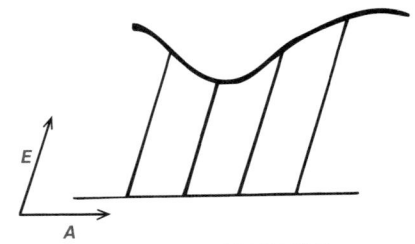

焦点に関する楕円の性質　　　　　フェルマーによる座標系の構成

たが，それが『平面上と空間内の軌跡について』(*Ad Locos Planos et Solidos Isagoge*) として実際に出版されたのは 50 年後のことである．独自の研究を進める中で，フェルマーは幾何学的概念を代数的表現に置き直して理解することの利点を発見する．

ラテン語に由来する「軌跡」（英文表記は locus, 複数形は loci）という術語は，（英語圏では）最近あまり使われなくなってしまったが，1960 年ころには頻繁に使われていた．軌跡とは，一定の幾何学的条件を満たす，平面上または空間内のすべての点の集まりが作る図形である．たとえば平面上で，固定された 2 点との距離の和が一定となる点の全体は，一つの軌跡を作る．これは固定された 2 点を焦点とする楕円になるが，この事実は古代ギリシャ人にも知られていた．

フェルマーは，平面上の軌跡が満たすべき条件が 2 つの未知数を含む一つの方程式として与えられるならば，その軌跡は曲線または直線になる，という一般的な原理に気づいた．直線も曲線の特殊な場合と考え，不必要な区別をやめることにすれば，この場合の軌跡はすべて曲線になる．彼は，2 つの未知数 A と E が，軌跡上の点に至る距離を 2 つの独立な方向で測定したものを表すと解釈する図式よって，この原理を説明した．

彼は，軌跡上の点が満たすべき条件を，この A と E の関係を表す方程式の表現へと導く方法を示し，軌跡がどのような曲線となるかを説明した．たとえば，この方程式が $A^2 = 1 + E^2$ だったとしたら，軌跡は双曲線になる．

現代数学の用語で言うと，フェルマーは平面上に斜交する 2 本の座標軸を導入し，斜交座標系を定めたことになる（斜交とここで言うのは，2 つの座標軸が必ずしも直交しないという意味である）．変数 A と E は，与えられた点の，これら斜交軸に関する 2 つの座標となっている．私たちなら，x および y と書くところである．したがって，フェルマーの原理は，2 つの座標を変数とする方程式が曲線を定義することを主張している．

> フェルマーは平面上に斜交する 2 本の座標軸を導入した．

彼は例を挙げて，どういう方程式がどういう曲線に対応しているかを，ギリシャ時代から知られている基本的な種類の曲線について示した．

デカルト

現在使われているような座標系の概念は，デカルト (René Descartes) の仕事を待って，実を結ぶことになる．私たちは日常生活で2次元または3次元の空間になじんでおり，それ以外の可能性について考えようとすると相当な努力で想像力を奮い起こす必要がある．私たちの視覚系は，外界をテレビ画面のような2次元的な像として眼球に提示する．左右の眼に提示されたわずかだけ異なる像は脳で統合され，奥行きの感覚が与えられて，私たちの周りの世界が3次元的なものとして知覚されるわけである．

こうした2次元とか3次元の空間という概念を理解する鍵は，デカルトが『方法序説』(Discours de la Méthode) という本に付録として添えた「幾何学」(La Géométrie) の中で示した，座標系という考え方にある．彼は，平面の幾何学は代数学の言葉で解釈し直せると考えた．アプローチとしては，本質的にフェルマーと同じである．まず平面上の1点を選んで，それを原点と呼ぶ．次いで，原点で直交する2本の座標軸と呼ばれる直線を引く．座標軸の一方を x-軸，他方を y-軸と呼ぶ．これにより，平面上の任意の点Pは，2つの変位の組 (x, y) によって表すことが可能になる．すなわち，x-軸と平行に測定した原点からの隔たり x と，y-軸と平行に測定した原点からの隔たりとの組合せで，この点の位置を与えることができる．

これは，地図上である地点の位置を決めるのと同じやり方である．その地点が，基準点（原点）から東にどれだけの距離（もし西側に位置していたら負の値とする）隔たっているかを x によって表し，北にどれだけの距離（南側に位置していたら負の値とする）隔たっているかを y によって表す．

この座標によって位置を表す方法は，3次元の空間でも同じようにして使える．一つだけ違うのは，位置を決めるのに必要な数が3つに増えることである．こんどは，東西と南北に加えて，その地点が基準から上下方向にどれだけ隔たっているかも知る必要がある．ふつう，基準点より上にあるとき変位を正の数で，下にあるときは負の数で表す．空間内の点を表す座標は，(x, y, z) の形をとる．

この事情は，私たちが平面を2次元的と言い，空間を3次元的だと言う理由を説明してくれる．次元の数は，その世界で位置を特定するために必要な数値の個数と一致する．

3次元空間で x, y および z を含む方程式は，ふつう曲面を定義する．たとえば，

ルネ・デカルト
René Descartes 1596–1650

デカルトは，1618 年にオランダの学者イサーク・ベークマン (Isaac Beeckman) と出会い，彼に師事して数学の研究を始めた．まもなく彼はオランダを離れ，1619 年にバヴァリアの軍隊に加わる．そのあとも，1620 年から 1628 年にかけてヨーロッパ各地を遍歴する旅を続け，ボヘミア，ハンガリー，ドイツ，オランダ，フランスの各地を訪ねる．1622 年にはパリでメルセンヌ (Mersenne) と出会い，それ以後，継続的に書簡を交換する．メルセンヌとの文通を介して，彼は同時代の指導的学者たちの多くと接触を保つことができた．

1628 年にデカルトはオランダに定住，『宇宙論，あるいは光学論考』(Le Monde, ou Traité de la Lumière) という最初の書物の執筆を始める．これは光学への彼の理解をもとに物理世界の成り立ちを論じたものであったが，出版は延期された．ガリレオ (Galileo Galilei) の自宅軟禁を知ったデカルトが危険を感じたためである．この著書は不完全な形のまま，彼の死後に出版された．そのかわり，彼は明晰な論証推論の方法についての彼の考え方を発展させ，1637 年に代表作『方法序説』(Discours de la Méthode) として出版する．この書物には 3 つの付録「屈折光学」(La Dioptrique)，「気象学」(Les Météores)，「幾何学」(La Géométorie) が含まれている．

彼のより野心的な作『哲学の原理』(Principia Philosophiae) は，1644 年に出版された．この著作は，「人間の知識の原理」「物質的対象の原理」「認識可能な世界」「地球」の 4 部構成となっている．これは，物理的宇宙全体に統一的な数学的理解の基礎を与え，自然界すべてを機械学的原理に還元する試みであった．

1649 年にデカルトはクリスティーナ女王の招きで，彼女への進講を行うためスウェーデンへと立つ．女王は，早起きであった．ところが，デカルトは毎日 11 時ころに起きるのを習慣としていた．寒い気候の中，毎日早朝の 5 時から女王に数学を進講することは，デカルトの健康に相当な無理をかけることになってしまった．スウェーデン到着後数か月で，彼は肺炎を起こして死んだ．

方程式 $x^2 + y^2 + z^2 = 1$ は，点 (x, y, z) がつねに原点から 1 単位の距離にあることを主張している．すなわち，この方程式は原点を中心とする球面を表す．

少し補足しておくと，ここでは「次元」というものを本来の意味で定義しているわけではない．次元数に対応する何かを見出して，それがいくつ存在するかを数えているわけではないからだ．そのかわりに，ここで私たちは位置を特定するための数値がいくつ必要かを考え，それが次元数と呼ばれているものと一致することを指

私たちが使っている現在の座標系

座標幾何学の初期の発展の理解を助けるために，現在の標準的な座標系について説明しておこう．最も一般的なやり方としては，まず2本の直交する直線を引くことから始める．これらの直線を，座標軸と呼ぶ．これらの交点が，原点である．座標軸は，一方を水平に，他方を上下方向に引くのが慣習となっている．

次に，これらの座標軸上に等間隔に目盛を刻んで，それぞれに整数を記してゆく．原点をはさんで，片方には負の整数を，他方には正の整数を，原点からの距離に応じて記す．伝統的には，水平になった座標軸を x-軸，上下方向に引いた座標軸を y-軸と呼ぶ慣習になっている．x と y の記号は，与えられた各点が，それぞれの座標軸に沿って原点からどれだけ隔たっているかを示すのに用いられる．水平座標軸に沿って x，上下向き座標軸に沿って y だけ隔たった平面上の点に，それぞれ (x, y) という数値の組でラベル付けすることができる．この数値の組を，それぞれの点の座標と呼ぶ．

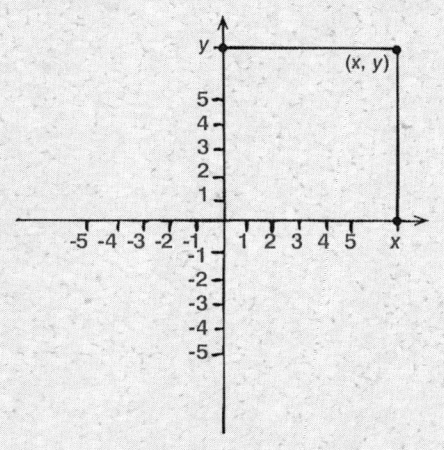

x と y を関係づける任意の方程式は，平面上の点全体を，方程式を満たす座標をもつ点だけに限定する条件を与える．たとえば，$x^2 + y^2 = 1$ が成り立つという条件は，ピタゴラスの定理により，点が原点から 1 の距離になければならないことを意味する．そうした点 (x, y) の全体は，一定の円を形づくる．私たちは，$x^2 + y^2 = 1$ はその円（単位円）の方程式だという言い方をする．方程式が与えられると平面上の曲線が決まり，逆に曲線が与えられると対応する方程式が決まる［訳註 1］．

摘したに過ぎない．

デカルト座標

デカルトによる座標を用いた幾何学 —— 解析幾何学 —— は，各種の円錐曲線が共通の代数的表現を背後に持っていたことを明らかにした．円錐曲線とは，古代ギリシャ人が円錐を平面で切った断面として構成した曲線群である．代数的に見ると，円錐曲線は直線の次に単純な曲線群であることが判明した．まず直線だが，これは，

$$ax + by + c = 0$$

という 1 次方程式で一般的に表すことができる．ここで，a, b, c は定数（ただし，$a \neq 0$ または $b \neq 0$）である．これに対して，円錐曲線のほうは，

［訳註 1］ ここで言う方程式は，一般には代数方程式とは限らないことに注意しておこう（サインカーブや指数・対数関数のグラフが，わかりやすい例である）．

$$ax^2 + bxy + cy^2 + dx + ey + f = 0$$

という形の 2 次方程式で統一的に表すことができる．ここで a, b, c, d, e, f は定数（ただし，$a \neq 0$ または $c \neq 0$）である．

デカルトは，この事実を記しているが，証明は記していない．ただし，彼はパッポス (Pappus of Alexandria) の定理に関連する特殊な場合については詳しく解析しており，この範囲においては円錐曲線が 2 次方程式に帰結されることを示したことになる．

彼はより高次の方程式についても言及しており，その意味で古典的なギリシャ幾何学が扱ってきた曲線よりも複雑な曲線を定義したと言っていい．典型的な例として，次の方程式で表される「デカルトの正葉線」がある．

$$x^3 + y^3 - 3axy = 0$$

これは，葉の形をしたループと，そこから外側へ無限に延びる 2 本の線を描く．

おそらく，座標概念にもとづく解析幾何学の最も重要な貢献がここにある．デカルトは，古代ギリシャに由来する特定の幾何学的手段によって構成されるもののみを曲線と考える見方を超えて，任意の代数方程式によって描かれるものを曲線とみなす視点を切り拓いたのである．ニュートン (Isaac Newton) は 1707 年に，こう指摘している．「近年の数学は，［ギリシャ時代に比べて］はるか先に進んで，方程式で表現されうる曲線すべてを幾何学に取り入れるに至った」．

その後の学者たちは，デカルトの座標系を拡張したさまざまな座標のシステムを開発していった．フェルマーは 1643 年に書いたある書簡の中で，デカルト流の座標系を採りいれた上で，それを 3 次元に拡張し，回転楕円体や回転放物面のような，

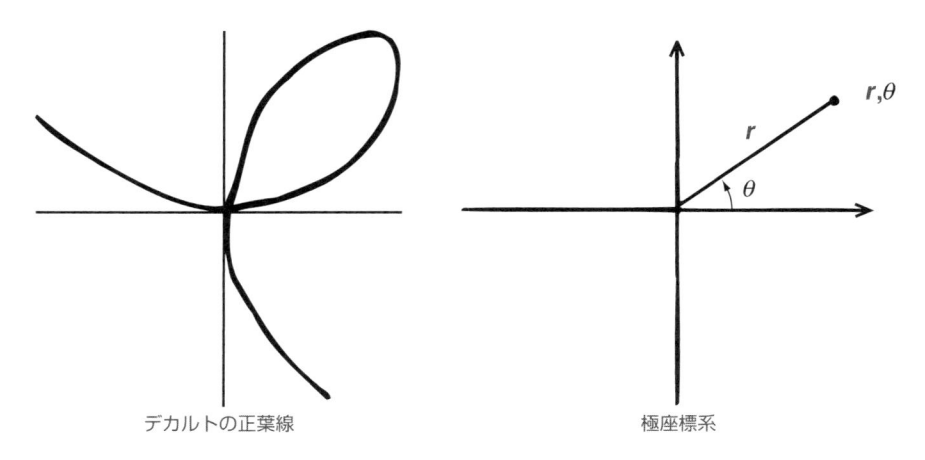

デカルトの正葉線　　　　　　　　　　極座標系

アルキメデスの螺旋

関数のグラフ

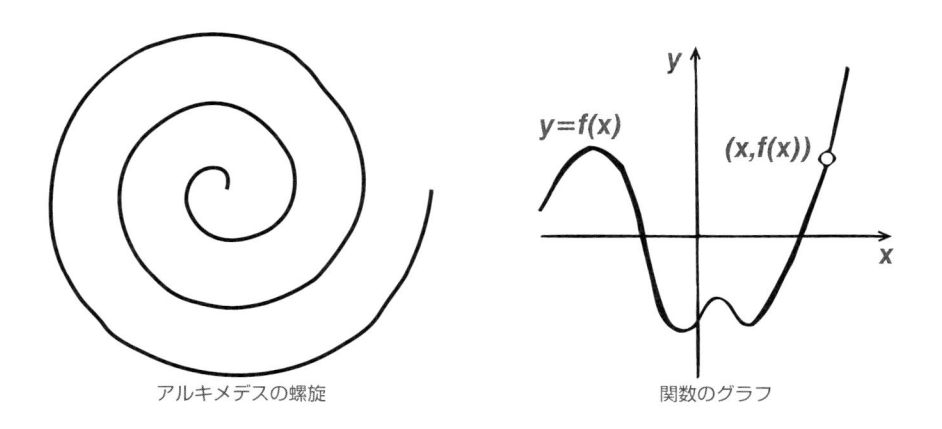

3つの変数 x, y, z の2次方程式で表される曲面に言及している．非常に影響力の大きかった貢献が，ヤコブ・ベルヌーイ (Jakob Bernoulli) が 1691 年に考案した極座標系だ．彼は，平面上の点の位置を決めるのに，直交座標の対のかわりに角度 θ と距離 r を使った．座標は (r, θ) の形になる．

極座標を変数とする方程式も，やはり曲線を与える．しかし，極座標の単純な方程式で表される曲線が，デカルト座標では非常に複雑になるものを与えることがある．たとえば，方程式 $r = \theta$ はアルキメデスの螺旋として知られる螺旋曲線を与える．

関数のグラフ

座標系の応用として数学で重要なものに，関数をグラフを用いて表示する手法がある．

関数は，数ではない．関数とは，ある数が与えられたとき，それをもとに対応する数を計算するレシピだと思うといい．このレシピは，しばしば式の形で記述されるが，与えられた数（ときに定義域として範囲が限定されることがある）を別の数 $f(x)$ に変換する規則を与えるものなら何でもいい．

たとえば，平方根という関数は $f(x) = \sqrt{x}$ という規則で定義される．すなわち，与えられた数を，その平方根へと変換する．このレシピは，x が正（または 0）だという条件を要請する．同じようにして，平方という関数が，$f(x) = x^2$ という規則で定義される．この場合には，x には（定義域に関する）特別な条件は求められない．

こうした関数を，幾何学的に描く方法がある．与えられた x の値に対して，y-座標を関数値として $y = f(x)$ としてやればいい．この方程式は，座標変数間の関係を与えているから，一つの曲線が決まる．この曲線のことを，関数 f のグラフなどと呼ぶ．

どのベルヌーイさんが何をした？

```
              ニコラス
              1623-1708
        ┌────────┼────────┐
   ヤコブI    ニコラスI    ヨハンI
  1654-1705  1687-1759   1667-1748
                      ┌─────┼─────┐
                  ニコラスII ダニエル ヨハンII
                  1695-1726 1700-1782 1710-1790
                              ┌─────┴─────┐
                          ヨハンIII      ヤコブII
                          1744-1807    1759-1789
```

スイスのベルヌーイ家（Bernoulli family）は，数学発展の歴史に巨大な足跡を残した．4世代にもわたって，純粋数学と応用数学に多数の傑出した数学者たちを輩出し，ときに冗談めかして「数学界のマフィア」などと呼ばれたりする．「一家」に育った若者たちの多くは，法律家・医師・教会聖職者などの職歴から人生を歩み始めるのだが，やがて多くは進路を変更してプロの数学者に転向したり，でなくてもアマチュア数学者としてプロ並みの業績を残したりするに至る．

非常に多様な数学的概念に，いくつもベルヌーイの名が冠せられている．しかし，その業績を残したベルヌーイさんは，必ずしも同一人物とは限らないので要注意だ！ここに示したリストは，誰が何をしたかの業績早見表のようなものであって，彼らの人生経歴の詳細などは省略されている．ご諒解されたい．

ヤコブI（1654-1705）……極座標系の導入，平面曲線の曲率半径を求める公式，懸垂線やレムニスケートなどの特殊な曲線に関する問題を提起．アイソクローン（その経路に沿って物体が滑るとき鉛直方向の速度が一定となる曲線）の一つが，反転サイクロイドであることを証明した．等周図形について論じ，さまざまな条件下で最短となる周長を求めるような問題を提起，のちの変分法研究の契機となった．確率論の初期の大家の一人で，この分野で最初のまとまった書物『推測の技法』（Ars Conjectandi）を著した．対数螺旋を研究，そのスケールフリーな性質に魅せられ，墓碑に "Eadem mutata resurgo."（変えられても，私はまた同じに現れる．）との言葉とともに対数螺旋を刻むよう頼んだ [訳註2]．

ヨハンI（1667-1748）……微積分学を発展させ，大陸ヨーロッパでの使用を奨励した．弟子のロピタル（Marquis de L'Hôpital）が著した最初の微積分学の教科書には，ヨハンの業績の多くが盛り込まれている．極限計算で使われる「ロピタルの定理」は，実際にはヨハンが発見したものである．光学（反射と屈折）について書いているほか，微分方程式の解曲線群に対する直交曲線の導入，曲線の長さや領域の面積の求積に三角関数や指数関数などの級数を援用，最速降下曲線の問題に解を与えた．

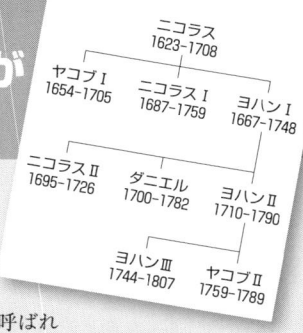

ニコラスI（1687-1759）……パドゥヴァ大学で，ガリレオの名を継ぐ数学教授職に就く．幾何学と微分方程式について書いたものを残しているが，その後，論理学のち法学の教授職の地位を得ている．才能に恵まれていたが業績面では生産的でなかった数学者，との評あり．ライプニッツ（Leibniz），オイラー（Euler）ほかと多数の書簡を交換．彼の卓抜な考えは560にもおよぶ書簡のあちこちに散在したままになってしまった．確率論における期待値をめぐる「サンクトペテルブルクのパラドックス」を考え出した．オイラーが収束の問題に無関心なまま無限級数を使っていると批判した．ヤコブ・ベルヌーイの『推測の技法』出版を手助けした．微分積分法の先取権をめぐるニュートンとの論争で，ライプニッツの援護射撃をした．

ニコラスII（1695-1726）……サンクトペテルブルクにアカデミー会員として招聘されるが，赴任後わずか8ヶ月で死去．弟のダニエルと「サンクトペテルブルクのパラドックス」について議論した．

ダニエル（1700-1782）……ヨハンの息子3人の中で最も有名．確率論，天文学，物理学，水力学に業績を残す．1738年に出版した『水力学』（Hydrodynamica）には，圧力降下と水流速度との関係を述べた「ベルヌーイの原理」が記されている．潮汐理論，気体の運動学的理論，弦の振動の理論にも貢献，偏微分方程式論のパイオニアでもある．

ヨハンII（1710-1790）……ヨハンの息子3人のうちの一番下．最初，法学を学ぶが，数学に転向．やがて故郷バーゼル大学の数学教授となる．熱と光に関する数学理論の業績がある．

ヨハンIII（1744-1807）……彼も父と同様，最初，法学を学んだのち数学に転向．弱冠19歳でベルリン科学アカデミーの会員に推挙される．天文学，確率論，循環小数などに業績を残している．

ヤコブII（1759-1789）……弾性理論，水力学，弾道理論に業績を残している．

[訳註2] おそらく墓碑を刻んだ石工が対数螺旋をよく理解していなかったため，ヤコブの墓石には誤ってアルキメデスの螺旋が刻まれている．

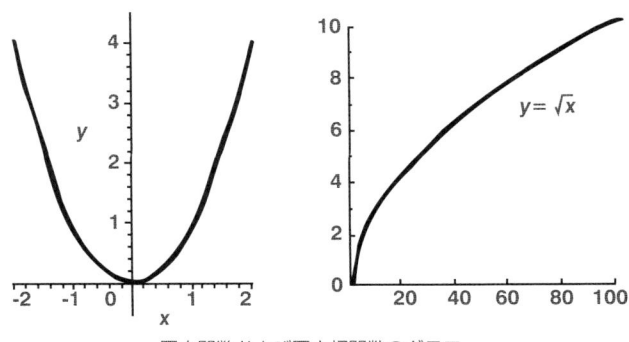

平方関数および平方根関数のグラフ

　たとえば関数 $f(x) = x^2$ のグラフは，放物線になることがわかる．平方根関数 $f(x) = \sqrt{x}$ のグラフを見ると，放物線の半分，ただし横向きのものとなっている．もっと複雑な関数は，もっと複雑なグラフを与える．三角関数の一つ，サイン関数 $y = \sin x$ のグラフは，繰り返し上下に波打つ曲線となっている．

座標幾何学の現在

　座標という考え方はとてもシンプルなものだが，その影響の大きさは絶大で，私たちの日常生活の隅々にまで浸透している．私たちは，ほとんど気づくことさえないまま，いたるところで座標を使っている．事実上すべてのコンピュータ・グラフィックスは，内部的な座標系を用いていて，画面上に表示される画像の幾何学的情報は代数的に扱われている．水平線が少し傾いているのを直すためにデジタル写真を数度だけ回転させるという操作は，座標幾何学に依存している．

　座標幾何学がもたらした，より深い意味合いとして現在に引き継がれているものは，数学諸分野間の相互関連についての認識だ．具体的な現れ方が全く違って見える概念でも，じつは別の側面から同じものを見ているのかもしれない．表面的な見かけにとらわれると，誤解を起こしやすい．この世界を理解する方法としての数学の威力は，考え方を必要に応じて柔軟に適応させ，一つの分野から別の分野へと移

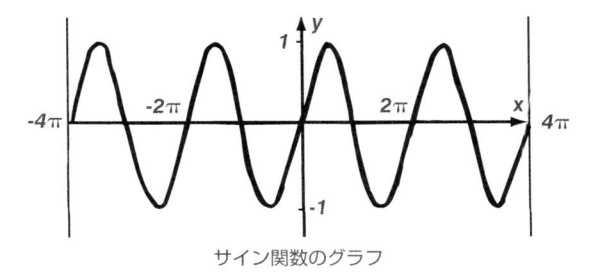

サイン関数のグラフ

転させることのできる，頭の柔らかさに由来する．数学とは，技術移転の究極の術なのだ．そして，過去 4000 年にわたって続けられてきた，相互関連を発見しては技法を移転する努力が，数学を一つの統一した学科たらしめているのである．

座標系はどのように使われてきたか

座標幾何学は，平面よりも複雑な面，たとえば球面に対しても使うことができる．たとえば緯度と経度が，球面上の座標としてよく使われる．だから，地図製作や航海術は，座標幾何学の応用だと理解することができる．

航海中の船長にとって重要な問題は，彼の船が現在どの緯度，どの経度の位置にあるかを確認することだ．緯度のほうは，比較的容易だ．なぜなら，太陽が水平面より上どの高さまで昇るかは緯度によって決まり，その算出に必要な数値をあらかじめ表にしておくこともできるからだ．1730 年以来，緯度を見出すための標準的な道具として，六分儀 (sextant) という角度を測る装置が使われてきたが，現在では GPS に取って替わられてしまった．この装置はニュートンによって考案されたのだが，彼はそれを公表しなかった．その後，このアイデアは，英国の数学者ジョン・ハドリー (John Hadley) と米国の発明家トーマス・ゴッドフリー (Thomas Godfrey) によって独立に再発見される．六分儀以前の航海には，アストロラーベという中世アラビア以来の道具が使われていた．

経度を決定する問題は，もっとトリッキーだ．これは，最終的に高精度の時計を組み立てることで解決された．時計は，航海出発地のローカル・タイムに合わせられる．日の出・日の入りの時刻や月・星の動きは，経度に依存して変化する．だから，出港地点に合わせた時計の時間と，航海中の経度で決まる時間との差を測定することで，経度を決定することができる．ジョン・ハリソン (John Harrison) が精密なクロノメーターを発明して，経度決定の問題を解決するストーリーは，デーヴァ・ソベル『経度への挑戦 —— 一秒にかけた四百年』（藤井留美訳，翔泳社）に詳しい．

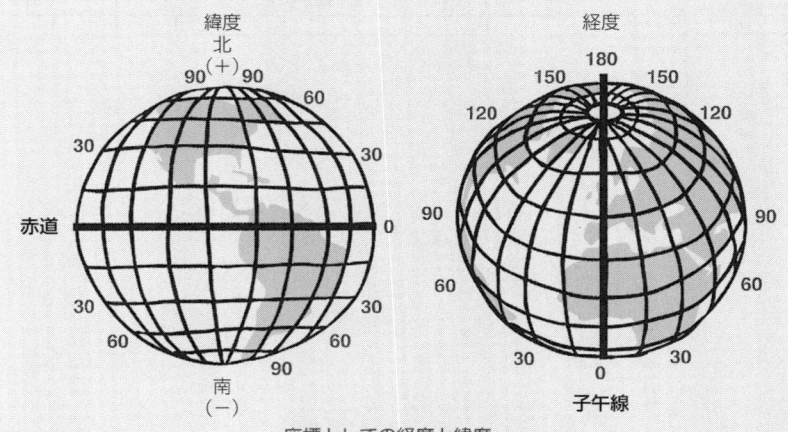

座標としての経度と緯度

座標系は現在どのように使われているか

私たちは現在も座標系を地図などに使っているが，座標幾何学のもう一つ別の使い方の代表例が毎日目にしている株価変動のチャートだ．ここでは，株式などの価格の時間変動が曲線，というよりはギザギザの折れ線に近いもので表示されている．座標系の x-軸は時間を表すのに使われ，y-軸が株価等を表すのに使われる．このやり方で，膨大な量の金融データや科学技術データが，絶えず表示され続けている．

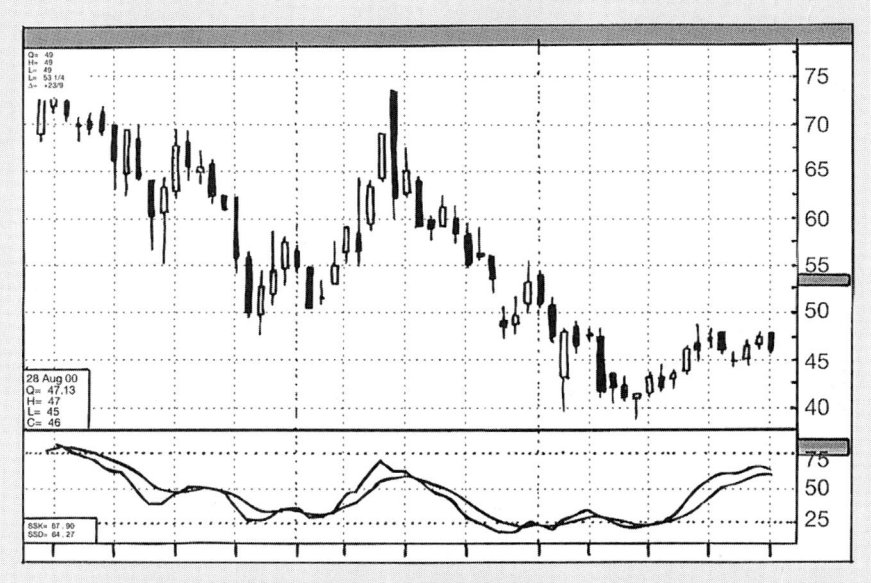

座標系を用いて表示された株式市場のデータ

Patterns in Numbers
The origins of number theory

第 7 章

数論のはじまり
整数の中に隠れたパターンを探れ！

幾 何学に魅せられた数学者たちであったが，数（整数）そのものへの興味も決して失うことはなかった．しかし彼らは，より深い問題を問い始め，その多くに答えを見出してきた．その中には，非常に高度なテクニックを駆使してやっと解くことができたものもある．そして，未だに解かれていない問題が，いくつも残っている．

数論（整数論）

　数（整数）には，謎めいた魅惑を与える何かがある．何の変哲もない 1, 2, 3, 4, 5, … と続くだけの整数の列ほど単純なものはあるまい．しかし，その単純な外見に隠れて，深遠な世界が潜んでいる．数学上の最も不可解な謎の多くは，この見かけは単純な整数の性質に関するものなのである．この分野は，数論（整数論）と呼ばれ，数学の中でも特に難しいことで知られる．その難しさは，整数があまりにも基礎的なものであって，その単純さゆえに高尚で巧妙なテクニックが容易には見つからないことからきている．

　数論への最も早い貢献として本格的なもの —— すなわち完全な証明を伴ったもの —— は，ユークリッドの仕事の中に見出される．ここでは，数論の議論は，うわべだけは幾何学の装いで記されている．数論を独自の数学分野として発展させたのは，古代ギリシャ後期のディオファントス (Diophantus) であり，一部の著書は写本の形で後世に残された．1600 年代になって，数論はフェルマー (Pierre de Fermat) の手によって飛躍的に進展させられる．その仕事を受け継いで，深く広大な数学の一分野とし確立させていったのが，オイラー (Leonhard Euler)，ラグランジュ (Joseph-Louis Lagrange)，そしてガウス (Carl Friedrich Gauss) らである．数論は，数学のさまざまな分野と関わりを持ち，しばしば全く無関係と思われてきたような分野ともつながりがあることが見出されていった．20 世紀の終わりころまでに，こうして発見された数学の深いところにある関連を用いて，数学者たちは古代からの数論のパズルの多く —— 全てではないが —— を解決することに成功した．その中には，フェルマーが 1650 年ころに見出した非常に有名な予想「フェルマーの最終定理」の証明も含まれる．

　これらの歴史を通じて，数論はもっぱら数学の中の諸分野とのみ関わりを持ち，現実の世界そのものとはほとんど関わりを持ってこなかった．もし数学の中の一分野で，象牙の塔での高尚な研究だけを行っているものがあったとしたら，それは数論であった．しかし，デジタル・コンピュータの登場は，すべてを一変させた．コンピュータは，整数を電子的に表現することで情報処理を行う．だから，コンピュータが出会う問題の多くは，数論と関わりを持つ．2500 年間におよぶ純粋に知的な修練ののち，数論はついに日常世界にまで大きな影響を与えるに至った．

素数

整数の掛け算についてじっくり考えてみると，次の基本的な区別ができることに誰もが気づくはずだ．

たいていの数は，より小さな数いくつかの積の形に分解することができる．たとえば，10 は 2 × 5 と表せるし，12 は 3 × 4 である．しかし，整数のうちのあるものは，こういう形には分解できない．たとえば 11 を，それより小さな 2 つ以上の整数の積として表すことはできない[訳註1]．同様のことが，2, 3, 5, 7 ほかの数についても言える．

より小さな 2 つ以上の整数の積に分解できる数を，合成数と言う．そういう分解ができない数を素数と言う．この定義をそのまま適用すると 1 は素数ということになるが，いくつかの理由があって，1 は単位数として特別扱いするのが慣例となっている．そうすると，最初のほうの素数をいくつか列挙すると，

$$2, 3, 5, 7, 11, 13, 17, 19, 23, 29, 31, 37, 41$$

といった具合になる．このリストを見てもわかるように，素数出現のパターンには一目でわかるような規則性は見当たらない（最初の素数を除いて，すべてが奇数である[訳註2]という，当たり前の「規則性」は別として）．このリストは，むしろ不規則な列に見えるし，次の素数がいくつかを予言できる簡単な方法は見当たらない．もちろん，次の素数が決まっていることは疑いない．見つかるまで計算を続ければいい．

素数の分布が不規則性を持つにもかかわらず——いや，むしろ，そうだからこそ——素数は数学全体にとって非常に重要な役割を担っている．素数は，整数の世界の基本構成要素だとも言える．より大きな合成数はすべて，素数を掛け合わせることで作れるからだ．化学の世界では，どんな複雑な分子であっても，化学的には分解不可能な原子というものから組み立てられていることが知られている．比喩的に言えば，素数は整数の世界での「原子」に当たるものだ．掛け算の意味で素数は分解不可能で，どんな大きな数でも，素数を掛け合わせることにより「合成」できるか

> **素数は，整数の世界の基本構成要素だとも言える．**

[訳註1] 教科書的には，11 = 1 × 11 というトリヴィアル（自明）な分解は除く，との断り書きを付け加えることが多い．でも，ここでは元の数より小さい 2 つの整数の積と言っているので，論理的にもそれは不要である（11 は「11 より小さな数」ではない！）．

[訳註2] 2 よりも大きい偶数 n はすべて 2 で割り切れて，$n = 2 \times m$ の形に分解できる（$1 < m < n$）から，素数ではあり得ない．

らだ．

　この素数の性質は，とても役に立つ．すべての素数がある性質を持つと，すべての整数がその性質をもつという場合がしばしばあり，多くの難しい数学の問題がこの方法でより易しい問題に帰着でき，解けるようになったという例が数多く存在する．その一方で，重要な役割はするけれども少し行儀の悪い素数のふるまいが絶えず現れてきて，それが数学者たちの好奇心をかきたててきたという反面もある．

ユークリッド

　ユークリッドは『原論』の第7巻で素数の概念を導入し，次の3つの重要な性質を証明している．現代の用語で述べると，

　(i) すべての整数は素数の積として表すことができる．

　(ii) 上記の積の表現は，素数が現れる順序を除いて，一意的である．

　(iii) 無数の素数が存在する．

　実際にユークリッドが主張して証明した命題は，少し違う表現になっている．

　第7巻の命題31は，こうなっている．「任意の合成数（で表される長さ）は，ある素数（で表される長さ）によって測れる」．つまり合成数は，ある素数によって，ぴったり割り切れる．

　たとえば，30は合成数である．だから，いくつかの素数で割り切れるはずだ．素数5で割ってみると，$30 = 6 \times 5$ となる．もし合成数が残っていれば，それを割り切る素数を探しては同様の操作ができるので，その操作を繰り返してゆけば最終的には素数だけの積の形にできるはずだ．ここでは，6が合成数なので $6 = 2 \times 3$ と分解する．これで，$30 = 2 \times 3 \times 5$ となり，素数だけの積となっている．

　同じ合成数を，まず $30 = 10 \times 3$ と分解する操作から始めることもできる．こんどは，残った合成数10を次に $10 = 2 \times 5$ と分解して，$30 = 2 \times 5 \times 3$ を得る．同じ3つの素数が出てきた．ただ，掛け算の順番だけが，さっきと異なっている．もちろん，掛け算は順番を入れ替えても，答えは同じ結果になる．どんなやり方で素数の積に分解しても，掛け算の順序を別にすれば必ず同一結果になるというのは，一見すると自明のように思えるけれども，ちゃんと証明しようとすると意外に難しい．実際，通常の整数のシステムと似ているが少しだけ違うもので，同様の命題が偽になる例を作ることすらできる．しかし，通常の整数のシステムでは，この「素因数分解の一意性」が成り立つ．ユークリッドは，この一意性を導くのに必要となる基本的事実を，『原論』第7巻の命題30として証明している．「もし，ある素数が2つの数の積を割り切るなら，この素数はこれら2つの数の少なくとも一方を必ず割り切る」．この命題30さえ示すことができれば，素因数分解の一意性は，

その直接的な帰結としてすぐに導くことができる．

第9巻の命題20は，次のように述べている．「素数は，任意の与えられた個数以上ある」．現代的な言い方をするなら，素数のリストは無限個の素数を含む，というわけである．証明は，例を一つ示す方法で与えられる．もし仮に，素数が3つだけしかなかったとせよ．これらを，a, bおよびcとしよう．これらすべてを掛け合わせ，その積に1を加えてみる．この数$abc + 1$は，素数の

> 現代的な言い方をするなら，素数のリストは無限個の素数を含む．

なぜ素因数分解の一意性は，それほど自明ではないのか？

素数は整数論の世界の原子のようなものだから，整数を素数の因子に分解すれば必ず同じ「原子」が検出されるのは，ほとんど自明なことのように思える．原子とは，分割不可能な要素だと定義されている．もし，整数の分解が2通りのやり方でできたとしたら，分解できないはずの原子を分割したことになってしまわないだろうか？ しかし，ここで化学とのアナロジーですべて考えるのは，誤解のもとだ．

素因数分解の一意性がそんなに自明ではないことを理解するために，ここで次のような整数の部分集合を考えてみよう．

$$1\quad 5\quad 9\quad 13\quad 17\quad 21\quad 25\quad 29\cdots$$

等々．これは，4の倍数に1を加えた形になる正の整数の全体である．こうした数同士を掛けても同じ性質が保たれるので，このタイプの数を同じタイプのより小さな数を掛け合わせて合成することができる[訳註3]．そこで，ふつうの整数の世界で素数を考えたのと同様のやり方で，「擬素数」というものを定義しよう．擬素数とは，このタイプの数であって，同じタイプのより小さな数の積としては表せない数のことである．たとえば，9は擬素数である．上のリストを見てわかるように，9より小さな同じタイプの数は1と5であり，9はこれらの積では表せないからだ（もちろん$3 \times 3 = 9$ではあるが3はリスト外の数である）．

このタイプの数も，必ず擬素数の積の形で表すことができるのは明らかである[訳註4]．しかし，これら擬素数がこの集合の「原子」に相当するにもかかわらず，ここでは少し奇妙なことが生じる．たとえば693は，$693 = 9 \times 77 = 21 \times 33$と2つの異なる方法で分解できてしまう．ここで現れる4つの因数9, 21, 33および77は，すべてここで言う擬素数である．素因数分解の一意性は，このタイプの数の体系に関しては成立しないのである．

[訳註3] $(4m+1)(4n+1) = 16mn + 4m + 4n + 1 = 4(4mn + m + n) + 1$．だから，この集合に属する数同士の積もまた，この集合に属する．すなわち，現代代数学で使う言い方をすれば，$4k+1$の形をした整数全体の集合は，積という演算に関して閉じている．

[訳註4] リストに含まれる数は必ず「擬素数」か「合成数」かのどちらかだから，ユークリッドと同じやり方で順に分解してゆけばよい．

知られている最大の素数

ユークリッドが証明した通り最大の素数というものは存在しないが，2013年7月時点で知られている最大の素数は $2^{57,885,161} - 1$ で，これは十進法表記で17,425,170桁の数である．$2^p - 1$ の形（p は素数）で表すことのできる素数を，メルセンヌ素数という．これは，メルセンヌ (Marin Mersenne) が『物理数学考察』(Cogitata Physica-Mathematica) の中で1644年に発表した推測に由来する．彼は，$p = 2, 3, 5, 7, 13, 17, 19, 31, 67, 127, 257$ について $2^p - 1$ は素数であり，それ以外の257までの整数 n について $2^n - 1$ はすべて合成数になると主張した．

現在では，こうした数が素数であるか否かを高速で判定する特別な方法があるので，私たちはメルセンヌが5つの誤りを犯していたことを知っている．$p = 67$ と257についてはメルセンヌの数 $2^p - 1$ は合成数になる．一方，$p = 61, 89, 107$ の場合も $2^p - 1$ は素数になることがわかっている．2013年7月現在，48個のメルセンヌ素数が知られている．新しいメルセンヌ素数を発見することはスーパーコンピュータの性能をテストするよい方法にはなるだろうが，実用的な意義は特にない．

リストに入っていなかったから，合成数である．したがって，何らかの素数で割り切れるはずだが，最初に与えた3つの素数のいずれも，この数を割り切ることができない．これらの素数は abc をきっかり割り切るので，$abc + 1$ は割り切ることができない．もし後者も割り切るのであれば，前者と後者の差1も割り切ることができなければならないが，それは不可能である．よって，新しい素数が存在して $abc + 1$ を割り切るのでなければならないが，それは素数が3つだけしか存在しないという最初の仮定と矛盾する．

ユークリッドの証明は，この素数が3つだけという例を使っているが，全く同じ議論がもっと多数の素数に対しても使えることは明らかである．リストに並んでいる素数すべてを掛け合わせ，それに1を加えさえすればいい．得られた数は，元のリストにあるどの素数によっても割り切ることができない．どんなリストを用意しても，そこには載っていない新しい素数が必要となってしまう．だから，完結した有限個の素数のリストを作ることは不可能なのである．これで証明が完成する．

ディオファントス

アレクサンドリアのディオファントスについては，代数学での記号の使い方のところ（第4章）で少し言及した．しかし，彼が数学の歴史に大きな影響を与えたのは，数論の分野においてである．彼は，解を個別の数値を用いた例で与えたとはいえ，個々の数値にとらわれるのではなく，問題をより一般的な視点から研究した．

たとえば，

「すべての和，および任意の2つの和が，いずれも平方数となるような，3つの数を求めよ」．

彼が与えた解は，41，80 および 320 である．チェックしてみよう．3つの数すべての和は，$441 = 21^2$．2ずつ足した和は，それぞれ $41 + 80 = 11^2$，$41 + 320 = 19^2$，$80 + 320 = 20^2$ であり，いずれもが平方数になっていることを確認できた．

ディオファントスが解いた方程式で最もよく知られているものは，ピタゴラスの定理から派生するものだ．私たちは，この定理を代数的に表すことができる．直角三角形の各辺の長さを a, b, c（c は斜辺の長さ）とするとき，方程式 $a^2 + b^2 = c^2$ が成り立つ．直角三角形の中には，辺の長さを整数比で表すことのできる，特別なものがいくつか存在する．最も簡単でよく知られているのは，a, b, c がそれぞれ 3, 4, 5 となる場合である．上記の方程式について確かめてみると，$3^2 + 4^2 = 9 + 16 = 25 = 5^2$ となり，確かに成り立つ．この次に簡単な例は，方程式 $5^2 + 12^2 = 13^2$ で与えられる．

こうした整数の組をピタゴラス数と呼ぶが，これは無数にある．しかしディオファントスは，可能な解すべてを見出している．現代的に言えば，方程式 $a^2 + b^2 = c^2$ の整数解すべてを求める問題である．彼が与えたレシピは，任意の整数2つの組について，それらの平方の差，それらの積の2倍，それらの平方の和をとるというものだ．得られた3つの数は，つねにピタゴラス数となる[訳註5]．そして，このやり方で得られる2整数の組に一定の整数を掛けたものが，すべてのピタゴラス数を与える[訳註6]．たとえば，このレシピで用いる整数の組が 1 と 2 の場合，私たちがよく知っている 3-4-5 のピタゴラス数が得られる．整数ペアの選び方は任

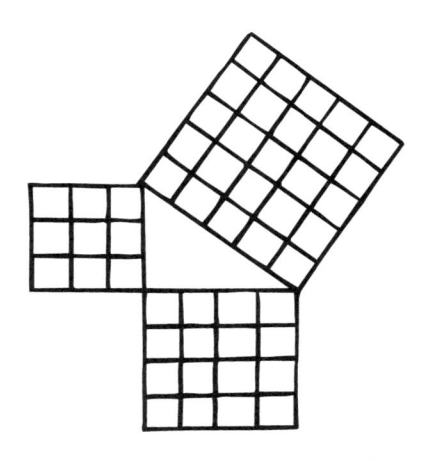

各辺の長さが 3, 4, 5 の直角三角形

[訳註5] 整数の組を $m, n (m < n)$ とおくと，レシピが与える3つの数は，それぞれ $n^2 - m^2$，$2mn$，$m^2 + n^2$ である．$(n^2 - m^2)^2 + (2mn)^2 = n^4 - 2n^2m^2 + m^4 + 4m^2n^2 = (n^2 + m^2)^2$ となるから，これらがピタゴラス数であることを確認できる．このレシピがピタゴラス数を与えることは，すでにユークリッドが『原論』第10巻の命題29で示している．

[訳註6] このレシピですべてのピタゴラス数が尽くされることまでは，ユークリッドは証明していない．これに対してディオファントスは『算術』第2巻の問題8で，「与えられた平方数を2つの平方数に分割する」ための一般的な処方を与えている．その数学的内容は，ここで紹介されているレシピですべてのピタゴラス数が尽くされることの実質的証明になっていると解釈できる．なお，ここで「一定の定数を掛ける」と言っているのは，$k(n^2 - m^2)$，$2kmn$，$k(m^2 + n^2)$ の組が一般のピタゴラス数を与えるという意味 (k, m, n は正の整数で，$m < n$)．定数 k を付け加えておかないと，9, 12, 15 のようなピタゴラス数は生成することができない．

意だから，このレシピで生成されるピタゴラス数の組が無数にあることが容易に理解できる．

フェルマー

ディオファントスのあと，千年以上にわたって数論は停滞を続けたが，それを打ち破ったのがフェルマーである．彼は多くの重要な数論上の発見をしたが，その中でも特にエレガントな定理をまず紹介しておこう．この定理は与えられた整数 n が，$n = a^2 + b^2$ と平方数の和で表すことができるための条件を述べたものである．この問題は，n が素数のときに最も簡単になる．フェルマーは，素数を次の3つの基本的なタイプに分けて考えた．

(i) 素数 2. 偶数となる唯一の場合．
(ii) 4の倍数より1だけ大きい素数．5, 13, 17,… など．当然すべて奇数．
(iii) 4の倍数より1だけ小さい素数．3, 7, 11,… など．これもすべて奇数．

彼は，与えられた素数が(i)または(ii)のタイプであれば平方数の和で表せること，そして与えられた素数が(iii)のタイプに属する場合は平方数の和では表せないことを示した[訳註7]．

試しに，上の分類でタイプ(ii)に属する素数 37 について調べてみよう．この場合は $37 = 6^2 + 1$ だから，平方数の和になっている．一方，$31 = 4 \times 8 - 1$ だから 31 は(iii)のタイプの素数だが，これは平方数の和で表そうとしてもうまくゆかない．たとえば，$31 = 25 + 6$ などとやってみても，25 は平方数だけれど 6 は平方数ではない．

ここまでは n が素数の場合の話だが，最終結果は次のようになる．一般の整数 n は，それを素因数分解したとき，$4k - 1$ の形の素数因子のすべてが偶数乗になって現れる場合に，かつその場合に限り，平方数の和で表せる[訳註8]．

これと類似の方法を用いて，1770年にラグランジュ (Joseph-Louis Lagrange) は，任意の正の整数が4つの平方数の和（必要な場合は0の平方数0を含めてよいものとする）で表せることを証明した．フェルマーも述べていた事実だが，彼は証明を残していない．

フェルマーの発見のうちで最も影響の大きかった定理は，とてもシンプルなもの

[訳註7] フェルマーは証明を与えていない．最初に証明を与えたのはオイラーである．
[訳註8] 整数 n の素因数分解の結果を(i)(ii)(iii)の各タイプの素数を区別して表すと，
$$n = 2^a p_1^{a_1} p_2^{a_2} \cdots p_r^{a_r} q_1^{b_1} q_2^{b_2} \cdots q_s^{b_s}$$
の形に書ける．ここで p_i は $4k-1$ の形の素数，q_i は $4k+1$ の形の素数である．ここで主張されている内容は，a_1, a_2, $\cdots$, a_r がすべて偶数の場合に，かつその場合に限り，n が平方数の和で表せるという意味である．平方数の和同士を掛けたものも平方数の和で表せるというブラーマグプターフィボナッチの公式
$$(a^2 + b^2)(c^2 + d^2) = (ac - bd)^2 + (ad + bc)^2$$
を繰り返し使うと最終結果が仕上がる．

素数：まだわかっていないこと

現在でも，素数は多くの謎を残している．ここでは，2つの有名な未解決問題，ゴールドバッハ予想と双子素数の問題を紹介しておこう．

ゴールドバッハ (Christian Goldbach) はアマチュアの数学者だったが，オイラー (Euler) と定期的に書簡のやりとりを続けていた．1742年にオイラーへ送った書簡の中で，彼は2より大きいすべての整数が3つの素数の和で表せるという状況証拠を記した．現在では1は素数に含めないが，ゴールドバッハは1も素数とみなしていたので，$3 = 1 + 1 + 1$ や $4 = 2 + 1 + 1$ も例に含めた上での主張である．これに対してオイラーは「2より大きい偶数はすべて2つの素数の和で表せる」という，より強い推測を提案した．たとえば，$4 = 2 + 2$，$6 = 3 + 3$，$8 = 5 + 3$，$10 = 5 + 5$，等々．この主張は，ゴールドバッハの最初の推測をも含意している．オイラーは，この主張の正しさを確信していたが，証明を見出すことはできなかった．そして，この推測は，現在に至っても真偽の決着がついていない．計算機実験によって，この主張が 10^{18} までの偶数については正しいことが確認されている．この問題についての最もよく知られた結果は，陳景潤 (Chen Jing-Run) が1973年に複雑なテクニックを駆使して導いたものだ．彼は，十分に大きな偶数は，2つの素数の和で表せるか素数と半素数（2つの素数の積）の和で表せるか，のいずれかであることを証明した．

双子素数のほうは，もっと歴史が古く，ユークリッドにまで遡る．これは双子素数，つまり p と $p+2$ が両方素数になっているペアが無数に存在する，という予想だ．5, 7 とか 11, 13 が双子素数の例である．この予想についても，現在まで正しいという証明も，正しくないという証明も得られていない．陳景潤は，$p+2$ が素数か半素数のいずれかになるような素数 p であれば無数に存在することを，1966 年に証明している．2013 年 7 月現在知られている最大の双子素数は，ティモシー・ウィンスロー (Timothy D. Winslow) が 2011 年に見つけた，$3{,}756{,}801{,}695{,}685 \times 2^{666669} \pm 1$ である．

だ．これは「フェルマーの最終定理（大定理）」との混同を避けるため「フェルマーの小定理」と呼ばれており，次のことを主張している．「p を任意の素数，a を p の倍数ではない任意の整数とするとき，$a^p - a$ は p の倍数である」．

フェルマーの最も有名な結果（予想）は，証明までに 350 年ほどもの歳月を要した．フェルマーがこの定理の内容とそれを証明したとの主張を記したのは 1640 年ころだが，私たちが知っているのは彼の短い走り書きのみである．フェルマーはディオファントス『算術』の訳本を 1 冊持っていて，そこから数論研究上の着想の多くを得たのだが，しばしば彼独自のアイデアを本の隅に書き込んでいた．ある時点で彼はピタゴラス方程式 —— 2つの平方数の和が別の平方数になる —— に考えをめぐらせていたに違いない．彼は，もし平方のかわりに立方にしたら何が起こるだろうか，と好奇心にかられて試してみた．整数解は得られなかった．方程式を

フェルマー

Pierre de Fermat 1601-1665

フェルマーは，1601年にフランスのボーモン・ド・ロマーニュ (Beaumont-de-Lomagne) に，皮革商ドミニク・フェルマー (Dominique Fermat) と法律家一族の娘クレール・ドロン (Claire de Long) の息子として生まれた．1629年までに彼は幾何学で重要な発見をし，また微積分学の先駆となる仕事もするが，人生上の進路としては法律家の道を選んだ．そして，1631年にはトゥールーズ高等法院の司法官となる．これにより，彼の名前に"de"の称号がついた．当時ペストが流行して上の地位の者がばたばた亡くなったこともあって，彼はとんとん拍子に出世した．1648年に彼はトゥールーズ地方高等法院の国王顧問官となり，終生ここに勤務した．1652年には，同院で刑事法廷を司るトップの地位に就いている．

アカデミックな地位を得ることは一度もなかったが，数学は彼の情熱の源であった．1653年に彼はペストに感染し，まもなく死ぬだろうと噂されたが，生き残った．彼は，当時の知識人たちと盛んに書簡を交換し，その中には数学者のカルカヴィ (Pierre de Carcavi)，メルセンヌ神父 (Marin Mersenne) らがいた．

彼は，力学，光学，確率論，幾何学の諸分野に業績を残している．関数が極大値・極小値をとるところを見出す彼の手法は，微積分学や変分法への途を拓く先駆となった．彼は当時の世界でトップレベルの数学者だったが，成果を出版することはほとんどしなかった．成果を出版できる形に仕上げるのに時間を費やしたくなかったからだろう．

彼が長期にわたって影響を与え続けたのは数論の分野だが，彼は証明を要するさまざまな定理（予想）を述べたり，解くべき問題群を示すことで，他の数学者たちを挑発・鼓舞した．その中には，（誤って名前がついた）ペルの方程式 $nx^2 + 1 = y^2$ や，「2つの立方数の和が立方数になることはない」という命題がある．後者は，より一般的な予想「フェルマーの最終定理」の特殊な場合に当たる．

彼は1665年，ちょうど一つの訴訟事件を結審させ，その2日後に亡くなった．

4次，5次，さらに高次の項に置き換えたら，どうなるだろうか？

フェルマーの没後1670年に，彼の息子サミュエルはバシェ (Bachet) 訳の『算術』の新しい版として，父親所蔵の本に彼の書き込みを含めて出版した．フェルマーが残した書き込みのうちの一つは，特に有名になっていった．「$n \geq 3$のとき，2つのn次のベキの和がn次のベキになることは決してない[訳註9]」と主張したメモである．欄外への書き込みには，こうある．「与えられた立方数を2つの立方数の和に分解

[訳註9] もちろん，これは整数の範囲についての主張．式を示して書くと「$n \geq 3$のとき，方程式 $x^n + y^n = z^n$ は整数解をもたない」の意である．

すること，4次のベキ乗数を2つの4次のベキ乗数の和に分解すること，あるいは一般に2次より高次のベキ乗数を2つの同じ種類のものの和に分解することは不可能である．この事実について，私は素晴らしい証明を見出した．しかし，この余白はそれを記すには狭すぎる」．

彼がもし本当に証明を見出していたとしても，それが正しいものだったということは，ちょっとありそうにない．最初の，そして現在知られている唯一の証明は，アンドリュー・ワイルズ (Andrew Wiles) によって1994年に導出されたものであり，その証明には20世紀の終わりになるまでは得られなかった最先端の，抽象的な手法が使われているからだ．

フェルマー以後，オイラーやラグランジュら有力な数学者たちが数論に取り組む．フェルマーが主張した定理の大部分は，この時期に証明を与えられ，洗練されていった．

ガウス

数論の次の大きな進展は，1801年に名著『算術研究』（*Disquisitiones Arithmeticae*, 邦訳書タイトルは『ガウス整数論』）を出版したガウスによってもたらされる．この書は，数論を数学の主要な一分野の地位にまで引き上げるのに貢献した．これ以降，数論は数学研究本流の中枢部分を担うものとして扱われる．ガウスはこの著作の中で，おもに彼独自の新しい研究に焦点を当てているが，数論の基礎づけも意図して彼に先行する数学者たちのアイデアを統合整理することも行っている．

最も重要で基本的な改革は，単純だが非常に強力な「剰余算術」（合同算術：modular arithmetic）という考え方の導入にある．ガウスは，通常の整数と似ているが重要な一点で異なる，新しい数の体系を発見した．ここでは，ある特定の整数——法 (modulus) と呼ばれる——をゼロと同一視する操作が系統的に適用される．この一見奇妙なアイデアは，通常の整数の可除性（割り切れるかどうかを決める特性）を理解するための基礎となっていった．

ガウスのアイデアはこうだ．与えられた整数 m について，整数 a と b が「m を法として合同」という概念を定義する．これは次の式で表され，

$$a \equiv b \,(\mathrm{mod}\, m)$$

$a - b$ がちょうど m で割り切れるときに成り立つ（合同である）と定義される．その上で，「m を法とした算術演算」は通常の算術演算と全く同じやり方で行われるのだが，一つだけ違うのは，計算していって m が出てくるたびに 0 で置き換えることができる，という点だ．すなわち，m の倍数は無視され，m の倍数だけ違う結果はすべて同一視される．

ガウスの創案の主旨を伝えるのに，しばしば「時計算術」という言い方が使われる．時計の表示盤上で12の数字は0と実質的に同じ意味合いを担う．ちょうど12ステップごとに，時針が指す位置は同じ数字のところに戻ってくるからだ．6時の7時間後の時刻を，13時と言わずに1時と言っているのは，いわばガウスの剰余算術 $13 \equiv 1 \pmod{12}$ を適用しているのに相当すると考えることができる．一般の剰余算術は，m 時間で時針が1周する表示盤上で計算をするようなものだと思うとわかりやすい．数学者たちが，ものごとを周期的サイクルで繰り返される変化として眺めるとき，たいてい剰余算術の枠組みが役立つ．

　『ガウス整数論』では，剰余算術が数論の深遠な問題を理解する基礎的な道具として多用されている．ここでは，3つの話題を紹介しておこう．

　本のかなりの部分は，$4k+1$ の形の素数が平方数の和で表せるが $4k-1$ の形の素数は平方数の和では表せないという，フェルマーが見出した事実を，ずっと先にまで拡張した研究結果の紹介に充てられている．ガウスは，フェルマーの結果を，x と y が整数のとき $x^2 + y^2$ という表現がどういう性質をもつか，という問題に置き直した．では，この式を一般の2次形式 $ax^2 + bxy + cy^2$ に置き換えたらどうなるか，と彼は問うた．ガウスが展開している理論はここで紹介するには専門的過ぎるので省略するが，この問題に対するほぼ完全な理解に彼は到達した．

　次の話題は，長年ガウスが興味をそそられ，かつ当惑させられてきた，平方剰余の相互法則と呼ばれるものである．出発点は，次のようなシンプルな問いである．剰余算術の世界では，平方数はどのように見えるのだろうか？　具体例で考えてみよう．11を法としてみる．可能な平方数は次の通りである（11より小さい整数だけ考えれば十分[訳註10]）．

$$0 \quad 1 \quad 4 \quad 9 \quad 16 \quad 25 \quad 36 \quad 49 \quad 64 \quad 81 \quad 100$$

これらの数から11の倍数を引いてやると，

$$0 \quad 1 \quad 3 \quad 4 \quad 5 \quad 9$$

となり，ゼロでない数の平方が2回ずつ重複して現れる．これらが，11を法とした平方剰余である[訳註11]．

　問題はある整数が平方剰余であるか否かを判別することだが，鍵は素数に注目することにあった．p と q が素数だとしたときに，q が平方剰余 $(\bmod\ p)$ になるのは，どのような場合か？　こう問いかけてみたときにガウスが気づいたのは，この答え

[訳註10]　$11 \equiv 0 \pmod{11}$，$12 \equiv 1 \pmod{11}$，$13 \equiv 2 \pmod{11}$，…という世界で考えている．

[訳註11]　再びお節介を添えておくと，$16 \equiv 5 \pmod{11}$，$25 \equiv 3 \pmod{11}$，$36 \equiv 3 \pmod{11}$，$49 \equiv 5 \pmod{11}$，$64 \equiv 9 \pmod{11}$，$81 \equiv 4 \pmod{11}$，$100 \equiv 1 \pmod{11}$ 等と計算している．だから，たとえば $4^2 \equiv 7^2 \pmod{11}$ というわけだが，$4 \equiv -7 \pmod{11}$ と書けば $(-7)^2 \equiv 7^2$ の形になるので少し納得がゆく．

　0, 1, 3, 4, 5, 9 だけが平方剰余であるということは，2, 6, 7, 8, 10 は 11 を法とした剰余算術の世界で平方数には相当しないことを意味する（平方非剰余という）．

ガウス

Carl Friedrich Gauss 1777–1855

ガウスは早熟の天才で，3歳のときに父親の算術計算の間違いを訂正したなどという話も伝えられている．1792年に，彼は生地の領主にあたるブラウンシュヴァイク-ウルフェンビュッテルの大公から財政支援を得て，ブラウンシュヴァイクの大学に入学する．そこで彼は，平方剰余の相互法則や素数分布法則など，いくつかの重要な数学的発見をするが，証明はできなかった．1795年から1798年にはゲッティンゲン大学に学び，ここでは定規とコンパスによる正17角形の作図法を発見する．1801年には，これまで書かれた数論分野での最重要著作とされる『算術研究』を出版する．

しかし，一般世間でのガウスの名声は数学によってではなくて，天文学上の予言によって築かれた．1801年にジュゼッペ・ピアッツィ (Giuseppe Piazzi) が最初の小惑星ケレス (Ceres) を発見する．この天体の観測データがあまりにも断片的にしか得られていなかったので，これが太陽の向こう側に姿を消したあと，天文学者たちは天体を再発見できるかどうか気をもんでいた．何人かの天文学者たちが，再出現する位置を予言し，ガウスも加わった．結果として，正しい予言ができたのはガウスだけであった．その理由は，現在では「最小2乗法」と呼ばれている新しい手法をガウスが独自に考案し，それを援用することで，限られた観測データからでも比較的精度の高い予言ができたからであった．彼は当時このテクニックを明かさなかったが，その後この手法は統計学と観測データを扱う科学研究において基礎中の基礎となっている．

1805年，ガウスはヨハンナ・オストホフ (Johanna Ostoff) と結婚する．彼が深く愛した女性である．1807年にガウスは故郷のブラウンシュヴァイクを離れ，ゲッティンゲンの天文台長の職に就いた．1808年，彼の父親が亡くなる．翌1809年，2人目の息子を出産した直後にヨハンナが亡くなる．少しあとに，この男の子も亡くなった．

私生活上の不幸が続いたが，ガウスは研究を続け，1809年には『太陽の周りの円錐曲線に沿った天体運動の理論』(*Theoria Motus Corporum Coelestium in Sectionibus Conicis Solem Ambientium*) を出版している．天体力学についての彼の主要著作である．彼は，ヨハンナの親しい友人であったミンナと呼ばれる女性と再婚したが，これは愛情よりは便宜で結ばれた結婚だったようである．

1816年ころにガウスは，平行線公理をユークリッドの他の公理から演繹する試みに対する論評を書き，その中で彼がたぶん1800年ころから抱いていた考え──ユークリッドのものとは異なる論理的に整合的な幾何学の可能性──をほのめかしている．

1818年，彼はハノーファー王国の地勢測量責任者に任ぜられる．この仕事の過程で，彼は測定データの扱いなどに関して重要な貢献を行った．1831年に後妻のミンナが亡くなる．この前後から，ガウスは物理学者ヴェーバー (Wilhelm Weber) と地磁気に関する共同研究を始める．彼らは，私たちが電気回路におけるキルヒホッフの法則と呼んでいるものを見出したし，また原始的だが立派に機能する電信路も組み立てている．

ヴェーバーが，その自由主義思想のためゲッティンゲンから追放された1837年以降，ガウスの科学上の活動は衰えていった．それでも，他の数学者──特にアイゼンシュタイン (Ferdinand Eisenstein) やリーマン (Georg Bernhard Riemann) ──の仕事には興味を持ち続けた．1855年，ガウスは就寝中，静かに世を去った．

を直接見出す簡単な方法はないが，p と q を逆にしてみると注目すべき関係が見えてくるという事実だった．

ここで言う「注目すべき関係」を具体例で見てみよう．先ほどの平方剰余のリストには素数 5 が含まれている．そこで，$p = 11$，$q = 5$ としてみよう．リストに出てきた $q = 5$ は，p を法としての平方剰余である．その一方で，$p = 11$ のほうも q を法として平方剰余になっている．なぜなら，$11 \equiv 1 \pmod 5$ であり，$1 \equiv 1^2$ だから．

つまり，この場合は，「p が平方剰余 (mod q) であるか否か」と「q が平方剰余 (mod p) であるか否か」が，同じ答になった．必ずそうなるのか？

ガウスは，p と q がともに奇素数で，両方とも $4k - 1$ の形の素数でない限り答えは必ず同じになるが，両方とも $4k - 1$ の形の素数の場合は答えがつねに反対になることを証明した．

もう少していねいで正式な言い方をすると，ガウスは，「p と q がともに奇素数であって少なくとも一方が $4k - 1$ の形の素数でなければ，p が平方剰余 (mod q) になるのは q が平方剰余 (mod p) になる場合であり，かつその場合に限る」こと，および「p と q がともに $4k - 1$ の形の奇素数であれば，p が平方剰余 (mod q) になるのは q が平方剰余 (mod p) にはならない場合であり，かつその場合に限る」ことを証明した．

最初ガウスは，これが新しい発見ではないことに気づかなかった．じつは，オイラーも同じ規則性には気づいていた．しかし，オイラーとは違って，ガウスはこの規則性がどんな場合でも必ず成り立つことを証明したのである．証明は困難をきわめた．最後の詰めとして，小さな，しかし決定的なギャップを埋めるのに，ガウスは数年を要した．

『ガウス整数論』に関して取り上げる 3 つ目の話題は，ガウスに数学者への道を確信させることになった 19 歳のときの発見，正 17 角形の作図に関係する．ユークリッドは，定規とコンパスによる正 3 角形，正 5 角形，正 15 角形の作図法を与えている．彼は角の 2 等分法を繰り返し使えば，辺の数をその 2 倍，4 倍，… にした正多角形も作図できることを心得ていた．だから，辺の数が 4, 6, 8, 10, … の正多角形を作図するのも，たやすいことだ．しかし，ユークリッドは正 7 角形や正 9 角形の作図法は与えていない．いや，ここで列記した以外の正多角形については皆無だ．2000 年もの間，数学の世界では，これはユークリッドがすでに最終決着をつけた問題で，

> "それ以外の正多角形は作図不可能だ" と思われてきた．ガウスは，それが誤りだったことを証明した．

数論はどのように使われてきたか

最も古い数論の応用に，歯車装置がある．もし2つの歯車が，それぞれ m 個と n 個の歯をもっており，それらが噛み合うように配置されていれば，歯車の動き方はそれらの数によって制約されるはずだ．たとえば，片方の歯車が30個の歯を持ち，他方が7つの歯を持っているとしよう．大きいほうの歯車をちょうど1回転させると，小さいほうの歯車はどのように動くだろうか？ 小さいほうの歯車は，7ステップ後にちょうど最初の位置に戻り，14, 21, 28ステップ後にも同じ位置に戻る．あと2ステップで大きいほうの歯車が1回転するのだから，その時点で小さいほうの歯車は最初の位置から2ステップ進んだ位置にくる．この結果は，30を7で割ると余りが2になるからだ，と理解できる．つまり，歯車の組合せは，割り算と余りの計算 —— 剰余算術の初歩 —— を機械によって表現したものだと言うことができる．

古代ギリシャの工芸職人らは，アンティキティラの機械 (Antikythera mechanism) と呼ばれる驚くべき装置を，歯車を用いて組み立てた．1900年，海綿採取潜水夫のエリアス・スタディアティス (Elias Stadiatis) は，アンティキティラ島[訳註12]の近く海面下約40メートルに沈んでいた紀元前65年のものと判明する難破船の中に，錆びついた不定形の塊を見つける．1902年になって，考古学者スタイス (Valerios Stais) が塊の中に歯車装置が含まれているのに気づき，この遺物は青銅製の複雑な機械だったことが判明する．ギリシャ文字が刻印されていることも明らかになった．

この装置の機能は，その構造と刻印文字から調査研究が進められ，最近になって天文学的計算を行う機械だったことが判明した．装置には30を超える歯車 —— 最新2006年の復元再構成の研究では当初37個の歯車が組み合わせられていたと推定されている．歯車がもつ歯の数を調べると，天文学的に重要な比に対応していることがわかった．特に，2つの歯車には加工が難しい53個の歯があり，この数は月が地球から最も遠い点にくる周期からきていると考えられている．歯車の歯の数の素因数は，すべて古くから知られていた日食や月食に関連する天文学的周期 —— メトン周期とサロス周期 —— にもとづいている．X線解析によって解読できるようになった刻印文字から，この装置が太陽と月そして，おそらくは当時知られていた惑星の位置を予測するのに用いられたことが，今では明確になっている．刻印文字が示す年代は，紀元前150年から紀元前100年あたりとなっている．

アンティキティラの機械は精巧に設計され，ヒッパルコス (Hipparchus) による月運動の理論を取り入れているように思われる．彼の弟子によってか，少なくともその助けを得て製作されたことが十分考えられる．おそらくこれは，実用目的の装置というよりは，高い地位の人たちのための豪華なおもちゃだった可能性が高い．そう考えると，凝りに凝った精巧なデザインになっている理由も納得できる．

アンティキティラの機械の復元模型

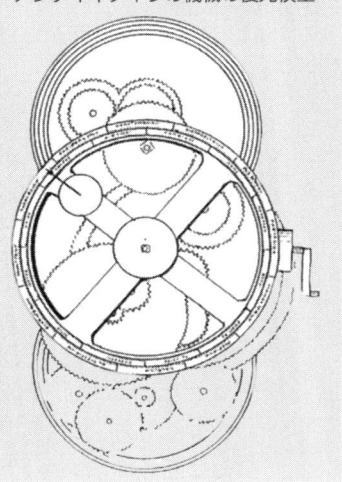

[訳註12] キティラ島の南東約40kmのエーゲ海上にあるギリシャの小島．

それ以外の正多角形は作図不可能なのだと決め込んでいた．ガウスは，それが誤りだったことを証明した．

ここで重要になるのは，p を素数とするときに正 p 多角形を構成するという問題である．ガウスは，これが次の代数方程式
$$x^{p-1} + x^{p-2} + x^{p-3} + \cdots + x^2 + x + 1 = 0$$
を解く問題と同等であることを指摘した．

そこで定規とコンパスによる作図の問題であるが，解析幾何学のおかげで，これを一連の 2 次方程式を順に解いてゆく操作に対応するものとして理解できるようになった．もし，この方法での作図が可能であるならば，$p - 1$ が 2 のベキ乗でなければならないことが導かれる（これは，一見すると自明のように思えるが，それほど簡単な話でもない）．

古代ギリシャ人たちが作図した $p = 3, 5$ は，$p - 1 = 2, 4$ となるから，この条件を満たす．しかし，そういう素数はそれだけではない．たとえば，$17 - 1 = 16$ は 2 のベキ乗になっている．このことが正 17 角形の作図可能性を証明するものではないが，有力なヒントを与えてくれる．ガウスは，これに対応する 16 次方程式を，順に 2 次方程式を解く方法を用いて具体的に解いてみせた．彼は，$p - 1$ が 2 のベキ乗になっていてかつ p が素数であるとき正 p 角形は定規とコンパスによって作図は可能であるが，それ以外の素数 p については正 p 角形の定規とコンパスによる作図は不可能である，と主張した．証明は，まもなく他の数学者たちによって完成された．

ここで出てきた特別な形の素数は，フェルマー素数と呼ばれている．フェルマーによって研究されたからだ．彼は，もし p が素数で $p - 1 = 2^k$ となっていたら，k は必ず 2 のベキ乗になることに気づいた．彼は，最初のほうのフェルマー素数 2, 3, 5, 17, 257 および 65,537 を記している．彼は $2^{2^m} + 1$ の形をした整数は必ず素数になると推測したのだが，この予想は間違っていた．オイラーは，$m = 5$ の場合，この形の整数 $2^{2^5} + 1$ が因数 641 を持つことを見出した．

いずれにせよ，それなら正 257 角形と正 65,537 角形も，定規とコンパスで作図できるはずである．リヒェロット (F. J. Richelot) は，1832 年に正 257 角形の作図法を構成，これは正しいものだったことが確認されている．ヘルメス (Johann Gustav Hermes) は，10 年間を費やして正 65,537 角形の作図法を構成，1894 年に完成させた．ただし，最近の研究によると，この作図法の一部には間違いが含まれていたようだ．

数論は，奇妙で謎めいた整数の挙動の中に隠された数々の重要なパターンを見抜いたフェルマーの仕事によって，数学的に興味深い世界となり始めた．証明を残さ

ソフィ・ジェルマン
Marie-Sophie Germain 1776-1831

ソフィ・ジェルマンは，絹商人の父アンブロワーズ－フランソワ．ジェルマン (Ambroise-François Germain) と母マリー－マドレーヌ・グルーグラン (Marie-Madelaine Gruguelin) の娘として生まれた．13歳のとき彼女は，ローマ兵士に殺される瞬間も砂の上に描いた幾何学の図に向かって熟考を続けていたというアルキメデスの話を読んで，数学者になりたいと思った．両親は，数学者は若い女性向きの職業ではないと懸命に反対したが，彼女は両親が寝入るたびに，毛布にくるんで潜ませてあったニュートンとオイラーの著作をむさぼり読んだ．彼女の決意が固いのを知った両親はやがて折れ，数学を学ぶのを助けるようになり，彼女への生涯にわたる金銭的支援を続けた．

彼女はエコール・ポリテクニークから講義録を手に入れ，彼女自身の論文をルブラン (Monsieur LeBlanc) の偽名でラグランジュに送る．その内容に感心したラグランジュは，やがて論文著者が女性であることに気づくのだが，彼女を励まし，後見人役を引き受けて支援した．彼女はルジャンドル (Adrien-Marie Legendre) が1798年に著した『数論考察』(Essai sur le Théorie des Nombres) に興味をもち，ルジャンドルとも書簡を交換，これは実質的な共同研究に発展する．その結果は，『数論考察』の第2版 (1808) におさめられた．

彼女の文通相手で最も高名だったのはガウスである．ソフィはガウスの『数論研究』の内容を精査，1804年から1809年にかけて多数の書簡を，再び性別を隠してルブランの偽名でガウスに送った．ガウスは「ルブラン氏」の業績を，彼女への返信の中で，そして他の数学者たちに向けても称賛した．「ルブラン氏」がじつは女性であったことにガウスが気づいたのは1806年，フランス軍がブラウンシュヴァイクを占領したときである．ガウスが占領兵士に殺害されたアルキメデスと同じ災厄を被ることを心配したソフィは，家族の友人であったフランス軍の将校ペルネティ将軍と接触し手をまわしたのである．ルブラン氏がじつはソフィであることを知ったガウスだが，前にも増して彼女を誉め讃え，こう書いた．

「私の尊敬する文通相手ルブラン氏がこのような華麗な変身をなされたことに対し，私の敬服と驚嘆をどのように表現したらよいか，わかりません．（中略）私たちの社会慣習からくる性別への偏見の中で，険しい研究の道を続けてゆくには男性に比べてはるかに多くの困難に直面するに違いないにもかかわらず，そうした障壁を超えて研究を成功させているあなたは，疑いもなく最も高貴な勇気の持ち主であり，非凡な才能と最上の創造性を備えた方と言うほかありません」．

ソフィは，フェルマーの最終定理に関して研究成果を挙げ，これは1840年までの時代では最上のものであった．1810年から1820年にかけては，フランス学士院の懸賞問題となっていた面上での振動の問題に取り組んだ．とりわけ説明が求められていたのは，クラドニ・パターン (Chladni patterns) というものであった．これは金属板上に砂を撒いて，ヴァイオリンを弾いたりすると音響振動パターンを可視化できるのだが，そのときに現れる対称性をもった独特のパターンをいう．彼女は，3度目に懸賞に応募したときに金メダルをとるが，授賞式には出席しなかった．理由は不明だが，女性科学者に対する不公平な扱いに抗議の意を表したのかもしれない．

1829年に彼女は乳ガンに罹患するが，2年後に亡くなるまで数論や曲面の曲率などの研究を続けた．

ないというのが彼の困った性癖だったが，次の時代のオイラー，ラグランジュ，および彼らほど有名ではない何人かの数学者たちによって ――「最終定理」のような例外は少し残ったが ―― 大半は証明が補われていった．それでも，まだ数論の世界は，ときに深遠で難解な諸定理が，お互いによく関連づけられないまま，ばらばらに並んでいる感じがあった．

　それを一変させたのが，ガウスである．彼は，剰余算術などを導入し，数論全体に通用する概念的基礎を与えた．彼はまた，正多角形の作図問題を通じて，数論を幾何学と関連づけた．数論はガウスの出現を待って，数学全体という織物に不可欠な撚り糸となった．

　ガウスの洞察は，新しい種類の数学的構造の認識をもたらした．nを法として計算される整数といった新しい数概念，2次形式の構成といった新しい操作，などがそれである．あと知恵で考えると，18世紀末から19世紀初期にかけての数論は，19世紀末から20世紀にかけての抽象代数学への伏線となったと言えよう．数学者たちは，研究対象となる概念や構造の範囲を広げ始めたのである．『ガウス整数論』は，扱っていたのは特殊な主題であっても，数学全体における現代的アプローチの発展に向けた画期的な一歩として位置づけることができる．数学者たちからガウスが高い敬意を受けている理由の一つはここにある．

　20世紀の終わりまで，数論は純粋数学の一分野にとどまっていた．それ自体として興味深いし，数学の他分野へも多くの応用があるのだが，数学の外の実世界に現実的な意味をもつことはほとんどなかった．しかし20世紀末のデジタル通信時代の到来は，事態を一変させた．情報通信が離散的な数にもとづいて行われるのだから，数論が応用分野の前面に出てくるようになったとしても，驚くには当たらない．数学上の素晴らしいアイデアが実用的な重要性をもつまでには，しばしば長い時間がかかるけれども，数学者たちが彼らの興味だけで意義深いと思った主題の多くは，最終的には実世界でも貴重なものになってきたのである．

> **数学上の素晴らしい　アイデアが実用的な　重要性をもつまでには，　しばしば長い時間がかかる．**

数論は現在どのように使われているか

現在のインターネットを介したやりとりで使われている重要なセキュリティ暗号システムの多くに,数論は理論的基礎を与えている.最もよく知られているのが,発明者の名前 (Ronald Rivest, Adi Shamir および Leonard Adleman) の頭文字をとって RSA 暗号と呼ばれているもので,メッセージを暗号化する方法は公開してしまいながら復号化の手続きを明かしたことにはならないという,驚くべき特性をもっている.

アリスが,ボブに秘密を保ってメッセージを送りたい,という状況を想定しよう.彼らは,事前に大きな 2 つの素数 p と q(それぞれ十進法で少なくとも 100 桁以上は必要)を決めておき,その積 $M = pq$ を計算する.この積 M は,公開してかまわない(p と q は公開してはいけない).一方,彼らは別の積 $K = (p-1)(q-1)$ を計算しておく.この K のほうは秘密にしておく必要がある.

アリスは,メッセージを整数 $x (0 \leq x < M)$ の形で表現する.メッセージが長いときは,こうした整数 $(0 \leq x_i < M)$ を並べてメッセージを表現する.この x を暗号化するために,彼女は K とは公約数をもたない正の整数 a(これは秘密にしておく)を選び,
$$y \equiv x^a \pmod{M}$$
を計算し,y を暗号文としてボブに送る.この暗号文は,公開してかまわない.

暗号文を解読(復号)するために,ボブは $ab \equiv 1 \pmod{K}$ を満たす整数 b を知っている必要がある.a が K と公約数をもたないとき,このような b は必ず 1 つだけ存在する.a から b は比較的容易に計算できる.この b を復号用の秘密鍵として用いて,
$$x' \equiv y^b \pmod{M}$$
をボブは計算する.これが元のメッセージになっていること $(x' = x)$ は,フェルマーの小定理またはその一般化であるオイラーの定理によって保証されている[訳註13].

この暗号方式は,大きな素数は比較的簡単に見つけることができるのに対し,大きな数を素因数分解する効率的な計算方法は知られていないことを根拠に,実用上安全だと考えられている.素数の積 pq を公開しても,それぞれの素数 p と q を割り出すのは実際上不可能に近いから,暗号を解読するのに必要な鍵 b を公開鍵から知ることはできないと考えているのである.

[訳註13] フェルマーの小定理は,p を任意の素数,x を p の倍数ではない任意の整数とするとき,$x^p - x$ は p の倍数であることを主張している.$x^p - x = (x^{p-1} - 1)x$ であり,x が p の倍数ではないことから,$x^{p-1} - 1$ も p の倍数である.すなわち,
$$x^{p-1} \equiv 1 \pmod{p}$$
というのがフェルマーの小定理の別の表現として得られる.アリスとボブの話では,
$$x' \equiv y^b \pmod{M}$$
と復号されたのだが,a, b を $ab \equiv 1 \pmod{K}$ と決めたこと,$K = (p-1)(q-1)$ であったことを思い出そう.すなわち,h を適当な整数として $ab = 1 + h(p-1)(q-1)$ と書ける.暗号化の計算では $y \equiv x^a \pmod{M}$ とやったのだから,
$$x' \equiv y^b \equiv (x^a)^b \equiv x^{ab} \equiv x \cdot x^{h(p-1)(q-1)} \pmod{M}$$
ここで,合同式の法を $M = pq$ から p に書き換えてある.一般に $A \equiv B \pmod{pq}$ なら $A = B + kpq = B + (kq)p$ と書けるから,$A \equiv B \pmod{p}$ である.

ここで,フェルマーさんに感謝して $x^{p-1} \equiv 1 \pmod{p}$ を代入すると,
$$x' \equiv x \cdot x^{h(p-1)(q-1)} \equiv x \cdot 1^{h(q-1)} \equiv x \pmod{p}$$
もう一度,フェルマーさんに感謝して $x^{q-1} \equiv 1 \pmod{q}$ を使うと,
$$x' \equiv x \cdot x^{h(p-1)(q-1)} \equiv x \cdot 1^{h(p-1)} \equiv x \pmod{q}$$
p と q は別の素数なので,中国の剰余定理が使えて,
$$x' \equiv x \pmod{pq}$$
が言えて,めでたく復号化が正しくできることが確認できる.ところが,じつはこの証明すこし手抜きがあって,暗号文 x が p の倍数でも q の倍数でもないことを仮定している.x が p または q の倍数となる場合も $0 \leq x < pq$ なので存在するが,場合分けと剰余演算をていねいに使うことで,ほぼ同様の考え方で証明を完成させることができる.

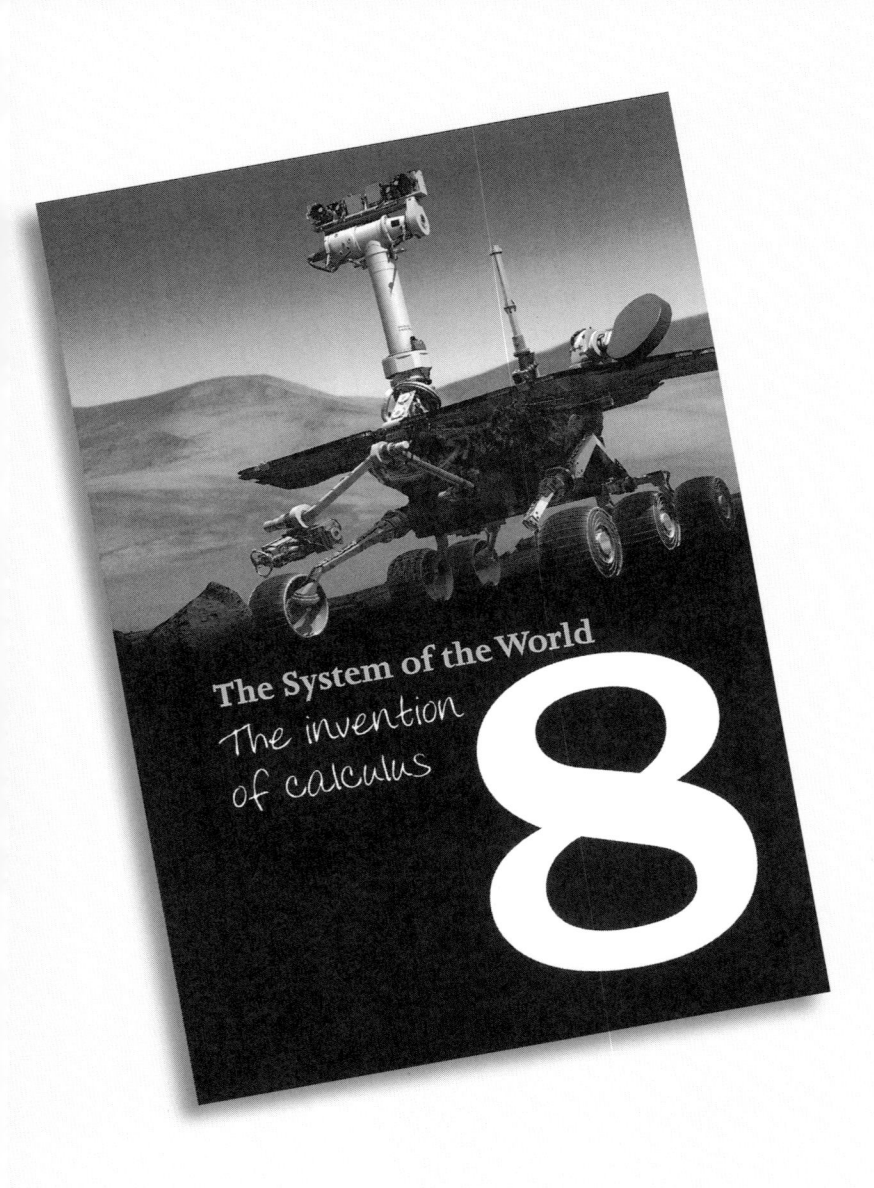

The System of the World
The invention of calculus

8

第 **8** 章
微積分法
物理世界が従う文法の発見

数学の歴史の中で起こった単独の事件として最もインパクトの大きかったものは，微積分法の発見だろう．これは1680年ころ，ニュートン (Isaac Newton) とライプニッツ (Gottfried Leibniz) によって独立に発見された．公表したのはライプニッツが先だが，過剰に愛国的な友人らにそそのかされてニュートンも先取権を主張し，ライプニッツが自分の考えを盗用したと非難した．いさかいは，英国の数学者たちと大陸ヨーロッパの数学者たちとの関係をも気まずいものにしてしまった．そのあとの発展で後れをとる結果となった英国の数学者たちにとっては，高くついた争いであった．

世界の体系をつかさどる法則

　先取権争いにはライプニッツに分があるとしても，微積分法を発展しつつあった数理物理学の中心的手法——自然界を理解するために人類が手に入れた最強の方法——にしたのはニュートンのほうであった．ニュートンは，彼の理論的構築物を「世界の体系」と呼んだ．表現の仕方はちょっと謙虚さに欠けるが，十分それに値するものだ．ニュートンに先立って見出された自然界の規則性としては，ガリレオによる落体あるいは砲弾のような放擲体（ほうてきたい）の運動法則，ケプラーによる火星の楕円軌道をはじめとする天上界の惑星運動の法則があった．それが，ニュートン以降は，物理世界のほとんどすべてが数学的な規則性に従っていると理解されるようになる．地上物体の運動も天上界の天体の運行も，空気や水の流れも，熱や光や音の伝搬も，そして重力も，この法則性で説明できるのだ，と．

　奇妙なことに，この数学的な自然法則についてニュートンがまとめた大著『自然哲学の数学的諸原理』（プリンキピア：*Philosophiae Naturalis Principia Mathematica*）の中では，微積分法はいっさい使われていないし，言及されてもいない．そのかわりに『プリンキピア』の記述は，古代ギリシャ幾何学を巧みに援用するスタイルで貫かれている．しかし，この見かけを，額面通りに受け取るわけにはゆかない．彼が『プリンキピア』に結実する研究を続けていた時期に書かれた未公表のノートや草稿を含むポーツマス文書 (*Portsmouth Papers*)[訳註1] などの調査研究から，このころすでにニュートンが微積分法の基本的概念を得ていたことがわかっているからだ．ニュートンが実際には微積分法を用いて発見したものを，古典的な方法で記述することを選んだ可能性も考えられる．ニュートン流の微積分法が『流率法』（*Method*

[訳註1]　ニュートンの死後，近親者から遺稿を託されたポーツマス伯爵家が代々保管してきた膨大な量の手稿で，19世紀末に一定の調査が行われるも，伯爵家の事情で1936年に競売にかけられるまで，ほとんど存在を知られることがなかった．貴重な資料の散逸をおそれた経済学者ケインズ (J.M.Keynes) とユダヤ人の学者ヤフダ (A.Yahuda) の2人が文書の大半を落札，これらは現在ケンブリッジ大学とイスラエルの図書館に所蔵されている．数学や自然科学のほか，神学，聖書年代学研究，錬金術などについて書いたものが多数含まれ，ニュートンのことを「最初の近代科学者というよりは最後の魔術師だ」とケインズが述べたことは有名．

of Fluxions）として出版されたのは，死後1736年のことである．

微積分法

　では，微積分法とは何だろうか？　ニュートンやライプニッツの方法を理解するには，まずアイデアの要点をつかむことから始めるのがいいだろう．微積分法は，変化する量を瞬間的な変化率を含めて扱う数学的方法だと考えると，わかりやすい．たとえば，線路の上を走っている列車は，いまこの瞬間どれだけの速度で走っているのか？　微積分法は，2つの方向からのアプローチが一組になっている．まず微分法は，変化する量が与えられたときに，変化の比率を計算する方法を与えるもので，幾何学的には曲線の接線の傾きを見出すことなどに役立つ．積分法のほうは，ちょうどその逆のことをやる．変化の比率が与えられたときに，変化する元の量を特定する．幾何学的には，面積や体積を計算したりするのに役立つ．微積分法の発見以前には，曲線の接線を見出す問題と図形の面積を求める問題は，ほとんど無関係だと思われていたのだが，じつは密接に関連していることがわかった．

　微積分法は関数——一般にある与えられた数から対応する数を計算する手続き——に対して適用されるものだ．関数は，ふつう対応する数を決める方法を式で表す．与えられた数 x（範囲＝定義域が指定されることがある）に対して，xを含む式 $f(x)$ によって対応する数を与える．たとえば，平方根を与える関数は $f(x) = \sqrt{x}$（この場合 x は正またはゼロの範囲の数であることが要求される），平方を与える関数は $f(x) = x^2$（この場合の x には範囲の条件は不要），といった具合である．

　まずは微分から入ることにする．与えられた関数について，微分係数または導関数[訳註2]を求めてみよう．微分係数とは，xの変化に対する $f(x)$ の変化の比率である．幾何学的には，$f(x)$のグラフの xにおける接線の傾きを求めることに対応する．これは，xとその近く $x+h$ の位置でグラフを切る割線の傾きで近似できる．この傾きは，

$$\frac{f(x+h) - f(x)}{h}$$

であることが容易にわかる．ここで

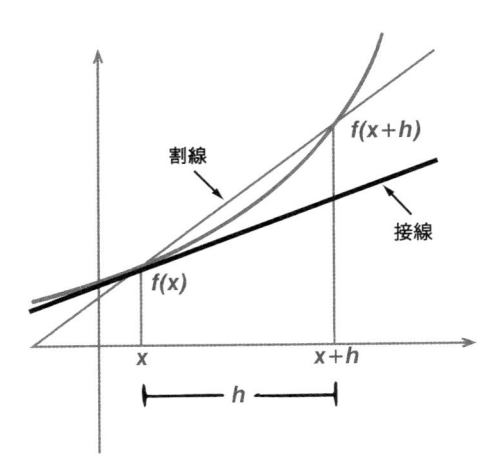

近似的傾きと微分係数の幾何学的説明

［訳註2］英語では，微分係数も導関数も "derivative" である．

h は小さな数であるが，さらに h をどんどん小さくしてゆく状況を考えてみる．割線は，グラフの曲線の x における接線に，どんどん近付いてゆくはずだ．だから，求める傾き —— x における f の微分係数 —— は，h を限りなく小さくしていった極限での上式の値だと解することができる．

簡単な例，$f(x) = x^2$ でこの計算を考えてみよう．この場合は，

$$\frac{f(x+h)-f(x)}{h} = \frac{(x+h)^2-x^2}{h} = \frac{x^2+2hx+h^2-x^2}{h} = 2x+h$$

となり，h をどんどん小さくしてゆくと割線の傾き $2x+h$ は，限りなく $2x$ に近づいてゆく．だから，この点での f の微分係数，または x ごとに決まる微分係数を x の関数とみなした導関数 g は，$g(x) = 2x$ ということになる．

ここでの概念的な要は，「極限として」とか「限りなく」「どんどん」「いくらでも近づく」といった言葉で表現されている内容である．問題は，その意味をきちんと定義することであるが，簡単ではない．実際，論理的に納得のゆく定義を数学者たちが見出すまでに，1世紀以上かかったのである．

微積分法のもう一方の基本操作が積分である．これは，微分の逆操作だと理解するのがわかりやすい．$g(x)$ の積分，

$$\int g(x)\,dx$$

とは，それを微分すると（その導関数が）$g(x)$ となるような任意の関数 $f(x)$ をいう．たとえば，$f(x) = x^2$ を微分すると，導関数は $g(x) = 2x$ となる．だから，$g(x) = 2x$ の積分は $f(x) = x^2$ だと言うことができる．式で書くと，以下のようになる[訳註3]．

$$\int 2x\,dx = x^2$$

微積分の必要性

微積分法という着想は，2つの方向から出てきた．純数学的な動機としては，曲線の接線とその傾きを見出す方法として微分法が求められ，平面図形の面積や空間図形の体積を求積する方法として積分法が求められてきた，と考えることができる．しかし，微積分法を求める主要な動機は，物理学 —— 自然界をつかさどる規則性への認識の発展 —— からきたとみるべきだろう．私たちが未だよく知らない何ら

[訳註3] ここでは話を簡単にするため，積分定数を省略した説明となっている．言うまでもなく，定数 C は変化しないので変化率ゼロだから，$\frac{d}{dx}C = 0$．よって，この定数を $f(x)$ に足しても，微分は変わらない．$\frac{d}{dx}\{f(x)+C\} = \frac{d}{dx}(x^2+C) = 2x+0 = 2x$．したがって，$x^2+C$ も $2x$ の積分である．この定数を含むため積分された関数（原始関数）には任意性が残り，そのことを強調して不定積分とふつう呼ばれる．

かの理由で，自然界の基本的な規則性の多くは，変化の比率に関連した形のものになっている．そうした規則性は，微積分法によって理解可能になるし，微積分法を通じて発見されてきたのである．

> "ヒッパルコスのモデルは天文観測の実測結果との一致があまりよくなかった."

　ルネサンス期まで，太陽・月・惑星の運行についての最も正確なモデルは，プトレマイオスのものであった．彼のモデルでは地球が不動の中心で，その他のすべて——太陽も含めて——が地球の周りを，複合的な円軌道（現実のものか仮想的なものかは好みの問題だ）を組み合わせる形で回っている．円は，もともとは天球と呼ばれる球としてギリシャの天文学者ヒッパルコスによって導入されたものだ．天球は，回転する巨大な球であり，その球面上に他の回転球が取り付けられている場合もある．こうした複合的な回転運動は，複雑な惑星の運行をモデル化するためには必要なものだと考えられていた．水星，金星，火星などの惑星は，ときにループ状になった複雑な動きを見せる．木星や土星の動きは比較的おとなしいが，ときどき不規則な動きを見せることは古代バビロニアの時代から知られていた．

　私たちは，三角法の発展を取り上げた第5章で，プトレマイオスの体系が搬送円と周転円を組み合わせた，等速円運動の合成を用いていることを見てきた．ヒッパルコスのモデルは天文観測の実測結果との一致があまりよくなかったのだが，プトレマイオスの体系は天文観測の結果と非常によく一致した．だからこそ，彼のシステムはこの問題に対する最終的な答えを与えたものとして1000年以上にわたって扱われたのである．ギリシャ語からアラビア語さらにラテン語へと翻訳された彼の著書『アルマゲスト』(*Almagest*) の書名は，「偉大な総合集成の書」といった意味である．

神と科学的知識

　その『アルマゲスト』も，実際の惑星運動全部との一致に完全に成功していたわけではない．それに何より，モデルが煩雑であった．西暦1000年ころには，アラブとヨーロッパで太陽の日周運動が地球の自転によって説明できるのではないかと考えた少数の人たちがいたし，地球が太陽の周りを公転しているという可能性を考えた人もいた．しかし，彼らの思索が時代の中でそれ以上の発展に結びつくことはなかった．

　しかし，ルネサンス期になると科学的態度が根づきはじめ，それにより打撃を受ける最初のものは宗教的ドグマであった．当時，ローマ・カトリック教会は，伝

統的な宇宙観を守りつつ，人々の信念を隅々までコントロールしていた．神の威光は，宇宙の存在から日々の生活上の出来事にまでおよぶべきものであった．問題は，宇宙の性質に関することがらも，聖書の字義通りの解釈に対応すべきものと信じられていたことである．だから，地球が万物の中心に位置していて，天上の諸々の存在はその周りを回転すると考えられた．そして，人間は神の創造の頂点に位置し，宇宙の存在理由となっていたのである．

どんな科学的観測も，この不可視・不可知の創造者の存在を実証的データをもとに否定するようなことはできない．しかし，科学的な観測は，地球が宇宙の中心であるという見解を論駁することができるし，実際に論駁したのである．そして，この科学と宗教の対立という騒ぎは，多くの人々がその信念を理由に —— ときに身の毛のよだつような残虐な方法で —— 殺されるという結果をももたらした．

コペルニクス

宗教と科学との対立に火をつけたのは，1543年出版されたポーランドの学者コペルニクス (Nicholas Copernicus) の『天体の回転について』という，驚くべき，独創的かつ異端的な著書である．プトレマイオスと同様に，彼もモデルの正確さのために周転円を用いた．しかし彼はプトレマイオスと違って太陽を中心に置き，地球を含むすべての惑星 —— 月を除く —— が太陽の周りを公転するとした．月だけは，地球の周りを回転するわけである．

コペルニクスがこの大胆な提案をした理由は，わりとプラグマティックなものである．彼の体系は，プトレマイオスの体系で使われていた77もの周転円を，わずか34の周転円に置き換えることができるのだ．プトレマイオスが用いた周転円のシステムでは，同じ特定の大きさや回転速度をもつ円が何度も何度も，異なる天体において繰り返し現れる場合がある．コペルニクスは，これらの周転円すべてを地球に移してしまうと，たった一つで済むことに気づいた．私たちは現在，これらを地球の公転に相対的な惑星運動と解釈することができる．地球が不動の中心だとみなす素朴な観測者にとっては，太陽の周りを回転する地球の動きが，全惑星に周転円を取り付けたように見えるのである．

コペルニクス理論のもう一つの利点は，すべての惑星を全く同じ方法で扱えることだ．プトレマイオスの体系では，地球の内側の軌道を回る内惑星の動きと外側の軌道を回る外惑星の動きとを，別々のメカニズムで説明しなければならない部分があった．それがコペルニクスのモデルでは，地球より太陽から近い軌道を回っているか，遠い軌道を回っているか，だけの違いになる．すべて見事に理にかなっていたのだが，コペルニクスのモデルがすんなりと受け入れられたわけではない．理由

は，必ずしも宗教的なものだけではなかった．

コペルニクスの理論にしたところで，煩雑でなじみにくいものであることに変わりはなかった．彼の著書は，ひどく難解なしろものであった．当時最高の天文学者ティコ・ブラーエ (Tycho Brahe) は，プトレマイオスの理論と矛盾する彼の注意深い観測結果が，コペルニクスの太陽中心的理論とも合わないことに気づいていて，もっとよい解決策がないかと模索していた．

ケプラー

ブラーエの死後，彼の天文観測の記録はケプラー (Johannes Kepler) の手に渡り，惑星運動の規則性を探し求める彼によって，何年も何年もかけて分析された．ケプラーは，ある意味ピタゴラスの伝統を引き継いだ神秘主義者で，観測データの中に勝手に思い込んだパターンを読み取ってしまうような危うさもある人物だった．天界に規則性を見出そうとして失敗に終わった彼のさまざまな試みのうち最も有名な例は，惑星軌道の間隔を正多面体の幾何学を用いて説明した，美しくも完全に見当はずれだった理論であろう．彼の時代，知られていた惑星は6つであった．水星，金星，地球，火星，木星そして土星である．ケプラーは，これら惑星の太陽からの距離に何か幾何学的なパターンがないだろうか，と考えた．さらに，なぜ惑星が6つあるのか，と考えた．6つの惑星軌道があれば，それぞれの間に5つの立体を介在させることができることに彼は気づいた．そして，正多面体は，ちょうど5つだけ存在する．これが，6つしか惑星がない理由なのではないか？ 彼は，各惑星の軌道を赤道付近に乗せた6つの天球を，入れ子式に配置してみた．それら天球のそれぞれの間隙に，内側の天球にぴったり外接し外側の天球にぴったり内接するよう，ケプラーは正多面体を次のような順番で充填してみた．

> "ケプラーはなぜ惑星が6つあるのか，と考えた．"

水星	
	正 8 面体
金星	
	正20 面体
地球	
	正12 面体
火星	
	正 4 面体
木星	
	立方体
土星	

ケプラー

Johannes Kepler 1571–1630

ヨハネス・ケプラーは，傭兵だった父親と宿屋の娘との間の息子として生まれた．父親は，彼が幼いとき出征し，オランダで戦死したと信じられている．ヨハネスは，祖父の宿屋に母親と一緒に住むことになる．彼は数学に早熟な才能を示し，1589 年にはチュービンゲン大学でメストリン (Michael Maestlin) のもとで天文学を学ぶ．ここで彼は，プトレマイオスの体系を習得する．当時の天文学者の多くは実際の惑星の動きよりも軌道計算手法にばかり関わり合っていたのだが，ケプラーは最初から周転円の教義よりも正確な惑星軌道に興味を持っていた．彼はコペルニクスの理論を知り，それが単なる数学的な工夫ではなくて，太陽中心説が文字通り正しいとすぐに確信する．

1596 年に，彼は惑星運動に規則性を見出す最初の試みとして，正多面体を用いた奇妙な理論をまとめ，『宇宙の神秘』 (*Mysterium Cosmographicum*) として出版する．このモデルが観測と十分には合致しないことをめぐり，彼は指導的な天文観測家ティコ・ブラーエと手紙のやりとりをする．まもなくケプラーは，ブラーエの数学助手としてプラハに迎えられ，火星軌道の計算に取りかかる．ブラーエの死後も，彼が残した大量の観測データを用いて，火星の正しい軌道を見出すために格闘する．ケプラーが計算結果を記した紙片は 1000 枚近くも残されており，彼は「火星との私の戦争」と形容している．彼が最後にたどりついた火星の楕円軌道はきわめて正確なもので，現在の観測との間で見出される食い違いも，何世紀かを経てごくわずか軌道がずれた程度のものだという．

私生活では苦難が続き，1611 年は最悪の年で 7 歳の息子と妻が相次いで亡くなった．続いて，プロテスタントに寛大だった皇帝ルドルフが退位，ケプラーはプラハを去ることを強いられる．1613 年に，ケプラーは再婚する．この披露宴の際に彼は数学の問題を思いつき，その解法をまとめて『新しいワイン樽の容積求積法』(*Nova Stereometria Doliorum Vinariorum*) を 1615 年に出版した．

1619 年に，宇宙の神秘を論じた連作をしめくくる『宇宙の調和』(*Harmonice Mundi*) を出版．この本には，新しい数学のアイデアが多数おさめられており，球充填問題や多面体について論じているほか，惑星運動に関するケプラーの第三法則が述べられている．この書物を執筆中に，彼の母親が魔女として告発される．ケプラーはチュービンゲン大学の法学部に助けを求め，最終的に彼女は釈放されるが，その理由の一つは審問官が行った彼女に対する拷問が正しい手順に従っていなかったから，というものであった．

数値は，当時の限られた精度の観測結果との比較だが，かなりよく一致した．しかし，各正多面体を天球の間に充填するやり方は，全部で 120 通りもある．どれかが実測値とまあまあ一致したとしても，驚くには当たらない．その後，新しい惑

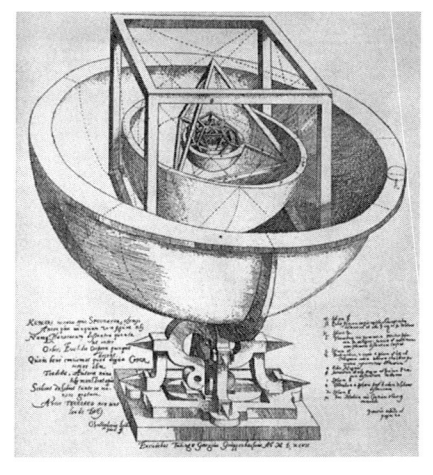

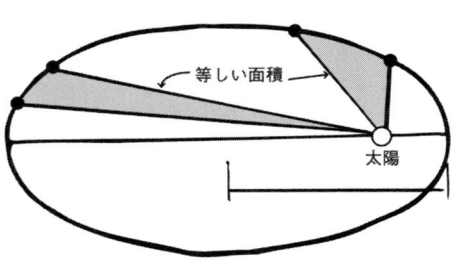

惑星軌道間隔についてのケプラーの理論　　　　　　単位時間ごとの惑星の動き

星が発見されると，6つだけの惑星を仮定して規則性を探すこの試みは完全に無意味になり，歴史のごみ捨て箱に投げ込まれる結果に終わった．

　そういう失敗もやっている間に，しかしケプラーは，現在でも正しいと認められている規則性を発見する．惑星運動に関するケプラーの法則と呼ばれているものだ．彼は，ブラーエが残した火星観測のデータなどをもとに20年近くにわたって続けた計算の結果，以下のような法則性を抽出したのである．

(i) 惑星は，太陽を一方の焦点とする楕円軌道を描いて，太陽の周りを公転する．
(ii) 一つの惑星と太陽とを結ぶ動径が単位時間に掃く面積は一定である．
(iii) 惑星の公転周期の2乗と，太陽の周りを回る楕円軌道の半長径の3乗との比は，すべての惑星を通じて一定である．

　ケプラーが見出した最も異端的な結果は，古典的な円軌道（最も完全な形だと言われてきた）を捨てて，楕円軌道が正しいのを見出したことである．彼自身にも，ためらいがなかったわけではない．他のすべての可能性を試してみたがダメで，楕円軌道だと考えるほかないとの結論に至ったのだと彼は言っている．惑星運動の3法則が，先ほどの正多面体を使った理論と比べて，現実とより近い合致を期待できるという理由は特にない．けれども結果として，これらは現実と合致しており，真正な科学的意義をもつ法則だったのである．

ガリレオ

Galileo Galilei 1564-1642

ガリレオは，音楽教師で弦を用いた音楽理論に関する実験もしていた父，ヴィンチェンツィオ・ガリレイの息子として生まれた．10歳のとき，ヴァロンブローサの修道院に入り教育を受ける．将来は医者になることを期待されていた．しかし，彼は医学にはあまり興味を示さず，もっぱら数学や自然哲学を学ぶのに時間を費やした．

1589年にガリレオはピサ大学の数学教授となる．1592年には，それよりは給料のいいパドゥヴァ大学に職を得て，ユークリッド幾何学と天文学を，医学生たちに教える．当時の医者は患者を治療するときに占星術を使っており，ガリレオが教えていた科目は医学部のカリキュラムに必要なものとなっていた．

望遠鏡が発明されたことを耳にすると，すぐにガリレオは自分用のものを組み立ててみて非常にうまくいったので，その作製法をヴェネツィアの評議員に教え，見返りに大学での給料を大幅に上げてもらった．1609年末から翌年にかけて，ガリレオは望遠鏡を夜空に向け，次々に新しい発見をする．木星を周回する4つの衛星，銀河が個々の恒星から成ること，月表面の山々，などである．彼は，望遠鏡をトスカナ大公であったメディチ家のコジモ2世に贈呈する．まもなく，彼は大公お抱えの主席数学者に任ぜられる．

彼は，太陽表面の黒点を発見して，1612年に発表する．このころまでに，彼はその天文学的発見からコペルニクスの地動説の正しさを確信する．1615年にトスカナ大公の母親にあたるクリスティーナ母公に宛てた手紙の中で，彼はコペルニクス理論が単なる計算の便宜を表現したものではなくて物理的現実を表現したものだという見解を，はっきりと述べている．

このころ，ローマ教皇パウルス5世は，地動説の妥当性についての審問を行い，教皇庁として地動説が間違いであるとの審決を出した．ガリレオは，地動説を弁護しないよう指示された．その後，新しい教皇ウルバヌス8世が選ばれ，この件についてはより寛容な人物だと思われたので，ガリレオは地動説禁止令をあまり深刻には受け取らなかった．

1623年に，彼は『偽金鑑識官』(Il saggiatore)を出版し，ウルバヌス教皇に献じた．この書物の中で，彼は次の有名な言明を記している：この宇宙は「数学の言語で書かれており，そこで使われている文字は，三角形，円，その他の幾何学図形であり，それを読むことなしに人間は宇宙が語っていることを一言も理解することはできない」

1630年にガリレオは，『天文対話』という，天動説と地動説の問題を扱った別の書物の出版許可伺いを出す．1632年にトスカナ公国から許可が出たのを受け，彼は出版に踏み切る．ただし，出版許可は教皇庁からは出ていなかった．この書物は，潮汐現象をおもな証拠として，地動説の正しさを説いている．じつはガリレオの潮汐理論は完全に間違っていたのだが，教会権威筋は書物の主張を神学上危険な爆弾と感じた．この本は禁書に指定され，ガリレオはローマに召喚され異端審問にかけられた．彼は異端として断罪されたが，判決は終身の自宅軟禁にとどまった．異端として断罪された他の人々が，通常は火あぶりで処罰されていたのに比べると，寛大な判決であった．自宅軟禁中に彼は『新科学対話』を書き上げ，運動する物体についての彼の研究結果を外の世界の人々に説明した．原稿はひそかに国外に持ち出され，オランダで出版された．

ガリレオ

　もう一人の，この時代の重要な人物は，ガリレオ (Galileo Galilei) である．彼は，振り子の振動や落体の運動において数学的な規則性を発見した．1589 年，ピサ大学教授だった時代に，彼は球を斜面上に転がす実験を行った[訳註4]が，その結果は公表しなかった．このとき，彼は自然現象を研究する上で，条件をよくコントロールして実験することの重要性に気づいた．現在，これは科学研究の基本となっている．その後，彼は天文観測に乗り出し，重要な数々の発見をする．これらの発見から，彼はコペルニクスの地動説を擁護する立場に導かれた．そして，そのまま教会と真正面から衝突してしまい，ついには異端審問の宗教裁判にかけられ自宅軟禁を言い渡されることになる．

　ガリレオは，健康も衰えてきた晩年の数年間をかけて『新科学対話』(*Discorsi e Dimostrazioni Matematiche, intorno à due Nuove Scienze*) をまとめる．この中には，自由落下の運動を理解するために斜面を用いて実験観察する話が出てくる．そして，最初静止していた物体が加速度一定で動く（落下する）ときの距離は，時間の 2 乗に比例することを述べている．この落下法則は，ガリレオが以前に発見した放擲体が描く軌道が放物線になるという事実を説明する基礎でもある．ケプラーの惑星運動法則とともに，これは力学 —— 運動する物体の数学的研究 —— という新しい分野を誕生させることとなった．

　ここまで，微積分法が求められるに至った物理学的および天文学的な背景について述べてきた．こんどは，数学的な背景について眺めてみよう．

微積分法への数学的伏線

　微積分法も，それまでは互いに無関係だと思われてきたいくつかの数学の問題が，じつは同じ根っこを共有していたことがわかり，思いがけず合流するという形で出現した．合流するに至った問題とは，動く物体の瞬間的な速度を計算する問題，曲線に対する接線（とその傾き）を見出す問題，変化する量の極大値や極小値を求める問題，平面図形の面積や空間図形の体積を求める問題，などである．微積分法への伏線となった重要なアイデアは，フェルマー，デカルト，そして彼らほど知名度は高くない英国人バロウ (Isaac Barrow) らによって提示されていた．ただ，彼らが

[訳註 4] これは，自由落下をシミュレーションして，落体の運動をよりスローモーションにして観察しやすくする実験的工夫．晩年の著書『新科学対話』の中で示唆されているが，この時期に実際に実験が行われたという直接的な証拠はない．斜面上の滑落にしてみても当時の技術では測定は困難だったはずだと疑問視する科学史家もいる．ガリレオと落下法則に関してはピサの斜塔から鉛の玉を落としたという話が有名だが，こちらは後世に作られた伝説だということで大方の見解が一致している．

考え出した手法は，まだ個別の問題を扱うものに特化されたままだった．より一般化された方法が求められていた．

ライプニッツの創案

　最初の真のブレイクスルーをもたらしたのは，ライプニッツ (Gottfried Wilhelm Leibniz) であった．彼の職業は法律家ということになっていたが，ライプニッツは生涯の大半の時間を，数学，論理学，哲学，歴史学，そして自然科学の多岐にわたる分野を研究するのに費やした．1673 年ころ，彼は曲線の接線の傾きを求めるという古典的問題に取り組んでいるとき，これが面積や体積を求める問題を実質的に逆にしたものであることに気づいた．後者は，接線の傾きが与えられたときに，元の曲線を求める問題に帰着でき，前者はちょうどそれを反対にした問題だ．

　ライプニッツは，この両方向の関連を示すことで，実質的に積分に当たるものを定義した．そして，ラテン語で「全部の」を意味する "omnia" を短縮した omn という記号を使って積分を表した．彼の草稿には，たとえば，

$$\text{omn } x^2 = \frac{x^3}{3}$$

といった式が出てくる．

　1675 年までに彼は，この記号 omn を現在でも使われている記号 $\int$ に置き換えた．これは，総和 (sum) を意味する "s" を少し古風に気取って長めの文字で書いたものである．彼は，変量 x や y に対して，ごく微小な増加量をそれぞれ dx や dy の記号で表し，それらの比の形をした式 dy/dx によって，x の関数としての y が変化する比率を表現する方法を創案した．だから，$y = f(x)$ という関数表現を使うならば，ライプニッツは

$$dy = f(x+dx) - f(x)$$

に実質相当する書き方をしていたと言える．ほんの少し変更すれば，

$$\frac{dy}{dx} = \frac{f(x+dx) - f(x)}{dx}$$

となって，これは接線の傾きを割線を用いて近似した式と同じ表現である．

　ライプニッツは，この表記法には問題があることを認識していた．もし，dy や dx が微小であってもゼロでない数であれば，dy/dx は瞬間的な f の変化率ではなくて，単なる近似に過ぎないことになってしまう．彼は，dy や dx を無限小だと仮定して，問題を回避しようとした．無限小はゼロではないが，ゼロではないどんな数よりも微小な量である，と．残念なのは，そんな量を表す数は存在しないことだ（「無限小」の半分もゼロでないはずだから，「無限小」を表す数よりもさらに小さいことにな

ってしまう）．この回避策は，問題をどこかの別の場所にシフトするだけに終わる．

1676年までにライプニッツは，xの任意のベキ乗を微分あるいは積分する方法を見出していた．彼の書き方では，
$$dx^n = nx^{n-1}dx$$
となるが，私たちなら次の書き方をするところだ．
$$\frac{d}{dx}x^n = nx^{n-1}$$

1677年に，彼は2つの関数の和・積・商を微分する公式を導いている．そして，1680年までに，曲線の弧の長さや回転体の体積を，積分の形で求める公式を得ている．

私たちは，これらの事実と日付を彼の未公刊のノートから確認できるのだが，ライプニッツが微積分法のアイデアを最初に公表したのは1684年になってからである．その論文についてヤコブとヨハンのベルヌーイ兄弟[訳註5]は，不明瞭で，「説明が書いてあるというよりは謎かけに近い」と述べている．

あと知恵で私たちは，そのころまでにライプニッツが微積分法のかなりの部分を発見し，それをサイクロイドのような複雑な曲線の研究に応用したり，曲率のような概念も適切に理解していたことを知っている．しかし，残念ながら，彼の書いたものは断片的で，ふつうに読むことができるような形では残っていない．

ニュートンの達成

微積分法のもう一人の建設者はニュートンである．彼の驚嘆すべき能力を知った2人の友人バロウとハレー (Edmond Halley) は，しきりに出版を勧めた．しかし，ニュートンは，人から批判されるのを嫌っていた．1672年にニュートンは光学についての理論を出版したが，これが批判の嵐を引き起こしたこともあり，ますます自分の考えを印刷したがらなくなってしまった．それでも，彼は散発的に論文を発表していたし，2冊の著書も出版していた．重力についての考えも，一人で研究を続け，次第に発展させていた．1684年になって，ハレーは改めてニュートンに出版を決意するよう，説得を試みた．しかし，批判されることを嫌がる彼の気質のほかにも，出版には障害が残っていた．ニュートンは惑星運動と重力の理論において，惑星を質点として扱っていた．大きさゼロの物体が巨大な質量をもつという仮定は非現実的だし，サイズをもつ天体で考えた場合と質点として扱った場合とで重力の作用が同じになるかどうかをニュートンは解決できていなかった．

[訳註5] p.105のベルヌーイ一族のリストの表記では，ヤコブIとヨハンIである．

ニュートン

Isaac Newton 1642-1727

　ニュートンは，リンカーンシャー州のウールスソープという小さな村に生まれた．父親は彼の生まれる 2 か月前に亡くなっている．生家の農場は母親が切り盛りし，彼は田舎の学校で教育を受ける．少年時代は，機械仕掛けのおもちゃを作るのが得意だったほかは，取り立てて何の才能も見せない目立たない子であったという．ケンブリッジ大学のトリニティ・カレッジに入学してからは，多くの科目でよい成績をおさめたが，幾何学の成績はよくなかった．総じて学部生時代までは，月並みな学生のままであった．

　1665 年にロンドンとその周辺地域がペストの大流行に見舞われ，ケンブリッジでも同じ状況になることを恐れた大学当局は学生たちを故郷に帰省させた．農場のある生家に戻ったニュートンは，科学や数学の問題をずっと深く考え始めた．

　この 1665 年から翌 66 年にかけて，彼は惑星運動を説明できる重力の法則，あらゆる種類の物体運動を説明し解析するのに使える力学の基本法則，微分積分の計算手法，そして光学における大きな進展，と驚くべき着想や発見を爆発的に生み出す．彼の性格から，いずれについても何の発表も行わず，黙ってトリニティに戻ったニュートンは，修士号の学位を得たあと，カレッジのフェローに選ばれる．次いで 1669 年に，彼はルーカス数学教授職を前任のバローから引き継いだ．彼の講義は月並みか出来の悪いもので，ほんの少しの学生しか聞きに来なかったという．

　最終的にニュートンはこのギャップを埋め，惑星を球として扱っても質点として扱っても，作用する重力が同じになることを証明することができた．そして，1687 年に『プリンキピア』が世に出ることになった．この大著には，数多くの新しい考えが盛り込まれていたが，最も重要なのはガリレオの仕事を発展させた数学的な運動法則と，ケプラーの惑星運動法則をもとに導かれた重力理論である．

　ニュートンの第二運動法則は，物体に生じる加速度の大きさにその質量を掛けたものは，その物体が受けている力と等しいことを主張している．加速度とは，速度の変化率のことだから，速度を微分したものである．そして，速度とは位置座標の変化率で，位置を微分することで得られる．だから，ニュートンの運動法則を表すためには，位置の 2 階微分（導関数をさらに微分したもの）が必要になる．現代的に書けば，

> " 1687 年に『プリンキピア』が世に出ることになった． "

$$\frac{d^2x}{dt^2}$$

を考えることになる．ニュートン自身は，微分をドット記号を使って表していたので，上の 2 階微分は $\ddot{x}$ と表されることになる．

　重力（万有引力）の法則のほうは，次のことを述べている．すなわち，任意の 2 つの質点の間には，両者の質量の積に比例し，かつ質点間の距離の 2 乗に反比例する引力が働く．だから，たとえば仮に月が現在の地球からの距離の 2 倍のところに遠ざかったとしたら，地球と月との間の引力は現在の 1/4 の大きさになるはずだ．距離が 3 倍にまで離れたら，引力は現在の 1/9 に弱まるだろう．これも力について述べている法則なので，やはり位置の 2 階微分が含まれることになる．

　ニュートンは，この法則をケプラーの惑星運動三法則から導出した．『プリンキピア』の中に記述されている導出過程は，まさにユークリッド流の古典幾何学の名作である．ニュートンは，このほうが当時の数学者たちにはなじみやすく，また批判を受けにくいと考えて，このスタイルを選んだのであろう．しかし，『プリンキピア』の内容は，ニュートンが公表しなかった微積分法の発見に多くを負っている．

　ニュートンが早い時期に書いて，公表はせずに 1669 年ころに数人の友人にだけ回覧した論文に，『無限個の項を含む方程式を用いた解析法』(*De Analysi per Aequationes Numero Terminorum Infinitas*) と題されたものがある．この中で彼は，現代的な表記法で言うと，グラフの下の部分の面積が x^m となるような関数 $f(x)$ を求める問題（実際はもう少し一般的な問題だが）を取り上げている．これに対し，彼は $f(x) = mx^{m-1}$ という解を導いている．

　ニュートンの微分計算のやり方も，ライプニッツと似たり寄ったりである．彼のほうは，ライプニッツが dx と書いたものを o という記号を使って表している．だから，論理的には同じ困難を抱えている．しかし，ニュートンは o をどんどん小さくしてゆくことで，近似誤差をいくらでも小さくできるという言い方をしている．そして，極限としての最終結果は厳密に正確なのだと主張している．ここで彼は，この極限操作のイメージを伝える新しい術語「流率」(*fluxion*) を造語する．限りなくゼロに近づいたときの変化の様相を考えているのだが，流れ（変化）は止まっていない，というわけである．

　ニュートンは 1671 年に，『流率の方法と無限級数』(*Methodus Fluxionum et Serierum Infinitarum*) という，より進展した内容の論稿をまとめており，この時点で微積分法の基本骨格をつかんでいたことは明らかである．しかし，微積分法を最初に著書として発表したのは，1711 年になってからだ．2 冊目が出版されたのは，没後の 1736 年である．

微積分法の手続きがすんなり受け入れられたわけではない．激しい反論として有名なのは，バークリー主教 (Bishop George Berkeley) のものだ．彼が 1734 年に書いた本『解析屋：罰当たりな数学者に向けての論難』(*The Analyst, a Discourse Addressed to an Infidel Mathematician*) は，分母と分子を微小量 o で表して極限で 0 にもってゆく操作は，結局 0 による割り算をしていることになり不合理だ，と非難している．微分計算の手続きは，微分係数を求める比がじつは 0/0 —— これが数学的に無意味なことは誰でも知っている —— になるという事実を巧みに封印しているというのが実際のところだ．ニュートン陣営は，微小量 o が実際に 0 と等しくなるとは言っていない，と反論した．0 にはならない微少量 o が限りなく 0 に近づいてゆくときに何が起こるかを見ているのだ，と．これは流率についての方法であり，数の演算とは違うのだ．

数学者たちは物理的アナロジーに避難所を求めた —— ライプニッツは「ロジックの精神」ではなくて「繊細の精神」[訳註6]に訴えた —— けれども，バークリーは完全に正しかったのである．極限移行についての直観的理解をより厳密な定義に置き換えて，数学者たちがバークリーの非難に対する適切な答えを見出すまでには，1 世紀以上を要した．その時代になって，微積分法は，より精巧な解析学へと発展した．しかし，微積分法が建設されてからの 1 世紀以上にわたって数学が止まっていたかというと，そんなことは全くなかった．バークリーは例外として，数学者たちは厳密な論理的基礎などについては全く無頓着であり，欠陥は残っていても微積分学は隆盛を極めていった．

微積分法が隆興したのは，論理的正当化がずっとあとになって完成するにせよ，つまるところニュートンたちが正しかったからである．多少の論理的な傷があろうとも，微積分法はあまりにも便利であり，重要でもあった．バークリーは，この手法がうまくゆくのは，エラーとエラーが打ち消し合うからだろうと毒づいた．しかしバークリーが問おうとしなかったのは，なぜエラーがいつも打ち消し合って計算がうまくゆくのかという点だ．エラーがいつでも打ち消し合うのなら，それらは事実上エラーでも何でもないのだ．

微分の逆操作として，積分が存在する．関数 $f(x)$ の不定積分（原始関数）[訳註7] $\int f(x)dx$ とは，微分すると $f(x)$ となる任意の関数，またはそうした関数の全体を言う．これは幾何学的には，関数 f のグラフによって決まる領域の面積と，密接に関連している．面積は，グラフの両端点に依存するが，両方を指定すると定まった値

[訳註6]　厳密な論理を重んじる「幾何学の精神」に「繊細の精神」を対比させたのは，パスカルである．
[訳註7]　原文では "integral" だが，前後の文脈を考えてこう訳した．以下の定積分に関する記述も，日本の高校大学で標準的に教えられている内容に沿って，少し変更を加えてある．

を与える．定積分 $\int_a^b f(x)dx$ とは，関数 $f(x)$ のグラフと x 軸および上下方向の 2 つの直線 $x = a$, $x = b$ で囲まれる領域の面積である（ここでは $a < b$ とする．また面積は，$f(x)$ が正の部分ではそのまま，$f(x)$ が負の部分ではマイナスをつけて計算する）．

微分と積分を用いた計算は，それまでの数学者たちには手に負えなかった多くの問題に，解を与えた．速度，接線の傾き，極大や極小の問題は，微分法を使って答えを見出すことができるようになった．長さ，

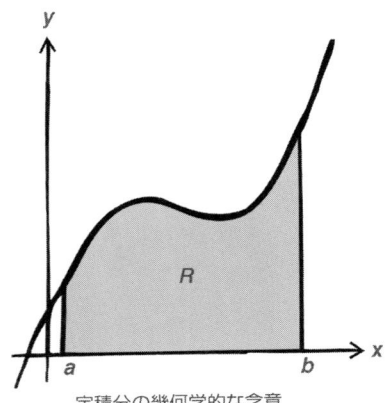

定積分の幾何学的な含意

面積，体積を，積分法によって求めることができるようになった．しかし，それだけではなかった．驚くべきことに，自然の規則性は微積分法の言葉によって書かれている[訳註8]ようなのだ．

取り残された英国

微積分法の重要さが明確になるにしたがって，より偉大な名声がその創始者に与えられることになる．では，誰が創始者なのだろうか？

ニュートンは 1665 年ころから微積分法について考え始めていたが，それに関連する主題については 1687 年まで何一つ出版しなかった．ライプニッツは 1673 年から微積分法の研究を始め，ほぼニュートンと同じ路線で考えを発展させ，1684 年にこの主題についての最初の論文を発表する．2 人の巨人は，独立に微積分法を発展させたのだが，ライプニッツが 1672 年にパリを，1673 年にロンドンを訪れた際に，ニュートンの仕事を知ったという可能性はある．ニュートンは 1669 年に『無限個の項を含む方程式を用いた解析法』の写しをバロウに送っており，ライプニッツはパリとロンドンを訪問したときバロウと面識のある数人と会っているので，この仕事のことを知ったかもしれないからだ．

ライプニッツが彼の論文を 1684 年に発表したとき何人かのニュートンの友人らは，おそらくニュートンが第一発表者という地位を出し抜かれたことから，そして遅ればせながら何が懸かっているかに気づいて，不愉快に感じた．そしてらは，ライプニッツがニュートンのアイデアを盗んだと，非難し始めた．これに対して大

[訳註8] これは，ガリレオ・ガリレイの有名なセリフ「自然は数学の言葉によって書かれている」を念頭に置いた表現．微積分法の発見より半世紀前のガリレオにとって，数学という言語が用いる文字は，「三角形，円，その他の幾何学図形」（『偽金鑑識官』，1623）であって，dx や dy ではなかった．

微積分法はどのように使われてきたか

微積分法が生まれてすぐの自然現象理解への応用として、吊り下げたチェーンの形状の問題がある。これは、ある数学者は放物線になると予想し、他の数学者はそれに同意せず、決着がついていない問題であった。1691年に、ライプニッツ、ホイヘンス (Christiaan Huygens)、ヨハン・ベルヌーイが、それぞれ解を提案する論文を発表した。ベルヌーイの論文が、最も明晰だった。彼は、ニュートンの運動法則にもとづいて、チェーンの位置を記述する微分方程式を書き下し、解を導いた。

解は、放物線にはならず、懸垂線(けんすいせん)と呼ばれる次の式で書ける曲線であった。

$$y = \frac{k}{2}(e^{x/k} + e^{-x/k})$$

ここで k は定数である。

吊り下げたチェーンは懸垂線を形づくる

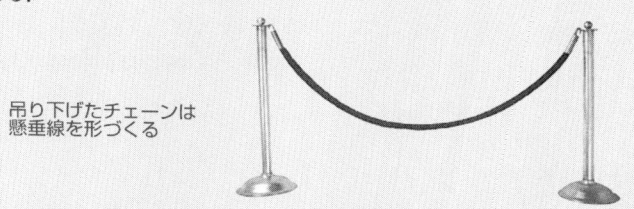

しかし、吊り橋のケーブルは放物線の形状をしている。懸垂線にならない理由は、これらのケーブルは自重を支えているだけではなくて、橋という構造物を吊り下げている点が違っているからである。これも、微積分法を使って示すことができる。

英国のクリフトン (Clifton) 吊り橋 —— ケーブルの形状は放物線

陸の数学者たち，とりわけベルヌーイ兄弟らは，剽窃したのはライプニッツではなくてむしろニュートンだと，ライプニッツの弁護に馳せ参じた．事実としては，2人がほぼ独立に発見を行ったことは，彼らの未発表の草稿から今では明らかである．おまけに，両者とも先行するバロウの仕事に大きく頼っている．先取権に関して苦情を申し立てる合理的な理由があるのは，ニュートンでもライプニッツでもなくて，むしろバロウかもしれない．

　どちらも告発を取り下げることが容易にできたはずなのに，先取権をめぐる論争は加熱していった．ヨハン・ベルヌーイは，ニュートンだけでなく英国全体と距離を置くようになる．抗争は，英国の数学者たちにとって非常に不幸な結果をもたらした．英国の数学者たちは，ニュートンの幾何学的なスタイルの考え方にしがみついていたが，これは使い易いものではなかった．それに対し，大陸で微積分を研究した数学者たちは，ライプニッツのより形式化が進んだ，代数的な手法を援用することで，どんどん先へと進んで行った．結果として，数理物理学の成果のほとんどは，フランス，ドイツ，スイス，オランダなどに行ってしまい，英国の数学者たちは後方で苦しみ続けることとなった．

微分方程式

　微積分法の発見に続く，疾風のような数学の進展の中から出てきた最も重要なアイデアが，微分方程式という非常に役に立つ新しい種類の方程式だ．代数方程式は，さまざまな次数の未知数のベキ乗を関係づける方程式であった．これに対し，微分方程式は，はるかに壮大だ．未知関数のさまざまな次数の導関数を関係づけるのである．

　ニュートンの運動法則は，地球表面付近で重力だけを受けて動く粒子の位置（高さ）を $y(t)$ とすると，その時間についての2階微分が粒子に働く力の大きさ[訳註9]と比例することを教えてくれる．すなわち，

$$-mg = m\frac{d^2y}{dt^2}$$

ここで，m は粒子の質量である．この方程式は，関数 y の形を直接的には指定していない．そのかわりに，この未知関数の2階微分の性質を指定している．この関数を見つけるためには，微分方程式を解かなければならない．積分を2回引き続き行うことで，

[訳註9] この場合は重力は下向きに働くのでマイナスがつき，かつ粒子の質量に比例する．だから，重力加速度を g として $F = -mg$ となり，これが次の式の左辺にくる．

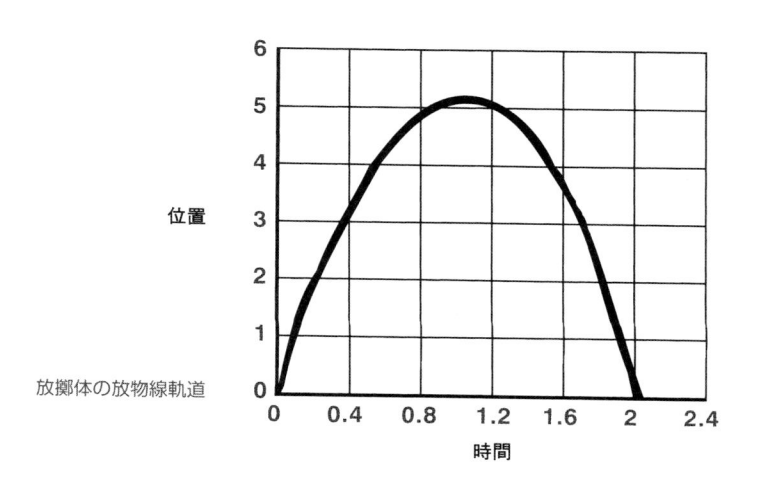

放擲体の放物線軌道 — 縦軸: 位置, 横軸: 時間

$$y = -\frac{g}{2}t^2 + at + b$$

という解が得られる．ここで，bは粒子の最初の位置（高さ），aは粒子の初期速度である．この式は，位置（高さ）yを時間tの関数としてグラフに表すと，上に凸の放物線になることを示している．これは，ガリレオの観察と一致する[訳註10]．

コペルニクス，ケプラー，ガリレオほかのルネサンス期の科学者たちの先駆的な努力が，自然界の数学的な規則性の発見を導いた．表面的な見かけの規則性に過ぎないとわかり捨てられたものもあるが，いくつかのものは非常に正確な自然現象のモデルとして認められ，発展して行った．そこから，私たちが住んでいるのは「時計仕掛けの宇宙」であって，厳密な破ることのできないルールに従って動いているという観念が，カトリック教会を中心とした宗教的な反対を受けながらも，生み出されてきた．

ニュートンの偉大な発見は，自然界の規則性がいくつかの量で直接表されるというよりは，それらの量を微分したものの関係で表されるという認識にあった．自然法則は，微積分法の言葉で書かれている．そこで問題になるのは，諸々の物理量ではなくて，それらが変化する比率なのである．これは深遠な洞察であり，一つの革命を生み出した．それが事実上，近代科学というものを直接導き出し，結果として私たちの住む惑星の姿を絶えず変え続けている．

[訳註10] 水平方向には力が働いていないから初期速度のまま一定に保たれることを考えると，グラフの横軸の時間tを水平方向の位置と読み換えることができ，放擲体の軌道が放物線になることを表すグラフとみなすことができる．

微積分法は現在どのように使われているか

微分方程式は，現在までのところ自然界のシステムをモデル化する最も一般的な方法で，科学技術の世界で山ほど使われている．たくさんの応用例からランダムに一つ選んでみると，火星を探査したマリナー，木星・土星・天王星・海王星の素晴らしい画像を送ってきたパイオニアなどの惑星探査機がある．あるいは，赤い火星の地表面を6輪のロボット車両で探査した，火星表面探査車スピリットが思い浮かぶ．

カッシーニ探査機は，土星とその衛星を探査し，土星の衛星タイタンに液体メタンとエタンからなる湖を発見した．もちろん，これらの惑星探査計画が微積分法だけで可能になるわけではない．けれども，もしも微積分法を人類が知らなかったならば，これらの探査機が地球を飛び立つことは決してなかっただろう．

もっと日常的なところでも，飛行機の航行や自動車の走行，吊り橋や耐震建築物の設計には，微積分法の助けが欠かせない．生物個体数の変動の理解にも，微分方程式が基礎を与えている．伝染病の広がり方を解析するのも同様で，微積分法を用いたモデルが伝染病の広がりを封じ込める効果的な対策立案に用いられる．英国における口蹄疫の流行を解析した最近のモデルは，当時とられた対応策が最善のものではなかったことを示している．

火星表面探査車スピリット（想像図，NASA 提供）

Patterns in Nature
Formulating laws of physics

第 9 章
微分方程式と自然法則
数理物理学の形成

ニュートンの『プリンキピア』の意義は，彼が発見し援用した特定の自然法則そのものの重要性よりは，自然界を支配する法則というものが存在すること，その数学的な自然法則は微分方程式の形で定式化できることを示してみせた点にある．ライプニッツがニュートンの微積分法のアイデアを盗んだと英国の数学者たちが不毛な，根拠のない言いがかりに血道を上げている間に，大陸の数学者たちはニュートンの偉大な洞察から得られる実利をどんどん取り出していた．彼らは，天体力学，弾性体と流体の力学，熱，光，音など —— 数理物理学の核となる主題 —— の理論に重要な道筋をつけ始めていた．彼らが導き出した方程式の多くは，物理科学がはるかに進歩した現在でも使われている．

微分方程式

　導き出された微分方程式を前に，まずもって数学者たちが取り組むのは，式として書けるような解を見つけようと集中することである．ところが不幸なことに，たいていの微分方程式は，きれいな式で書けるような形では解を見つけることができない．そこで，次善の策として，自然現象を真正に表現している方程式よりは，式で書ける解をもつような方程式を探すという方向に，努力が切り換えられることが多い．どういうことを言っているのかを理解していただくために，例として振り子の振動を表す微分方程式を取り上げてみよう．これは，次のように書くのが理にかなっている．

$$\frac{d^2\theta}{dt^2} + k^2 \sin\theta = 0$$

　ここで k は定数，t は時間，そして θ は振り子が鉛直線となす角度である．ところが，この方程式には，多項式とか三角関数，指数対数関数などの初等関数によって書ける解は存在しない．ニュートンらの時代から1世紀以上ののちに考案された楕円関数というものを使えば，式で書ける解は存在するのだが．

　しかし，振り子の振動角が小さいという仮定をおくと，話はずっと簡単になる．この場合は，$\sin\theta$ をかなりよい精度で θ によって近似することができ，方程式を

$$\frac{d^2\theta}{dt^2} + k^2\theta = 0$$

によって置き換えることができる．よく知られているように，この方程式の一般解は，

$$\theta = A\sin kt + B\cos kt$$

で表すことができる．A と B は，振り子の初期位置と初期（角）速度によって決まる定数である．

> "式で書ける解をもつような方程式を探す．"

このアプローチには，たとえば振動周期を簡単に計算できるといった利点もある．振動周期とは，振り子がちょうど1振れして元の状態に戻るまでの時間で，この場合は $2\pi/k$ である．このアプローチには欠点もある．振れ幅が大きくなると，$\sin\theta$ を θ で近似したときの誤差が大きくなることである（高い精度を求めようとしたら振れ角 20° 程度で，もうアウトである）．これには，理論的な問いが伴う．近似方程式の解を正確に求めたものが，果たして元の方程式の近似解になっているか，という問題だ．この例に関してはイエスであるが，ようやく1900年ころになって証明されたことである．

　例として取り上げた方程式のうちの二つ目はわりと簡単に解けて，わかりやすい式で書き表すことができたが，これには方程式が線形であることが効いている．微分方程式が線形とは，未知関数（この場合は θ）とその導関数が1次の項でしか出てこない形をしていることを言う．線形微分方程式の原型とも言えるのが指数関数の定義式 $y = e^x$ で，これは次の線形微分方程式の解だと考えることができる．

$$\frac{dy}{dx} = y$$

　すなわち，e^x は微分しても変わらず，導関数が自分自身と等しいという不思議な関数なのである．この性質が e を特別な数としており，「自然」対数の底と呼ばれる理由ともなっている．自然対数 $\log x$ を微分すると $1/x$ になるという結果も，ここから出てくる．逆に言うと，$1/x$ を積分したものが自然対数 $\log x$ になっている．定数係数の線形常微分方程式は，こうした性質をうまく利用して解くことができ，指数関数と三角関数を組み合わせた形で解を表すことができる．じつは三角関数というのは，仮面をかぶった指数関数みたいなもので，そのことは複素関数論を学ぶと理解できる．

常微分方程式と偏微分方程式

　微分方程式は，常微分方程式と偏微分方程式に大別される．常微分方程式は，未知関数がただ一つの変数で表される形をしているもので，含まれる導関数の階数（何回微分した導関数か）については任意である．たとえば，y をただ一つの変数 x の関数として，x, y, dy/dx, d^2y/dx^2 などの関係式として表される微分方程式を言う．これまでの話で出てきたのは，すべて常微分方程式である．

　数学的にはより難しいが，数理物理学において中心的役割を果たしているのは，偏微分方程式である．偏微分方程式の中に現れる未知関数は，2つ以上の変数で表される形をしており，それぞれの変数についての偏導関数が方程式に含まれることになる．たとえば，x と y を平面座標，t を時間としたときの $f(x, y, t)$ といった形

の未知関数を考え，方程式を解いてfがどういう形をした関数であるかを見出す問題を扱うわけである．ここで，各々の変数についての偏微分とか偏導関数といった，新しい概念が出てくる．偏微分とは，変数のうちの一つだけを変化させて，他の変数はすべて一定としたときの変化率（微分係数）のことである．たとえば，上記の関数fについてxとyは一定に保ってtだけを変化させることで各位置におけるfの時間変化率を求めることができるが，これがtについての偏微分（偏導関数）で，$\partial f/\partial t$と表記される．

オイラー (Leonhard Euler) は1734年に偏微分方程式を導入し，ダランベール (Jean le Rond d'Alembert) も1743年に偏微分方程式に関するちょっとした仕事をしている．しかし，これら初期の試みは孤立したものにとどまった．最初の大きな展開は，1746年にダランベールがヴァイオリンの弦の振動という古くからの問題に再挑戦したときに訪れる．この問題については，ヨハン・ベルヌーイが1727年に有限要素による扱いをすでに試みていた．彼は，質量のない弦上に等間隔に取り付けられた質点の運動を考えることで，振動の問題を扱った．ダランベールは，弦を均一の密度をもつ連続体とした場合へと，ベルヌーイの計算法を拡張した．n個の質点から彼はnを無限大に持っていって，無限小の質点が無数につながったものとして弦を扱ったのである．

ニュートン力学に従うものとして有限個の質点の運動を扱ったベルヌーイの結果から出発して，振動幅が小さいことを仮定するなど若干の単純化も施すことによって，ダランベールは次の偏微分方程式を導いた．

$$\frac{\partial^2 y}{\partial t^2} = a^2 \frac{\partial^2 y}{\partial x^2}$$

ここで，$y = y(x, t)$は時刻t，水平位置xにおける弦の変位を表す．aは，弦の密度と張力によって決まる定数である．そして，ダランベールは巧みな議論によって，この偏微分方程式の一般解が次の形をとることを証明した．

$$y(x, t) = f(x + at) + f(x - at)$$

ここでfは弦の長さの2倍を周期とする関数で，奇関数の条件$f(-z) = -f(z)$を満たす．この解の形は，弦の両端が固定されているという境界条件を満たすものになっている．

波動方程式

ダランベールが扱ったような偏微分方程式を，私たちは現在，波動方程式と呼んでいる．そして彼の解は，対称方向に伝わる波の重ね合わせとして解釈できる．片方の波は速度aで，他方の波は速度$-a$で，つまり反対方向に進んでゆく．この方

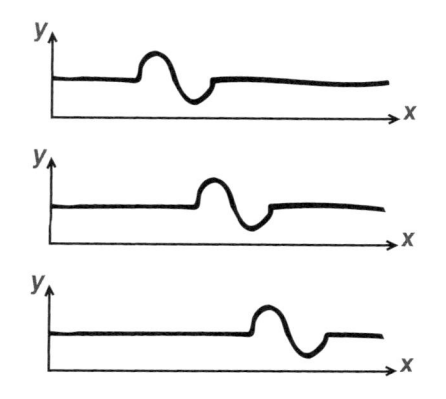

時間を追って表示した左から右に伝わる波動モード　　両端が固定された弦の振動モード．
上が基調波，中・下が高調波

程式と解は，数理物理学にとって最も重要な結果の一つとなった．なぜなら，波動現象は非常に異なった多様な状況で，しょっちゅう顔を出すからだ．

ダランベールの論文は，オイラーの目にとまった．オイラーは，すぐに結果を拡張することを試みる．1753 年に彼は，弦の両端が固定されているといった境界条件がない場合には，一般解が，

$$y(x,t) = f(x+at) + g(x-at)$$

の形で書けることを示した．ここで f と g は反対方向に伝搬する波の形を表す関数だが，別々のものでかまわないし，関数の形に特別な制約条件はつかない．特に，これらはオイラーが「不連続な関数」と呼んだもの —— x の範囲ごとに別々の式で表されるような関数で，現在の用語では「連続」だが 1 次導関数が不連続なもの —— であってもかまわない．

これより先，1749 年に発表した論文の中で，オイラーは弦の両端が固定された境界条件（ここでは話を簡単にするため弦の長さを π とする）に合った周期性をもつ奇関数として最も簡単なものは次のような三角関数，

$$f(x) = \sin x, \sin 2x, \sin 3x, \sin 4x, \ldots$$

であることに注意を喚起した．これらの関数は，空間周波数が基本周波数 ($1/2\pi$) の 1, 2, 3, 4, … 倍の純粋な正弦波を表す．だとすれば —— とオイラーは示唆した —— 波の一般解は，これらを重ね合わせることで表せるのではないか？ $\sin x$ の成分は基調波を，他の成分は高調波のモードを表す，というふうに．

オイラーによる波動方程式の解をダランベールのものと比べてみると，のちに顕在化する危機が垣間見える．ダランベールは，オイラーが言うところの「不連続関数」が現れるような可能性には，全く気づかなかった．一方，オイラーの結果には，

整合性を欠いた欠陥がある．というのは，三角関数は（オイラーの言う意味で）「連続」であり，それらを（有限個）重ね合わせても「連続」で，「不連続」な波形は出てこないはずだから．もちろん，オイラーは有限個の関数の重ね合わせと無限個の重ね合わせといった微妙な問題には首を突っ込んでいないし，当時の数学者たちは誰もそんな厳密に考えることはしなかった．しかし，こうした区別や厳密さを欠いていたことが，やがて深刻な問題を引き起こす．この問題は，じわじわと煮詰まってゆき，やがて19世紀のフーリエの時代になって沸騰することになる．

音楽，光，音そして電磁波

　古代ギリシャ人たちは，振動する弦が中間のさまざまな位置に節あるいは固定静止点を置くことで，多くの異なる音階を生み出すことを知っていた．基本周波数の基調音を出すには，両端点だけを固定すればよい．ちょうど中間の位置に節を置くと，1オクターブ高い音が生じる．さらに多くの節を置くことで，より高周波数の音を生成できる．これらは，高調波あるいは上音と呼ばれる．

　ヴァイオリンの弦の振動は，定常波を形作る．すなわち，波として移動することはなく，どの時点でも波形は同じに保たれ，弦と垂直方向の変位の大きさだけが時間変化する．垂直方向に振動する変位の最大値が，この定常波の振幅で，鳴っている音の大きさに対応する．前ページの図は弦の正弦波形を示しているが，各位置での変位の大きさも時間の正弦（サイン）関数の形をとって振動する．

　1759年に，オイラーはこのアイデアを弦から太鼓に拡張した．彼は，太鼓皮膜上の各点が表面と垂直方向にどれだけ変位するかを時間を追って記述することで，再び波動方程式を導いた．この方程式を物理的に見ると，太鼓皮膜の各微小部分の加速度がその付近の膜から受ける平均的張力に比例することを表している．太鼓は，1次元しかないヴァイオリンの弦とは違って，2次元の膜が振動する．そして，いろいろ面白い境界の形をとることが可能だ．ここでは，境界（条件）というのが決定的に重要になる．太鼓の膜の輪郭は，任意の閉曲線の形状をとることができる．そして，太鼓の膜は端っこは固定されているから，この輪郭上の各点は振動しない．これが，境界条件になるわけである．

　18世紀の数学者たちは，さまざまな形状をした太鼓の膜の波動方程式を解くことができた．この場合も，彼らは同じ作戦を採用した．まず，定在波として可能な，単純な波形をした解を探し，それらのリストを作る．次いで，

> " 古代ギリシャ人たちは，振動する弦が多くの異なる音階を生み出すことを知っていた． "

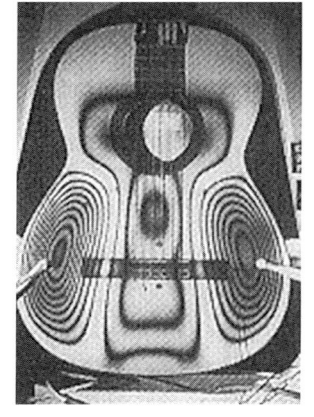

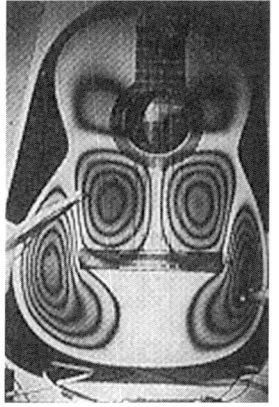

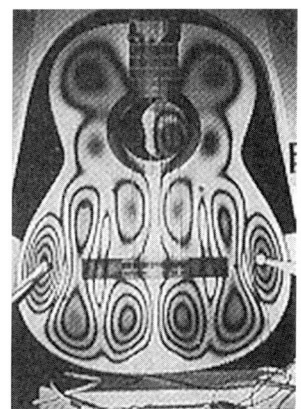

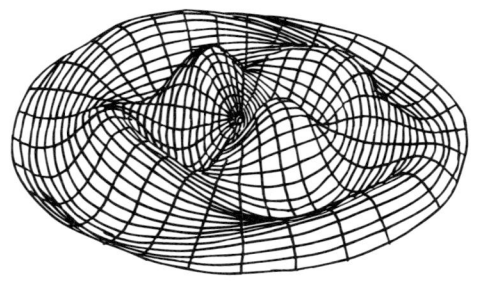

ギター表面振動の可視化像の例と円形ドラム表面上で可能な定在波の数値計算例

これらを重ね合わせることで，すべての可能な定在波が得られる．境界条件が最も簡単になるのは，長方形の太鼓だ．この場合は，縦方向と横方向の正弦波が出発点の解としてすぐ見つかる．高調波を含め，縦と横の正弦波の全リストを作り，それらを重ね合わせると一般解になる．円形ドラムの場合は，もっと難しい．この解を求める過程で，ベッセル (Bessel) 関数と呼ばれる新しい関数が発見された．太鼓表面の定在波は非常に複雑な波形をとり得るけれども，膜上の各点はすべて正弦波の形で上下に振動（時間変動）している．

波動方程式はきわめて重要だ．波動現象は，楽器を鳴らす話だけでなく，光や音をはじめ物理のいたるところに出てくるからだ．オイラーは，音波を記述する波動方程式の3次元版を見出した．その約1世紀後に，マックスウェル (James Clerk Maxwell) は電磁場のふるまいを記述する方程式をまとめ，そこから波動方程式を導き出し，電磁波の存在を予言した．

重力とポテンシャル

偏微分方程式の応用としてもう一つ重要だったのが，地表重力と地球形状の問題

で，やがてポテンシャル理論というものに発展する．ニュートンは，惑星を完全な球としてモデル化したが，本当の形は少しだけ扁平(へんぺい)になった回転楕円体に近い．天体が完全な球状で質量分布も球対称になっていれば，外側の物体におよぼす重力の作用は，天体の中心に全質量がある場合と完全に等しいことを証明できる．だから，地球や月を質点として扱って，万有引力の法則を適用できた．ところが，天体が球ではなくて回転楕円体のような形状をしている場合は，質点で置き換えることは正当化できない．地球の形状や地表重力の問題が，当時の物理学の重要なトピックとなった．

先鞭(せんべん)をつける仕事をしたのは，マクローリン (Colin Maclaurin)[訳註1]である．彼は，1740年にフランス科学アカデミーの賞をとった論文および1742年に出版した『流率論』(*Treatise of Fluxions*) の中で，天体を均一密度の流体として扱い，角速度一定で自転していると仮定すると，天体を構成する物質間の重力（逆2乗則に従う万有引力）によって形成される平衡な形状は，扁平な回転楕円体であることを証明した．横長の楕円を，縦軸の周りに回転させたときに得られる立体の形状である．次いで彼は，このような形状の天体が外側におよぼす重力を求めようとしたが，あまり成功はしなかった．彼が得た主な結果は，（サイズや形状は異なるが）同じ焦点を持つ密度一定の各回転楕円体が，回転軸上または赤道面上の同じ外部点に対しておよぼす重力の大きさは，その天体の総質量に比例するというものだ．

1743年には，クレロー (Alexis Clairaut) が『地球形状論』を著し，地表重力を表す計算式を提案する．決定的なブレイクスルーをもたらしたのは，ルジャンドル (Adrien-Marie Legendre) である．彼は，回転楕円体だけでなく，任意の回転体について，外部点に対して作用する重力を求める方法を見出した．回転軸に沿っての重力さえ知っていれば，任意の外部点に作用する重力を厳密に求めることのできる方法だ．これは，球座標系での積分によって重力を表現するものであった．この積分計算の結果を，彼は球面調和関数と呼ばれるものの重ね合わせの形で表した．ここ

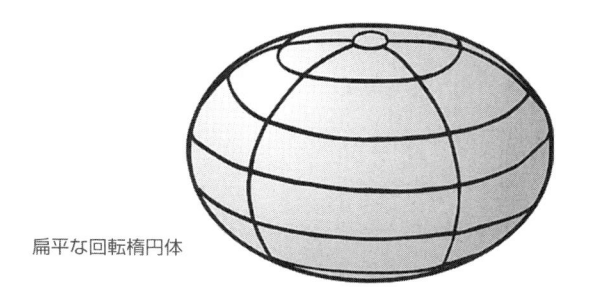

扁平な回転楕円体

[訳註1] 微分積分学の教科書に「マクローリン展開」というものが出てくるが，同じ人である．

で出てくる特別な関数（列）は，ルジャンドル多項式と現在呼ばれているものを使って定義される．彼はこの多項式（列）の基本的な性質をまとめ，1784年に発表した．

　こうした研究からポテンシャル理論というものが築かれていったが，そこで扱われる最も基本的な偏微分方程式がラプラス方程式である．これは，ラプラス (Pierre-Simon Laplace) が 1799 年から全 5 巻本として著した『天体力学』(*Traité de Mécanique Céleste*) の中に出てくる．方程式の形そのものは以前から知られていたが，ラプラスの扱い方が断然抜きん出ていたため，彼の名が冠せられている．方程式は，次の形をしている．

$$\frac{\partial^2 V}{\partial x^2} + \frac{\partial^2 V}{\partial y^2} + \frac{\partial^2 V}{\partial z^2} = 0$$

　ここで $V(x, y, z)$ は，点 (x, y, z) におけるポテンシャル関数の値を表す．この方程式は直観的に言うと，任意の点での関数値がその近傍点の平均値と等しいことを主張している．この方程式は，たとえば地球の重力が外部空間につくるポテンシャルのような場合に，つまり物体の外側で成り立つ．物体の内側については，少し変更を加える必要があり，ポアソン (Poisson) 方程式と呼ばれるもので記述される．

熱と温度の方程式

　音や重力の扱いで成功した数学者たちは，他の物理現象にも注意を向けた．その中でも重要なのが，熱現象である．19 世紀の初頭，熱の問題は実用上も科学的にも重要になってきていた．金属工業や熱機関との関連だけでなく，地球の内部構造や地球全体の温度分布なども関心を集めていた．地球内部の温度分布を知ろうとしても，地表から何千キロも下の温度を直接測定する方法はない．いずれにせよ，さまざまな状況下で物体内・物体間の熱伝導がどのように進行してゆくかを理解することは，最重要の課題であった．

　このテーマに関しての中心人物は，フーリエ (Joseph Fourier) である．彼は 1807 年，フランス科学アカデミーに熱伝導についての論文を提出，審査員は内容が不十分だとして却下するが，アカデミーは彼が研究を続けるのを励ますために熱伝導を 1812 年の懸賞問題に設定する．アカデミーの懸賞テーマはかなり早めに提示されるので，フーリエは 1811 年には最初の考えに改良を加えた論文をまとめて提出，期限年次を待たずに賞を獲得した．ところが，彼の仕事には論理的厳密さが欠けているとの非難が続々と出て，アカデミーは賞を与えながら論文の出版は認めないという，異例の対応をとった．フーリエは，業績が正当に評価されないことに業を煮やし，1822 年に『熱の解析的理論』(*Théorie Analytique de la Chaleur*) を独自に出版

> **1824年になって
> フーリエは雪辱を果たす．
> 彼はアカデミーの
> 幹事になった．**

してしまう．これには1811年にアカデミーに提出した論文がそっくりそのまま含まれ，それに以後の成果が追加された内容であった．最後，1824年になってフーリエは雪辱を果たす．アカデミーの幹事になった彼は，その権限を使って1811年の論文をすぐさま受賞論文（メモワール）として出版してしまった．

フーリエの最初のステップは，熱の流れを表す偏微分方程式を導くことである．いくつかの単純化 —— たとえば，熱を伝える物体は均質一様（どの場所でも同じ性質）かつ等方的である（向きによって熱の伝え方が違ったりしない）等々 —— を加えることにより，彼は熱伝導方程式と現在呼ばれているものを導いた．これは，3次元の物体内各点での温度が，時間の推移とともにどのように変化してゆくかを記述したものである．熱伝動方程式は，ラプラス方程式や波動方程式とかなりよく似ているが，時間については2階の偏微分ではなくて1階の偏微分となっている点に違いがある．この些細に見える違いが，偏微分方程式の数理に大きな違いをもたらす．

熱伝動方程式としては，フルスペックの3次元版のほかに，ほぼ同様の2次元版や1次元版を簡単に書き下すことができる．2次元版は熱を伝える物体がシート状，1次元版は棒状になっている状況に対応し，方程式の空間変数 x, y, z から z，さらには y を取り除くことで得られる．フーリエが最初に解いたのは，両端を同じ一定の温度に固定した棒状物体（ここでは長さを π としておく）に対応する1次元の熱伝導方程式である．そして，$t = 0$（初期状態）での棒内部の各位置における温度を，彼は次の形で表せるものと仮定した．

$$b_1 \sin x + b_2 \sin 2x + b_3 \sin 3x + \cdots$$

そして，この初期温度分布の表現と似ているが，各項ごとに異なる減衰係数をもつ時間の指数関数をそれぞれ掛けた，より複雑な形をした解を得た．この熱方程式の解は，波動方程式の解が各振動モードの調和関数の重ね合わせで表現されたのと，驚くほどよく似ている．しかし，（減衰を考えない）波動方程式の解が，純粋な正弦振動をいつまでも振幅を失わずに続けるのに比べ，大きな違いがある．熱伝導においては，温度分布の各正弦モードは，時間の指数関数に従う形で減衰してゆく．しかも，高周波モードになるほど減衰が急速になる．

この事情は，物理学的には次のように理解できよう．弦の振動などを，私たちはエネルギーの損失が起きない方程式でモデル化している．だから，解は減衰して消えてしまう形をしていない．これに対して熱伝動方程式では，熱は必ず高温部分か

フーリエ級数の仕組み

典型的な不連続関数の一つに矩形波(くけいは)がある.これは,次のような関数$S(x)$だ.すなわち,$-\pi<x\leq 0$では1,$0<x\leq\pi$では-1の値をとるような関数で,この場合は周期が2πとなる.フーリエの公式を使うと各係数がすぐ計算できて,

$$S(x) = \sin x + \frac{1}{3}\sin 3x + \frac{1}{5}\sin 5x + \cdots$$

という無限級数展開が得られる.級数の各項を前のほうから足し合わせてゆくと,下のような図が得られる.

矩形波が不連続なのに対し,各近似はいずれも連続関数となる.ところが,足し合わせる項が増えれば増えるほど細かい起伏が付け加わり,フーリエ級数の近似曲線はどんどん不連続な矩形に近づいてゆく.これが,連続関数の無限級数によって不連続関数が表現される仕組みである.

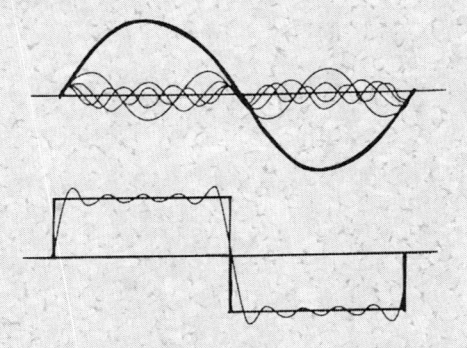

矩形波のフーリエ級数展開:上は各成分の正弦波を,下はその重ね合わせを示す

ら低温部分へと流れるので,棒状物体の中を熱は温度差をなくす方向に拡散してゆく.フーリエが解いた問題では,両端も同じ温度で固定されている.だから,温度一様の状態に向かって各正弦モードは減衰してゆく.

フーリエのこの仕事で重要な点は,初期状態としてどんな温度分布が与えられても,その分布関数を現在フーリエ級数と呼ばれているものに展開して表せると主張したことにある.フーリエ級数とは,与えられた周期関数または有限区間で定義された関数を,先ほど例示したように,基本周波数の整数倍の周波数をもつサイン関数とコサイン関数および定数項を重ね合わせた級数として表したもの.フーリエの解法は,この級数展開さえ与えられれば,ただちに熱伝導の推移とその後の温度分布変化を導き出せる強力なものだ.

フーリエは,初期状態の温度分布がこのような級数で表現できることを自明のことだと考えていたが,じつは数学者たちにとっての深刻な悩みの種を撒(ま)いたのであった.同時代の数学者の何人かは,すでに波動方程式の解について,級数表現がつねに正当化できるかどうかを気に病んでいた.フーリエの仕事を見て彼らは,この問題が見た目よりもはるかに手強(てごわ)いものであることを確信した.

こうした級数が可能だというフーリエの議論は,ややこしく混乱したもので,いたるところで厳密さが欠けていた.彼は,数学のあらゆる分野から使えそうな道具

を総動員し，最終的に級数表現の各係数 b_1, b_2, b_3, …等を決める簡潔明瞭な式を得た．初期温度分布の関数を $f(x)$ としたとき，彼の結果は次のようなものである．

$$b_n = \frac{2}{\pi} \int_0^\pi f(u)\sin(nu)du$$

じつは，この式はオイラーがすでに1777年に，音の波動方程式を研究する過程で見出していた．彼は，異なった振動数のモード同士は積分すると打ち消し合うことを巧みに見抜き，sin mx と sin nx が「直交」することを証明した．すなわち，次の積分，

$$\int_0^\pi \sin(mx)\sin(nx)dx$$

は m と n が異なるときはいつもゼロになり，$m = n$ のときに限って $\pi/2$ になる[訳註2]．もし $f(x)$ がフーリエ級数で表現できていると仮定すると，両辺に sin nx を掛けて積分すれば $m \neq n$ の項が全部きれいに消えてくれて，残った項からすぐにフーリエ係数 b_n を求めることができる．

流体力学

数理物理学での偏微分方程式の話をして，流体力学に触れずに終わるわけにはゆくまい．実際，流体力学の実用的な重要性は計り知れない．潜水艦が航行するときの水の流れ，航空機が通り過ぎるときの空気のふるまい，それにフォーミュラ1のレーシング・カーが走るときの空気の流れも，流体力学の方程式に従っているからだ．

オイラーは，この分野でも先陣を切った．彼は，粘性――つまり粘り気――がない理想化された流体についての偏微分方程式を1757年に導いている．この方程式は限られた種類の流体については当てはまるが，実用的な目的で使うには，ちょっと単純すぎるものだった．粘性のある流体の方程式は，1822年にナヴィエ (Claude-Louis Navier) が，次いで1831年にポアソン (Siméon Denis Poisson) が導いた．これらの方程式には，粘性に関わる項を含め，多くの偏導関数が出てくる．1845年にはストークス (George Gabriel Stokes) が，より基本的な物理学の原理から同じ方程式を導いた．この方程式は，現在ナヴィエ-ストークス方程式と呼ばれている．

[訳註2] これもお節介ながら，高校数学のレベルで示すことができる話なので，さらっとヒントだけ書いておく．$m = n$ のときは，cos の倍角公式を使うと簡単に積分を計算できる．$m \neq n$ のときは加法定理を使って，sin$(m \pm n)x =$ sinmxcos$nx \pm$ cosmxsinnx．これを微分すると sinmxsinnx と cosmxcosnx だけの式が2つ（±があるので）出てくるので，これを sinmxsinnx と cosmxcosnx についての連立方程式とみて sinmxsinnx について解くと，sinmxsinnx の原始関数が求まる．この原始関数をじっと眺めると，必ず周期 π の周期関数になっており，積分するとゼロになることがわかるはずである．

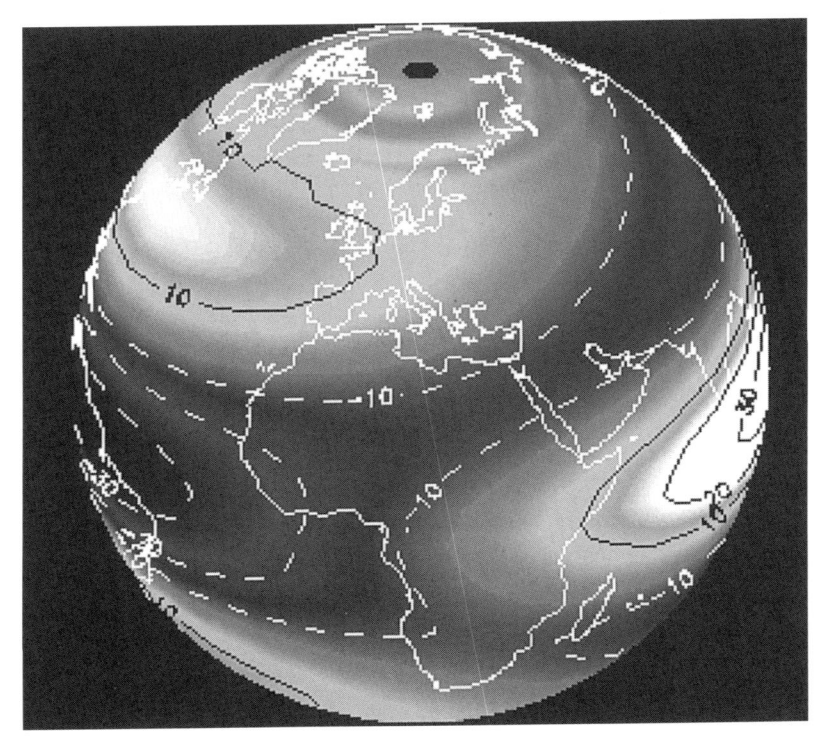

ナヴィエ-ストークス方程式の拡張版を用いて計算された地球全域の風速と気温の分布

常微分方程式の発展と解析力学

　この章の話題の締めくくりとして，常微分方程式の発展が力学の記述を決定的に変えたことに触れておこう．1788年に，ラグランジュ(Joseph-Louis Lagrange)は『解析力学』(*Mécanique Analytique*)という書物を著し，誇らしげに次のように書いた．「読者は，本書には幾何学的な図が全く含まれていないのに気づかれることであろう．ここで私が述べる方法は，作図も幾何学的あるいは機械学的な議論も，いっさい必要としない．用いられるのは，規則的で一貫した代数的操作のみである．」

　この時代には，描図による議論の欠点は誰にも明らかになっており，ラグランジュは全く使わないことに決めたのである．堅固な論理で支えられていようとも，幾何学的描画を使うのは，もう時代遅れだった．しかし，それだけではなく，ラグランジュは力学の形式的扱いに徹することで，一般化座標を用いる力学の新しい統合の試みのきっかけを与えた．力学のシステムは，いろいろ異なった変数の選び方をしても記述できる．たとえば，振り子の運動は，ふつうは振り子の位置を角度を変

微分方程式はどのように使われてきたか

ケプラーによる惑星の楕円軌道のモデルは、完全に正確に成り立つわけではない。太陽系に天体が2つだけしかなければ、この理論は完全に正しい。しかし、三つ目の天体があると、その重力が影響して、惑星の楕円軌道は少し乱される。もちろん、惑星はたいてい非常に離れた位置関係にあるので、乱れが生ずるといってもわずかであり、ふつう惑星は楕円軌道に非常に近い動きをする。

ところが、木星と土星の運動はちょっと変で、ときに少し遅れたり、ときに少し先まで進んでしまう場合がある。この現象は、太陽との間だけでなく両天体同士の間でも無視できない大きさの重力が働くことがあるためだと考えられている。

ニュートンの万有引力の法則は、物体の数がいくつあっても成り立つ。しかし、3体以上になると計算は非常に難しくなる。1748年、1750年そして1752年の3度にわたって、フランス科学アカデミーは木星と土星の動きの正確な計算に懸賞をかけた。1748年にオイラーは木星の重力がどのように土星軌道を乱すかを微分方程式を使って計算し、この懸賞を獲得した。彼はこの論文には満足しておらず、1752年に再びこの問題に挑む。オイラーの仕事には重要な誤りも含まれていたが、のちに有用になる考え方を含んでいた。

木星と土星（合成画像）

コワレフスカヤ
Sofia Vasilyevna Kovalevskaya 1850–1891

彼女は，ロシア貴族で砲兵隊を率いる将軍の娘として生まれた．たまたま，彼女の子供部屋の壁紙には微積分法の講義録が貼られていた．11歳のとき，彼女はこの壁紙を詳しく眺めることによって，微積分法を独学で理解してしまった．数学に魅せられた彼女は，他のすべての科目を差し置いて数学に熱中する．父親は止めたが，彼女はそれには構わず，両親が寝入ったのを見計らっては代数学の本を読んでいた．

当時は独身女性が海外で教育を受けることはできず，彼女は結婚することを選ぶが，幸福なものにはならなかった．1869 年に彼女はハイデルベルクで数学を学ぶ．女性の大学入学は認められていなかったので，大学と交渉の末，非公式の聴講生として講義を聞く形となった．たちまち数学の才能を発揮した彼女は，1871 年にはベルリンに行って解析学の大家ワイエルシュトラス (Karl Weierstrass) のもとで学ぶことになる．ここでも正規の学生にはなれなかったが，ワイエルシュトラスより個人レッスンを受けることができた．

彼女はオリジナルにも研究を遂行し，1874 年までにはワイエルシュトラスから博士号に値するとのお墨付きをもらう．彼女が書いた 3 篇の論文は，偏微分方程式，楕円関数および土星の環に関するものであった．同年，ゲッチンゲン大学より博士号を授与され，翌 1875 年には偏微分方程式の論文が出版された．

故国に戻って 1878 年には女児を出産，それでも 1880 年には数学研究を再開し，光の屈折の問題に取り組む．ところが 1883 年に，すでに別居していた夫が自殺した．彼女は，その負い目を消し去るかのように，ますます数学に集中していった．1884 年には，ストックホルムの大学にポストを得て，講義を行う．1889 年には正教授となり，これは女性としてはアニェージ (Maria Agnesi)，バッシ (Laura Bassi) に次いで，ヨーロッパの大学で 3 人目であった．ストックホルムでは剛体の運動の問題に取り組み，その論文をフランス科学アカデミーの懸賞に投稿，見事に賞をとった．しかも論文があまりにも素晴らしいとして，審査委員会が賞金を増額した．それに続く研究にはスウェーデンの科学アカデミーが賞を与え，彼女が王立アカデミー会員に選ばれることにつながった．

数として記述することが多いが，錘(おもり)の水平座標と垂直座標を変数に選んでも記述することができる．

運動方程式は，変数の選び方によって，非常に違って見える．ラグランジュは，これは明快さを欠くと考えた．そこで彼は，与えられた運動方程式を，すべて同じ形式の方程式に書き換えてしまう方法を考案した．まず最初の革新は，座標を 2 つずつ組にしてゆくアイデアである．位置に相当する役割をするすべての変数 q（振り子の角度のような変数）には，必ずそれに対応して速度に相当する変数 $\dot{q}$（振り子の場合なら角速度）を見出すことができる．系を記述するのに k 個の位置座標が

使われていれば，速度座標も k 個あることになる．これまでの位置に関する 2 階の常微分方程式のかわりに，ラグランジュは位置座標群と速度座標群を変数とする 1 階の常微分方程式を導き，それで力学を記述できることを示した．彼は，この記述法において力学の状態変化を司る関数を導入した．この関数は，現在ラグランジアン（ラグランジュ関数）と呼ばれている．

ラグランジュの解析力学の改訂版を約半世紀後に創案したのが，ハミルトン (William Rowan Hamilton) である．彼は，一般化座標としてラグランジュが用いた速度のかわりに運動量を用い，ラグランジアンを別の関数で置き換えることで，よりエレガントに力学を表現できる形式を見出した．彼の用いた関数はハミルトニアン（ハミルトン関数）と呼ばれており，多くの系ではエネルギーと解釈することが可能だ．力学の理論的研究ではハミルトンの形式を使うことが多く，その記述は量子力学にも拡張して使われるようになった．

数理化された物理学の成功

ニュートンの『プリンキピア』は，自然界の奥深くに数学的な法則性があることを明るみに出した点で，印象的である．しかし，その後に起こったことは，さらに印象的だ．数学者たちは，物理学の全部門の数理化に取り組み始めた．音，光，熱，流体，重力，電気，磁気，等々．どの分野でも微分方程式によって物理を記述できることがわかり，しばしば非常に正確なモデルを与えることができたのである．

時代を経て，このことが目覚ましい意義をもっていたことは誰の目にも明らかになっている．ほとんどの重要な技術の進歩 —— ラジオ，テレビ，ジェット旅客機，等々 —— は，微分方程式の数理に多くを負っている．この分野では，現在も非常に盛んな研究が続けられており，日々新しい応用が生まれている．ニュートンによる微分方程式の発明と 18 世紀 19 世紀の後継者たちによる肉付けが，現在私たちが生きている社会の基盤をつくってきたと言うのは，決して言い過ぎではない．それを確認するには，ふだん意識しない社会と技術の舞台裏をほんのちょっと覗いてみるだけで十分だ．

> "ラジオ，テレビ，ジェット旅客機，等々は，微分方程式の数理に多くを負っている．"

微分方程式は現在どのように使われているか

波動方程式は，ラジオ放送やテレビ放送などと直接のつながりがある．

1830年ころ，ファラデー(Michael Faraday)は，電流と磁気についての一連の実験を行い，電流が磁場を生み出すこと，そして磁石を動かすことで電流を誘導できることを発見した．現在の発電機や電気モーターは，彼の実験装置の直接の子孫である．1864年にマックスウェルは，ファラデーの理論を電磁場の数学的方程式の形に再定式化した．いわゆるマックスウェル方程式で，電場と磁場に関する何組かの偏微分方程式からなる．

マックスウェル方程式の直接的帰結として，波動方程式が導かれる．この解を計算すると，電場と磁場の変動がセットになって，光速で伝わってゆくことが示される．光速で伝わるものは何だろうか？ 光だ．つまり，光は電磁波の一種なのである．この波動方程式を見ると，周波数については何の制約もない．そして可視光は，比較的限られた周波数帯域だけを占めている．そこで，物理学者たちは，他の周波数の電磁波も存在するに違いないと考えた．そんな波が存在することを実験的に証明したのはヘルツ(Heinrich Hertz)である．マルコーニ(Guglielmo Marconi)が，それを実用の装置へと応用した．無線通信機である．電磁波を利用した技術は雪だるま式に発展していった．テレビ放送やレーダーは電磁波を利用しているし，GPS活用のカーナビも，携帯電話もコンピュータのワイヤレス通信もそうである．

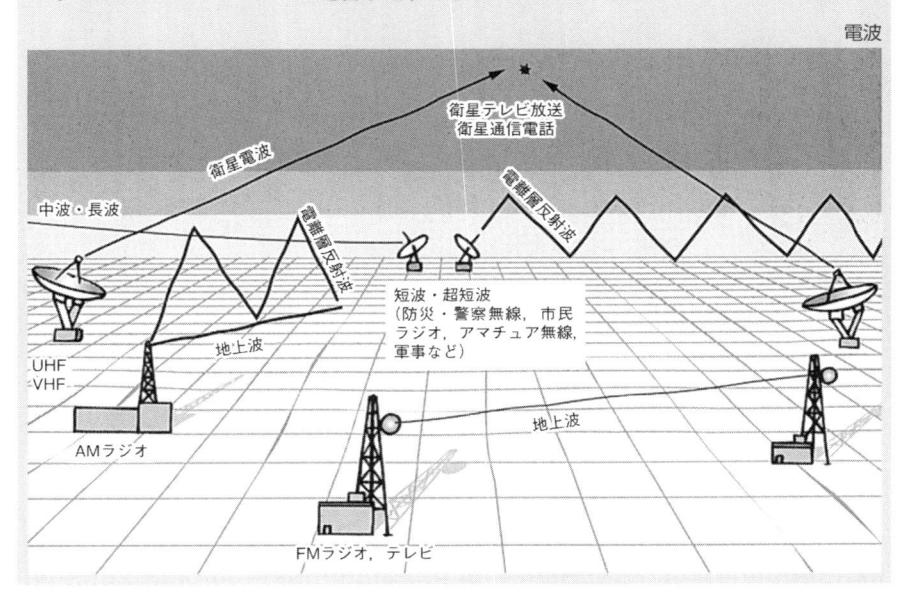

Impossible Quantities
Can negative numbers have square roots?

10

第 **10** 章

虚の数
負の数は平方根をもつか？

数学者たちは，いくつかの数体系を区別してきた．数体系という場合は，個々の数を問題にするのではなく，そこに属する数が集団として保持する性質が問題とされる．

4つの数体系は，よく知られている，みなさんおなじみのものである．まず，自然数1，2，3，…次いで，整数，これにはゼロと負の整数を含める．で，有理数．これは，p/qという分数の形をしている．ここで，pとqは整数である．ただし，割り算ができないと困るので，qはゼロではないという条件がつく．そして，実数．これは，ふつう無限小数として導入される．小数点以下の桁が際限なく ── これが何を意味するかはさておき ── 続く数の集まりである．実数には，有理数と無理数の両方が含まれる．有理数は，循環小数として表現できることが知られている．一方，無理数は$\sqrt{2}$やeやπのように，無限小数として表現したとき，並んでいる数字のブロックがずっと循環してゆくことはない．

数の名称と意味

整数 (integer) という名称は，要するに，かけらになっていない，まとまった全体という意味．他の数体系の名称も，とても理解しやすい対象という印象を与える．自然な数，理にかなった有理数，そして現実的な実数．こうした名称は，数が私たちの身の周りの世界の性質を表すものだという，長い間支配的だった考え方を反映している．

みなさんの中には，数学研究はもっぱら新しい数（体系）をつくることを目指していると思っている方がおられるかもしれない．でも，そういう見方は，ほとんど的外れである．数学的営みの大半は，ぜんぜん数なんかを相手にしてはいない．数学（者）が目指しているのは，新しい数をつくることではなくて，もっぱら新しい定理を生み出すことである．とはいえ，「新しい数」が重要な意味をもって出現するという事件がなかったわけではない．虚数の発見がそれである．これは，数学全体の顔かたちを完全に変えてしまう事件だったし，数学に計り知れないパワーを加える結果となった．この数$\sqrt{-1}$が，本章の主役である．

早い時代の数学者たちは，こんな虚数の記述は馬鹿げていると考えた．だって，どんな数だって平方すれば正（またはゼロ）になるに決まっているじゃないか．だから，負の数は

" 負の数は平方根を
持たないのである．
でも，仮に，そんな虚数
みたいなものが
存在するとしてみよう． "

平方根を持たないのである，と．

でも，ちょっと待て．とりあえず仮に，そんな虚数みたいなものが存在するとしてみよう．いったい何が起こるだろうか？

数が人間による人工的な発明物だという考え方は，長い長い時間を経て受け入れられるようになったものだ．この見方に立つと，数は自然の多くの側面を的確にとらえることのできるものだが，それでいて自然の一部ではない巧みな人工物だということになる．ユークリッド幾何学で証明に使われる三角形は，紙に描いた具象的な絵そのものではない．微分積分法の式そのものは自然の一部ではないように．

虚数の歴史は，まさにこの哲学的な問いをめぐって数学者たちが煩悶することから始まった．彼らは虚数の存在に出会い，それが必然的に出てくるものであり，有用で，実数に負けず劣らず数としてなじむことのできる対象であることを認識し始めたが，その発端から虚数の身分をめぐる哲学的な問いが始まるのである．

3次方程式の解法をめぐる謎

数学上の革命的なアイデアが，初めからわかりやすい道筋で，あとから見渡せる流れの通りに発見されることは，まずない．とても込み入った経緯で話が始まるのが常である．$\sqrt{-1}$ の場合もそうだ．今日，私たちは通常これを2次方程式 $x^2 + 1 = 0$ の解，すなわち -1 の平方根——それが何を意味するにせよ——として導入する．これがまともな意味をもつかどうか思い悩むことになった最初の数学者たちとして，ルネサンス期の代数学者たちをまず取り上げよう．彼らは，負の数の平方根が驚くほど奇妙な形で間接的に出てくるのに遭遇した．それは3次方程式の解として出てきた．

デル・フェッロとタルタリアが3次方程式の代数的解法を発見し，それをカルダーノが著書『アルス・マグナ』(Ars Magna) に記したという話（第4章）を思い出していただこう．現代的表記を用いると3次方程式 $x^3 + ax = b$ の解は，

$$x = \sqrt[3]{\frac{b}{2} + \sqrt{\frac{a^3}{27} + \frac{b^2}{4}}} + \sqrt[3]{\frac{b}{2} - \sqrt{\frac{a^3}{27} + \frac{b^2}{4}}}$$

と表現できる．ルネサンス期の数学者たちは，こういう数式ではなくて言葉で解法を書き表したのだが，解を求める手順は同じである．

この公式は見事に解を導くのだが，ときに困ったことも起こった．カルダーノは，この公式を方程式 $x^3 = 15x + 4$ に適用したとき $x = 4$ という自明な解が，

$$x = \sqrt[3]{2 + \sqrt{-121}} + \sqrt[3]{2 - \sqrt{-121}}$$

という奇妙な形で表現されてしまうことに気づいた．この表現は，ちゃんとした意味を持つようには思われなかった．なぜなら，-121 は平方根を持たないから．困惑したカルダーノは，明確な解釈を求めてタルタリアに質問の手紙を出す．しかし，タルタリアは質問の趣旨をよく理解できず，彼の返答は何の役にも立たなかった．

解決の糸口の一つは，ラファエル・ボンベリ (Rafael Bombelli) の 3 巻からなる『代数学』(*L'Algebra*，ヴェニスで 1572 年に，ボローニャで 1579 年に刊行) の中で与えられた．ボンベリは，カルダーノの『アルス・マグナ』が不明確にしか書いていない部分を，明確化した．彼は，この悩ましい負数の平方根が出てきても，それを通常の数であるかのように扱って，そのまま計算した．ボンベリは，

$$(2+\sqrt{-1})^3 = 2+\sqrt{-121}$$

と計算することで，奇妙な解公式に出てくる 3 乗根の項が，

$$\sqrt[3]{2+\sqrt{-121}} = 2+\sqrt{-1}$$

と簡約化できることに気づいた[訳註1]．同様にして，彼は次の式も得る．

$$\sqrt[3]{2-\sqrt{-121}} = 2-\sqrt{-1}$$

ここまでくれば，両方の 3 乗根の項を足し合わせるだけでよい．

$$(2+\sqrt{-1}) + (2-\sqrt{-1}) = 4$$

こうして，この風変わりな計算方法により正しい答えが得られた．最終的に，私たちの知っている実整数解とぴったり一致している．ただし，途中で「虚の数」を扱う計算をするのだが….

とても面白い結果だ．でも，どうしてうまくゆくのか？

虚数

これに答えるには，負の数の平方根とその計算操作を適切に理解する枠組を数学者たちが整備してゆく必要があった．ニュートンやデカルトを含む近代初期の数学者たちは，負の数の平方根が出てきたら，それは解がないことを示すものだと解釈

[訳註1] $(2+\sqrt{-1})^3$ の計算は，高校で習う展開公式 $(a+b)^3 = a^3 + 3a^2b + 3ab^2 + b^3$ を使うか，そのまま掛け算を実行して，$(\sqrt{-1})^2$ の項が出てくるたびに -1 と置き換えればよい．

$(2+\sqrt{-1})^3 = 2^3 + 3\cdot 2^2\cdot\sqrt{-1} + 3\cdot 2\cdot(\sqrt{-1})^2 + (\sqrt{-1})^3 = 8 + 12\sqrt{-1} + 6\cdot(\sqrt{-1})^2 + \cdot\sqrt{-1}\,(\sqrt{-1})^2$
$= 8 + 12\sqrt{-1} - 6 - \sqrt{-1} = 2 + 11\sqrt{-1} = 2+\sqrt{(11)^2\cdot(-1)} = 2+\sqrt{-121}$

両辺の 3 乗根をとることによって，次の式が得られる．

$$2+\sqrt{-1} = \sqrt[3]{2+\sqrt{-121}}.$$

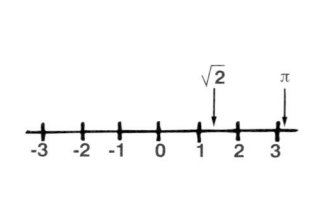

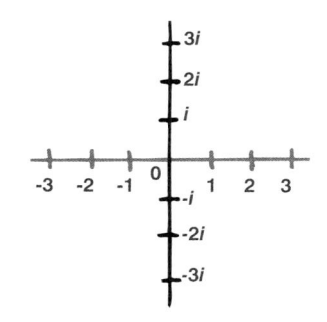

実数を表示する数直線　　　　　　互いに交わる2つの数直線

した．−1の平方根を求めようとしても，それは虚の数であり，解は存在しないとするのが正しい，と．しかし，ボンベリの計算は，そこには「虚構の数」以上のものが存在することを示唆している．それは解を求めるのに使うことができるし，解が（実数として）存在する場合に途中の計算過程で出てくるのだ．

　1673年にジョン・ウォリス (John Wallis) は，虚数を平面上の点として表す簡単な方法を考案した．彼は，数直線の右側に正の実数を，左側に負の実数を表示する，おなじみの方法から始める．次に，彼はこれと交わる別の直線を導入し，ここに虚数を表示した．

　これは，座標軸を用いて平面幾何への代数的アプローチを試みたデカルトの方法と似たやり方である．上の図のように，実数が一方の軸に，虚数が他方の軸にくる．ただし，ウォリスがこの説明の通りに考えを述べているわけではない．彼のやり方は，デカルトよりもフェルマーの方法に近い．しかし，もとになっている考え方は同じだ．平面上のそれ以外の点は，複素数すなわち実数部分と虚数部分を持つ数を表す．デカルト座標系で説明すると，実数部分の大きさは実軸に沿った向きに計測し，虚数部分の大きさは虚軸に平行な向きに計測することで与えられる．したがって，$3+2i$ であれば，原点から右に3単位，上に2単位のところにある点で表される．

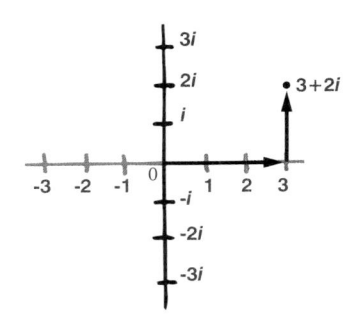

ヴェッセルが考えた複素数の平面上への表示

ウォリスのアイデアは，虚数に意味を与えるという問題を解決したのだが，すぐには誰も注意を払わなかった．しかし，この考え方は，ゆっくりと意識下で浸透していった．数学者たちの多くは，-1 の平方根が実数直線上に居場所を持たないことに悩むのをやめ，複素数平面のもっと広い世界に住みかを持ち得ることに気づいた．こういう解釈を認めない人も，中にはいた．1758 年にフォンセネ (François Daviet de Foncenex) は，虚数に関する論文の中で，虚数の集合が実数直線と直交する直線を構成すると考えるのは無意味だ，と論じている．しかし，多くの数学者は，この複素平面という着想を気に入り，その重要性を理解した．

ただ，複素平面が数直線の拡張として虚数にも居場所を提供できるというウォリスの提案には，間接的でわかりにくい点があった．複素平面の考え方を明示的に述べたのは，ノルウェーのヴェッセル (Caspar Wessel) で，1797 年のことであった．ヴェッセルは測量技師で，彼の興味は平面の幾何を数で表すことにあった．逆に言えば，彼の方法は，複素数を平面幾何の言葉で表現するものでもあった．残念なことに，彼はデンマーク語で論文を書いたため，1 世紀後にフランス語訳されるまで，ほとんど気づかれなかった．フランスの数学者アルガン (Jean-Robert Argand) が，同様の複素数表示法をこれとは独立に見つけて 1806 年に発表，そしてガウスも両者とは独立に複素平面を発見して 1811 年に発表する．

複素解析

もし複素数が代数学に少し恩恵を与えるだけだったら，知的好奇心の対象ではあり続けたかも知れないが，純粋数学以外で興味を持たれることはなかっただろう．しかし，微積分法が発展し，解析学としてより厳密な形式を備えてくるにつれ，人びとは実数の解析学と複素数との統合——複素解析学——が可能であるばかりか，望ましいことであることに気づいた．多くの問題を考える上で，じつは複素解析こそが基本になるからだ．

このことは，複素数の関数を考察する初期の試みの中から見出された．ある数の平方根や 3 乗を求めるといった代数演算だけで定義されるような単純な関数は，複素数についての関数としても容易に定義できる．複素数の平方は，その数に同じ数を掛けるだけのこと．実数の場合とやり方は全く同じだ．複素数の平方根には，少し微妙な難しさが伴うが，がんばって理解するとそれに見合った喜びも得られる．すべての複素数が平方根をもつのだ！じつはゼロ以外の複素数はつねに 2 つの平方根をもっていて，一方の平方根に

> "複素数の平方根には，少し微妙な難しさが伴う．"

(−1) を掛けたものがもう一方の平方根となる．だから，複素数は，新しい数 i によって −1 の平方根を実数に付け加えただけのものではない．実数を拡張した複素数の世界には，すべての数が平方根をもつという性質までが付け加わっているのだ[訳註2]．

　サイン，コサインや指数関数，対数関数についてはどうだろうか？ このへんまでくると，話は非常に面白くなってくるのだが，同時に謎めいたところも出てくる．特に，複素数の対数関数は，とても不思議な性質をもっている．

　虚数 i そのものと同様に複素数の対数も，純粋に実数だけで表される問題の中に出現してきた．1702 年にヨハン・ベルヌーイ (Johann Bernoulli) は，2 次式の逆数を積分する問題に取り組んでいた．彼は，分母にくる 2 次式をゼロとおいた方程式が 2 つの実根 r と s をもつ限り，積分を求めるうまい方法があることを知っていた．この場合は，部分分数展開を用いることで，すぐ積分が求まる．すなわち，

$$\frac{1}{ax^2+bx+c} = \frac{A}{x-r} + \frac{B}{x-s}$$

と変形して積分すればよい．容易にわかるように，不定積分は，

$$A\log(x-r) + B\log(x-s)$$

である．しかし，2 次方程式が実根をもたない場合は，どうなるのか？ たとえば，x^2+1 の逆数を積分するのに，この方法は使えないのか？ ベルヌーイは，複素数に関する代数演算が定義されている限り，全く同様のやり方で部分分数展開できることに思い至った．ただし，この場合，r と s は実数ではなくて複素数である．たとえば，

$$\frac{1}{x^2+1} = \frac{-i/2}{x+i} + \frac{i/2}{x-i}$$

と展開できるので，積分は次の形になると推察できる．

$$-\frac{i}{2}\log(x+i) + \frac{i}{2}\log(x-i)$$

　この最後のステップは，これだけでは満足のゆくものではない．なぜなら，ここでは複素数の対数というものを定義することが求められているからだ．本当にきち

[訳註2] このことは，複素数の極形式表示（どの教科書にも冒頭に説明してある）を用いると容易に理解できる．すなわち，任意の複素数 z は，

$$z = r(\cos\theta + \sin\theta\sqrt{-1})$$

の形に表現できる（r, θ は実数で，$r \geq 0, 0 \leq \theta < 2\pi$）ので，

$$z_1 = \sqrt{r}\left(\cos\frac{\theta}{2} + \sin\frac{\theta}{2}\sqrt{-1}\right)$$

とおけば，$(z_1)^2 = z$ となることが容易に確認できる（複素数の掛け算をして整理してから，三角関数の加法定理が使える）．$z_2 = -z_1$ についても，$(z_2)^2 = z$ が成り立っている．

んと定義できるのか？

　ベルヌーイは，できると考えた．そして，彼の新しいアイデアを用いて素晴らしい結果を得た．ライプニッツも，これに類する考え方を援用していたが，その数学的方法はベルヌーイほど直截的ではなかった．1712年まで，両者はこの手法の基本的な性質について論争を続けた．複素数は脇において —— 負の数の対数はどう考えたらよいのか？　ベルヌーイは，負の実数の対数は実数に違いないと考えた．ライプニッツは複素数値になると言って譲らなかった．ベルヌーイは，彼の主張を裏付ける，一種の「証明」をもっていた．それは，通常の微分法の公式を用いるものだった．方程式，

$$\frac{d(-x)}{-x} = \frac{dx}{x}$$

をそのまま積分すると，

$$\log(-x) = \log(x)$$

が得られるというのが，ベルヌーイの論法だった．しかし，ライプニッツは納得しなかった．彼は，この積分計算は x が正の数の場合に限り正しいと信じていた．

　この論争に関しては，オイラーが1749年に決着をつけた．正しかったのは，ライプニッツのほうだった．オイラーは，不定積分には必ず任意の積分定数がつくことをベルヌーイが忘れていたのを指摘した．ベルヌーイが導くべきだった式は，

$$\log(-x) = \log(x) + c$$

であり，積分定数 c をつけなければいけなかった．どんな積分定数なのだろうか？　もし負の数（および複素数）の対数も実数の対数と同じようにふるまうとしたら —— ここが問題の核心なのだが —— 次の式が正しいはずである．

$$\log(-x) = \log(-1 \times x) = \log(-1) + \log x$$

　だとしたら，問題になっている積分定数 c について $c = \log(-1)$ が導かれることになる．オイラーは，そこからさらに進んで一連の華麗な計算を展開し，この積分定数 c の明示的な表現まで導いた．まず，彼は複素数も実数と同様の数理に従うことを仮定して，複素数を含むさまざまな式を操る方法を見出し，複素数の指数関数と三角関数とを関連づける公式を導いた．

$$e^{i\theta} = \cos\theta + i\sin\theta$$

この公式自体は，すでに1714年にロジャー・コーツ (Roger Cotes) が示唆していたものだ．オイラーは，ここで $\theta = \pi$ とおき，美しい結果を得た．

$$e^{i\pi} = -1$$

　数学にとって基本的な2つの定数 e と π が，見事に関連づけられている．こんな関係が存在すること自体驚きだが，これほど簡潔な形で表現できるのは驚異であ

複素数はどのように使われてきたか？

複素関数の実部と虚部はコーシー－リーマンの関係式を満たすので，重力や電磁気さらには平面的に流れる流体などを扱う偏微分方程式に応用されてきた．この関連づけによって数理物理学の多くの方程式が解けるようになったが，それは2次元の系に限ってのことだ．

鉄粉によって可視化された棒磁石がつくる磁場：複素解析学は，こうした場の方程式を解いて計算するのに使うことができる

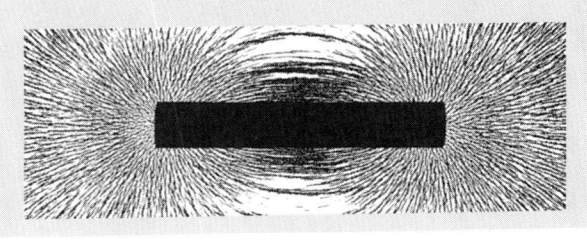

る．「数学でこれまで見出された最も美しい式」一覧表のトップにつねに載せられる式だ．

この式の対数をとることにより，以下がただちに得られる．
$$\log(-1) = i\pi$$

これで，謎の積分定数 c の正体がわかった．$i\pi$ というのが答えである．だから，ライプニッツが正しかった．ベルヌーイは間違っていた．

しかし，話はここで終わらない．数学者たちは，パンドラの箱を開けてしまったのだ．

$\theta = 2\pi$ とおいてみよう．すると，
$$e^{2i\pi} = 1$$

よって，$\log(1) = 2i\pi$．これを用いて，方程式 $x = x \times 1$ の対数を計算すると，
$$\log x = \log x + 2i\pi$$

この結果を右辺の $\log x$ のところに繰り返し代入すれば，次の式さえもが得られる．すなわち，任意の整数 n について，
$$\log x = \log x + 2ni\pi$$

何なのだ，これは？　一見したところ，全くナンセンスに思える．まるで，「任意の n について $2ni\pi = 0$」と言っているようなものだ．しかし，まともな数学的含意をもった主張として解釈する方法がある．複素数の関数として定義される対数関数は，多価関数になってしまうのだ．じつは，z をゼロではない複素数とするとき，$\log z$ は無限個の異なる値をとる関数となる[訳註3]．

数学者たちは，すでに複数の異なる値をとる関数という考え方になじんでいた．

平方根という関数がわかりやすい例だ．実数値関数に話を限定しても，ある数の平方根は正と負の2つの値をとる．しかし，それにしても無限個の値をとる関数とは？とっても奇妙な感じがする．

コーシーの積分定理

　数学にとって何が大事件だったかというと，複素関数の微積分法——複素解析学——が可能になると，そこから導かれる定理がきわめてエレガントで有用だったことである．実際あまりにも役に立つものだったので，その論理的基礎づけは当面，不問にされた．何かがうまくいっていて，かつ必要不可欠なものだと感じられるとき，人びとはそれが意味をもつかどうかなどと問うことはあまりない．

　複素解析学は，数学者たちのコミュニティが意識的に決定したかのように導入されていった．あまりにも明白で説得力のある一般化を進めるものだったので，それを理解できる数学者誰もが何が起こっているかを知りたいと思った．1811年にガウスは，天文学者ベッセル（Friedrich Bessel）に宛てた手紙の中で，複素数を平面上の点として表現する彼の方法を明かした上で，さらに深い結果についても言及している．その中には，複素解析学の全体を基礎づける重要な定理も含まれていた．今日，コーシーの積分定理と呼ばれているものだ．ガウスのほうがずっと早く見つけていたのだが，公表しなかった．最初に定理を発表したのはコーシーなので，この名がある．

　この定理は，複素関数の定積分，すなわち次のように表現される量に関するものだ．

$$\int_a^b f(z)dz$$

ここで a と b は複素数である．実数の解析学では，この式は $f(z)$ の原始関数 $F(z)$ ——すなわち，その導関数が $dF(z)/dz = f(z)$ となる関数——を見つけさえすれば計算できる．求める定積分は，$F(b) - F(a)$ に等しい．特筆すべきことは，実関数の定積分の場合は，積分区間の始点 a と終点 b が与えられれば，それだけで積分の値が決まるという事実だ．

　しかし，複素解析の世界ではそういうわけにはゆかない，とガウスは指摘した．積分の値は，始点 a から終点 b まで，変数 z がどのような経路を動いて変化するのかに依存する．これは，複素数が複素平面を形成し，数直線で表すことのできる実数よりも幾何学的に豊かな世界を成しているためだ．

［訳註3］　現代的な「関数」の概念は，一つだけの値が決まる1価関数が基本となっているため，値域を限定した Log z （対数の主値）という1価関数が導入される．Log z は，値域の複素数 w の虚部 Im(w) が $-\pi <$ Im(w) $\leq \pi$ を満たすよう値域を限定して定義される．この主値を使って，無限多価関数 log z を log z = Log $z + 2n\pi i$ などと表す．

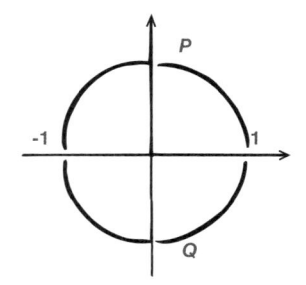

複素平面上で−1から1に至る
2つの異なる積分経路

　たとえば，複素関数$f(z) = 1/z$を$a = -1$から$b = 1$まで積分することを考えてみよう．もし，実軸の上側の単位半円Pを経路に積分すると，積分の値は$-\pi i$になる．しかし，実軸の下側の単位半円Qに沿って積分した場合はπiになる[訳註4]．2つの積分値は一致せず，その違いは$2\pi i$である．

　この違いは，この関数$1/z$が異常なふるまいをするために生じるのだと，ガウスは説明した．2つの経路で囲まれる領域の内部に，関数の値が無限大になってしまう特異点が含まれている．この場合は$z = 0$がそれで，経路となる両半円の中心である．「しかし，こういう異常が起こらないときには … 非常に興味深い事実を私は確認した」と，ガウスはベッセル宛ての手紙に書いている．「2つの経路で囲まれる領域内に，関数が無限大になる点が含まれていなければ，積分は，経路が違っても唯一つの同じ値をとる．これは，非常に美しい定理で，機会を見てその証明をお伝えしたい」．しかし，ガウスは，ついにその証明を書くことはなかった．

　定理を再発見して発表したのがコーシー，複素解析を創設した真の立役者である．ガウスは定理を知っていただろうが，発見したアイデアは他の人が知る機会がなければ何の役にも立たない．コーシーは論文にして発表した．実際，彼は数学の論文を山のように発表し続けて，止まることがなかった．一説によると，フランス科学アカデミー紀要 (Comptes Rendus de l'Academie Française) で現在まで続いている4ページ以上の論文は受理しないという規則は，コーシーがとんでもなく長い論文を連発して誌面を占有してしまうのを止めるため，導入されたと言われている．しかし，この規則が導入されると，コーシーはこんどは膨大な数の短い論文を投稿し続けた．彼の超多産なペン先から，複素解析の基本的な骨格は急速に形づくられていった．そして，全貌が現れはじめるやいなや，複素解析学は実解析学よりもずっと

[訳註4] この積分は複素解析のどの教科書にも出てくるが，$z = e^{i\theta}$とおいて実パラメータθによってzを経路に沿って動かすことで，簡単に計算できる．経路Pに沿ってzが動くということは$e^{i\theta}$において$\theta = \pi$から$\theta = 0$まで（経路Qの場合は$\theta = \pi$から$\theta = 2\pi$まで）θが変化することにほかならない．まず，$f(z) = 1/z = e^{-i\theta}$, $dz = (dz/d\theta)d\theta = (ie^{i\theta})d\theta$を計算しておく．

$$\int_P f(z)dz = \int_\pi^0 e^{-i\theta}(ie^{i\theta})d\theta = \int_\pi^0 id\theta = -i\pi. \text{一方，} \int_Q f(z)dz = \int_\pi^{2\pi} id\theta = i\pi.$$

コーシー

Augustin-Louis Cauchy 1789–1857

オーギュスタン–ルイ・コーシーは，政治的激動期のパリに生まれた．ラプラスとラグランジュがコーシー家の友人で，年少期から超一流の数学者たちと接する環境で育った．エコール・ポリテクニーク（フランスで最高峰の理工科大学）に入学し，1807年に卒業．1810年には，シェルブールで工学研究を行う．これは，ナポレオンのエジプト遠征計画に備えたものであった．しかし，その間もずっと数学が頭を離れず，ラプラスの『天体力学』(Mécanique Céleste) やラグランジュの『解析関数論』(Théorie des Fonctions) を読みふける．なかなか大学にポストを得ることができなかった時期も，熱心に数学研究を続けた．

複素積分に関する有名な論文 —— 複素解析を基礎づけることになった論文 —— を1814年に発表，その1年後にエコール・ポリテクニークの講師に採用され，ようやく念願のアカデミックなポストを得た．彼の数学は全面開花となり，1816年には波動を扱った彼の論文が科学アカデミーの賞を得る．複素解析を発展させる仕事を続け，1829年に著した『解析学教程』(Leçons sur le Calcul Différentiel) の中で彼は初めて複素関数の明示的な定義を与えた．

1830年の7月革命のあと，短期間スイスに赴き，1831年にはトリノ大学の理論物理学の教授となる．彼の講義はきわめて無秩序なものだったと伝えられている．1833年まで，彼はプラハにいたシャルル10世の孫の家庭教師をつとめた．残念なことに，プリンスは数学と物理がたいそうお嫌いであった．王子があまりにも勉強しないので，コーシー先生もキレることがしばしばであった．1838年にはパリに戻りアカデミーにポストを得るが，ルイ・フィリップが追放される1848年までは教職に復することはできなかった．生涯を通じて，彼は全部で789篇という驚異的な数の数学論文を発表した．

簡潔で，エレガントで，より完備された理論であることが，誰の目にも明らかになった．

たとえば，実解析学が扱う関数は微分可能であっても，導関数が微分可能とは限らない．23回まで微分可能だけれども24回目は微分できないという場合だってありうる．無限回微分可能なのに，ベキ級数展開で関数を表現できなかったりする．しかし，複素解析では，このようなきたないことは決して起こらない．もしも，ある複素関数が微分可能であったら，その関数は何回でも微分できることが保証されているし，つねにベキ級数展開による表現が可能である．こういうきれいな話が可

複素数は現在どのように使われているか？

今日，複素数は物理学と工学で広く使われている．わかりやすい例の一つは，振動——すなわち周期的に繰り返される動き——の研究の中に見ることができる．振動現象の例としては，地震で揺れる建物，自動車の振動，交流電流などがある．

最も単純でかつ基本的なタイプの振動は，$A\cos\omega t$という形をしている．ここで，tは時間，Aは振動の最大振幅，ωは角振動数を表す．この式が複素関数$Ae^{i\omega t}$の実部になっていることに着目すると，とても便利である．指数関数は，コサインなんかよりも，ずっと簡単に計算できる．だから，振動現象を扱う工学者たちは，複素数の指数関数を使って計算することを好む．計算を全部終えたあとで，得られた複素数の実部だけをとれば，求める結果となっている．

複素数は，力学系の平衡状態が安定なものかどうかを判別するのにも役立ち，制御理論で広く用いられている．この分野は，システムが不安定にならないよう，安定化させる手法を扱っている．一例を挙げるなら，飛行中のスペースシャトルの姿勢をコンピュータ制御するシステムがある．複素数の応用がなかったならば，スペースシャトルは煉瓦の塊のように不細工な飛び方をしていただろう．

能になる理由は，コーシーの積分定理そしてガウスが発表しなかった知られざる証明とも深く関連しているのだが，複素関数が微分可能であるためには，コーシー-リーマンの関係式と呼ばれる，非常に厳しい条件を満たさなければならない点にある．

この関係式は，積分の値が経路に依存するというガウスの見出した結果とも関連している．コーシーも，同じことだが，閉曲線を1周する経路で積分した値がゼロになるとは限らないことを知っていた．しかし，積分経路となる閉曲線の内部でつねに関数が微分可能である限り（その場合は関数は有界で無限にはならない），経路を一周した積分は必ずゼロになるのである．

さらには，留数の定理というものがある．この定理は，閉曲線を1周したときの積分の値を，閉曲線の内側で関数が無限大になる点とその近傍を知るだけで教えてくれるものだ．要するに，複素関数の完全な構造が，特異点だけで決定されてしまう．最も重要な特異点は，極と呼ばれるもので，そこで関数は無限大になる．

−1の平方根は，何世紀にもわたって数学者たちを当惑させてきた．そんな数は存在しないように思われたのに，計算の中でしつこく出てきた．そして，完全に正しい答えを得るのに使えるからには，何かしら意味のある概念ではないかという示唆が出てきた．

この「不可能な量」を使って計算するとよい結果が得られるという例が次第に増

えてくると，数学者たちはこれを役に立つ道具として受け入れ始める．

ただし，虚数の身分はまだはっきりしなかった．実数という伝統的な数体系を論理整合的なやり方で拡張することができ，$\sqrt{-1}$ もその体系の中の新しい量として四則演算の標準的な規則にきちんと従うものであることが理解されるに至って，ようやく身分のはっきりした数として認知される．

幾何学的にみると，実数は数直線を構成し，複素数は複素平面を構成する．複素平面の中では，実数の数直線は2つの座標軸のうちの片方だけを担う．代数的にみると，複素数は単なる実数のペアとして理解できる．実数のペアを足し合わせたり掛け合わせるときの定義式さえ与えてやれば十分だ．

こうして意味のある数として受け入れられ，複素数は数学全領域へ一挙に浸透していった．複素数を使うと，正の数か負の数かを気遣って場合分けするような手間が省け，計算がとても簡明になるからだ．この意味では，複素数の導入は，足し算と引き算を別々に扱う手間を省くために負の数が考案された昔の事例と，ちょっと似ている．現在では，複素数と複素関数の解析学は，科学と工学と数学のほとんどすべての分野で欠かすことのできない数理的道具として日々使われている．

Firm Foundations
Making calculus make sense

第 11 章
解析学の土台
連続・極限・関数の明確な定義

1800年ころまでに，数学者たちや物理学者たちは微積分学を，自然界を研究するのに不可欠な道具となるまでに発展させた．そこで出てきた問題群からは，たとえば微分方程式の解法のような新しい概念や方法がいろいろ生み出され，微積分学は数学全体の中でも最も豊かで活発な分野となっていた．微積分学の華麗さと威力には疑いもない．しかし，バークリー主教が提起した，微積分法には論理的基盤が欠けているという批判には，答えが出せないままであった．そして，人々がより複雑繊細な問題に取り組み始めるにつれ，微積分学という壮麗な建物全体が根元からぐらぐら揺らぎかねないように見えてきた．

無限級数を，正確な意味など考えず無頓着に扱うような，微積分学初期のやり方からは，役に立つ洞察が得られることもあれば全く無意味な間違った結果が得られることもあった．フーリエ解析という新しい手法が考案されたとき，その基礎付けを行う理論はどこにもなかったので，数学者たちは互いに矛盾する「定理」の証明を発表し合っていたのである．「無限小」といった言葉は，きちんとした定義もないまま論争に使われていた．論理的矛盾は，そこらじゅうに転がっていた．「関数」という用語の意味すら，論争の的となっていた．こんな不満足な状況をいつまでも放置できないことは明らかであった．

混乱を解決するためには明晰（めいせき）な思考法が必要である．理解しやすさを多少は犠牲にしてでも，直観を正確さで置き換える覚悟が求められた．こうした作業を行ったのは，ボルツァーノ (Bernard Bolzano)，コーシー (Augustin-Louis Cauchy)，アーベル (Niels Abel)，ディリクレ (Peter Dirichlet)，ワイエルシュトラス (Karl Weierstrass) らであった．彼らのおかげで 1900 年ころまでには，どんな複雑な級数・極限・微分・積分の操作も，矛盾を導くおそれなしに安全かつ正確に計算できるようになった．こうして確立したのが，解析学と呼ばれる分野である．微積分は解析学の核をなすけれども，その一つの側面として位置づけられ，それに先立ってより微妙でかつ基礎的な概念――たとえば極限とか連続性など――が論理的に基礎づけられることになった．これらの基礎があって，微積分の操作を支えるのである．「無限小」という概念を，曖昧なまま使うことは完全に禁止された．

フーリエ級数という難題

フーリエがややこしい問題を持ちこむまで，数学者たちは関数とは何かを，ちゃんとわかっているつもりだった．関数 f とは，ある数 x を受け取って，それから別の数 $f(x)$ を生み出す，なんらかの仕組み（手順）である．関数 f が意味をもつため

に x がどういう数でなければならないかは，f がどういう関数であるかに依存する．たとえば，$f(x) = 1/x$ であれば，x はゼロでない数でなければならない．もし関数が $f(x) = \sqrt{x}$ であって，私たちが実数について考えているのだったら，x は正かゼロの実数でなければならない．こういうことは当然とされていたが，関数の定義そのものを求められると，当時の数学者たちは多少とも曖昧になりがちであった．

どこに困難があったのかを，現在の私たちは後知恵で指摘することができる．彼らは，関数概念に関する異なった側面をよく区別せずに，ごっちゃにしたまま把握しようとしていたのである．数 x にどのような数 $f(x)$ を対応させるかという規則の問題と，その関数 $f(x)$ がどんな性質をもつかという問題——連続かどうか，微分可能かどうか，なんらかの単一の式で表現できるかどうか等々——を，彼らは区別せずに論じていたのである．

とりわけ，彼らは次のような不連続関数をどう扱っていいか，わからなかった．

$$f(x) = \begin{cases} 0 & (x \leq 0) \\ 1 & (x > 0) \end{cases}$$

この関数は，x の値が 0 を過ぎたとたん，関数値が 0 から 1 へと不連続的にジャンプする．こうした不連続性は，関数の定義式が $f(x) = 0$ から $f(x) = 1$ へとスイッチされた結果だとして説明するのが当然だと，当時の数学者たちの多くは感じていた．関数値がジャンプするのはそういう場合だけだという感覚には，一つの定義式は不連続的なジャンプを自動的に回避するものだという印象が伴っていた．つまり，関数が同じ定義式で表される限り，x の微少な変化はつねに $f(x)$ の値に微少な変化しかもたらさない，と．

別の困難は，私たちがすでに見てきたように，複素関数には多価関数が含まれるということからきていた．複素平面上の平方根は 2 つあり，対数関数は無数の値をとりうる．当然，複素数まで拡張した対数も，関数として扱えなければならない．しかし，無限個の値をとりうる複素対数関数の場合，z から $f(z)$ を決める規則は何だと思えばいいのだろうか？ 無限個の規則があって，そのどれもが対等に有効だということなのか？

こうした概念上の難しさを取り除くためには，数学者たちは実際どれほど混乱した経験をしているかを，まず直視しなければならなかった．そして，数学者たちに解決を無理やり迫る難題を突き付けたのが，フーリエだった．彼は，サインとコサインの三角関数からなる無限級数によって任意の関

" そして，数学者たちに解決を無理やり迫る難題を突き付けたのが，フーリエだった． "

数を表すという驚くべきアイデアを，熱の流れを研究する中から生み出したのである．

フーリエは，彼の方法が非常に一般的なものであるという物理学的直観を持っていた．実験的には，鉄棒の片方半分を0度に，もう半分を10度とか50度に保つという状況を想定することに，何の困難もない．物理は，途中で式が突然変わるような，不連続な関数によって初期条件が与えられても，ちっとも気にしないのだ．つまるところ，物理は数式によって動いているわけではない．私たちは物理的現実のモデルとして数式表現を使うけれども，しょせん，それはテクニックである．私たちが物理現象をどうモデル化すると理解しやすいか，という話にすぎない．

もちろん，温度の異なる2つの領域の境界付近で，温度分布が少しぼやけることはあるだろう．けれども，数学モデルというのは，いつでも物理的現実の近似だということを思い出してほしい．フーリエの三角級数を使う方法は，こうした不連続な温度分布を与えた場合でも，十分に意味のある結果をもたらした．鉄棒は，熱方程式をフーリエが三角級数を用いて解いた通りに，温度分布を平滑化したのである．フーリエは，『熱の解析的理論』(Théorie analytique de la chaleur) の中で彼の立場をはっきり述べている．「一般に，この関数 $f(x)$ は勝手な値または座標を連ねたものを表す．われわれは，関数値が単一の規則に従って決まるものだとは仮定しない．関数値は任意の，どんな連なり方をしていてもかまわない」．

じつに大胆な言葉である．ただし，残念ながら，彼がこの主張を根拠づけようとした議論は，とうてい数学的証明の名に値するものではなかった．論拠と言えるものがあったとして，それは前の時代のオイラーやベルヌーイが援用した議論よりも，さらにずさんなものであった．

それに加えて，もしフーリエの言っていることが正しいとしたら，彼の級数は不連続な関数を決める単一の規則を実質的に導いたものだといえる．先ほどの関数は0と1の値を不連続にとるが，この一部分を等間隔に並べれば，矩形波という周期関数になる[訳注1]．矩形波は，全く問題なくフーリエ級数展開でき，その表現は一意的に決まる．そして，この級数表現は，関数が0の値をとる区間でも1の値をとる区間でも，等しく適用できる．すなわち，2つの異なった規則で表現されたはずの不連続な関数が，一つの規則によって書き下されたことになる．

この困難な状況の中から，19世紀の数学者たちはいくつかの概念的に異なったことがらを，ゆっくりとだが次第に分けて考え始めるようになった．一つ目は，関

[訳注1] たとえば，$f(x) = \begin{cases} 0 & (n < x \leq n+1) \\ 1 & (n-1 < x \leq n) \end{cases}$ ($n = 0, \pm 2, \pm 4, \cdots$) のように決めればよい．次ページの図では，関数の値として ± 1 をとる矩形波が描かれているが，上式の0を -1 に置き換えればよいだけで，議論の筋道は本質的に同じままである．

数という用語が何を意味するか，という問題．二つ目は，関数を表現するさまざまな方法についての問題——関数が式によって表されるのか，フーリエ級数によって表されるのか，または別の方法で表現されるのか，という問題．三つ目は，関数がどういう性質を持っているかという問題．四つ目は，どういう方法で表現された関数がどの性質を保証するのか，という問題．たとえば，単一の多項式は連続関数を与えるであろう．しかし，単一のフーリエ級数表現は，連続関数を与えるとは限らないように思われる，等々．

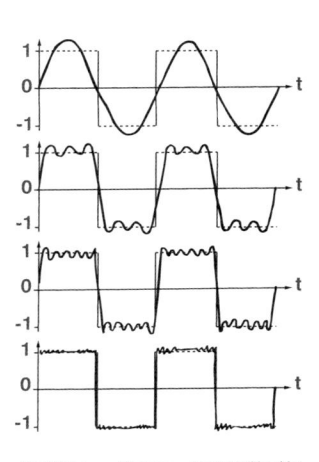

矩形波と，そのフーリエ級数近似

フーリエ解析は，関数概念を明確化しようとする考え方それぞれの適否を試すための，恰好の事例となった．ここでは問題が鮮明に浮き彫りにされ，高度にテクニカルな区別を明確に行うことが必要であった．そして，1837年にディリクレが近代的な関数概念を最初に導入したのは，まさにフーリエ級数に関する論文においてだった．ディリクレが実質的に主張したのは，こういうことだ．すなわち，ある変数 y が別の変数 x の関数であるとは，（一定の定義域にある）x の値それぞれに対して特定の一意的な関数値 f が存在することを意味する．彼は，ここでは特別な規則や式は必要ないと，はっきりと断っている．x が与えられたときに，それに適用される何らかの一連のよく定義された数学的操作があって，それによって y の値が一意的に定まるようになっていれば十分である，と．当時としては極端と思われたに違いない例は，ディリクレがこれより以前の1829年に考えた関数だ．$f(x)$ は x が有理数であれば一つの値を，x が無理数であれば別の値をとる，というもの．この関数は，いたるところで不連続となる（現在であれば，このような関数は比較的おとなしいクラスに分類されるだろう．もっとずっと乱暴なふるまいをする関数を作ることは可能だ）．

ディリクレにとって，平方根は単一の関数ではなかった．2つの1価関数なのである．実数 x に対しては，正の平方根を一方の関数として定義するのが——本質的ではないけれど——自然なことである．そして，負の平方根を他方の関数だと定義すればよい．複素数についても，適当な方法で2つの関数を定義して区別することが可能である．ただし，実数の場合のように自然な形で2つの関数を区別する方法はない[訳注2]．

[訳註2] たとえば，$z = re^{i\theta}$ ($r, \theta \in \mathbb{R}$, $0 \le r$, $0 \le \theta < 2\pi$) において，$f_1(z) = \sqrt{r}e^{i\theta/2}$, $f_2(z) = \sqrt{r}e^{i(\pi+\theta/2)} = -\sqrt{r}e^{i\theta/2}$ などと決めればよい．この場合は，偏角 θ の選び方に任意性が残る．もし $-2\pi \le \theta < 0$ として偏角 θ を決めれば，上記の $f_1(z)$ と $f_2(z)$ はちょうど逆になってしまう．

連続関数の定義

　ようやく，こうした問題に数学者たちが目を覚まし始めたわけだが，当時の数学者たちは「関数」という用語を定義する際に，しばしば定義からは導かれないような性質を関数に仮定してしまう傾向があった．たとえば彼らは，多項式のように「まともな式」で定義された関数なら，必ず連続であるとみなした．しかし，その証明が与えられることはなかった．じつは，証明できるはずもなかったのである．なぜなら，彼らは「連続性」を定義していなかったのだから．この領域は，まだ漠然とした直観にあふれていた．しかも，そうした直観の多くは間違ったものであった．

　こうした混乱状態を解決する真剣な努力を最初に始めたのは，ボヘミアの司祭で，哲学者かつ数学者であった人物だ．名を，ベルナルト・ボルツァーノ (Bernhard Bolzano) という．彼は，実数の概念そのものは自明として用いていたが，微積分学の基礎となる重要な概念のほとんどに対し，健全な論理的土台を与えた．ボルツァーノは，無限小や無限大といったものは，数としては存在しないと明確に主張した．だから，いかに直観的なイメージ喚起力に富んでいるとしても，それらを直接計算に使ってはいけないのだ，と．

　そして，彼は連続関数の適切な定義を与えた．すなわち，関数 f が x において連続であるとは，a を十分に小さく選べば，差 $f(x+a)-f(x)$ をいくらでも小さくできる，ということである．それまで数学者たちは，「a を無限小にすると，$f(x+a)-f(x)$ は無限小になる」といった言い方をしていた．しかし，ボルツァーノにとって a は「無限小」といった曖昧なものではなくて，他の数と全く同様に，端的に一つの数にほかならなかった．彼の論点はこうである．「あなたは，$f(x+a)-f(x)$ の値をいくらでも小さくするよう求めることができるが，その微少差の値をそのつど指定しなければならない．私たちのほうでは，その値に応じて適当な a の値を決め，$f(x+a)-f(x)$ の値を指定された微少差の範囲内に必ずおさえてみせる」．使われるのはあくまで通常の数だが，同一の値の数だけを使い続けるわけではない．指定された微少差の値に応じて，そのつど a の値を選び直すことになる．

　ボルツァーノの論法を，例を挙げて説明してみよう．まず，$f(x)=2x$ を例にとる．$f(x+a)-f(x)$ を計算してみると，$2(x+a)-2x=2a$ である．もし，あなたが差 $2a$ を 10^{-10} より小さくしたかったとすれば，a を $10^{-10}/2$ より小さい数として選べばよい．このやり方で，差 $f(x+a)-f(x)$ は，いくらでも小さくできる．だから，$f(x)=2x$ は連続関数である．$f(x)=x^2$ のような少し複雑な関数の場合も，詳細は少しばかり込み入ったものになるが，全く同様な議論で連続性を示すことができる．

この連続性の定義を用いて，ボルツァーノは多項式関数が連続であることを初めて証明した．しかし彼の業績は，以後 50 年もの間，誰にも気づかれなかった．ボルツァーノは，数学者たちが全く読みそうもない

> 混乱の中から
> 次第に秩序が
> 生み出されていった．

ところに論文を発表していた．それに，当時の学術的な情報伝達の手段が，現在では考えられないほど乏しかったこともある．インターネットが当たり前になった現在に生きる私たちにとって，50 年前の情報通信環境を想像するのは難しくなっている．いわんや，2 世紀前においてをや，である．
　1821 年に，コーシーもほぼ同様のことを述べていた．ただし，やや誤解を招きやすい表現を使っていた．彼による連続関数の定義はこうである．「a が無限小になるとき，つねに $f(x)$ と $f(x+a)$ の差が無限小になるならば，関数 f は連続である」．ちょっと読むと，当時の用語定義を曖昧にしたままの表現みたいな感じである．しかし，コーシーにとっての「無限小」とは，限りなく小さい単一の数のようなものを指すのではなくて，限りなく小さくなってゆく「数列」を意味していた．たとえば数列 $0.1, 0.01, 0.001, 0.0001, \ldots$ は，コーシーの意味での無限小である．しかし，この数列に含まれる 0.0001 といった各項は，小さい数かもしれないがすべて通常の実数である．「無限小」というような特殊な数（?）は決して含まれていない．この用語法を考えに入れると，コーシーによる連続性の定義はボルツァーノのものと全く同じであったことを理解できる．
　無限過程のずさんな取り扱いを厳しく批判したもう一人の数学者が，アーベルである．彼は，同時代の数学者たちが無限級数を，総和が意味をもつか否かを検討もせずに平気で使っている，と批判していた．彼の批判は，鋭く急所を突いていた．そして，混乱の中から次第に秩序が生み出されていった．

極限過程を適切に操作する

　ボルツァーノの考え方に沿って，いくつもの改善が進められていった．ボルツァーノは，無限数列の極限をきちんと定義できることを示し，それをもとに無限級数の和を定義した．彼の定式化したやり方を用いれば，たとえば無限級数，

$$1 + \frac{1}{2} + \frac{1}{4} + \frac{1}{8} + \frac{1}{16} + \cdots$$

の和を明確に定義でき，その値は厳密に 2 に等しい．2 よりほんの少し小さいとか，無限小だけ小さいのではなくて，無限級数はぴったり 2 に等しいのである．
　どうしてそうなるかを説明するために，まず無限に続く数列，

$$a_0, a_1, a_2, a_3, \cdots$$

を考えよう．「n が限りなく大きくなるときに数列 a_n は極限 a に収束する」とは次のことを意味する（定義）．すなわち，任意の正の数 $\varepsilon > 0$ に対してある数 N が存在し，$n > N$ である限り必ず a_n と a の差が ε より小さいようにできる（ギリシャ文字 ε がこの小さな数を表すのに伝統的に用いられている．ε はイプシロンと読む）．注意しておきたいのは，この定義の中に出てくる数はすべて有限のふつうの数だということである．「無限大」とか「無限小」は，定義の中には出てこない．

先ほどの無限級数の総和を論じる際には，まず以下のように部分和の列を考える．

$$a_0 = 1$$
$$a_1 = 1 + \frac{1}{2} = \frac{3}{2}$$
$$a_2 = 1 + \frac{1}{2} + \frac{1}{4} = \frac{7}{4}$$
$$a_3 = 1 + \frac{1}{2} + \frac{1}{4} + \frac{1}{8} = \frac{15}{8}$$

この場合は，第 n 部分和 a_n と 2 との差が $1/2^n$ となっているのが見て取れる．だから，a_n は極限値 2 に収束する．これを厳密に確認するためには，与えられた任意の ε に対して，N を $N = \log_2(1/\varepsilon)$ とすればよい[訳註3]．この N について，$n > N$ である限り a_n と 2 との差は必ず ε より小さくなる．

部分和が有限の極限値をもつとき，その無限級数は収束するという．このとき，無限級数の総和は，部分和を数列としてみたときの極限値として定義される．

同じような考え方を使うことで，さまざまな種類の極限値を，曖昧さや論理的混乱なしに定義できる．微分係数や定積分なども，こうした極限値の一種だと言っていい．これらの極限値は，一定の条件のもとで確かに存在する．もはや微分や積分の計算は怪しげな演算操作なのではなくて，きちんと定義された数学的意味をもつのである．極限とは，ニュートンが主張したように，ある量が —— 別の数が無限大やゼロに向かうときに —— 近づいてゆくところの値である．ただし，その過程でその数は無限大やゼロに到達する必要はないのである．

こうして，微積分学の全体は健全な土台の上に乗った．マイナス面があるとしたら，たとえば極限過程を扱うときは必ず，本当に収束するかどうかを確かめなければならなくなったことである．このための最善の方法は，どういう種類の関数が連続か，微分可能であるか，積分可能であるか，どういう級数なら収束するか等を，

[訳註3] この式だと，N は一般には整数とはならないが，以下の議論にそれで困る点は本質的に何もない．どうしても N を整数にしたければ，$N = [\log_2(1/\varepsilon)] + 1$ とでもおけばよい（ここで，$[x]$ はガウス記号で，x を越えない最大の整数を表す）．

解析学はどのように使われてきたか

19世紀の数理物理学は，多くの重要な微分方程式を見出していった．当時は数値解を求めるための高速コンピュータなど存在しなかったから，数学者たちは方程式を解くための特殊関数を新たにいろいろ考案した．これらの特殊関数は，現在でも使われている．一例が，以下に示すベッセル (Bessel) の方程式に伴う特殊関数．この方程式は，最初ダニエル・ベルヌーイ (Daniel Bernoulli) が導き，ベッセルが一般化した．方程式は，

$$x^2 \frac{d^2y}{dx^2} + x\frac{dy}{dx} + (x^2 - k^2)y = 0$$

という形をしている．そして，当時までに知られていたサイン，コサイン，対数などの標準的な関数を使って解を表現することはできなかった．

しかし，解析学が解を見つける道具立てを提供した．ベキ級数で関数を表現するという方法だ．この方程式の解は，ベキ級数で表現される新しい関数，ベッセル関数によって与えられる．最も簡単なタイプ（第1種）のベッセル関数は $J_k(x)$ と表記されるが，他のタイプも存在する．関数がベキ級数で表現されているので，$J_k(x)$ 等の値は比較的簡単に望みの精度まで計算できる．

ベッセル関数は，円や円柱で定義された問題の多くを解く過程で，自然に出てくる．たとえば，円形ドラム表面の定常波，円柱状の導波管を伝わる電磁波，円柱状の金属棒内部の熱伝動，さらにはレーザー物理学などである．

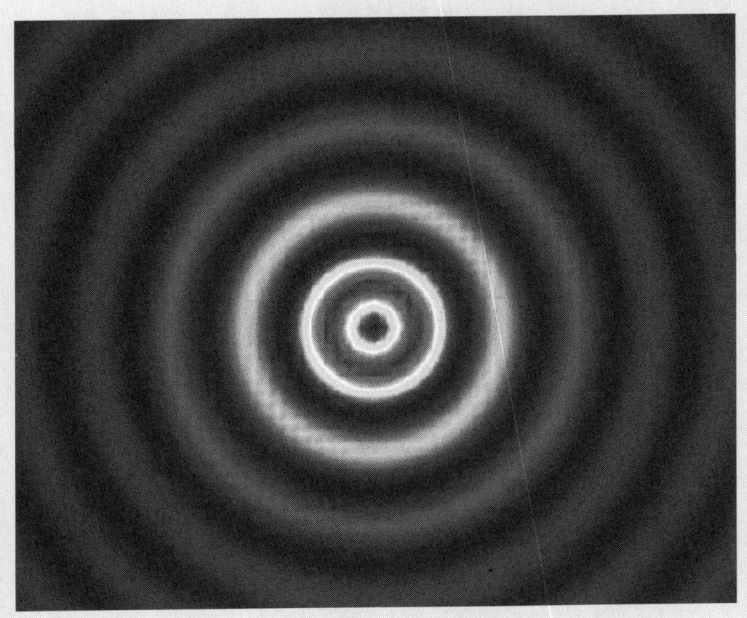

ベッセル関数 $J_1(x)$ を用いて計算されたレーザー・ビーム強度分布

できるだけ一般性のある定理の形で証明してゆくことだ．実際，これこそ解析学の研究者たちが日々行っていることにほかならない．そして，私たちがもはやバークリー主教が指摘した難点にいちいち悩まなくてよくなったのは，これら数学者たちの努力のおかげなのである．また，私たちはフーリエ級数の問題をいちいち議論しはしない．なぜなら，無限級数の収束についての健全な論理的土台が確立され，どういう条件のときにそれらが収束し，どういう条件のときには収束しないか，そして収束するとしたらどういう意味での収束なのか，きちんと調べる方法があるからである．今では極限や収束の基礎としていくつかのタイプの理論が確立しており，たとえばフーリエ級数を扱う場合は，そのうちの適切な理論を選べばよい．

ベキ級数

ワイエルシュトラスは，実数の場合と同様のやり方が複素数の世界でも使えることを見抜いた．すべての複素数 $z = x + iy$ について，その絶対値 $|z| = \sqrt{x^2 + y^2}$ が定義できる．これは，ピタゴラスの定理を使って計算できる，複素平面上の原点 0 と複素数 z との距離にほかならない．この絶対値を用いて複素数表現の差異の大きさを評価すれば，ボルツァーノが実数の場合に定式化した極限や級数の収束などの概念を，そのまま複素解析の世界に持ち込むことができる．

ワイエルシュトラスは，特定の種類の無限級数がとりわけ有用であることに気づいた．ベキ級数と呼ばれるものだ．これは，いわば多項式を無限次元にまで拡張したような，次のタイプの無限級数表現である．

$$f(z) = a_0 + a_1 z + a_2 z^2 + a_3 z^3 + \cdots$$

ここで，各係数 a_n は特定の複素数である．ワイエルシュトラスは，こうしたベキ級数表現をもとに複素解析の全体を基礎づけるという壮大な研究計画に乗り出した．そして，このプログラムは見事な成功をおさめたのである．

たとえば，指数関数は次のようなベキ級数によって表すことができる．

$$e^z = 1 + z + \frac{1}{2} z^2 + \frac{1}{6} z^3 + \frac{1}{24} z^4 + \frac{1}{120} z^5 \cdots$$

ここに出てくる 2, 6, 24 等の数字は，2, 3, 4 等の階乗となっている．ある数の階乗とは，その数までの整数をすべて掛け合わせたもので，たとえば 5 の階乗は $120 = 1 \times 2 \times 3 \times 4 \times 5$ である．すでにオイラーはこの展開式を発見法的に見つけていたが，ワイエルシュトラスはこの式に厳密な意味を付与するのである．再びオイラーのひそみにならって，ワイエルシュトラスは指数関数を三角関数と関連づける．ここでは，むしろ以下が三角関数の定義式とされるのである．

$$\cos\theta = \frac{1}{2}(e^{i\theta} + e^{-i\theta})$$

$$\sin\theta = -\frac{i}{2}(e^{i\theta} - e^{-i\theta})$$

　三角関数をベキ級数によって定義して，そこから通常知られている三角関数の性質すべてをワイエルシュトラスは導き出してみせた．この流儀によって，円周率 π を定義することさえできる．それを用いて，オイラーの有名な公式 $e^{i\pi} = -1$ も証明できる．そして，複素数の対数についてオイラーが述べたことが正しかったことを確認できる．これらすべては，理にかなった話になっているのだ．複素解析は，決して実数の解析学を神秘的な世界へと拡張したものなんかではない．それ自身で意味のある世界なのだ．実際，解析学の問題の多くは複素数の領域で考えると簡単明瞭に理解できる．実数の問題について知りたいときに，複素解析で解いた結果から実数部分だけを最後に読み取る，という場合も多いのである．

　ワイエルシュトラスにとって，これは彼の壮大なプログラムのほんの始まりにすぎなかった．しかし，ここで重要なのは，基礎が正しく敷かれたということだ．土台がしっかりしていれば，その上に洗練された成果が生まれてくるものだ．

　ワイエルシュトラスは並はずれた頭脳明晰な人で，極限と微分・積分のどんな込み入った組合せについても混乱することなしに，見通しをつけることができた．その一方で，容易ではない難題をも見出した．その中でも驚くべき定理は，実変数 x の関数 $f(x)$ で，どこでも連続でありながらいたるところ微分不可能なものが存在することを証明したものであろう．この関数 f のグラフは，一連なりの切れ目のない曲線でありながら，いたるところ細部までギザギザに折れ込んでいて接線を引くことのできる点がどこにもない，という形状をしている．彼に先行する数学者たちは信じようとさえしなかっただろう．同時代の数学者たちはいったい何を意味するものかと訝しがった．彼のあとの数学者たちは，ここから20世紀の最も刺激的な理論——フラクタル幾何学——を発展させていった．

　しかし，フラクタルの話は，のちの章にゆずろう．

基礎を固めることの重要さ

　初期の微積分学の創設者たちは，厳密さには無頓着に無限過程の操作を行うことが多かった．オイラーは，無限級数をあたかも多項式と同様のものとみなして，どんどん計算を進め，驚嘆すべき成果を生み出し

" オイラーのような天才でも，ときに全く間抜けなミスを犯している． "

た．こういう乱暴なやり方をすると，ひどい結果に導かれることがある．われわれ凡人がやると，ナンセンスな間違いばかり出てくるものだ．オイラーのような天才でも，ときに全く間抜けなミスを犯している．たとえば，彼は次のようなベキ級数，
$$1 + x + x^2 + x^3 + x^4 + \cdots$$
を扱って，無限級数の総和 $1/(1-x)$ に $x = -1$ を代入し，以下の式を導いている．
$$1 - 1 + 1 - 1 + 1 - 1 + 1 \cdots = 1/2$$

言うまでもなく，この式はトンデモ系である．このベキ級数は，のちにワイエルシュトラスが明確に示したように，x が厳密に -1 より大きく 1 より小さい場合しか収束しない．

こうした雑なやり方に対するバークリー主教らの批判を真剣に受け止めることが，長い目で見ると数学を豊かにし，堅固な基礎を据えることにつながった．数学理論が複雑なものになればなるほど，理論が拠って立つ基盤を確かなものにすることが求められる．

現在の世界で数学を使っている人々は，この章で述べたような微妙な問題をほとんど無視しても，まず大丈夫である．数学知識として学んだ内容のうち，理にかなっていると思える結果であれば，たいてい厳密な基礎づけを誰かがやってくれている．こうして安心して解析学の結果を使えることについて，私たちは先駆者であるボルツァーノ，コーシー，ワイエルシュトラスらに感謝しなければならない．

その一方で，プロフェッショナルの数学者たちは，無限過程の厳密な概念化の努力を現在でも続けている．超準解析と呼ばれる，無限小の概念を復活させる試みすらある．超準解析は，昔の曖昧な概念のまま無限小を再導入するものではない．その正反対で，完全に厳密な論理で無限小概念を扱い，他の方法では手がつけられない難問に挑戦するのに用立てられている技法だ．この理論では，論理的矛盾を避けるため，通常の数とは異なる新しい種類の数として「無限小」を導入する．その論理の精神としては，コーシーが無限小を扱ったときの発想に近いとも言える．超準解析は数学全体から見ると，専門的で特殊な分野であり，少数派にとどまっている．でも，今後の展開を注目しよう．

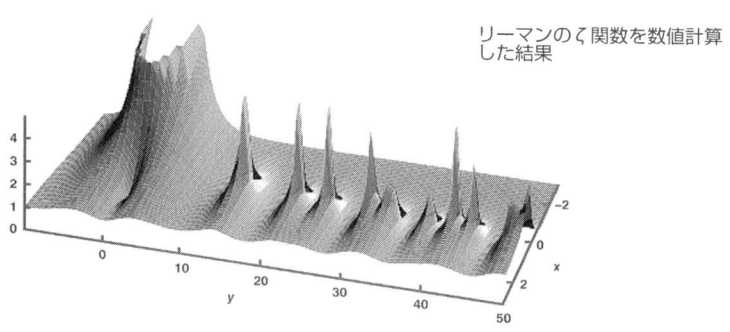

リーマンのζ関数を数値計算した結果

リーマン予想

最も有名な数学の未解決問題といえば，リーマン予想の正否であろう．これは，素数分布とも密接な関連をもつ複素解析学の問題だが，数学のほとんどすべての領域に影響をおよぼしうる大きな問題である．

1793 年ころ，ガウスは，x より小さい素数の数は $x/\log x$ で近似できるだろうと予想した．彼はそのあとに，対数積分として現在知られている近似式による，より正確な素数の分布法則（素数定理）を示唆している．1737 年オイラーは，数論と解析学との間に興味深い関連があることに気づいた．次の無限級数，

$$1 + 2^{-s} + 3^{-s} + 4^{-s} + \cdots$$

は，素数についての次の級数，

$$1 + p^{-s} + p^{-2s} + p^{-3s} + \cdots = \frac{1}{1-p^{-s}}$$

を，すべての素数 p について掛け合わせたもの（無限乗積）と等しいというのである[訳注4]．ここでは，級数（および無限乗積）が収束を保証されるよう，$s > 1$ と考えている．

1848 年にチェビシェフ (Pafnuty Chebyshev) は，ガウスの素数分布についての予想を証明する上での一定の進展をもたらし，このときオイラーの上記の数列を複素数にまで拡張した．この複素関数は，現在ゼータ関数 $\zeta(z)$ と呼ばれている．この関数の役割を明確にしたのがリーマン (Bernhard Riemann) であった．彼は，1859 年に発表した論文「与えられた数より小さい素数の個数について」(*Über die Anzahl der Primzahlen unter einer gegebenen Größe*) において，素数分布の統計的性質はゼータ関数のゼロ点，すなわち $\zeta(z) = 0$ を満たす z の分布と密接に結びついていることを示した．

アダマール (Jacques Hadamard) とプーサン (Charles de la Vallée Poussin) は，それぞれ独立に 1896 年，ゼータ関数を使って素数定理を証明した．この証明では，$1 + it$ の形をした任意の複素数 z について $\zeta(z)$ がゼロではないことを示すのが，主要なステップとなっている．私たちがゼータ関数のゼロ点の場所をより正確に知れば知るほど，より深い素数分布についての理解が得られる．リーマンが予想したのは，負の偶数という自明な例外点を除いて，ゼータ関数のゼロ点はすべて直線 $z = 1/2 + it$ 上にあるという命題である．

1914 年，ハーディ (G.H.Hardy) は，この直線上に無限個のゼロ点があることを証明した．大規模な計算機実験も，この予想に肯定的な結果を出している．2001 年から 2005 年にかけて，ヴェニフスキー (Sebastian Wedeniwski) が開発したプログラム ZetaGrid は，最初の 1000 億個以上のゼロ点がすべてこの直線上にあることを確認した．

リーマン予想は，ヒルベルトが提示した有名な「数学で未解決の 23 問題」のうちの 8 番目にリストアップされている．また，クレイ数学研究所のミレニアム懸賞問題[訳注5]の一つにもなっている．

[訳註4] 一つの式にまとめると，$\sum_{n=1}^{\infty} \frac{1}{n^s} = \prod_{\text{すべての素数}\,p} \frac{1}{1-p^{-s}}$ ということである．

[訳註5] ちなみに，賞金は 100 万ドルである．

解析学は現在どのように使われているか

解析学は，生物の人口（個体数）増殖を数理生物学的に研究するのにも使われている．簡単な例に，ロジスティック・モデルがある．これは，フェアフルスト-パール (Verhulst-Pearl) モデルとも呼ばれる[訳註6]．ここでは，変動する人口（個体数）x を時間 t の関数として，次の微分方程式によって個体数変動がモデル化される．

$$\frac{dx}{dt} = kx\left(1 - \frac{x}{M}\right)$$

ここで，M は環境収容力と呼ばれる定数で，その環境によって維持可能な最大個体数を表す．この方程式は，解析学の標準的な方法で解くことができて，

$$x(t) = \frac{Mx(0)}{x(0) + (M - x(0))e^{-kt}}$$

という解が得られる．この解曲線は，ロジスティック・カーブと呼ばれている．この曲線に沿った人口（個体数）増殖は，最初ほぼ指数関数的な急速な増加をみせ，環境収容力の半分を過ぎるあたりから増殖速度は低下し始め，やがて環境収容力のレベルに落ち着く．

このカーブは，多くの生物個体数増殖の様子をかなりよく表すのだが，完全に現実的なモデルとは言えない．これと類似のもう少し複雑なモデルが，実際のデータに近づけるために使われることが多い．人類が天然資源を消費する場合も，ロジスティック・カーブと類似のパターンを見せることが多い．このモデルをもとに，将来の需要を見積もったり，資源が今後どのくらいの期間もつかを推定することもできる．

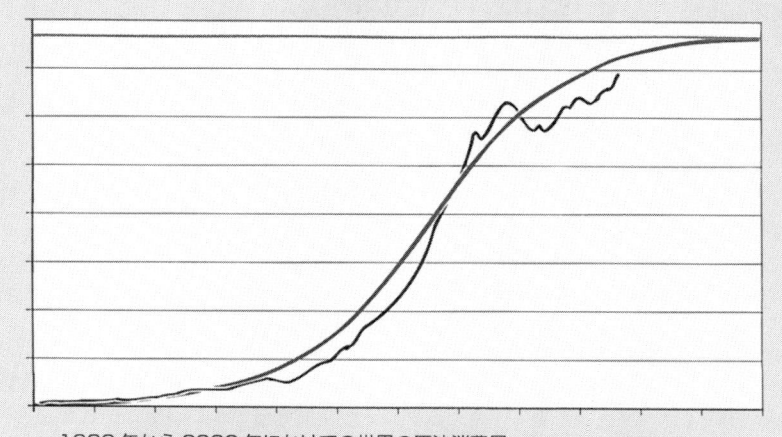

1900年から2000年にかけての世界の原油消費量：
滑らかな曲線がロジスティック方程式の解，ジグザグになった曲線が実データ

[訳註6] フェアフルスト (P.F.Verhulst; 1804-49) はベルギーの数学者．パール (Raymond Pearl; 1879-1940) は米国の生物学者．

Impossible Triangles
Is Euclid's geometry the only one?

第 12 章
不可能な三角形
ユークリッド幾何学を超えて

微積分学の土台には，幾何学の原理がある．しかし，ここでの幾何学は，記号的演算に還元され，やがては解析学として形式が整備されていった．とはいえ，視覚的な数学の思考が役割を失ったわけではない．新しい発展が，全く意外な方向に向けて始まった．

2000 年以上にわたって，ユークリッドの名は，幾何学の同義語であった．彼の後継者が内容を追加し，特に円錐曲線をめぐって重要な発展があったが，幾何学の概念的な枠組みそのものには基本的に変化はなかった．ずっと支配的だったのは，ただ一つの正しい幾何学があるという考え方である．それこそがユークリッドの幾何学であり，物理世界の唯一正しい幾何学的記述を与えるものだと考えられていた．それとは別の幾何学が存在するなどということを，人々は想像だにできなかった．が，それは永遠には続かなかった．

球面幾何学と射影幾何学

ユークリッド幾何学から離れた最初の幾何学的試みは，航海術という非常に実用的なところから出てきた．近い距離の世界だけを見ている限り，地球はほぼ平らだから，平面上で地理的な特徴づけができる．しかし，ずっと遠くまで船が航海に出る時代になると，地球の本当の形を考えに入れる必要が出てきた．

いくつかの古代文明は，地球が丸いことを知っていた．船が水平線の向こうへ姿を消す様子，月食の際の地球の影など，そのことを示す証拠はたくさんあった．一般に古代人は，地球を完全な球とみなしていた．

実際の地球の形状は，完全な球ではなくて，ほんの少し扁平になっている．赤道面での直径が 1 万 2756 km なのに対し，北極／南極方向での直径は 1 万 2714 km である．違いは，約 300 分の 1 と小さい．航海者たちが数百キロ程度の誤差は日常的に経験していた時代，地球の数学的モデルとしては球で全く問題なかったと言えよう．

ただし，当時の関心の中心は球面三角法にあった．航海用の計算に必須の道具だから当然と言えば当然であるが，球面そのものを幾何学的空間として論理的に解析しようという方向には行かなかった．球は 3 次元のユークリッド空間内に自然におさまるから，球面幾何学をユークリッド幾何学とは別の方法で理解しようとは，誰も思わなかった．違いはすべて，地球表面が球面としての曲率をもつことの結果として理解できる．空間の幾何学そのものは，完全にユークリッド幾何学のままでいい．

より本格的なユークリッド幾何学からの船出は，17 世紀初頭から始まる射影幾何学の導入によってもたらされる．この分野は，科学からではなく，美術から生ま

れた．ルネサンス期のイタリアの芸術家たちが理論的・実践的に探究した透視画法が，そのルーツである．絵画をよりリアルに見せようとする目的で，幾何学を新しい視点で考える方法が生み出された．ただし，この展開もユークリッド幾何学の枠組みの中での革新と見るべきだろう．これは空間そのものを変えたのではなくて，空間の見方を革新したのである．

ユークリッドの幾何学が唯一のものではなく，論理整合的な別のタイプの幾何学—— そこではユークリッド幾何学で証明された定理の多くが成り立たない —— も存在可能なことは，別の流れの中で見出された．18世紀半ばから19世紀半ばにかけて議論され，発展していった，幾何学の論理的基礎を再考する試みの中からである．大きな問題となったのは，ユークリッド『原論』の第五公準—— 平行線の存在をひどく不自然な表現で主張したもの —— である．この第五公準を他のユークリッドの公理群に帰着させようという試みは，どれもうまくゆかなかった．結局，そんなことは不可能だということが認識されるに至った．そして，第五公準が必然的でないばかりか，じつはユークリッド幾何学とは違うタイプの，論理的に矛盾のない幾何学が可能であることが判明した．

非ユークリッド幾何学は，現在では純粋数学と数理物理学にとって必要不可欠な道具となっている．

幾何学と美術

ヨーロッパに関する限り，西暦300年から1600年にかけては，幾何学は長い停滞期にあった．生きた科目としての幾何学が甦(よみがえ)るのは，美術における遠近法に関する問いからである．どうすれば2次元のカンバス上に奥行きのある3次元世界をリアルに表現できるのか，という問いである．

ルネサンス期の芸術家たちは，たんに絵画を描いているだけではなかった．彼らの多くは工学的な仕事 —— 平和目的の場合もあれば戦争目的の場合もあったが —— にも従事していた．彼らの芸術には実用的な側面があり，遠近法（透視図法）の幾何学は，建築や視覚芸術に応用される実践的な探求であった．また，当時は光学すなわち光線の数学的理解への興味が強まってきていた．やがて望遠鏡や顕微鏡が発明されると，光学の花開く時代となるわけである．

透視図法を数学的に考察した最初の一流の芸術家は，ブルネレスキ(Filippo Brunelleschi)だ．実際，彼の芸術作品は，その数学的思考の媒体であったと

> " 西暦300年から1600年にかけて，ヨーロッパで幾何学は停滞期にあった． "

情景を画面に射影する —— デューラー (Albrecht Dürer) による絵

言っていい．アルベルティ (Leone Battista Alberti) は，1435 年に時代を画する書物『絵画論』(*Della Pittura*) を執筆し，遠近法を論じた古典となったこの書物は 1511 年になって出版された．

　アルベルティは，あまり害のない，しかし重要な単純化 —— まっとうな数学者が基本として行うことだが —— を行った．人間の視覚は，じつに複雑だ．たとえば，私たちは左右に離れた眼を使って立体的な視覚を生み出し，奥行きの感覚を得る．アルベルティは，それを単眼での視覚に単純化し，その単眼も針の穴の瞳孔をもつと仮定した．つまり，この眼球はピンホール・カメラと同じ働きをするのである．

　彼は，この単眼で目の前の情景をとらえたものに一致させようと，画家がイーゼルに架けたカンバス上に像を描いている状況を想定した．カンバスと現実の情景との両方が，画家の目の網膜に像を射影する．両方を完全に一致させる最も単純な（もしくは概念的な）方法は，カンバスを透明にして固定視点から情景を透視し，目に見えたそのままを透明カンバス上に描くことである．これで，3 次元の情景が 2 次元のカンバスへと射影される．目に映る情景の各特徴点ごとに，カンバス面のどこを光線が通るか位置を確かめながら，描き加えてゆきさえすればいい．

　この方法は，文字通りに受け取ると，あまり実用的だとは言い難い．とはいえ，

何人かの画家は，カンバスの場所に半透明な素材またはガラスを置いて，この通りのことを実行した．この作業は，しばしば予備的ステップとして行われた．透視で得た事物の輪郭をカンバスに写し取って，それをもとに本番の絵画を描き始めるわけである．

　もっと役に立つのは，この概念的定式化を用いて，3次元の情景の幾何学を2次元の射影像の幾何学と関係づけるというアプローチだ．通常のユークリッド幾何学は，剛体運動の際に変化せずに保たれる図形の性質——長さや角度など——を扱うものだ．ユークリッドがこのような言い方で幾何学を定式化しているわけではないが，三角形の合同を基礎的な道具に用いたことで実質的にそうなっている（合同な三角形とは，大きさと形が同じだが，位置や向きが違う三角形のことであった）．同様に，遠近法の幾何学とは，煎じ詰めると，射影によって不変に保たれる図形の性質を扱うものにほかならない．

　長さや角度が不変に保たれないことは，すぐわかる．月夜に手を空にかざして，月を隠すことができる．遠近法の幾何学では，目に見える長さが簡単に変わるという一例だ．角度にしても，同じようなものだ．角が直角になったビルを見てみたらいい．コーナーが直角に見えるのは，真正面からビルを見た場合だけだ．

　では，射影によって不変に保たれる図形の性質には，どのようなものがあるだろうか？　最も重要な性質は，当たり前すぎて，かえって気づかれにくい．あまりにも単純なので，その意義を見失ってしまいがちである．まず，点は，点のままである．直線（線分）は，直線（線分）のままに保たれる．一つの直線上にある点の像は，その直線の像の上に乗るはずだ．したがって，もし2つの直線が1点で交わっていたら，その像においても，2つの直線（の像）は元の交点に対応する点のところで交わっているはずだ．点と線の結合関係は，射影よっても保存される．

　重要な幾何学的性質で，射影によっては保存されないのが，「平行」という性質だ．長い直線の道路を，道路の真ん中に立って眺めているところを思い浮かべてほしい．3次元の現実世界の中で，道路の両側は平行である．当然，交わらない．しかし，道路の両側は完全に同じ向きをしているようには見えない．遠く地平線のところで1点に吸い込まれていっているように見えるはずだ．

　ただ，こうした平行線の射影像の様子は，地面を無限に広がる平面として理想化した場合にだけ成り立つ話である．実際の地表面の場合，少し丸くなっていることを考えに入れると，必ずしもこの通りにはならない．球面の場合は，地平線上でも道路の両側には理論上わずかなギャップが残るはずだ．もっとも，このギャップは非常に小さいので，目には見えないだろう．球面上の平行線という話は，いずれにせよ何かとやっかいである．

平行線がこういう見え方をするという性質は，遠近法の描画法にとって非常に有用なものだ．頂点が直角になった直方体の箱を，無限遠の地平線（水平線）とその上の2つの消失点を用意して描く，通常の遠近法もこの性質を利用している．2つの消失点は，平行になった箱の稜線がそれぞれ収束してゆく点である．1482年から87年にかけてピエロ・デッラ・フランチェスカが著した『遠近法の描画法について』(De Prospectiva Pingendi) は，アルベルティの方法を発展させて，芸術家が使える実用的な技法としてまとめたものだ．フランチェスカは，この技法を駆使することで彼の絵画作品に劇的な迫真性を付与した．

　ルネサンス期の画家たちの著書は，遠近法の幾何学の問題の多くに答えているが，半ば経験的な知識にとどまっており，ユークリッドが彼の幾何学に与えたような論理的基礎を欠いたものであった．こうした基礎づけは，18世紀になってテイラー[訳註1]とランベルト[訳註2]によって，ようやく与えられる．しかし，それより前に，幾何学として非常に興味深いことが起こっていた．

デサルグの定理

　射影幾何学の独自性をきわだたせる最初の重要な定理は，技師であり建築家でもあったジラール・デサルグ[訳註3]によって発見され，アブラハム・ボッス[訳註4]が1648年に出版した本の中で発表された．デサルグは，次のような驚嘆すべき定理を証明した．

　「三角形ABCと三角形A′B′C′とが，透視の位置関係にあるとせよ．すなわち，対応する頂点それぞれを結ぶ3つの直線AA′とBB′とCC′が，1点で交わるとせよ．この条件が満たされるとき，対応する辺それぞれの交点（CAとC′A′の交点P，ABとA′B′の交点Q，およびBCとB′C′の交点R）は，すべて同一直線上にある．」

　この定理は，現在「デサルグの定理」と呼ばれている．注目すべきことは，この定理が長さにも角度にも全く言及していないことだ．純粋に，点と線の結合関係だけを述べている．まさに，これが射影幾何学の定理と言われるゆえんである．

[訳註1]　テイラー（Brook Taylor; 1685-1731）は，英国の数学者．微積分法で「テイラー展開」というものを学んだことのある人は，名前が同じだと感じるかもしれないが，じつは同一人物である．テイラーは，1715年に『線遠近法 あるいは あらゆる種類の物体が目に映る様子をあらゆる状況で正確に表現できる新技法について』(Linear Perspective: Or, a New Method of Representing Justly All Manner of Objects as They Appear to the Eye in All Situations) というエッセイを発表している．

[訳註2]　ランベルト（Johann Heinrich Lambert; 1728-77）は，スイス-ドイツの数学者，物理学者，天文学者，哲学者．この章の少しあとに出てくる非ユークリッド幾何学への先駆となる研究のほか，円周率πが無理数であることを最初に証明したことでも有名．1772年に地図作成の投影図法についての書物を著した．

[訳註3]　デサルグ（Girard Desargues; 1591-1661）は，リヨンの名家の出で，パリを訪問した際にメルセンヌ神父を中心とする数学者のサークルに加わったと言われる．実用技術の側面から射影幾何学に興味を深める一方，アポロニウスやパッポスの幾何学も研究していたと推測されており，数学者と呼んで差し支えないと思われる．

[訳註4]　ボッス（Abraham Bosse; 1602ころ-76）は，フランスの画家．熟練したエッチングの技術で約1600もの銅版画を残しており，ホッブスの政治哲学書『リヴァイアサン』の扉絵もその一つ．1641年ころからデサルグに師事して射影幾何学を学び，1648年に出版した透視図法の本は多くをデサルグに負っている．

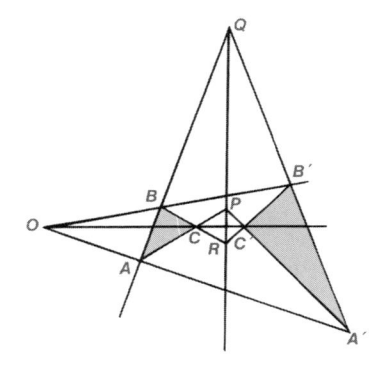

デサルグの定理

　じつは，ちょっとしたトリックがあって，それを援用すると，この定理はほとんど自明に見えてくる．この図が，3 次元図形を透視図法で描いたものだと想像してみてほしい．2 つの三角形が，別々の平面上にあると思って眺めてみよう．2 つの平面は，一つの直線で交わるはずである．すると，どうだろう．対応する辺を延長して交わる点は，2 つの平面の両方に含まれているのだから，交線上になければならない[訳註5]．

　このようなやり方で，適当な 3 次元空間上での図形を構成して，注意深く考察を進めれば定理は証明できる．射影幾何学の定理の証明に，ユークリッド空間幾何学の方法が使えるのである．

ユークリッドの公理系

　射影幾何学は，ユークリッド幾何学に「視点を付け加える」ことで，幾何学への違った見方を導入した．射影という新しい変換を持ち込んで，見方を変えたわけではあるが，変換される元の空間は依然としてユークリッド幾何学のものである．それでも射影幾何学は，新しい幾何学的な考え方の可能性を，数学者たちに思い起させたと言えよう．そして，何世紀にもわたって休眠状態にあった古い問いが，前面に出てくるに至った．

　ユークリッド幾何学の公理系のほとんどすべては，あまりにも自明で，正気の人なら疑問をはさむ余地があるとは考えにくいものばかりだ．たとえば，「すべての直角は等しい」．もし，この公理が間違っているのだとしたら，直角の定義におかしな点があったのだとしか考えようがない．しかし，平行線について述べた第五公

[訳註5]　対応する辺が空間的にねじれの位置にあると，延長しても決して交わらないが，そうでないことは次のようにしてわかる．たとえば，AA′ と BB′ は O で交わるので，A, A′, B, B′ の 4 点は同一平面上にある．だから，直線 AB と直線 A′B′ は同一平面上にある．他の対応する辺についても同様．

準は，ちょっと趣が違う．とても，ややこしい．ユークリッドは，こんな持って回った言い方をしている．「一つの直線が他の2つの直線と交わり，同じ側の内角の和が2直角より小さくなるならば，2つの直線を限りなく延長してゆくと内角の和が2直角より小さくなった側で必ず交わる」．

これって，なんか公理というよりは，定理みたいな言い方に聞こえる．これは，定理なのだろうか？ 何か，もっと単純でより直観的に自明な命題から，定理として証明する方法があるのではないだろうか？

一つの改善が，1795年，プレイフェアー[訳註6]によってもたらされた．彼は，代案として次の命題を提案した．「任意の直線とその直線上にない点に対して，その点を通り与えられた直線と平行な直線がただ一つ存在する」．この命題は，ユークリッドの第五公準と，論理的に同等である．すなわち，他の公理群がそのまま保たれるとき，どちらの一方の命題からも他方の命題が導かれる．

ルジャンドル

第五公準と同値な命題は，別の形でも述べることができる．「三角形の内角の和は2直角である」さらには，「相似な三角形が存在する」という命題に置き換えることが可能だ．ルジャンドル (Adrien-Marie Legendre) が1794年に著したユークリッド幾何学の解説書は，この線に沿ったものであった．

ルジャンドルも，第五公準をより直観的なもので置き換えたいと思っていた数学者の一人だ．これは他の公理（群）から導き出せるのではないか，欠けているのはその証明だけだ，と彼は感じていた．そして，あらゆることを試みた．最終的にルジャンドルが他の公理群だけを使って証明できたのは，「三角形の内角の和は180°であるか，またはそれよりも小さい」という命題であった（球面幾何学では内角の和が2直角よりも大きいという事実を彼は知っていたはずだが，それは平面幾何学の話ではないとして除外して考えたようだ）．もしも三角形の内角の和がつねに180°なのであれば，そこから第五公準を導くことができる．

では，仮に三角形の内角の和が180°よりも小さいという場合は，何が導かれるのか？ 三角形の面積が，内角の和と180°との差に比例するという，驚くべき関係が見出されるのであった．この関係は，相似三角形の存在と矛盾する．た

> 数学者たちは第五公準を
> より直観的なもので
> 置き換えたいと思っていた．

[訳註6] プレイフェアー (John Playfair; 1748-1819) は，スコットランドの数学者，自然哲学者．ハットンの斉一説にもとづく地質学的時間 (deep time) の考え方を擁護した．

とえば，各辺を元の三角形の2倍に拡大した相似三角形を作るとしてみよう．じつは，こうすると内角の和が等しくはならないのだ．なぜなら，大きいほうの三角形は，大きくなった面積に比例して，内角の和と180°との差も大きくなっているからだ．だから，対応する内角がすべて等しくはなりえない．どの拡大率で相似三角形を作ろうとしても，同じことだ．この結果は，第五公準の説得力を増すようにも感じさせる．

ともあれ，ルジャンドルは長年の悪戦苦闘の中から，一つの有意義な結果を得た．ユークリッドの第五公準を使うことなしに，次のことを証明することができる．すなわち，ある三角形の内角の和が180°より大きくて他の三角形の内角の和が180°より小さいという状況は不可能で，決して起こり得ない．もし，内角の和が180°より大きい三角形が一つでもあれば，他のすべての三角形の内角の和も180°より大きい．他方，もし内角の和が180°より小さい三角形が一つでもあれば，他のすべての三角形の内角の和も180°より小さい．起こり得るのは，次のいずれかの場合だけである．

- すべての三角形の内角の和は，厳密に180°に等しい（ユークリッド幾何学の場合）．
- すべての三角形の内角の和は，180°よりも小さい．
- すべての三角形の内角の和は，180°よりも大きい（この場合をルジャンドルは除外していたが，それは彼が言外に他の仮定を置いていたためだと，のちに判明する）．

サッケーリ

ユークリッドの第五公準を証明しようと英雄的な努力をした先駆者が，パヴィアのイエズス会の司祭サッケーリ (Giovanni Girolamo Saccheri) である．彼の労作『あらゆる不備が取り除かれたユークリッド』(*Euclides ab Omni Naevo Vindicatus*) は，彼の死の直前，1733年に出版された．

彼も，ユークリッド幾何学が正しい場合を含む，3つの可能性を考えた．サッケーリは3つの状況を区別するのに，四辺形を使った．この四辺形をABCDとしよう．

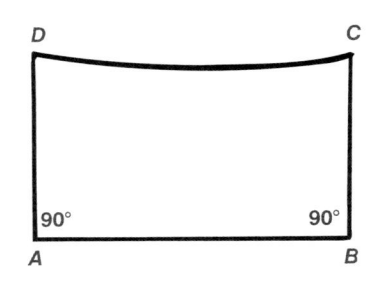

サッケーリの四辺形：角Cと角Dが直角になるとは限らないことを強調するため，CDを結ぶ線分は内向きの曲線で描いてある

非ユークリッド幾何学はどのように使われてきたか

1813 年までにガウスは，当初「反ユークリッド幾何学」次いで「星気的幾何学」(astral geometry) と彼が呼び最終的に非ユークリッド幾何学となったものが，論理的な一つの可能性であることをますます確信するようになっていた．まもなく彼は，実際の空間の幾何学は本当のところ，どうなっているのだろうかと興味を持ち始める．そして，ゲッチンゲンの近くにある 3 つの山 —— ブロッケン，ホーエルハーゲン，インゼルスベルクの山頂で構成される三角形の内角の計測を試みた．彼は，地表面の曲率が影響しないよう，照準器測量を用いた．彼が計測した三角形の内角の和は，15 秒だけ 180°より大きかった．もし計測結果が意味を持つとしたら鈍角仮説の場合に対応するが，測定誤差によるものだという可能性があまりにも大きくて，この結果は実際的な意義を持つとは言い難い．ガウスはもっとずっと大きい三角形と，はるかに精度の高い計測機器を用いて角度を計測する必要があった．

角 A と角 B は直角である．A と B から長さの等しい線分 AD＝BC を同じ方向にとり，最後に線分 CD を引く．サッケーリは，ユークリッド幾何学が正しければ，この図で角 C と角 D が直角になることを指摘する．逆に —— それほど自明ではないが —— あらゆる場合に角 C と角 D が直角になることが言えれば，ユークリッドの第五公準を導くことができる．

サッケーリは，角 C と角 D が等しくなることを，第五公準を使わずに証明した．あと残されているのは，次の 2 つの可能性を否定することである．

・鈍角仮説：角 C と角 D がともに直角よりも大きい．
・鋭角仮説：角 C と角 D がともに直角よりも小さい．

サッケーリは，それぞれの仮説を前提とすることで，いずれも矛盾を導くことができると考えた．その結果として，ユークリッド幾何学が正しいという論理的可能性だけが残されるはずであった．

彼は，まず鈍角仮説から出発して，いくつかの定理を導き，最終的に角 C と角 D がともに直角でなければならないことを証明した —— と信じた．これは矛盾である．だから，出発点に置いた鈍角仮説は誤りであったに違いない．次に，彼は鋭角仮説を検討する．これを前提として，彼は再びいくつもの定理を証明してゆく．これらは，いずれも正しいもので，じつに興味深い結果となっている．最終的に，彼は 1 点を通る多数の直線についての，少し込み入った定理を証明した．これらの直線のうちのどれか 2 つが，それらと直交する共通の直線を十分遠いところで持ちうる，というのである．これは実際には矛盾とは言えないのだが，サッケーリは矛盾であると考えた．そして，鋭角仮説からも矛盾が導かれるので，鋭角仮説も

やはり正しくないことが証明された，と宣言したのである．

結局，残されたのはユークリッド幾何学だけだ，検証プログラムは完結し，ユークリッドの正しさを宣告するものになった，とサッケーリは思った．しかし，数学者たちの中には，鋭角仮説から導かれたのは信じがたい不思議な定理ではあっても矛盾ではない，と気づいた人たちもいた．1760年ころには，ダランベールが「第五公準の地位は，ユークリッド『幾何学原論』に発覚したスキャンダルだ」とまで言う．

ランベルト

サッケーリの本を読んだドイツの数学者クリューゲル (Georg Simon Klügel) は，この平行線公準に関して，いささか異端的でショッキングな見解を表明した．ユークリッドの第五公準が正しいかどうかは，論理で決定できる問題というよりは，経験上の問題である，と．クリューゲルの発言は，われわれ人類の空間を経験し理解するやり方が，ユークリッドの描出した平行線の存在様式を信じさせるのだ，と言っているのに実質的に等しい．

1766年にランベルト (Johann Heinrich Lambert) は，クリューゲルの示唆を受けて，サッケーリと類似の研究に乗り出した．彼も四辺形を用いたが，ランベルトのものは3つまでが直角になっていた．残り一つの角は，直角である（ユークリッド幾何学が成り立つ場合）か，鋭角であるか，鈍角であるか，のいずれかである．サッケーリと同様，彼も鈍角仮説は却けることができると考えた．もう少し正確な言い方をすると，鈍角仮説からは球面幾何学が導かれる，と彼は判断した．球面幾何学で四辺形の内角の和が360°より大きくなるのは，従来から知られていたことである．三角形の内角の和が180°より大きいことから，すぐに導かれる事実だ．球面は平面ではないから，この場合は除外してよいとランベルトは考えた．

しかし，鋭角仮説が成り立つ場合については，彼はサッケーリのようには考えなかった．鋭角仮説を却けるかわりに，ランベルトは，いくつかの奇妙な定理を証明した．中でも驚くべき定理は，n角形の面積に関するものだ．n角形の内角の和をとると，鋭角仮説が成り立つ場合は直角の$2n-4$倍よりも小さくなり，その小さくなったぶんの角度とn角形の面積とが比例するのである．この関係式は，ランベルトに球面幾何学での類似の式を思い出させた．多角形の内角の和をとって，そこから直角の$2n-4$倍を引くと，それが多角形の面積に比例する．違うのは，どちらからどちらを引くかという順番が逆になっている点だけだ．ランベルトは，素晴らしい先見性をもって，いささか不明瞭な予言を行った．鋭角仮説が成り立つ場合の幾何学は，「虚数半径」をもつ球面の幾何学になる，と．

次いで彼は，虚数の角度に対する三角関数についての短い記事を書き，完璧な整合性をもった美しい式を導いた．私たちは，現在この関数を双曲線関数（双曲関数）と呼んでいる．双曲線関数（双曲関数）は虚数を使うことなしに定義でき，ランベルトの関係式をきれいに表現できる．明らかに，この奇妙な，謎めいた結果の背後には，非常に興味深い世界があるに違いなかった．しかし，何があるのか？

ガウスのディレンマ

このころまでには，事情に通じている幾何学者たちは，ユークリッドの第五公準は他の公理群からは証明できそうもないという感触を共有していた．鋭角仮説から出てくる結果は互いにきわめて整合的で，そこから矛盾が導かれそうには思えなかった．その一方で，「虚数半径をもつ球面」というようなしろものは，存在を正当化できそうには見えなかった．

そんな幾何学者たちの一人が，ガウスであった．彼自身，早い時期から論理整合的な非ユークリッド幾何学が可能であることを確信していたし，そうした幾何学で成り立つ多くの定理を証明さえしていたのである．しかし，彼はベッセルに宛てて1829年に書いた手紙の中で明言しているのだが，これらの成果を公表する気は全くなかった．ガウスは，彼の言う「ボイオーティア人たち[訳註7]の騒ぎ声」と関わり合いになりたくなかったのである．想像力の欠けた人たちには，こういう高度に知的な世界は理解できないだろう．無知と狭量で伝統的考え方にしがみつく態度から，彼らは新しい幾何学を嘲るであろう，と．この彼の判断には，当時のカント哲学の名声も影響していたかもしれない．カントは，空間の幾何学は先験的にユークリッド的でなければならない，と主張していた．

ガウスは 1799 年ころ，ハンガリーの数学者ヴォルフガング・ボヤイ（Farkas Wolfgang Bolyai）に宛てて，研究を進めれば進めるほど幾何学に唯一の真理があることを疑う考えに傾いてくる，と書いている．「第五公準を他の公理から証明したと称する人々の仕事をいろいろ見てきましたが，私に言わせると全くのゴミくずばかりです」．

他の数学者がすべて，ガウスのように用心深く黙っていたわけではない．1826 年

> カントは，空間の幾何学は先験的にユークリッド的でなければならない，と主張していた．

[訳註7] ボイオーティア人とは，古代ギリシャのテーベを中心に都市国家連合を組んでいた地方の人々を指す．古代ギリシャの歴史伝承では，軍事面は強いが文化的な関心を持たない「鈍い」人たちとして描かれることが多く，諺でも「無知のくせに大騒ぎする連中」といった否定的な意味で出てくる．アテナイの敵方になることが多かった周縁地域だったため，「文化的に低い」と蔑視される扱いを受けてきたものと思われる．

にはロシアのカザン帝国大学において，ロバチェフスキー (Nikolai Ivanovich Lobachevsky) が非ユークリッド幾何学の講義を行った．ロバチェフスキーはガウスの仕事のことを全く知らなかったが，ガウスが導いていたのと同様の定理を彼独自の方法で証明した．ロバチェフスキーが講義した内容は，論文として 1829 年と 1835 年に発表された．しかし，ガウスが恐れていたような騒乱などは全く起こらず，論文は見向きもされなかった．1840 年までにロバチェフスキーは再び彼の新しい幾何学について書いて出版したが，そこには関心の少ないことを嘆く言葉も記されている．彼はさらに，死の直前 1855 年にも彼の幾何学の成果をまとめて出版している．

　これとは全く独立に，オーストリア - ハンガリー帝国の工兵将校となっていたヴォルフガング・ボヤイの息子ヤーノシュ (János Bolyai) が，1825 年ころにロバチェフスキーと同様の考えに到達した．ヤーノシュの発見は 26 ページの論文にまとめられ，父ヴォルフガング・ボヤイがまとめた教科書『篤学の若者のための基礎数学試論』(Tentamen Iuventum Studiosam in Elementa Matheseos Introducendi) の付録として，1832 年に出版された．

　ヴォルフガングからこの書物の謹呈を受けたガウスは，「この素晴らしい発見に，驚嘆のあまり我を忘れるほどでした」と書き送ってきた．しかし，この若者の労作を誉めることは彼にはできない，とガウスは言う．なぜなら，それは同じ結果をすでに見出していた，自分自身を称賛することになってしまうからだ，と．

　ジャンケンの後出しのようなこの態度は，ちょっとフェアなものだとは言い難い．しかし，用心深くものごとに対処するガウスにはありがちなことなのであった．

非ユークリッド幾何学

　非ユークリッド幾何学の歴史はあまりにも込み入っているので，これ以上深入りするのは控えよう．そのかわりに，こうした先駆者たちの努力が，どういう結果をもたらしたのかを簡単にまとめることにしたい．サッケーリ，ランベルト，そしてガウス，ボヤイ，ロバチェフスキーらが気づいたことの背後には，奥深い共通のものがある．それは，曲率という概念である．非ユークリッド幾何学とは，つまるところ曲面についての自然な幾何学的表現にほかならない．

　もし曲面が正の曲率を持てば，鈍角仮説が述べる状況がもたらされる．これは球面幾何学で成り立つ状況だが，明らかにユークリッド幾何学とは相容れない．たとえば，任意の 2 直線 —— 球面幾何学では直線に対応するのは大円（球の中心を中心とする円）だと考えられる —— がユークリッド幾何学の場合のように 1 点で交わるのではなくて，2 点で交わる．こうしたことを理由に，鈍角仮説は却けられて

きた．

　しかし今や私たちは，こうした否定の仕方には根拠がないことを確認できる．直線が定義上2点では交わらないということを維持したければ，球面上の対極にある2点を同一視すればよい．これで，大円を直線とみなすことに何の問題もなくなる．球面幾何学の性質のほとんど（第五公準を除く公理群から証明される平面幾何学の性質を含む）が，そのまま成り立つし，かつ2直線は1点で交わる．じつは，対極点を同一視した球面は，トポロジカルには射影平面と同相となっている．ただし，そこで成り立つ幾何学は伝統的な射影幾何学とは違っており，これを現在では楕円幾何学と呼んでいる．そしてこの楕円幾何学は，ユークリッド幾何学と全く同等の資格をもった別の幾何学なのである．

　もし曲面が負の曲率をもっていれば──これは曲面が鞍型（サドル）の形をしている場合にあたるが──鋭角仮説が述べる状況が成り立っている．この世界では，双曲幾何学と現在呼ばれるものが成り立っている．双曲幾何学では，ユークリッド幾何学とは異なった，興味深い性質がいろいろ成り立つ．

　曲面の曲率がゼロとなるのは，ユークリッド平面の場合がそうで，ここではユークリッド幾何学が成り立つ[訳註8]．

　これら3つの幾何学とも，平行線に関する第五公準を除いて，ユークリッドの他の公理はすべて成り立つ．だから，ユークリッドによる公理系の選び方は，結局のところ正しかったと言っていい．

　これらの幾何学のモデル（それぞれの公理を満たし整合的な幾何学を実現している空間）は，いろいろ作ることができる．双曲幾何学は，この点で特に自在に融通がきく．一つのモデルとしては，複素平面の実軸を除いた上半分（実軸から下はすべて除く）で実現できるものがある．この空間での「直線」は，実軸と直交する任

ポアンカレ（Poincaré）が考案した双曲幾何学のモデル：与えられた直線上にない1点を通り，その直線に平行な直線が無数に存在することがわかる

[訳註8]　円柱面やトーラス（ドーナツ状の曲面）は曲率がゼロになるが，ユークリッド幾何学の性質のすべてがそのまま成り立つわけではない．

意の半円弧として定義される．

　双曲幾何学の二つ目のモデルを，周を含まない円の内側として実現できる．この場合の「直線」は，周と直交する任意の円弧である．曲がった直線になるのは，負の曲率のある面を円盤で表現した結果である．このモデルはポアンカレ (Poincaré) が考えたものだが，画家のエッシャー (Maurits Escher) がこれをモチーフとして印象的な作品をたくさん残している．エッシャーは，この双曲幾何学のモデルをカナダの幾何学者コクセター (H. S. M. Coxeter) から学んだ．

　これらのモデルから少し示唆されるように，双曲幾何学を複素解析と結びつけて理解することができる．複素平面上の一定の変換群があって，その変換を通して不変に保たれるのが双曲幾何学の性質である，という定式化もできる．これは，ドイツの数学者クライン (Felix Klein) が提唱したエルランゲン・プログラムの中で精力的に研究された見方である．楕円幾何学の場合も同様で，こちらはメビウス (Möbius) 変換というものが重要な役割を果たす[訳註9]．

宇宙の幾何学

　現実空間の幾何学はどうなのか？ 現在の私たちは，クリューゲルの考え方に同意し，カントの考え方には反対する立場をとっている．現実空間がどういう幾何学に従っているかは経験の問題であり，純粋な思考から演繹できるものではない．

　アインシュタイン (Einstein) の一般相対性理論は，空間（と時間）が曲がったものでありうることを教えている．時空の曲がりは，質量がもたらす重力として現れる．その曲率は，質量がどのように分布しているかによって，場所ごとに違う．だから，宇宙空間全体の幾何学というのは，本当は適切な言い方ではない．宇宙空間は，場所によって幾何学的に異なり得る．人間がふだん生活する世界のスケールであれば，ユークリッド幾何学で十分に用が足りる．重力による空間の曲がり方は，日常世界では観察できないほど小さいからだ．しかし，巨大な宇宙を眺める視点に立つと，主役となるのは非ユークリッド幾何学だ．

　古代から19世紀に入るころまで，人々は数学の世界と現実の世界とを，どうしようもないほど混同してきた．数学は現実世界の基本的な変えようのない特徴を表現したものであり，数学的真理は絶対的だという確信が支配的であった．そして，古典的な幾何学は，この信念が最も深く根づいていた分野であった．空間について考えた人の誰もが，当然それはユークリッド的なものだと思っていた．そうでしか，ありえないではないか，と．

[訳註9] メビウス変換は，複素平面に無限遠点を含めた「複素球面」で定義される．有理関数による複素数の変換である．

非ユークリッド幾何学は現在どのように使われているか

宇宙はどのような形状をしているのか？——シンプルな問いのように見えても答えるのは非常に難しい．宇宙がとんでもなく巨大であることも理由の一つだが，より根本的な難しさは，私たちが宇宙の内部にいるため外から全体を眺めるわけにゆかない点にある．ガウスにまで遡る比喩を用いるならば，曲面に棲んでいる蟻が観察できるのは曲面内部のことだけであり，自分が棲んでいる世界が平面なのか球面なのか，ドーナツ面なのか他のもっと複雑な曲面なのか，簡単には見分けられないのである．

一般相対性理論は，恒星など質量を持つ物体の近くでは時空が歪むことを教えている．アインシュタイン方程式——物質などの密度分布を時空の曲率と関係づける方程式——は，多くの異なった解を持つ．最も単純な解は，宇宙全体が正の曲率を持ち，球と同等のトポロジーとなるもの．しかし，もちろん他の解もあって，実際の宇宙の曲率は，全体として負になっているかもしれない．私たちは，宇宙がユークリッド空間などと同様に無限の空間になっているのか，それとも球面のように広がり有限の空間になっているのかも知らない．少数の物理学者は宇宙が無限の広がりをもつという見解を維持しているが，実験観測的な根拠は，かなり疑わしい．ほとんどの科学者は，宇宙が有限だと思っている．

正，負，ゼロの曲率を持つ空間（時空）

閉じた宇宙では曲がった時空は元のところまでつながっている．別方向に出発した2つの線がやがて再び出会うことになる．質量密度＞臨界質量密度

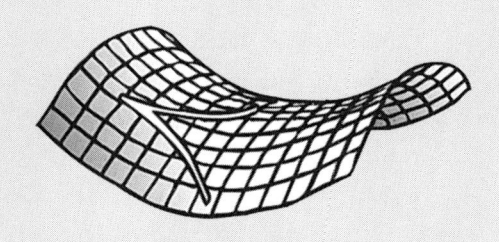

開いた宇宙では曲がった時空がいくらでも遠ざかってゆける．別方向に出発した2つの線の向きの違いはどんどん大きくなる．質量密度＜臨界質量密度

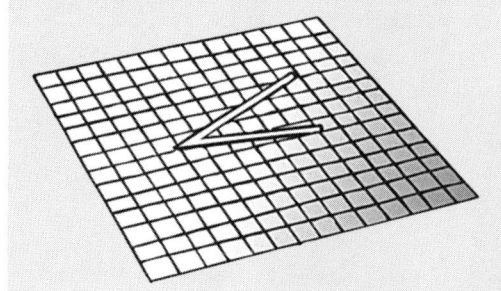

平坦宇宙は曲率がゼロ．別方向に出発した2つの線お互いの向きの違いは一定である．質量密度＝臨界質量密度

第12章　不可能な三角形　213

ポアンカレの12面体空間．向かいの面を同一視する

　驚くべきことに，有限宇宙は境界なしに存在できる．じつは球面はこれの2次元版であり，トーラス（ドーナツ面）もそうである．トーラスは正方形の向かい合う辺を同一視したものだと見なすことができ，平坦な（曲率ゼロの）曲面が有限になりうるという例を与えている．トポロジストは，負の曲率をもっていても空間が有限になりうることを見出している．そうした空間を構成する方法の一つは，双曲空間の中に多面体を作り，面と面を同一視することである．そうすることで，対応する片方の面から外向きに出た線が，ただちに対応するもう一方の面から多面体の中に入ってゆく状況を構成できる．これは，コンピュータ・ゲームでよくある，画面の片端から出たとたん向かいの端から再び入ってくるという，あの状況の3次元版だと思えばよい．

　もし宇宙が有限だとすると，同じ星を別々の方角に観測することも可能になるはずだ．もちろん，一つの方角で見える星が別の方角で見える場合には，はるか遠方になってしまうことも考えられる．そして，観測可能な宇宙の範囲がそれよりずっと小さくて，観測にはかからないかもしれない．もし宇宙が有限で双曲幾何学の空間になっていたとすると，複数方向での同じ星の現れ方から宇宙を一回りしてくる閉路の形を決定できる．こうした閉路の幾何学的性質を調べることで，私たちがどのタイプの双曲空間の中にいるのかを観測できる．しかし，宇宙を一回りしてきた光で輝く星を見出せるとしても何兆もの星のどこかに探さなければならないわけで，膨大な数の星の見かけの位置から統計的な相関があるかどうかを調べるほかない．星の位置の観測からは，今のところ，手がかりになりそうな結果は何も得られていない．

　ウィルキンソン・マイクロ波異方性探査機から2003年に得られたデータをもとに，ルミネ（Jean-Pierre Luminet）と彼の共同研究者たちは，宇宙は有限だが正の曲率をもつというモデルを提案した．彼らによると，観測データと最もよく一致するのは，ポアンカレの12面体空間——12面体のそれぞれの面をちょうど反対側にある面と同一視することで得られる有限の空間——だという．彼らが示唆したモデルは大きな反響を呼び，宇宙はサッカーボールのような形をしていると大々的に伝えられた．ただし，このモデルはまだ確証されたものではない．私たちは，宇宙の形について現在のところ何も知らないのだと言っていい．けれども，この答えを見つけるために何が必要なのかについての理解がかなり進んできているのは確かである．

> **ユークリッド幾何学に
> かわり得る多くの
> 幾何学が存在する.**

空間についての問いは，ユークリッド幾何学にかわり得る論理整合的な幾何学が姿を見せ始めたとき，もはや単なる言葉の上だけの問いではなくなった．ただし，これらの新しい幾何学が本当に——少なくともユークリッド幾何学と同程度に——論理整合的なものだと認められるまでには，かなりの時間を要した．そして，私たちが住んでいる現実の物理空間が完全にはユークリッド的ではないかもしれないと認識されるまでには，さらに長い時間を要した．

　ここでも障害となってきたのは，人間の偏狭さである．私たちは，宇宙のほんの片隅での自分たちの限られた経験を，宇宙全体にまで投影して考えていたのだ．私たちの想像力というのは，ユークリッド幾何学をひいきにする側に偏向しているようだ．たぶんこれは，私たちが経験する小スケールの世界では，ユークリッド幾何学が最も簡明で優れたモデルとなるからであろう．

　想像力豊かで異端的な何人かの試み——想像力を欠いた多数派からは悪意ある攻撃も受けたが——のおかげで，今ではユークリッド幾何学にかわり得る多くの幾何学が存在すること，そして物理空間の幾何学的性質は頭の中だけで考えるべき問いではなくて観測にもとづいて問うべきものであることが——少なくとも数学者や物理学者には——理解されるに至った．現在では，私たちは現実世界の数学的モデルと現実そのものとを，明確に区別して考えるようになった．それに関して，ひとこと付け加えておこう．数学の多くの部分には，すぐわかるような現実との直接的な関係は全く見当たらない．にもかかわらず，数学は実際とても役に立つのである．

The Rise of Symmetry
How not to solve an equation

第 **13** 章
対称性の数理
解けない方程式の形は？

1850年ころに —— その時点では全く目立たなかったのだが —— 数学の歴史全体を通じて最も重要な変化の一つが進行していた．1800年以前の数学がおもに研究してきたのは，数とか三角形とか球といった，比較的具体的な対象であった．もちろん，代数学は数に関する操作を表すのに，式を使っていた．しかし，式それ自体が数学的対象として扱われるというよりは，式はもっぱら演算の「過程」を記号的に表現するものだと見なされていた．1900年ころになると，状況は一変する．式や変換は，もはや，たんに過程を表すといったものではなくて，それ自体で立派な代数学的対象と見なされ，はるかに抽象的で一般化された「もの」として扱われるようになった．実際そのころまでには，代数学に関する限り，ちゃんと定義できさえすれば「何でもあり」という状況が定着する．掛け算に関する交換則 $ab = ba$ のように基本的な演算規則さえ成り立たない数学が，いくつかの重要な分野で使われるようになっていった．

群論の新しさ

こうした変化の大きなきっかけとなったのが，群論の発見だ．これは，高次代数方程式の解の公式を見出そうとして失敗した試み，とりわけ一般の5次方程式が解けないことを理解する努力の中で生み出された理論である．しかし，群論が発見されて50年以内に，これは対称性の概念を理解するための適正な枠組みであることが認識された．新しい理論が浸透してゆくにつれて，対称性という考え方は，物理学や生物学などにも数えきれないほどの応用をもつ，深遠で基本的な概念であることがはっきりしてきた．

現在では，どの解説書や教科書でも強調してあるように，群論は対称性と結びついた数学や自然科学のどの分野にも欠かせない道具となっている．ただし，この視点が発展するまでには，何十年かかっている．1900年ころには，ポアンカレが，群論は実質的に数学全体をそのエッセンスに煮詰めたようなものだ，とまで言う．これは，ちょっと言い過ぎのような気もするが，基本的には理にかなったものだと言うべきだろう．

群論が形成される転機となったのが，フランスの若者エヴァリスト・ガロア (Évariste Galois) の業績である．それには，長い複雑な前史もある．ガロアの閃きが，真空の中で生まれたわけではない．そして，これまた込み入った事後の歴史的経緯が続く．数学者たちが新しい概念を試み，何が重要で

> **群論は対称性を考える基本的な道具だ．**

何が重要でないかを見分けてゆく過程が，たいていそうであるように．

にもかかわらず，群論の考え方が必要であることを他の誰よりもはっきりと見抜き，その基本的な性質を明らかにし，数学の核心における価値を証明したのは，ガロアその人であった．しかし，彼の偉大な業績が生前に評価されることはなかった．あまりにも独創的だったことが，理由の一つである．また，ガロアの特異な性格と，政治革命運動に激しくのめり込んだことも，理由の一つである．彼は，短い生涯の中で数々の不幸に見舞われた悲劇的な人物である．と同時に彼の生涯は，偉大な数学者たちのうちでも特に劇的で，いささかロマンチックなものとさえ言えるだろう．

代数方程式の解き方

群論のストーリーは，古代バビロン人たちによる2次方程式の解き方にまで遡れるかもしれない．彼らの方法は，実用を目的に解を求めるための計算テクニックと言うべきもので，深い理論的な問いがあったとは思えない．平方根の求め方がわかっていて，基本的な算術計算を習得していれば，方程式を解くことができる．

残っている粘土書字板からは，バビロン人たちが3次方程式や4次方程式までも考えていたことが示唆される．古代ギリシャ人と，彼らの知識を引き継いだアラブ人たちは，円錐曲線を利用して幾何学的に3次方程式を解く方法を見出していた（私たちは現在，伝統的にユークリッド幾何学が許容していた定規とコンパスだけを使って，幾何学的に3次方程式を解くことが不可能なことを知っている．もっと巧妙な仕事をしてくれる道具が必要になるのだが，円錐曲線がそんな道具の役割をする）．この流れの中での卓越した人物は，ペルシャ人の数学者オマル・ハイヤームだ．彼は，幾何学的方法を系統的に用いて，あらゆるタイプの3次方程式を解いてみせた．しかし，私たちがすでに見てきたように，3次方程式と4次方程式を代数的に解く方法については，ルネサンス期を待たなければならなかった．デル・フェッロ，タルタリア，フィオール，カルダーノと彼の弟子フェラーリらの仕事が，答えを与えてくれた．

こうした代数方程式の解法を見てみると，細部はごちゃごちゃしているが，基本部分はどれも単刀直入な形をしている．3次方程式であれば，算術演算に加えて平方根をとる操作と3乗根をとる操作を施すことで解ける．4次方程式であれば，算術演算に加えて平方根をとる操作，3乗根をとる操作および4乗根をとる操作を施す．最後のものは，平方根をとる操作を2回続けて施せば済む．このパターンは，ずっと続けていけるようにも思える．5次方程式であれば，算術演算に加えて平方根をとる操作，3乗根をとる操作，4乗根をとる操作および5乗根をとる操作を施すことで解けるのではないか．より高次の場合も，同様にやっていけるのではない

> **解の公式は存在するはずだ，と多くの人たちは思っていた．**

か．もちろん，解の公式が見つかったとしても，相当込み入った形をしていることは間違いない．でも，きっと解の公式は存在するはずだ，と多くの人たちは思っていた．

　1世紀経っても，2世紀経っても，そんな公式は見つかる兆しがなかった．それを受けて，何人かの優秀な数学者が問題領域の全体を詳しく調べ，いったい何が根底にあるのかを理解する努力を始めた．知られている代数的解法を統一的に眺め，解法がうまく機能する仕組みをより見やすくしようとした．方程式の代数的な解法の一般原理を見つけ，それを適用することで5次方程式の秘密が解明できるはずだ，と．

　こうした流れに沿って進められた研究の中で最も成功し，系統立ったものは，ラグランジュ (Lagrange) の研究だ．彼は，古典的な解の公式を，方程式の根を組み合わせた代数的表現という視点から，つぶさに再検討した．問題の所在は，かなり明瞭になった．すなわち，方程式の根を組み合わせた式の値が，式の中にあるいくつかの根を置換したとき――順序を並べ替えたら――どうなるか，という点が要(かなめ)である，と．ラグランジュは，完全に対称的な代数的表現――式の中に出てくる方程式の根をどんな順番に置き換えても値を変えない式――は，元の方程式に出てくる係数を用いて表すことができることを知っていた．より興味深いのは，方程式の根を組み合わせた代数的表現のうち，根を置き換えることでいくつかの異なる値に変わるようなものであった．これらのことが，方程式を代数的に解くという問題の底で，鍵を握っているのに違いない．

　数学的な形式と美に対するラグランジュの卓越した感覚は，これが問題の要点であると彼に教えていた．もしも3次方程式や4次方程式の場合と類似のものを発展させることができるのであれば，5次方程式の解法も見出せるかもしれなかった．

　この着想にもとづいて，彼は方程式の根の関数で部分的に対称な形をしたもの[訳註1]を見出した．これを利用すると，3次方程式の場合は2次方程式に還元することができた．この2次方程式から平方根が得られ，還元のプロセスはさらに3乗根をとる操作を用いることで完成できる．同様にして，4次方程式の場合もこの関数を用いて，3次方程式――ラグランジュは分解方程式と呼んだ――に還元することができた．したがって4次方程式は，分解3次方程式を平方根と3乗根を

[訳註1] ここで言う「部分的に対称な関数」(partly symmetric functions) とは，基本対称式のように任意の根の置換で値を変えないのではなくて，ある置換では値を変えるが別の置換では値を変えないようなものを指している．たとえば，重根を持たない3次方程式 $(x-\alpha)(x-\beta)(x-\gamma)=0$ を例にとろう．α，β，γ の関数 $\alpha\beta+\beta\gamma+\gamma\alpha$ や $\alpha\beta\gamma$ は基本対称式で，α，β，γ をどのように入れ替えても変わらない．これに対して，$\alpha\beta+\alpha\gamma$ という関数は α と β を入れ替えると，$\beta\alpha+\beta\gamma$ となり最初の項は変化しないが2番目の項が変わるので完全に対称ではない．しかし，β と γ を入れ替えた場合は $\alpha\gamma+\alpha\beta$ となり不変．こういう性質を，著者は「部分的に対称」と表現している．

2次方程式における対称性

2次方程式を考えてみよう．少し簡約した一般形で書くことにする．
$$x^2 + px + q = 0$$
この方程式が，$x = a$ と $x = b$ という解を持つと仮定しよう．すると，
$$x^2 + px + q = (x-a)(x-b)$$
両辺の係数を比較することにより，次の式を得る．
$$a+b = -p \text{ および } ab = q$$

ここで私たちは，2つの解そのものは知らなくても，それらの和と積については何の苦労もせずにただちに知ることができたという事実に注意しておこう．

なぜ，うまくゆくのだろうか？ 鍵は対称性にある．2つの解の和は，両者を取り替えても変わらない．$a+b$ が $b+a$ に変わるが，もちろん2つの式は等しい．積の場合も同様で，ab が ba に変わるが，当然ながら $ab = ba$ である．これら以外にも2つの解 a と b の関数で，両者を取り替えても等しくなるものがいろいろあって，a と b の対称関数あるいは対称式と呼ばれる．そして，a と b の任意の対称式（対称関数）は，方程式の係数 p と q を用いて表現できる．逆に，p と q の任意の関数は，2つの解 a と b の関数として表すと対称な関数となっている．より広い視野で眺めてみると，方程式の根と係数の関係は，その底にある対称性という性質によって決まっているという見方ができる．

非対称の関数は，これとは違ったふるまいをする．2根の差 $a-b$ がわかりやすい例だ．この式に出てくる a と b を取り替えると，$b-a$ となる．元と違ったものになっている．ただし，この場合はよく眺めてみると，符号が逆になっただけの違いであることに気づく．だから，これを平方した $(a-b)^2$ は全く対称な関数になっている．ということは，これを元の方程式の係数で表現できるわけである．$a-b$ という対称ではない表現が，方程式の係数で表現される対称な式から，平方根をとるという操作で得られる．私たちはすでに $a+b$ を方程式の係数による表現——じつは $-p$ にほかならない——で知っている．$a+b$ と $a-b$ がわかれば，これらの式の和と差をとって $2a$ と $2b$ がわかり，2で割れば a と b が得られる．すなわち，方程式の2根を，方程式の係数と平方根を用いて表現したもの——解の公式——が得られたことになる．

ここでやったのは，a と b の解を表す公式が必ず存在するという証明である．解の公式を具体的に求めることはやっていないが，それが元の方程式の係数と平方根を使って表現できることを，代数的表現の対称性に関する一般的な性質にもとづいて確かめたのである．私たちはある意味で，なぜ古代バビロン人たちが解法を見つけることが可能だったのか，その理由を突き止めたとも言える．この小さなストーリーは，「理解する」という言葉に新しい光を当ててくれる．私たちは，古代バビロン人たちが「どのようにして」解を求めたのかを，その計算過程とロジックを追うことで理解できる．一方，ここでお話ししたことは，そんな解法が「なぜ」存在できるかを，解そのものを示すのではなくて，解が存在すれば持つはずの一般的な性質をもとに理解するヒントなのである．そして，鍵は対称性にある，ということを理解していただけたことと思う．

読者は，$(a-b)^2$ を方程式の係数 p と q で表現することを試みられるといい．そこから，解の公式の具体的な表現が得られる．公式は，みなさんが学校で習ったのと同じものになるはずだ．そして，古代バビロン人が用いた解法とも符合するはずである．

> **でも，ラグランジュはなぜ解の公式がこういう形になるのか，さらには解の公式がなぜ見出せるのか，まで理解することができたのである．**

使って解いてから，元の方程式と結びつけるために4乗根をとる操作を加えて，解くことができる．いずれの場合も，得られた解は，ルネサンス期に見出された古典的な解の公式と同じものになった．むろん，当然そうなるはずではある．でも，ラグランジュはなぜ解の公式がこういう形になるのか，さらには解の公式がなぜ見出せるのか，まで理解することができたのである．

　彼は，この研究結果を得た段階で，大いに興奮していたに違いない．同じ方法を5次方程式に適用して，分解方程式を得れば，すべて完了だ．ところが，彼はひどく失望したに違いない．この関数を使うことで，たしかに分解方程式は得られた．しかし，得られたのは4次の分解方程式ではなくて6次方程式になってしまったのだ．

　彼の方法は，この場合，方程式を簡単にしてくれるのではなくて，より複雑にしてしまう結果に終わった．この方法には欠陥があるのだろうか？ もっとさらに巧妙な方法を使えば5次方程式は解ける，ということなのだろうか？ ラグランジュは，そう考えたように思われる．彼は，方程式に対するこの新しい見方が，今後5次方程式の解法に挑戦する誰にとっても有用であろう，と記している．そんな解法など存在しないかもしれない —— 彼が構想した方法が結局うまくゆかず，一般の5次方程式が四則演算とベキ根をとる方法では解けない —— という考えは，ラグランジュには思い浮かばなかったように見える．

　ちょっと誤解しやすいのだが，特定の5次方程式については解ける場合もある．たとえば，方程式 $x^5 - 2 = 0$ はベキ根解 $x = \sqrt[5]{2}$ を持つ．もちろん，これは方程式が単純な特別の場合で，一般的な例とは言えない．ただし，任意の5次方程式が解を持つことは証明できる．複素数の範囲で，(重根を含めて) 5つの根が必ず存在する．また，これらの解を数値的にいくらでも高い精度で求めることも可能だ．問題は，(四則演算とベキ根をとる操作のみを用いる) 代数的な解の公式を (可能だとしたら) 求めることである．

解の公式を求めて

　ラグランジュの考えが少しずつ浸透してゆくにつれて，5次方程式の解の公式は見つけることができないのではないかという見方が次第に強まっていった．ガウス

も，そういう見方をしていた一人のように思われる．ただし彼は，この問題に挑戦する価値を自分は見いだせない，と私信に記している．これは，数学のどの問題が重要かという点でのガウスの直観が間違っていた，数少ない例であろう．彼が過少評価してしまった他の問題はフェルマーの最終定理だが，これは数論の大家ガウスでも全く手の届かない手法 ―― 2世紀後に現れる ―― を必要としていた．

　ところが，ちょっと皮肉なことに，一般の5次方程式が代数的に解けないことを証明するのに必要な代数的手法の一部は，ガウスが最初に着手したものだ．彼は，正多角形を定規とコンパスで作図する問題に取り組む中で，この代数的手法を導入した．そして，彼は多角形のあるものはこの方法では作図できないことの証明を見つけ（ただし公表せず），不可能性証明の先駆となった．正9角形が作図不可能なものの一例だ．ガウスはこれを知っていたが，証明を書くことはなかった．証明は，少しあとになって，ワンツェル (Pierre Wantzel) によって与えられる．ともあれガウスは，ある問題が特定の方法では非可解であるというタイプの決着を与える先例を作った．

　5次方程式を解くことの不可能性証明に最初に本格的に取り組んだのは，1789年にモデナ大学の数学教授となったルフィニ (Paolo Ruffini) である．対称関数についてのラグランジュの構想をさらに進める中で，ルフィニは5次方程式にはベキ根にもとづく解の公式が存在しないという確信を強めていった．そして，1799年に発表した『方程式の一般理論』で「4次よりも大きい次数の一般方程式の場合，代数的な解の公式を見出すことは不可能である」ことを証明したと主張した．しかし，証明は途方もなく長大な ―― 500ページもあった ―― もので，一部に間違いがあるという噂もあり，証明をきちんとチェックしようとする人はいなかった．1803年にルフィニはより簡潔にした証明を改めて発表したが，状況は改善しなかった．彼の5次方程式非可解性証明が認められる日は，生前はついに訪れなかった．

　ルフィニの最も重要な貢献は，置換という操作が合成できることを認識したことだ．彼以前には，記号の集まりを並べ替えることが置換だとしてだけ理解されていた．たとえば，ある数の5乗根に12345と番号をつけたあと，これらを並べ替えて54321とか42153とか23154その他いろいろな配列の仕方をしたものを得ることができる．可能な再配列の方法は，全部で120通りある．

　ルフィニは，こうした並べ替えを別の視点から眺めることができるのに気づいた．これらは，任意の5つの記号を別の配列方法へと並べ替える，120通りの異なった操作それぞれの処方箋とみなせる．並べ替えられた結果だけに着目するのではなくて，最初の配列（12345は基準点と見なす）と再配列結果との対比に目を向けるというのが要点だ．最初の12345を54321へと並べ替える操作を考えてみると，わ

かりやすい．この場合の置換ルールは，「順番を逆にせよ」という処方箋で表せる．このように理解すると，最初の記号列が 12345 でなくても全くかまわないことに気づく．任意の記号が任意の並び方をしたものでいい．もし与えられた記号列が abcde であれば，置換後の記号列は edcba だ．与えられた記号列が 23451 であれば，この操作を加えた結果は，元の列を逆向きに並べた 15432 だ．

置換についてのこの新しい見方は，置換の合成を可能にする．与えられた記号列に対して，2 つの異なった置換の操作を続けて施すことができる．置換操作を重ねたものも，全体として一つの置換操作になっている．つまり，置換の積という，掛け算のような演算を定義できる．置換の合成を一種の積演算として考えた置換操作の代数が，じつは 5 次方程式の秘密を解く鍵を握っていた．

アーベル

私たちは現在，ルフィニの証明には細部に間違いはあったものの，わずかなギャップさえ埋めれば，全体の証明の流れそのものは適正なものだったことを知っている．ルフィニの仕事は，少なくとも一つのことを達成した．彼の書物によって，5 次方程式はベキ根によっては解けないという了解が，漠然としたものながら広範に行き渡っていったのである．彼が本当にそれを証明したと思った人はほとんどいなかった．しかし，数学者の多くは解の公式が存在することを疑い始めた．残念ながら，答えが出ない問題だと思われるようになると，誰も手をつけたがらないようになってしまう．

数少ない例外が，ノルウェーの若き数学者アーベル (Niels Henrik Abel) であった．早熟な数学の才能を示していた彼は，学生時代に 5 次方程式の解法を見出した——と本人は思った．結局これは間違いだと彼は気づいたのだが，アーベルは引き続きこの問題に興味を惹かれ，断続的に研究を進めていった．1823 年に，彼は一般 5 次方程式の非可解性の証明を見つける．そして，この証明は完全に正しいものであった．アーベルも，ルフィニと同様の方針で証明を進めた．ただし，アーベルのほうが巧妙であった．彼は最初，ルフィニの仕事を知らなかったが，そのあとは明らかに彼の研究を知っていた．そして，ルフィニの証明は不完全だと言っている．ただし，どこに証明の不備があったのか，詳細な問題点の指摘は全く行っていない．それでいて，アーベルの証明の一つのステップが，ルフィニに欠けていた証明上のギャップをちょうど埋める形になっていた．

私たちは，ここでは専門的な細部にはあまり立ち入らずに，アーベルの方法について全般的な考え方を理解することを試みよう．彼は，2 つの代数的操作を区別することから，問題の整理を始める．操作の一つ目は，既存の量の加減乗除である．

私たちが各種の量——特定の数であったり未知数を含む式であったりする——からスタートすることを考えよう．これらの量をもとに，さまざまな別の量を私たちは作ることができる．そのための最も簡単な操作は，与えられた量を足したり，引いたり，掛け合わせたり，割り算することである．たとえば，未知数一つの単純な量xをもとに，私たちは，$x^2, 3x+4, \dfrac{x+7}{2x-3}$などの表現を作ることができる．代数的には，これらの量はすべて同じ地盤の上に乗っている仲間だと考えることができる．

二つ目として，既存の量を元にベキ根をとる操作を用いて新しい量を作る方法がある．既存の量に先ほどの加減乗除による変形を施してから，そのベキ根をとってもよい．こういうステップを，ベキ根の付加と呼ぶことにしよう．付加するものが平方根であれば，2次のベキ根付加，立方根であれば3次のベキ根付加，などと呼ぶことにしよう．

こうした見方をすると，カルダーノ流の3次方程式の解の公式は，2ステップの手順の結果として要約できる．まず，3次方程式の係数を元に加減乗除の演算を行ってから，2次のベキ根をとって付加する．次いで，3次のベキ根付加を行う．以上．

このような整理をすることで，私たちはどういう種類の式が出てくるかを知ることができるが，具体的な式の形まではわからない．しかし，数学上の難問については，細部に目を向けるのではなくて全体的な性質にだけ着目することが，重要な鍵を与えてくれるという場合がしばしばある．簡にして要を得た見方をすると，あっと驚く発見が得られることがあるが，アーベルの仕事はその見事な例である．彼は，任意の5次方程式の解公式を仮定し，その公式の具体的な形に目を向けるのではなくて，解に至るのに必要な手順の本質的な部分だけに話を還元して，考察を進めた．一定の順序で，さまざまな次数のベキ根をとる操作を，一つずつ進めるステップを抽出して考察した．ベキ根をとる操作は，次数をすべて素数として，解に至るステップを整理し直すことが必ずできることがわかった．たとえば6乗根をとる操作は，まず平方根をとってから，次いで3乗根をとる操作を加える，2つのステップとして理解できる．

こうして整理された手順の列を，「ベキ根の塔」と呼ぼう．方程式が可解であるとは，その根のうちの少なくとも1つが，ある「ベキ根の塔」の上で表現できることだと定義できる．しかし，アーベルは実際に「ベキ根の塔」を見つけようと試みたのではない．その替わりに，仮にそんな「ベキ根の塔」が存在したとしたら，それを通

> 簡にして要を得た見方をすると，あっと驚く発見が得られることがある．

じて元の方程式はどのように見えるか，という点を問題にしたのである．

　アーベルは，この定式化を通じて，それとは意識せずに，ルフィニの証明に残されていた間隙を埋めていた．アーベルは，方程式がベキ根で表せる解を持つなら，元の方程式の係数を用いて表現可能な量のベキ根だけを付加していった「ベキ根の塔」が必ず存在することを示した．この事実は，自然な無理性付加系列の存在定理[訳註2]と呼ばれ，「ベキ根の塔」のどのステップでも元の方程式の係数とは無関係な量が付加され得ないことを定理は主張している．この事実は，ほとんど自明だが，アーベルは不可能性証明を完結するためには，これが要(かなめ)のステップとなることを認識していた．

　アーベルの不可能性証明の要は，巧妙な予備的結果の中にあった．与えられた一般5次方程式の根を x_1, x_2, x_3, x_4, x_5 としよう．それらの四則演算で得られる量の p 乗根（p は素数）をとった表現を考える．このとき，p 乗根をとる前の（有理式）表現が，たとえば次の2つの置換でともに変化しないと仮定してみる．

$$S: x_1, x_2, x_3, x_4, x_5 \to x_2, x_3, x_1, x_4, x_5$$

および，

$$T: x_1, x_2, x_3, x_4, x_5 \to x_1, x_2, x_4, x_5, x_3$$

である．この仮定のもとでアーベルは，この有理式表現の p 乗根もまた S と T の置換を施しても不変になることを示した[訳註3]．この予備的な結果を用いると，「ベキ根の塔」を1段ずつ登ってゆくことで，一気に不可能性証明まで辿(たど)り着ける．5次方程式がベキ根で解けると仮定してみよう．すると，方程式の係数からスタートして，順に「ベキ根の塔」を解の公式のところまで登れるはずである．

　「ベキ根の塔」のいちばん下の1階を見てみよう．ここには，元の方程式の係数同士を加減乗除で組み合わせた以上のものは出てこない．S および T の置換を施しても，変化する量は一つもない．不変である．というのも，置換の作用を受けるのは方程式の根であって，係数ではないから当たり前である[訳註4]．したがって，アーベルの予備的結果により，ここに出てくる量のいずれの p 乗根をとった量も，S および T の置換に関して不変である．ということは，「ベキ根の塔」の2階に出てくるどの量も S および T の置換に関して不変だということになる．ここに出てく

[訳註2]　原文では，"Theorem on Natural Irrationalities"．セピア色になった歴史的な術語のようで，現代化された群論や代数学の書物などからは対応する日本語を見つけることができなかったので，便宜的にこう訳した．

[訳註3]　アーベルは5次方程式の根の置換についての考察から，じつは付加できるベキ根の次数が2でなければならないことを示した．そして，ベキ根が $\sqrt{R}=p+qs$ の形で書ける（p, q は5つの根の対称式，$s=\prod(x_i-x_j)$ は交代式）ことを不可能性証明の伏線としている．この $\sqrt{R}$ は偶置換で不変になるので，ここに書いてある S や T の置換（ともに偶置換）を施したとき不変になる．

[訳註4]　方程式の係数を5つの根で表すと，それらの基本対称式になっている（コラム参照）ので，根の置換の影響を受けない．

るのは，1階に出てくる量の有理式とSおよびTの置換に関して不変なベキ根だけだから，同じ論法が「ベキ根の塔」の3階以降にも当てはまるのは明らかだろう．4階，5階に出てくる量もすべてSとTの置換の影響を受けず，不変のままだ．この状況が，「ベキ根の塔」の頂上手前まで続く．

ただし，「ベキ根の塔」の最上階になると，方程式の根それぞれを表す解の公式が出てくるはずだ．そのうちの一つの表現をとってみよう．これはx_1なのだろうか？ 解の公式の表現にSの置換を施しても変わらないはずであるが，Sを直接x_1に施すと，x_1ではなくてx_2になってしまう．これは，まずい[訳註5]．同様の議論により——Tの置換を使う場合もあるが——「ベキ根の塔」の最上階に出てくると仮定した解の公式は，x_2, x_3, x_4, x_5のいずれを表すこともできない[訳註6]．つまり，存在を仮定したはずの「ベキ根の塔」は，解の公式を乗せることができないのだ．

この論理の罠から逃れる術はない．5次方程式は非可解である．なぜなら，ベキ根を用いた解の公式は自己矛盾した性質を持たざるを得ないからだ．だから，そのような公式は存在しないのである．

ガロア

そのあと，一般5次方程式だけでなく，すべての代数方程式を射程におさめた探求への道筋が，ガロアによって切り拓かれた．彼は，数学の歴史で最も悲劇的な人物の一人である．ガロアは，どの方程式がベキ根を用いて解けて，どの方程式は解けないかを判別する仕事に取り掛かった．何人かの先駆者と同様，彼も代数方程式の可解性の鍵を握っているのは，根を互いに置換したときのふるまいであることを知っていた．その際の対称性が問題なのである．

ルフィニもアーベルも，方程式の根から作られる代数表現（根の整関数や有理関数）の中には，完全に対称とも完全に非対称とも言えないタイプがあることを認識していた．こうした表現（関数）は，ある置換に対しては不変だが，別種の置換を施すと値を変えた．いわば，部分的に対称な量なのである．ガロアは，ベキ根を付加して表現できる関数を不変にする置換の全体が，ベキ根を加える前とは別のコレクションになることに気づいた．こうした集まりは，単純でいて独特の性質をもったものであった．ある表現（関数）を不変にする置換を2つ持ってきて，それらを合成すると，合成置換もその表現（関数）を不変にする．ガロアは，こうした性質で関連づけられた置換の集まりを，群と呼んだ．このシステムにおいて，いくつ

[訳註5] $x_1 =$ 解の公式（その1）という形の等式に置換Sを施すと，右辺の表現はアーベルの予備的結果から不変，しかし左辺はx_2になってしまって困る，という話である．
[訳註6] $x_i =$ 解の公式（そのi）という形の表現について，$i = 2, 3$のときは置換Sを，$i = 4, 5$のときは置換Tを施せばよい．

ガロア

Évariste Galois 1811–1832

　エヴァリスト・ガロアは，父ニコラ・ガブリエル・ガロア (Nicholas Gabriel Galois) と母アデライド・マリー・ドマント (Adelaide Marie Demante) の間の息子である．彼は，革命期のフランスに育ち，政治的にきわだった左翼志向を強めていった．彼の偉大な数学的貢献は，その死の 14 年後まで認知されることがなかった．

　フランス革命は 1789 年のバスティーユ監獄の襲撃に始まり，1793 年には国王ルイ 16 世の処刑に至る．1804 年までには，ナポレオン・ボナパルトが実権を握り，自らを皇帝と宣言する．しかし，やがて軍事的敗北が重なったあと地位を追われ，1814 年にはルイ 18 世のもとで王政が復古する．1824 年にルイ 18 世が死去すると，シャルル 10 世が即位する．

　こんな時代のなか 1827 年，ガロアは数学に並はずれた才能と極度のこだわりを示し始める．そして，理系の名門エコール・ポリテクニークへの入学を目指すが，入学試験に落ちる．1829 年，そのとき村長をしていた彼の父が，政敵がでっち上げた際どいスキャンダルを苦にして自殺してしまう．その直後，ガロアは再びエコール・ポリテクニークを受験するが，また落ちる．彼は，エコール・ノルマルに進む．

　1830 年に，ガロアは彼の代数方程式に関する研究結果を，科学アカデミー懸賞への応募論文として提出する．懸賞論文の主査だったフーリエが急死し，その混乱でガロアが提出した論文原稿は紛失してしまう．懸賞は，アーベル（じつは肺結核で死んだあとだった）とヤコビ (Carl Jacobi) に授与された．同じ年に 7 月革命が起こり，シャルル 10 世は退位させられ，命からがら国外に逃亡する．このときエコール・ノルマルの校長は，学生たちが街頭行動に参加しないよう校内に閉じ込めた．激怒したガロアは，校長の臆病さを痛烈に皮肉った手紙を学校新聞に投稿する．ただちに彼は放校となった．

　7 月革命に対する収拾妥協策として，ルイ・フィリップが王位に就く．ガロアは共和主義者が組織した「国民軍砲兵隊」に加わるが，新国王はこの民兵組織を解体する．国民軍の将校 19 名が逮捕され，反乱を扇動したとして裁判にかけられたが，陪審は無罪を言い渡した．国民軍の将校らは，陪審の結果を祝う宴会を開く．この席でガロアは，短刀を手にしての皮肉をこめた国王のための乾杯を提案する．この一件で彼は逮捕されたが，短刀をかざしたとき「もし国王が民衆を裏切ることがあったら」と口上したのだとガロアは主張した．国王の命を脅かすという意味合いはなかったのだ，と．そして，この件では無罪放免となった．しかし，バスティーユ監獄襲撃の記念日に，いまは非合法となった国民軍制服を着用したのを理由に，彼は再び逮捕される．

　監獄の中で，彼は再提出した論文の審査結果を知った．主査はポアソンで，論文は十分明瞭に書かれていないので理解できない，という結論であった．獄中ガロアは自殺を図るが，他の囚人たちが止めて助けた．ガロアの官僚的権威に対する嫌悪は極端に強くなっており，パラノイアの症状さえ出ていた．しかし，コレラの流行が始まったとき，他の囚人たちと一緒にガロアは釈放された．

　このとき，彼はある女性に恋をする．この

女性の名前は長い間，謎であったが，ガロアが出獄後入院していた療養所の医師の娘ステファニー・デュモテルだったことがわかっている．この恋愛は実らず，ステファニーは交際を断った．その直後に，ガロアの革命運動の同志の一人が，ステファニーとの関わりを理由に決闘を挑んできた．ロスマン (Tony Rothman) が唱えるかなり説得力のある説によると，決闘の相手はガロアと一緒に収監されていたデュシャトレ (Ernest Duchâtelet) だという．決闘は，ロシアン・ルーレットの方式——片方にだけ弾丸が充填された2つの拳銃のうちどちらかをランダムに選んで，至近距離で撃ち合う方式——で行われたようである．ガロアは不運なほうの拳銃を選び，胃のあたりを撃たれて翌日に死んだ．

決闘の前夜，ガロアは彼の数学的なアイデアについての長い走り書きを記す．そこには，すべての5次以上の一般方程式がベキ根では解けないことの証明の要点も含まれていた．この中で，彼は置換群の概念を展開しており，それは群論への重要な一歩へと初めて踏み出したものであった．彼の草稿は失われかけたが，科学アカデミー会員であったリューヴィル (Joseph Liouville) の手元になんとか辿りついた．1843年にリューヴィルは科学アカデミーに宛てて，ガロアの論文の中に「与えられた素数次数の既約方程式がベキ根で解けるか解けないかという，この魅力的な問題への正しく，かつ深遠な解答」を見出したことを告げた．リューヴィルの手によって，ガロアの論文は1846年に出版され，ようやく数学者たちが利用できるものとなった．

ガロアの自筆原稿の一部

群論はどのように使われてきたか

自然科学の中で群論が本格的に使われた最初のケースは，可能な結晶構造の分類である．結晶中の原子は，規則正しい3次元格子を形づくっている．これを数学的に理解する上での主要な課題は，こうした格子形状についての可能な対称群すべてをリスト・アップすることだ．それらが，結晶構造として実現可能な対称性となるからだ．

1891年に，フョードロフ (Evgraf Fedorov) とシェーンフリース (Arthur Schönflies) は，異なる結晶構造それぞれに対応する空間群がちょうど230種類だけ存在することを証明した．同じころにバーロウ (William Barlow) も同様のリストを得たが，少し不完全だった．

タンパク質などの生体高分子の構造を見出す現在の主な手法は，その分子の結晶にX線を通して得られる回折パターンを解析するものである．この際に，結晶構造の対称性が重要な助けとなる．構造解析している分子の細部の形状を決める上でも，フーリエ（逆フーリエ）解析の計算精度を上げる上でも，対称性の情報が不可欠である．

かの特性が成り立つことに気づきさえすれば，証明は至って容易である．肝心なのは，そういう構造に気づくことと，その意義を見抜くことであった．

一般5次方程式がベキ根によっては解けない理由についてのガロアの結論は，それが解くことのできない対称性の構造を持つからだ，ということになる．一般5次方程式に伴う群（ガロア群）は，5つの根の置換すべてからなる群である．そして，この群の代数構造は，方程式がベキ根で解けるための条件とは整合的になっていないのだ．

ガロアは数学の他の領域の研究も手がけ，これまた深遠な発見を残した．とりわけ重要な貢献に，剰余算術（合同算術）の考え方を拡張した理論があり，今日「ガロア体」の理論と呼ばれている．これは有限の要素からなる代数系で，加減乗除の演算がこの中で定義されており，私たちが通常使っている数と全く同様の演算法則が成り立つ．ガロア体に含まれる要素の数は，必ず素数のベキ乗となる．逆に，素数のベキ乗となる数に対しては，その個数の要素からなるガロア体がただ一つ必ず存在する．

ジョルダン

群論の概念は，断片的なヒントの形ではルフィニの画期的な書物の中にも，またラグランジュの華麗な方程式研究の中にも散見され，先駆と見ることはできる．しかし，明確な形での群論の概念が出てきたのは，ガロアの仕事が最初だ．リューヴィルによる再発見のおかげでガロアの考えが広く知られるようになると，10年も経たないうちに群論は十分に発展した数学の道具となった．この時期の中心的な群論の建設者は，ジョルダン (Camille Jordan) である．667ページにおよぶ彼の大作『置換と代数方程式概論』(*Traité de Substitutions et des Équations Algébriques*) は，1870年に出版された．ジョルダンは，この分野の全領域を系統的かつ包括的に発展させた．

ジョルダンが群論の研究に加わったのは1867年，ユークリッド空間内での剛体運動を基本分類するという形で，群論と幾何学との関連を非常に明示的に指摘したときからである．大事な点は，群論とどのように結びつけると運動が分類できるかを，彼が示したことである．ジョルダンの研究は，ブラヴェ (Auguste Bravais) の結晶学に触発されたものだった．ブラヴェは，結晶がもつ対称性を構成原子の格子構造のレベルにまで遡って，数学的に研究することに着手していた．ジョルダンは，彼の論文の中でブラヴェの仕事をより一般化した．この分類は1867年に概略が告知され，詳細が1868年から1869年にかけて発表された．

専門的に言うと，ジョルダンが扱った群は，極限操作に関して閉じたものに限ら

れていた．すなわち，運動（変換）の列が極限をもつ場合は，つねに極限も群の要素として含まれていた．このクラスの群には，当たり前のことだが有限群が含まれるほか，円や球の回転運動がなす群のようなものが含まれる．ジョルダンが考慮には入れていなかった，極限操作に関して閉じていない群の例としては，次のようなものがある．中心の周りの円の回転で，回転角が $360°$ の有理数倍であるものの全体．これは，確かに群をなす．しかし，極限に関しては閉じていない．たとえば，$360 \times \sqrt{2}$°の回転に収束する有理数的な回転操作の列は容易に見つかるが，$\sqrt{2}$ は有理数ではないので極限は群の要素にはなっていない．「閉じていない」空間運動の種類はひどく多岐にわたるので，まともな分類はほとんど無理だと思われる．「閉じた」群のほうが感覚的には理解しやすいが，それでも難しい．

　平面における主な剛体運動には，平行移動，回転，反転，映進（滑走と反転の組合せ），などがある．3次元の空間になると，螺旋運動も加える必要が出てくる．これは，ワインのコルクを抜くときの動作のようなものだ．物体は，回転軸上を平行移動するが，それに軸に沿っての回転がさらに加わる．

　ジョルダンは，平行移動の群から話を始め10種類のものを列挙しているが，いずれも1方向での連続的な（任意の距離だけの）移動と他の方向での離散的な（固定された距離の整数倍だけの）移動とを組み合わせたものになっている．彼はまた，回転と反転の主な有限群を列挙している．巡回群，2面体群，正4面体群，正8面体群，正20面体群，などなど．彼は，2次の直交群 $O(2)$ ── 1本の直線軸を固定したすべての回転と反転とがなす群 ── と3次の直交群 $O(3)$ ── 中心点だけを固定したすべての回転と反転とがなす群 ── とを適正に区別していた．

　のちに，彼のリストはまだまだ不完全だったことが明白になる．たとえば，見つかりにくい結晶構造のいくつかに対応する群が記載もれになっていた．にもかかわらず，ジョルダンの空間群に関する仕事は，ユークリッド空間内の剛体運動 ── 力学でも純粋数学でも重要なものだ ── を理解する上での大きな一歩となったのである．

　ジョルダンの本は，じつに広範なテーマを扱っていた．最初は剰余算術（合同算術）とガロア体の話に始まり，多くの群の例を取り上げ，本の他の部分の基礎と背景知識を与えるものになっている．次の中盤3分の1ほどで，置換群を扱っている．彼は，正規部分群の基本的な考え方を提示する．これは，ガロアが5次方程式に伴う対称群がベキ根による解法の存在とは相容れないことを示すのに使ったものだ．そして彼は，このタイプの部分群が，元の群全体を分解類別するのに使えることを証明した．ジョルダンが証明したのは，分解された同値類のサイズが，元の群の分解の仕方には依存しないことだったが，1889年にヘルダー（Otto Hölder）がこの結

> にもかかわらず，ジョルダンの空間群に関する仕事は，ユークリッド空間内の剛体運動を理解する上での大きな一歩となったのである．

果を一歩先に進めて，正規部分群によって分解された各同値類を個々の要素と考えることで，これら自身も群として解釈できることを示した．そして，ヘルダーは，分解により得られた群（商群）の構造が，元の群の分解のされ方には依存しないことも証明した．今日，この結果は，「ジョルダン - ヘルダーの定理」と呼ばれている．

このようにしては分解されない群を，単純群という．ジョルダン - ヘルダーの定理は，単純群と一般の群との関係が，化学における原子と分子のような関係であることを述べていると言っていい．単純群は，いわばすべての群の原子的な構成要素なのである．ジョルダンは，n 次の交代群 A_n ── n 個の要素の置換のうち偶数回の互換（2つの要素を入れ替える操作）で作られる偶置換の全体がなす群 ── は $n \geq 5$ のときはつねに単純群になることを証明した．この事実は，一般5次方程式がベキ根では解けない群論的理由の基盤となっている．

彼が新しく開拓したものに，線形変換の理論がある．ここでは，有限個の要素の置換のかわりに，有限個の変数が線形の式で変換される．たとえば，3つの変数 x, y, z が，以下の線形（1次）方程式によって新しい変数 X, Y, Z に変換されるような状況を考える．

$$X = a_1 x + a_2 y + a_3 z$$
$$Y = b_1 x + b_2 y + b_3 z$$
$$Z = c_1 x + c_2 y + c_3 z$$

ここで，$a_1, \ldots, c_3$ は定数係数である．こうした変換が群をつくる場合に有限群となるよう，ジョルダンは定数係数として素数を法とした整数，あるいはより一般的にはガロア体の要素をおもに用いた．

これも1869年のことになるが，ジョルダンは彼独自のやり方で再構成したガロア理論を開発し，その結果は『置換と代数方程式概論』におさめられた．彼は，代数方程式がベキ根で解けるための必要十分条件は，対応する群が「可解」になっていることであることを証明した．これは彼のやり方で群を順に分解していったときの各ステップで現れる剰余類の個数（商群の位数）がすべて素数になることを意味している．彼はガロア理論を幾何学の問題にも応用した．

群論は現在どのように使われているか

　群論は今では数学全体を通じての欠かせない道具になっているし，自然科学でも広く使われている．とりわけ，自然科学の多岐にわたる場面において，パターン形成の理論の支えとなることで役立っている．

　その一例に，対称性をもった動物体表の模様がある．このパターンを説明するため，1952年にチューリング (Alan Turing) は反応拡散方程式のモデルを提案した．このタイプの方程式では，いくつかの化学物質からなる系が想定され，化学物質は一定の空間領域を拡散してゆくと同時に，他の化学物質と反応して別の新しい物質を生成する，という状況が記述される．チューリングは，こうしたプロセスが動物の胚で前駆的なパターンを生み出し，発生が進んでから色素が合成されると，成体動物の体表模様となる可能性を示唆した．

　話を簡単にするため，空間領域が平面になっている場合を考えてみよう．すると，方程式はあらゆる剛体運動に関して対称となる．方程式の解として，あらゆる剛体運動に関して対称なものは，すべての場所で同じ値となる均一状態だけだ．これを動物体表の状態として解釈すると，体表全体が全く同じ色になっている場合に対応する．しかし，均一状態は不安定になるかもしれない．その場合は，ある剛体運動に関しては対称だが，別のタイプの剛体運動に関してはそうでない，という解が実際には観察されるだろう．こうしたプロセスは，「対称性の破れ」と呼ばれている．

　平面における典型的な対称性の破れのパターンに，平行になった縞模様がある．別のよく現れるパターンには，規則的に配列した水玉模様がある．さらに複雑なパターンも可能だ．興味深いのは，水玉模様や縞模様が動物体表に現れる最も一般的なパターンであり，数学的に生成できる他のより込み入ったパターンも，しばしば実際の動物に見られることだ．もちろん，遺伝的な効果などを含む実際の生物学的なプロセスは，チューリングが仮定したものよりは，はるかに複雑であろう．しかし，その基底にある対称性の破れのメカニズムは，数学的には非常によく似たものであるに違いない．

チューリング不安定パターンの数学モデルと魚の体表模様

対称性の発見

　4000年にわたる5次方程式解法の探求は，ルフィニ，アーベルそしてガロアによるベキ根による解法が存在しないという証明をもって，不意に終わってしまった．このこと自体はネガティヴな結果ではあるが，その後の数学と自然科学に対して与えた影響の大きさは，計り知れない．どうしてかと言うと，この不可能性証明の中で導入された手法こそ，対称性というものを数学的に理解するための要となる道具だと判明したからだ．そして対称性は，数学でも自然科学でも必要不可欠な視点であることが明らかになった．

　それは深甚(しんじん)な効果をもたらした．群論は，代数学をより抽象的な考え方へと導き，それを通じて数学全体により抽象化された視点を導入した．実践的な科学者たちは，当初こうした抽象化への流れには反対したが，やがて抽象化された方法論がときには具体性にこだわる方法論よりはるかに威力があることが明白になると，反対する考え方はほとんど消え去った．また，群論の発見はネガティヴな結果も非常に重要である場合があることを明確にし，さらに証明にこだわることが重要な発見を導く可能性があることを例示した．

　誰も5次方程式の解の公式を見つけられないことから，数学者たちが証明抜きに，たぶん5次方程式は解けないのだろうと決めつけていたという状況を想像してみよう．そうなると，「なぜ」解けないのかを説明する群論を，誰も創案することはなかっただろう．数学者たちが安易な途(みち)を選択していたら，数学も自然科学も現在のレベルに比べてずっと色褪(あ)せたものになっていたに違いない．これこそ，数学者たちがなぜ証明に固執するかという理由なのである．

Algebra Comes of Age
Numbers give way to structures

第 14 章
抽象代数学の発展
数の世界から代数構造へ

1860年ころまでに置換群の理論は十分な発展を遂げた．一方，不変量の理論 —— 変数に変化がおよぼされても不変に保たれる量の代数的表現 —— を通じて，数学者たちは無限個の変換を含む系に注目し始める．たとえば，空間の可能な射影すべてからなる射影群は，無限個の変換を含む．1868年にジョルダンが3次元空間の変換群の研究に着手するに至って，2つの流れは融合を始めた．

洗練された概念の登場

新しいスタイルの代数学が現れ始めていた．そこで扱われるのは，単なる未知数ではなくて，置換とか変換とか行列といった，もっと高度な数学的対象である．昨年まではプロセスとして眺められてきたものが，今年になると事物として操作されるようになる．数学者たちは，群に加えて，環や体さらにはもっと複雑な代数構造の研究を始める．

代数学を抽象化へと駆り立てた一つの誘因は，偏微分方程式論，力学，幾何学からきていた．リー群やリー環の発展をもたらした流れである．もう一つのインスピレーションは，数論からきていた．ここでは，ディオファントス方程式を解くのに代数的整数などが導入され，相互剰余の法則をより深い視点から理解できるようになっただけでなく，フェルマーの最終定理に挑戦することも可能にした．こうした努力は，1995年ワイルズ (Andrew Wiles) によるフェルマーの最終定理の証明で頂点を迎えた．

リーとクライン

ノルウェーの数学者リー (Sophus Lie) がプロシャの数学者クライン (Felix Klein) と知り合い，親しくなったのは1869年のことである．2人は，プリュッカー[訳註1]が射影幾何学から派生させた「直線の幾何学」に共通の関心を持っていた．リーは，さらに野心的な独創的アイデアをあたためていた．代数方程式の可解性についてのガロアの理論は，微分方程式に関しても類似の洞察を与えてくれるだろう，と．代数方程式は，適切な種類の対称性 —— すなわち可解なガロア群 —— をもつ場合に限り，ベキ根で解くことができる．それと同じように，微分方程式も一群の連続的な変換について不変に保たれる場合に，古典的な方法で解けるのだろうとリーは考えた．リーとクラインは1869年から1870年にかけて，この線に沿って一緒に研究を進めた．この考え方は，幾何学は変換群で不変に保たれる性質の研究であると

[訳註1]　プリュッカー (Julius Plücker; 1801-68) はドイツの数学者で，射影幾何学のプリュッカー座標系を考案した．実験物理学者としても高名で，1850年代の半ばから後半にかけて初期の真空管（プリュッカー管）を発明し，陰極線を発見した．

クライン

Felix Klein 1849-1925

　クラインは，デュッセルドルフの上流階級の一家に生まれた．彼の父親は，プロシャ王国のライン行政府長の秘書を務めていた．彼は物理学者になる計画を持って，ボン大学に学んだ．しかし，プリュッカーの実験助手になったことが，彼の人生を変えた．プリュッカーは数学と実験物理学の両方の仕事をしているということだったが，興味の中心は幾何学にあったのだ．クラインはその影響を受けた．1868 年のクラインの学位論文のテーマは，「力学に応用される直線幾何学」であった．

　1870 年まで，彼はリーと共同して群論と微分幾何学を研究する．1871 年に彼は，非ユークリッド幾何学がそれぞれ特別な円錐曲線を伴った射影平面として構成できることを証明した．この事実は，もしユークリッド幾何学が論理的に整合的であれば，非ユークリッド幾何学も論理的に整合的であることの，直接的かつ明白な証明を与えていた．この仕事は，非ユークリッド幾何学の地位をめぐる論争にぴしゃりとケリをつけた．

　1872 年に彼はエルランゲンで教授職に就き，そこでの研究計画を宣言したエルランゲン・プログラムは，幾何学の性質を変換群で不変に保たれる量から考察することにより当時知られていた幾何学ほとんどすべてを統一的に見渡し，相互の関連を明確化するものだった．これにより，幾何学はいわば群論の一分科となったわけである．クラインは，これを就任演説の原稿として書いたのだが，その演説は実際には行われなかった．彼はエルランゲン大学とはそりが合わず，1875 年にはミュンヘンに移った．彼は，哲学者ヘーゲルの孫であるアンネ・ヘーゲルと結婚した．ミュンヘンに 5 年いたあと，彼はライプツィヒに移り，そこで彼の数学は最盛期を迎える．

　クラインは，彼の最大の業績は複素関数に関するものだと信じていた．彼は，複素平面に作用するさまざまな変換群のもとで不変に保たれる関数を深く研究した．そして，この研究の流れの中で位数 168 の単純群を見つけ，それに関する理論を発展させた．彼は，複素解析関数の一意化の問題をめぐってポアンカレと対立するが，その厳しさからか，そのころから体調を崩す．

　1886 年に，クラインはゲッチンゲン大学から教授として迎えられる．彼は，そこでは大学運営に努力を集中し，世界最高峰の数学研究の牙城を築き上げた．1913 年に退官するまで，彼はその地位にとどまった．

特徴づけた，クラインの「エルランゲン・プログラム」[訳註2]（1872 年）の中に集約されている．

　このプログラムは，ユークリッド幾何学を新しい考え方——対称性という視点

[訳註2]　エルランゲン目録とも訳される．クラインがエルランゲン大学の教授に就任する際にまとめた，就任後の研究計画をまとめたマニュフェスト．

——からとらえ直す試みの中から発展してきたものだ．すでにジョルダンが，ユークリッド平面の対称性を特徴づけるのが，いくつかの剛体運動であることを指摘していた．平面を一定の方向にずらす平行移動，固定した一点の周りの回転，一つの直線で折り返す反転，少し気づきにくいが映進——これは反転後に軸方向に移動するもの——もある．これらの変換の全体は群をなし，ユークリッド変換群（合同変換群）と呼ばれ，2点間の距離を不変にするという意味での剛体運動の全体がなす群だと言える．この結果として，角度も不変に保たれる．長さと角度は，ユークリッド幾何学の基礎となる概念である．クラインは，これらがユークリッド変換群の不変量——群の要素となっているどの変換を施しても変化しない量——であるという認識に達したのである．

実際，もしあなたがユークリッド変換群を知れば，そこから不変量を導き出し，さらにはユークリッド幾何学そのものを再構成できる．

同様のことを，他の種類の幾何学についても考えることができる．楕円幾何学は，正の曲率を持つ曲面上の「剛体運動」の全体がなす群の不変量についての研究だと言える．双曲幾何学は，負の曲率を持つ曲面上での同様の運動の全体がなす群の不変量についての研究である．そして，射影幾何学は，射影群における不変量に関する研究である，等々．解析幾何学で座標が幾何学と代数学を関係づけたように，ここでは不変量が群論を幾何学と関係づけるのである．それぞれの幾何学は，対応する変換群——その幾何学を特徴づける基本量を保存するすべての変換がなす群——を決める．逆にそれぞれの変換群が与えられると，それぞれの不変量によって特徴づけられる幾何学が決まる．

クラインは，幾何学のタイプと変換群の性質との間のこうした対応関係を用いて，ある幾何学が別の幾何学と本質的に同じものであることを示した．こうした場合，それぞれの幾何学に対応する変換群は，見え方を除いて同じ構造になっているというのが，その理由である．ここには，どんな幾何学も，それに対応する変換群によって定義できる，という深い主張が込められている．ただし，これには一つ例外がある．各点ごとに曲率が変わりうる，リーマン (Riemann) の曲面の幾何学の場合だ．リーマン幾何学は，クラインのプログラムではうまく料理することはできない．

リー群

リーは，クラインとの共同研究をもとに，現代数学の最も重要な概念の一つ——リー群として知られる連続変換群の概念を導入した．これは，数学と物理学の両方を革命的に変えた概念である．なぜなら，リー群は物理世界にみられる最も重要な対称性の特徴の多くをとらえており，私たちが自然を数学的に表現する際の

考え方においても，また専門的な計算のためにも，「対称性」が強力な導きの糸となることを示したからだ．

ソフス・リーは，1873年秋から一気に進展した研究活動を通じて，リー群の理論を作り上げた．リー群の概念は，リーの初期の仕事からみると相当な発展があり，現在ではずっと豊かなものになっている．現代的な言い方をすると，リー群は，代数的な性質と位相的な性質をあわせ持ち，両方の性質が密接に結びついた数学的構造である．もっと詳しく言うとリー群は，まず群（結合律などいくつかの公式を満たす代数演算が定義された集合）であり，かつ位相多様体[訳註3]（ある決まった次元のユークリッド空間と局所的には似ているが空間が曲がっていたりして全体として見ると大きく変形しているかもしれない空間）であり，しかも代数演算が連続となる（掛け算を施す要素をほんの少しだけ変化させた場合は演算の積もほんの少しだけ変わる）ものを言う．

リーが考えたのはもっと具体的なもので，多変数の系の連続変換からなる群であった．彼は，代数方程式についてのガロア理論に類するような，微分方程式が解けるか解けないかを扱う理論を探し求めているときに，このような連続変換群の研究に導かれた．ただし，リー群は現在では数学の非常に多様なところに出てくるので，リーを最初に動機づけた問題に最も重要な応用があるわけではない．

いちばん簡単なリー群の例は，円の回転運動の全体だろう．それぞれの回転は，0°から360°までの回転角の大きさによって，一意的に定義できる．こうした回転操作の全体は，2つの回転角の和を回転角とする回転操作を「回転の合成」として定義してやれば，回転の合成という演算について群をなす．また，この集合は，1次元の多様体になっている．なぜなら，各回転操作を回転角と同一視すれば円周上の各点に対応させることができ，円周上の微小な弧は微小線分をわずかに曲げたものであり，局所的に見ると円周はどこでも1次元のユークリッド空間と対応づけることができるからだ．最後に，回転の合成という演算は，この多様体上で連続である．なぜなら，回転角の大きさをほんの少し変化させたとき，合成角の大きさもほんの少し変化するだけだから．

もう少しチャレンジングな例としては，原点を固定した3次元空間の回転運動全体のなす群がある．この場合の回転は，任意の向きの回転軸と，この軸を固定した回転角の大きさで決まる．回転軸を指定するには，2つ

"リーを最初に動機づけた問題に最も重要な応用があるわけではない．"

[訳註3] 原文 (topological manifold) 通りとしたが，教科書的な正確さを期すなら微分可能多様体とすべきところである．

の変数(たとえば回転軸と固定した球面との交点を緯度と経度で表したもの)が必要である.それに加えて,回転軸周りの回転角の大きさを指定すると,3次元空間の回転運動が決まるわけである.だから,この変換群は,3次元ということになる.円の回転の場合とは違って,この群は非可換である.すなわち,3次元空間を回転する操作を合成した結果は,どちらの回転操作を先に施すかによって,一般には異なったものになる.

リーは,偏微分方程式の研究を回り巡ったあと,1873年に変換群へと戻ってきたのだが,ここで無限小変換の性質に着目して研究する.彼が示したのは,連続変換群から一種の微分操作によって導かれる無限小変換の全体は元の群演算については閉じておらず,ブラケット積と呼ばれ $[X, Y]$ と表記される新しい演算について閉じている,ということである.無限小変換が行列で表せる場合,この演算は行列 X と Y の交換子積 $XY - YX$ をとる演算にほかならない.この演算で特徴づけられる代数構造は,現在ではリー代数(リー環)と呼ばれている.1930年ころまでは,リー群,リー代数という用語は使われていなかった.これらは,連続群および無限小変換群などと呼ばれていた.

リー群の構造と,それに対応するリー代数の構造との間には,きわだった相互関連がある.これが,エンゲル (Friedrich Engel) と共著の3巻本『変換群の理論』(*Theorie der Transformationsgruppen*) のなかでリーが述べた主張である.彼らは,4つの古典的な系列を詳細に論じた.そのうちの2つは,n が奇数の場合と偶数の場合の n 次元空間の回転群である.次元数が偶数と奇数の場合とでは,かなり事情が違っていて,それが2つの系列を区別する理由である.たとえば,奇数次元の場合は必ず固定された回転軸が存在するが,偶数次元の場合は存在しない.

キリング

次の重要な発展は,キリング (Wilhelm Killing) によってもたらされた.1888年にキリングは,リー代数の構造を解明するための理論の基礎を考え出した.特に重要なのは,単純リー代数 —— すべてのリー代数がそれから組み立てられている基本構成ブロック —— の分類を,古典的なすべての場合について彼が行ったことである.キリングは,最も単純明快で,すでに構造がわかっている単純リー代数から始めた.$n \geq 2$ の場合の,特殊線形リー代数 $\mathrm{sl}(n)$ である.手始めに,複素数を成分とする n 行 n 列の行列全体を考え,行列 A と行列 B のブラケット積を $AB - BA$ と定義する.このリー代数そのものは,単純リー代数ではない.しかし,そのうちの対角要素の和がゼロになる行列の全体 $\mathrm{sl}(n)$ は,その部分代数をなし,単純リー代数になっている.$\mathrm{sl}(n)$ は,$n^2 - 1$ 次元の多様体である.

キリングはこの代数の構造をよく理解した上で，任意の単純リー代数がこれと似た構造的共通性をもつことを示した．与えられたリー代数が単純であるという条件だけから，それが特別な構造を備えていること

> キリングの
> 成果は，目覚ましい
> ものであった．

を彼が証明できたというのは，驚嘆に値する．彼の方法は，それぞれの単純リー代数に，ルート系と呼ばれる幾何学的構造を対応させることであった．彼は，線形代数の手法を用いてルート系を研究し，分類した．次いで，分類したルート系から，対応するリー代数の構造を導いた．つまり，可能なルート系の分類は，実質的に単純リー代数の分類と同じだというわけである．

　キリングの成果は，目覚ましいものであった．彼は，単純リー代数が，現在 A_n, B_n, C_n, D_n と表記されている，4つの系列に分類できることを示した．これに加えて，G_2, F_4, E_6, E_7, E_8 と表記される5つの例外が存在する．じつは，キリングは例外的な構造は6つあると考えたのだが，そのうちの2つは見かけは違うものの同じ構造であることが，のちに判明した．これらの例外型リー代数の次元は，それぞれ 12，56，78，133，248 である．例外型リー代数の存在は謎として残ったが，現在ではそれらがなぜ存在するのか，ほぼ明瞭な理解が得られている．

単純リー群

　リー群とリー代数の間には密接な関係があるから，単純リー代数の分類は，単純リー群の分類へとつながっていった．特に，4つの系列 A_n, B_n, C_n, D_n は，4つの古典的な連続変換群の系列に対応するリー代数になっている．それぞれ，$(n+1)$ 次元空間の正則な線形変換の全体からなる群，$(2n+1)$ 次元空間の回転群，$2n$ 次元のシンプレクティック群——これは古典力学と量子力学および光学で重要となる群である——，そして $2n$ 次元空間の回転群である．このストーリーの結末がそのあとに付け加わる．コクセター (Harold Scott MacDonald Coxeter) とディンキン (Eugene Borisovich Dynkin) によって導入されたルート系の組合せ論的分析に図形を用いるアプローチである．これらの図形は，コクセター・ダイアグラムあるいはディンキン図形と現在では呼ばれている．

　リー群が現代数学で重要な理由は数多く存在する．たとえば，力学では多くの系が対称性を持っており，その対称性に着目すると力学方程式の解を見つけることができる可能性がある．そして，この対称性はリー群の構造をしているのが一般的だ．素粒子を研究する数理物理学は，リー群という道具に頼るところ大である．ここでも，なんらかの対称性の原理が効いてくるからだ．キリングの例外型単純リー代数

E_8 は，超弦理論 —— これは量子力学と一般相対論とを統一しようとする現在の試みのうちで重要なものだが —— の中で重要な役割を担っている．ドナルドソン (Simon Donaldson) は 1983 年に 4 次元ユークリッド空間が非標準的な微分構造を持ちうるという画期的な発見をしたが，これは基本的には，4 次元空間の回転の全体がなすリー群がもつ特異な性質に依拠している．リー群の理論は，現代数学の全領域で必要不可欠なものになっていると言っていい．

抽象群

クラインのエルランゲン・プログラムでは，取り上げられる群が変換からなる群 —— すなわち，群の要素がなんらかの空間に作用するもの —— であることが本質的であった．早期の群論研究には，このかたちの状況を想定したものが多かった．しかし，その先へと進むためには，群としての性質は保ったまま空間は捨て去るという，もう一段の抽象化が必要であった．群は，演算で結合することのできる構成要素からなるが，その構成要素が空間に作用する変換である必要はない．

数は，その一例である．2 つの数（整数，有理数，実数，複素数）は足し合わせることができ，その結果は同じタイプの数になる．つまり，数は加法に関して群をなす．しかし，数は変換ではない．だから，変換群としての群が幾何学を統一する役割を果たしたとはいえ，群論を統一して理解するためには，変換群の場合に仮定されていた群が作用する空間という概念は捨て去る必要があった．

この方向への最初のステップを進めたのは，ケイリー (Arthur Cayley) が 1849 年から 1854 年にかけて発表した 3 篇の論文であった．ここでケイリーが述べているのは，群は 1, a, b, c などの演算子の集まりからなる，という考え方である．任意の 2 つの演算子の合成 ab は，当然また演算子となるはずである．特別な演算子 1 は，任意の演算子 a に対して $1a = a$ と $a1 = a$ の関係式をみたす．最後に，演算子に関しては結合律 $(ab)c = a(bc)$ が当然成り立つ．しかし彼の演算子は，まだ何か（変数の集合）に対して作用するものであった．それに加えて，彼は大事な点を一つ見逃していた．すべての元 a に対して，$a'a = aa' = 1$ をみたす逆元 a' が存在しなければならない，という条件だ．だから，ケイリーはいい線までいったが，あと一歩のところで賞を逃したと言わなければならない．

1858 年に，デデキント (Richard Dedekind) は，変換とか演算子に限定せずに任意の存在を要素として許容する群の定義を与えたが，彼は交換則 $ab = ba$ を定義に含めていた．この定義は，彼が意図していた数論に使う目的のためには素晴らしいものだったが，ガロア理論の中の興味深い群のほとんどを除外してしまうし，もっと広い数学の世界についてはなおさらである．

現代的な抽象群の定義は，フォン-ダイク (Walther von Dyck) が 1882—3 年に導入したものである．彼は，逆元の存在を定義に含めた一方，交換則の必要性は認めなかった．完全な公理論的な群の扱いは，もう少しあとになってからで，ハンティントン (Edward Vermilye Huntington) が 1902 年に，ムーア (Eliakim Hastings Moore) が 1905 年に，それぞれ定式化を行った．

　抽象的な構造としての群は，いまや特定の解釈からは離れて，急速に発展していった．早期の研究は，いわば昆虫採集のようなものだった．人々は群の個別の例を研究したり，特定のタイプの群を調べることにより，共通するパターンを探し求めていたのである．いったん抽象的な群の定式化がなされると，基本的な概念やテクニックは比較的急速に整備され，独立した分野として育っていった．

数論

　新しい代数的概念のもう一つの重要な源は，数論であった．ガウスは，現在「ガウス整数」と呼ばれているものを導入することで，この流れの端緒を切った．ガウス整数というのは，a と b を整数として $a + bi$ の形で表される複素数をいう．ガウス整数の和や積が，またガウス整数になることは，容易にわかる．ガウスは，素数の概念がガウス整数にまで一般化できることを発見した．ガウス素数は，他のガウス整数の積（1 とそれ自身の積という自明な場合を除く）として表すことができないようなガウス整数である．素因数分解の一意性は，ガウス整数に関しても成り立つ．3 や 7 はガウス整数で考えた場合でも素数だが，通常の意味での素数がガウス素数であるとは限らない．たとえば，$5 = (2 + i)(2 - i)$ だから，5 はガウス素数ではない．この事実は，2 つの平方数の和についてのフェルマーの定理と深く結びついている．ガウス整数は，この定理や類縁の定理に新しい光を投げかけた．

　ガウス整数を別のガウス整数で割った結果は，ガウス整数になるとは限らない．しかし，少し似た形にはなる．a と b を有理数とした $a + bi$ の形の複素数になる．こうした形をした数の全体は，ガウス数体と呼ばれるものを構成する．数論の理論家たちは，同様のことが，より一般的な場合にも成り立つことを見出した．任意の整数係数の多項式 $p(x)$ をとり，方程式 $p(x) = 0$ の根 $x_1, \cdots, x_n$ の 1 次結合 $a_1 x_1 + \cdots + a_n x_n$ を考える．係数 $a_1, \cdots, a_n$ を有理数としたものの全体は，加減，乗積，商をとる演算について閉じている——この

　　"ガウスは，現在「ガウス整数」と
呼ばれているものを
導入することで，
この流れの端緒を切った．"

> **1847年にラメは任意のベキ指数 n についての証明を見つけたと主張するが，クンマーがすぐに間違いを指摘する．**

形で表せる数に各演算を施した結果も同じタイプの数になっている——のである．現代的な言い方をすると，こうした形で表せる複素数の全体は，体をなす．上記の1次結合の係数 $a_1, \cdots, a_n$ を整数に限定したものの全体は，加減と乗法については閉じているが商については閉じていない．これらの数の全体は，環をなすのである．

こうした新しい代数的な数のシステムの応用として，最も野心的な目標はフェルマーの最終定理，すなわち方程式 $x^n + y^n = z^n$ は n が3以上の場合には整数解を持たない，という主張である．フェルマーが得たと記した「驚嘆すべき証明」を復元することは誰にもできなかったし，彼が本当に証明を見つけたということへの疑いは強まる一方であった．とはいえ，少しずつ進展はあった．フェルマー自身は，n が3と4の場合の証明の見通しを与えた[訳註4]．n が5の場合については，ディリクレ（Peter Gustav Lejeune Dirichlet）が1828年に証明した．n が7の場合の証明は，ラメ（Gabriel Lamé）が1840年に見つけた．

1847年にラメは任意のベキ指数 n についての証明を見つけたと主張するが，クンマー（Ernst Eduard Kummer）がすぐに間違いを指摘する．ラメは証明ぬきに，代数的に拡張された整数についても素因数分解の一意性が成り立つ，と仮定していた．しかし，これは正しくなかった．整数を代数的に拡張された範囲で考えると，多くの（ほとんどの）場合，素因数分解の一意性は成り立たないのだ[訳註5]．クンマーは，ラメのやり方でフェルマーの最終定理を証明しようとしてゆくと，n が23の場合に素因数分解の一意性が破れてしまうことを示した．

しかし，クンマーは簡単に諦めなかった．新たに「理想数（ideal numbers）の理論」という数学的道具を考え出して，素因数分解をめぐる壁を迂回しようとした．クンマーが工夫した方法でも，n が特別な（非正則な）素数の場合はすぐに証明することはできなかったが，100までの整数のなかに非正則な素数は37, 59, 67 の3つしか存在しない．これら特別の場合は，個別に証明法を見つけ出せばよい．

クンマーのやり方は，その後のミリマノフ（Dimitri Mirimanoff）ら何人かの数学

[訳註4] 原著では，n が3と4の場合の証明をフェルマーが与えたとしているが，これには少し無理があるのでこう訳した．一般には，フェルマーは n が4の場合の証明を与えたが，n が3の場合の証明はフェルマーの方針をもとにオイラーが与えたとされている．ただし，オイラーの1753年の証明には一部に誤りがあったことが知られている．

[訳註5] たとえば，6 を $Z[\sqrt{5}i]$（$m+n\sqrt{5}i$ の形をした複素数の全体）の中の整数だと考えると，$6 = 2 \cdot 3$ のほかに $6 = (1+\sqrt{5}i)(1-\sqrt{5}i)$ という形でも素因数分解できる．

者が道具を改善し，少しずつ進展していった．1980 年代までには，類似の方法とコンピュータによる計算を組み合わせて，n が 150,000 まではフェルマー予想が正しいことが確かめられた．しかし，このやり方も次第に息切れとなっていった．

環，体，多元環

クンマーの「理想数」の概念は煩雑でわかりにくかったので，デデキントは代数的整数のシステムの特別な部分システムとして「イデアル」を定義し，この用語で概念を再定式化した．その後，ゲッチンゲン大学のヒルベルトの学派によって，とりわけエミー・ネーター (Emmy Noether) の手によって，こうした分野の全体が公理論的に基礎づけられていった．群の概念に加えて，他の 3 つの代数系 —— 環・体・多元環 —— が，それぞれに適した公理のリストをともに定義されていった．

環においては，加減と積の演算が定義されており，これらの演算は積の交換則を除いて通常の伝統的な代数の規則をみたす．積についての交換則をみたす環は，特に可換環と呼ばれる．

体においては，加減と積に加えて，商も定義されている．これらの演算は，積の交換則を含めて通常の伝統的な規則をみたす．積の交換則が成り立たないものは，可除環あるいは斜体，非可換体などと呼ばれる．

多元環 (algebra) は環に近い代数構造だが，その要素に係数（スカラー）を掛ける操作ができる．外から掛ける数（スカラー）は，実数や複素数のことが多いが，より一般的な定義では，任意の体または可換環を一つ係数環として決めてあればよい．加法は通常の代数系と同じように定義されるが，乗法がみたすべき規則はさまざまで，それぞれ異なった公理系によって指定される．乗法についての結合則が成り立つ場合は，結合的代数 (associative algebra) などと呼ばれるが，そうでない場合もある．たとえば正方行列の全体についての乗法を，通常の行列の積ではなくて交換積 $XY - YX$ によって定義した場合は，リー代数という多元環になるわけである[訳註6]．

何十，いやたぶん何百もの異なった代数構造が，数学では使われており，それぞれが独自の公理系によって定義されている．興味深いと思われる公理系の帰結を調べるだけのために考案されたものもいくつかはあるが，大部分の代数構造は，数学の特別な問題に取り組む上で必要になって考え出されたものである．

[訳註6] この場合は，通常の結合律 $[X, [Y, Z]] = [[X, Y], Z]$ は成り立たず，次のヤコビの恒等式が成り立つ．$[X, [Y, Z]] + [Y, [Z, X]] + [Z, [X, Y]] = 0$．また，$[X, Y] = -[Y, X]$ だから，この乗法は可換ではない．

エミー・ネーター
Emmy Amalie Noether 1882-1935

エミー・ネーターは，数学者マックス・ネーター (Max Noether) と母イダ・カウフマン (Ida Kaufmann) との間の娘として生まれた．両親ともユダヤ系である．1900年に語学教師の資格を得たが，彼女は数学に未来を懸ける途を選んだ．当時，ドイツの大学では教授が認めた場合に限り，女性が受講することは許されていたが，正式の学生としてではなかった．ネーターは，この形で1900年から1902年まで大学で学んだ．そのあと，1903年から1904年にかけて，ゲッチンゲンでヒルベルト，クライン，ミンコフスキー (Minkowski) の講義を受ける．

1907年に彼女は，不変式論の理論家ゴルダン (Paul Gordan) のもとで博士号を取得する．博士論文は，非常に複雑な不変量系の計算を行うものであった．男性の場合，学位取得の次のステップは「ハビリタツィオン」と呼ばれる大学教授職資格試験となるのが通例なのだが，女性には認められていなかった．彼女はエルランゲンにとどまり，体の悪い父親の面倒を見ながら数学研究を続け，その評判は急速に高まっていった．

1915年に彼女は，クラインとヒルベルトに招かれてゲッチンゲンに戻る．彼らはネーターが教授職を得られるよう制度を変えるため悪戦苦闘を続け，ようやく1919年になって成功する．彼女が現在「ネーターの定理」として知られる画期的な基本定理 —— これは物理系が持つ対称性を保存則と結びつけるものだ —— を証明したのは，その着任直後のことである．彼女の仕事のいくつかは，アインシュタインが一般相対論の一部を定式化するのにも使われている．1921年に彼女は環論とイデアルについての論文を書き，これらを抽象的で公理論的に扱う方法を示した．彼女の仕事は，ファン・デル・ヴェルデン (Bartel Leendert van der Waerden) の古典的な教科書『現代代数学』の主要部分の元になっている．

ドイツがナチの支配下に入ると，彼女はユダヤ系だという理由で地位を追われた．彼女は米国にポジションを得て，ドイツを去る．ファン・デル・ヴェルデンによると，彼女にとって「数，関数そして演算は，（中略）概念的関係にまで還元されてはじめて透明で，一般化できて，生産的なものになる」のであった．

有限単純群

20世紀の有限群研究のハイライトは，すべての有限単純群の完全な分類が成功裏に終了したことである．これは，キリングや彼の後継者がリー群とリー代数について成し遂げたことを，有限群について成し遂げたことに相当すると言っていい．

すなわち，有限群の基本構成ブロックとして可能なものすべての記述が完成したのである．群を分子にたとえるならば，単純群は原子に相当する構造なのだ．

キリングによる分類では，単純リー代数が，5 つの例外 G_2, F_4, E_6, E_7, E_8 を除いて，必ず 4 つの無限系列 A_n, B_n, C_n, D_n のいずれかに属することが示された．有限単純群の分類は，ものすごく多数の数学者たちの貢献によって完成し，とても彼らの名前をすべて記すことはできない．ただ，分類プログラムを完成まで引っ張ってゆく上で，ゴレンシュタイン (Daniel Gorenstein) の役割は大きかった．最終結果は 1988 年から 1990 年にかけて公表されたが，いくつかの無限系列と例外のリストからなるという点では，リー代数の場合と奇妙に似ている．しかし，有限単純群の場合は系列の種類がもっと多いし，例外型のものも全部で 26 個あった．

分類された系列は，交代群（ガロアにも知られていた）の系列と，数多くのリー型の群（線形群）の系列からなる．後者は単純リー群と似ているのだが，リー群の場合なら複素数体が出てくるところに有限体が出てくる．有限単純群の分類をめぐっては，他にもいろいろ興味深いことがある．例外として 26 の散在型有限単純群が見つかったのだが，これらの間には共通のパターンをうかがわせる兆候はあるものの，統一された構造は存在しない．分類が完結したという証明は，数百人におよぶ数学者たちが書いた，全部で約 1 万ページにおよぶ別々の論文を束ねた結果として得られている．しかも，全体の証明の中枢部に相当する論文は発表されていないのだ．というのも，最終仕上げに当たる論文は，全体の分類プログラムの残された詳細部分に着目しては，不十分な箇所を流れ作業的に再加工するという，最終結果がわかったあとでの作業結果報告に近いものがほとんどになるからである．分類の全貌は，全部で約 2000 ページにおよぶ何冊かの教科書の形で現れた．

例外となる散在型の有限単純群のうちで最もミステリアスで，かつサイズが最大のものは「モンスター」と呼ばれている．モンスターは，

$$2^{46} \times 3^{20} \times 5^9 \times 7^6 \times 11^2 \times 13^3 \times 17 \times 19 \times 23 \times 29 \times 31 \times 41 \times 47 \times 59 \times 71$$

の位数をもつ．これは十進法で表記すると，

$$808017424794512875886459904961710757005754368000000000$$

つまり約 8×10^{53} におよぶ数である．モンスターは，1973 年にフィッシャー (Bernd Fischer) とグライス (Robert Griess) が存在を予想した．1980 年に，グライスが実際に存在することを証明し，196,883 次元の多元環上の対称群として代数的に構成できることを示した．モンスターは，数論や複素解析と意外な関連をもつのではないかと思われるようになり，それをコンウェイ (John Conway) は「ムーン

ワイルズ

Andrew Wiles 1953−

ワイルズは 1953 年，英国ケンブリッジに生まれた．10 歳のときにフェルマーの最終定理のことを読んだ彼は，これを証明したいと思って数学者になる決心をする．しかし，博士号を取得するころまでには，この考えを彼はほとんど放棄していた．この定理はちょっと手のつけようもない難題に思えた．彼は，フェルマーの最終定理とは全く違う分野に見える楕円曲線の数論的研究を進めることにした．米国プリンストン高等研究所で仕事をしたあと，プリンストン大学で教授職に就いた．

1980 年代になると，フェルマーの最終定理と楕円曲線に関する深淵な難問との間に予想外の関連があることが，次第に明らかになっていった．フライ (Gerhard Frey) は，谷山-志村予想を用いて，この関連を明示的に提示した．ワイルズはフライの考えを知ると，他のすべての仕事をやめてフェルマーの最終定理に集中した．7 年間の孤独な研究ののち，彼は谷山-志村予想の特殊なケースについての結果をもとに，フェルマーの最終定理の証明を得たと信じた．この証明には，まだギャップが残されていたことが判明したのだが，ワイルズとテイラー (Richard Taylor) は証明の不備を補い 1995 年に完全な証明を発表した．

他の数学者たちは，まもなく谷山-志村予想の証明をすべての場合にまで拡張し，新しい手法を発展させていった．ワイルズは，フェルマーの最終定理を証明した業績により，ウルフ賞を含む多数の表彰を受けている．フィールズ賞は受賞者を 40 歳以下としてきたので彼は該当しないのだが，1998 年の国際数学連合の会合でフィールズ賞委員会はワイルズに銀賞を贈るという異例の措置をとった．2000 年にはナイトの称号 (Knight Commander) を授与されている．

シャイン予想」(Monstrous Moonshine conjecture[訳註 7]) として関連づけた．この予想が正しかったことは，1992 年ボーチャズ (Richard Borcherds) によって証明され，彼はこの業績によりフィールズ賞 —— 数学の世界で最も栄誉ある賞 —— を受賞した．

[訳註 7] この表現には，「途方もないたわごと予想」といった意味もある．おそらく，ここで予想される関連の意外さを強調するための，一種の洒落だと思われる．

フェルマーの最終定理

　代数体の数論への応用は20世紀の後半にさらに盛んになり，ガロア理論や代数トポロジーを含む数学の他の多くの領域と関連をもつようになってきた．そうした流れは，フェルマーの最終定理が最初に述べられてから350年も経って，ついに完全に証明されることをもってクライマックスを迎える．

　真に決定的なアイデアは，現代的視点からのディオファントス方程式研究の心臓部に位置する美しい領域——楕円曲線の理論からやってきた．楕円曲線は，ある変数の完全平方が他の変数の3次の多項式と等しいという形の方程式で表すことができ，それはディオファントス方程式をめぐる一つの研究領域を代表するものとして，数学者たちがよく知っているものであった．しかし，この主題に関しては未解決の大きな問題が残されていた．その中でも最大のものが，日本の数学者である谷山豊と志村五郎の名をとって谷山-志村予想と呼ばれるものである．この予想は，すべての楕円曲線はモジュラー関数——三角関数などの拡張として導入された関数で初期の研究はクラインに遡る——で表現できるということを主張していた．

　1980年代の初めになって，フライ (Gerhard Frey) がフェルマーの最終定理と楕円曲線とのあいだのリンクを発見した．仮に，フェルマー方程式が整数解をもっていたとしよう．すると，非常に異様な性質を持ち，存在するとはとても思えない楕円曲線が構成できてしまうことを，フライは見出した．1986年にリベット (Kenneth Alan Ribet) は，これを一歩進めて，谷山-志村予想が正しければフライの奇怪な楕円曲線は存在不可能であることを証明した．したがって，フェルマー方程式も解を持たないことになる．つまり，フェルマーの最終定理が証明できたことになる．こうして，問題は谷山-志村予想を証明することに帰着されると同時に，フェルマーの最終定理が決して孤立した歴史上の好奇心だけの対象ではないことが明らかになった．それとは正反対に，現代的な数論の中枢にある問題だったのである．

　フェルマーの最終定理を証明することを少年時代に夢見ていたアンドリュー・ワイルズ (Andrew Wiles) は，プロの数学者になったころにはこれは孤立した未解決の問題に過ぎず，重要なものではないと決めつけていた．しかし，リベットの結果を知って，ワイルズは心を変えた．そして1993年には，楕円曲線の特殊な種類——ただしフェルマーの最終定理を証明するには十分な一般性をもつクラスについて，谷山-志村予想を証明したと彼は

> " アンドリュー・ワイルズは，フェルマーの最終定理を証明することを少年時代に夢見ていた "

抽象代数はどのように使われてきたか

1854年にブール (George Boole) は『思考の法則』(*The Laws of Thought*)[訳註8] を著し，代数が論理学に適用できることを示し，現在ブール代数として知られるものを創案した．ここでは，ブールの基本的発想の香りだけお伝えしておこう．

最も重要な論理演算子は「…でない (not)」「かつ (and)」「または (or)」だ．もし命題 S が真であれば，命題「S でない」は偽である．逆に，命題「S でない」が偽であれば，命題 S は真である．命題「S でありかつ T である」が真であるのは，命題 S と命題 T がともに真である場合であり，その場合に限る．命題「S または T である」が真であるのは，命題 S と命題 T の少なくとも一方が真である場合である（両方が真であってもよい）．

ブールが気づいたのは，もし真を 1，偽を 0 と書き直してみると，上のような論理演算は通常の代数演算と似たものになる，ということだ．ただし，ここでの 0 と 1 は，2 を法とした剰余類の意味で理解しなければならない．つまり，ここでは $1+1=0$ であり，$-x$ は x に等しい[訳註9]．この決まりのもとで，命題 S と命題 T の真偽値をそれぞれ x および y とすると，命題「S でない」の真偽値は $1+x$，「S かつ T」の真偽値は xy，「S または T」の真偽値は $x+y+xy$ となる．真偽値が $x+y$ となるのは，排他的論理和「S か T の一方だけが成り立つ」（計算機科学では通常 S xor T と表記される）の場合である．

ブールは，この一風変わった論理の代数が，演算規則が少し奇妙に見えるのを我慢して系統的に規則を適用してゆきさえすれば，完全に自己整合的なものになることを発見した．これは，数理論理学の形式的理論に向かっての第一歩であった．

発表した．ところが，発表論文を提出する段階になって，証明にまだ重要なギャップが残っていることがわかった．証明のやり直しは難航し，ワイルズ自身もほとんど諦めかけていたとき，「突然，全く予想もしない形で，この信じ難い啓示がやってきた．それは言葉にできないほど美しく，シンプルで，エレガントだったので，私はただ信じられない思いで，浮かんできた証明を見つめていた」．テイラー (Richard Taylor) の手助けも得て，ワイルズは証明を訂正し，ギャップを埋めることができた．論文は，1995年に発表された．

フェルマーが彼の最終定理の証明を得たと記したとき彼の心に浮かんだことが何であるにせよ，ワイルズが証明に用いた手法とは全く違ったものであったことは疑いない．フェルマーは，本当に巧みな証明というものを得ていたのであろうか？

[訳註8] フルタイトルは "An Investigation of the Laws of Thought on Which are Founded the Mathematical Theories of Logic and Probabilities" である．和訳はない．

[訳註9] 原著では，論理値をとる変数と命題を同じ記号で記しているが，やや誤解を招きやすいので x や y 等を使うことにした．

抽象代数は現在どのように使われているか

ガロア体の理論は，CD や DVD のデジタル・データの読み書きを含む商用ソフトで音声や画像などを符号化する技術の基礎になっている．あなたが音楽を聴いたりビデオを見たりするとき，じつは抽象代数の成果をあなたは利用しているのである．

ここで取り上げるのは，リード (Irving Reed) とソロモン (Gustave Solomon) が 1960 年に考案した，リード・ソロモン符号と呼ばれる手法である．これは音楽や動画などのデジタル信号を誤り訂正が可能な形で符号化する手法だが，有限体の要素を係数とした多項式の計算アルゴリズムが基礎になっている．n 次の多項式は，n 箇所での異なる変数値を代入した値が与えられれば一意的に決まることが知られている．誤り訂正のアイデアは，n 箇所以上での値から多項式を計算する点にある．もし信号列が誤りを含んでいなかったら，どの組合せで n 箇所の点を選んで多項式を復元する計算をしても，同じ答えが得られるはずだ．もしそうでない場合は信号列に誤りが含まれているわけだが，誤りビット数が多くなければ元の多項式を割り出すことは，依然として可能なのである．

実用的な符号化はブロック単位で行われ，m ビットからなる記号を $2^m - 1$ 個並べたものが一つのブロックになる．最も一般的なのは $m = 8$ とする方式で，これは従来のコンピュータの多くが 8 ビット（バイト）単位で処理を行ってきたためだ．この場合，1 ブロックに含まれる記号の数は 255 となる．よく使われるやり方だと，ブロックに含まれる 255 バイトのうち 223 バイトを上記の方法で符号化する．残りの 32 バイトは，パリティ検査——デジタル・データ列のうち特定の組合せを選んで計算した結果が偶数か奇数かによって誤りを検出する方法——のために使われる．このやり方の場合，1 ブロックあたり最大 16 の誤り信号まで訂正することができる．

それとも，彼がそう錯覚しただけだったのだろうか？ こちらは最終定理とは違い，永遠に解かれることのない謎にとどまるに違いない．

抽象化された数学

次第に抽象的な見方で数学をとらえる流れは，研究テーマがどんどん多様化してゆく中での自然な帰結であった．数学がもっぱら数だけを相手にしていた時代には，代数記号はたんに数が代入されるべき場所を示すしるし (placeholders) に過ぎなかった．しかし，数学が発展するにつれ，記号はそれ自身の生命を持ち始める．それら記号も，固定された意義を担うと言うよりは，記号が操作される規則によって意味が決まるようになっていった．さらに，その記号操作の規則すら不可侵の聖域ではなくなってゆく．伝統的な算術の規則，たとえば積の交換則も，新しい抽象代数の文脈の中では，いつも正しいというわけにはゆかなくなった．

抽象化されていったのは，代数学だけではない．解析学も幾何学も，同様の理由

から，より一般的なことがらに焦点を当てるようになっていった．数学のものの見方が大きく変わっていったのは，19世紀の半ばから20世紀の半ばにかけてである．そのあとに調整期がやってきて，数学者たちは抽象的な形式化への志向と科学への応用可能性という，ときに相反するニーズの間でバランスをとることに努めている．数学の抽象化と一般化は手を携えて進んできたが，抽象化は数学の意味をわかりにくくもする．しかし，もはや数学の抽象化が有用か，必要か，といったことが問題なのではない．抽象化された手法は，フェルマーの最終定理をはじめ長年未解決だった問題の多くを解くことを可能にし，有用性は証明済みである．そして，昨日には形式的な遊びにしか見えなかったものが，今日では科学的あるいは商業的に必要不可欠になっていたりするのである．

> "抽象化されていったのは，代数学だけではない．"

Rubber Sheet Geometry
Qualitative beats quantitative

第15章
ゴムシートの幾何学
「かたち」の定性的理解へ

ユークリッド幾何学のおもな構成要素――直線，角度，三角形，正方形など――は，すべて計量に結びついたものであった．線分は一定の長さを持つし，角はそれぞれの大きさを持つ．91°や89°の角は，90°の角とは重要な点で違っている．円には半径によって決まる大きさの違いがあり，正方形ならば1辺の長さで大きさが決まる．ユークリッド幾何学を機能させている隠れた要素は，長さという測定可能な量であり，これが剛体運動のもとで不変に保たれるからこそ運動や合同といった基本概念が定義可能になっている．

トポロジー

　数学者たちがユークリッドのものとは異なる幾何学と最初に出くわしたとき，距離が計量できるという点はそのままであった．非ユークリッド幾何学においても，長さや角度は定義できる．ユークリッド幾何学との違いは，長さや角度が別のやり方で定義されているという点にあったのである．しかし，射影幾何学の到来は，事情を一変させた．射影変換のもとでは，距離も角度も変化してしまうのだ．ユークリッド幾何学と2つの主要な非ユークリッド幾何学は，いわば剛体の幾何学と言える．射影幾何学は，もっと柔軟な世界の幾何学だと言っていい．ただし，それでも射影変換のもとで一定となる抽象的な不変量は存在する．クラインが思い描いた構図においては，それぞれの幾何学はそれに対応する変換群および不変量によって定義できる，とされていた．

　19世紀が終わりに近づいたころになると，数学者たちはその構図を超えて，さらに柔軟な幾何学の開拓を始めた．ひどく柔軟な変形を許容するので，「ゴムシートの幾何学」などと呼ばれる幾何学だ．正式にはトポロジー（位相幾何学）と呼ばれる，極端に融通無碍な変形が可能な「かたち」を扱う幾何学である．直線は曲げたり伸び縮みさせることが可能で，円は三角形にも正方形にも変形可能となる．変形が連続的でさえあればよい．トポロジーで許容されるのは連続写像――近傍点を必ず近傍点に移すような写像――による変形であり，ゴムシートに喩えられるイメージはここからくる．

　「2点が十分近くにある」とか「近傍点」といった表現には，まだ距離の概念に訴えているような感じが伴う．しかし，数学者たちは20世紀の初頭までに，距離概念をいっさい使わずに近傍関係を表現する方法を見出した．近傍とか連続といった概念は，トポロジーの基礎概念として，自立した意味を担うようになったのだ．トポロジーは，急速に地位を上げ，数学全体の中枢的位置を占めるようになってゆく．ところが一見とても奇妙に見えるのは，トポロジーという分野が，扱う対象の中身を事実上不問にする方法を採っていることである．変換があまりにも柔軟なの

で，この幾何学にとっての不変量が存在するのだろうか，とさえ思えてくる．じつは，いろいろな不変量が存在する，というのが答えだ．ただ，これらの不変量は，それまでの幾何学が考えてもみなかったものばかりなのである．

連結性 —— その幾何学的対象は，いくつの連結成分から成るか？ 穴の数[訳註1] —— その連結成分はベタッとして一塊なのか，通り抜け可能なトンネルがいくつか穿(うが)たれた形をしているのか？ 結び目の数 —— その対象は，解くことのできない結び目で自分自身と何重に絡まっているか？ —— 等々．トポロジストにとって，ドーナッツとコーヒーカップは同じ形をしているが，両者とも丸いボールとは形が違う．三葉結び目と 8 の字結び目は形が違う —— しかし，そのことを証明するためには，全く新たな数学的道具立てが必要になる．そして，長い間，結び目を数学的に表す方法など誰も思いつかなかったのである．

これほど漠として奇っ怪なものが重要な意義を持つというのは，ちょっと驚きである．しかし，見かけはたいてい当てにならない．連続性は自然の基本的な側面であり，連続性を深く究(きわ)めてゆくとトポロジーへと辿(たど)りつくのである．現代でもトポロジーは，いくつかの数学的テクニックのうちの一つとして間接的に使われるという場合が多い．台所に座っていて，何かトポロジーに直結するものを見つけようとしても，ちょっと難しい．ただし，カオス利用の食器洗浄機などというものを目にする人はいるかもしれない．これは，むらなく食器を効率的に洗うために，2 つの回転アームの動きを組み合わせた奇妙な力学を用いるものだ．このカオスと呼ばれる力学現象を理解するにはトポロジーが必要になる．

トポロジーを実用的に使っている最大の利用者は，量子場を研究する理論家たちだろう．ここでの「実用的」という形容詞は，たぶん一般的な使い方ではない．それでも，これが物理学の重要な分野であることは疑いない．もう一つ，トポロジーを応用している分野に，分子生物学がある．ここでは，DNA 分子がねじれたり反転したりする様子を記述あるいは解析するのに，トポロジーの概念が使われている．

表には見えないところで，トポロジーは数学の主要な流れすべてを活気づけ，実用的な応用がすぐ見つかるような他の数学的テクニックの発展を助けている．トポロジーは，長さなどの定量的なものに頼らずに，定性的な幾何学的性質を厳密に研究する．これこそ数学者たちがトポロジーを非常に重要なものだと考える理由であると同時に，一般の人々の多くにはほとんど知られていない理由でもある．

多面体とケーニヒスベルクの橋

トポロジーの研究が本格的に始まったのは 1900 年前後なのだが，それ以前の数

[訳註1] 素朴直観的な意味で holes という語が使われており，そのまま直訳した．

学にも顔を見せることがときどきあった．オイラーは，トポロジー前史の2つの話題の提供者である．一つは多面体に関するオイラーの公式であり，他の一つはケーニヒスベルクの橋というパズルに彼が与えた解である．

　1639年，デカルトは正多面体について数秘術ふうの関係が成り立つことに気づいた．たとえば，立方体を考えてみよう．面は全部で6つある．辺の総数は12で，頂点の数は8つだ．6に8を足すと14で，これは辺の数12よりも2だけ大きい．正12面体の場合はどうか？　こんどは面の数が12で辺が30，頂点は20だ．同様の計算をすると，$12 + 20 = 32$，やはり辺の数30よりも2だけ大きい．この関係は，正4面体，正8面体，正20面体でも成り立っている．正多面体に限らず，任意の多面体について同じ関係が成り立つように思える．すなわち，多面体の面の数をF，辺の数をE，頂点の数をVとすれば，$F + V = E + 2$あるいは式を少し書き換えて，
$$F + V - E = 2$$
が成り立つというのである．

　デカルト自身は，この発見を公表しなかった．しかし，この関係を書き留めた草稿は，1675年にライプニッツの目にとまる．

　この関係を最初に公表したのはオイラーで，1750年のことだ．彼は，翌1751年には，その証明も発表した．オイラーは，多面体の分類を試みていたので，この関係に興味を持った．こうした分類を行う際には，ここで取り上げているような一般性のある現象は，当然ながら考慮に入れなければならないからだ．

　ところで，上記の関係式は，すべての多面体について成り立つのだろうか？　必ずしも，そうはならない．額縁の形をした多面体を考えてみよう．これは，枠木の端の断面同士を四隅で貼り合わせた形をしていて，全部で16の面と32の辺と16の頂点を持っている．だから，この場合は$F + V - E = 0$となる．結果が食い違う理由は，真ん中に穴が開いていることにある．多面体がg個の穴を持っていたら，
$$F + V - E = 2 - 2g$$
となるのである．

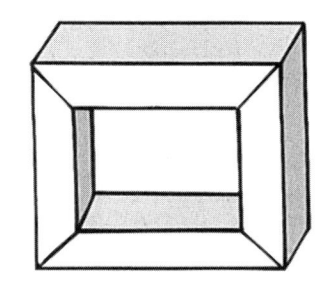

穴の開いた形状の多面体

コーシー（Cauchy）による
デカルト-オイラーの関係式の証明

　まず，多面体から面を一つ取り除き，残りを平面の上に展開せよ．この際に F が一つ減ったから，平面上に展開された面，辺，頂点の総数について $F+V-E=1$ が成り立つことを示せばよい．以後の操作をわかりやすくするため，最初に交差しない対角線をいくつか引いて面をすべて三角形にしてしまおう．ここで，対角線を引いても頂点に変化はないから V はそのままであり，対角線を1本引くごとに辺の数と面の数が一つずつ増加する．したがって，この過程で $F+V-E$ の値には全く変化がない．次に，外側から辺を一つずつ取り除いてゆく．この操作によって面と辺の数は同時に一つずつ減るが，頂点に変化はない．したがって，この過程でも $F+V-E$ の値には変化がない．この操作を面がもう存在しなくなるまで続けると，辺がループ状に閉じている場所はないから，辺と頂点だけからなる樹構造が残る．そこで最後に，終端の頂点から順に，頂点とそこに至る辺とをセットにして1組ずつ取りはずしてゆく．ここでは，E と V とが同時に一つずつ減ってゆく．だから，またしても $F+V-E$ の値に変化はない．すべての操作が終わると，孤立した頂点が一つだけ残るはずである．このとき $F=0$ かつ $E=0$ だから，$F+V-E=1$ となっている．これが，求めていた結果である（証明終わり）．

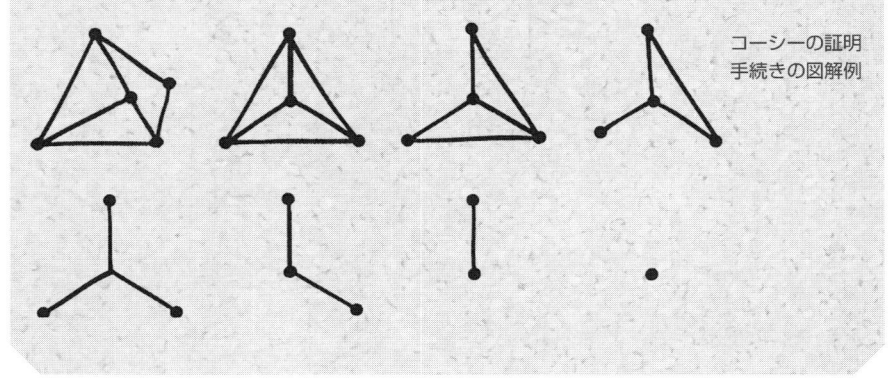

コーシーの証明
手続きの図解例

　しかし，ここで言っている「穴」とは，いったい何なのだろうか？　考えてみると，見かけ以上に定義するのが難しいことに気づく．

　まず，ここで考えているのは多面体の表面であって，多面体の内部に詰まっている中身の話ではないことに注意しよう．実世界において，何かの物体の内部を掘削して穴をあけるという状況は，当然考えられる．しかし，上の関係式は多面体の内部については何も言っていない．多面体の表面を構成する，面と辺と頂点について述べているだけだ．表面にあるものだけを数えているのだ．

　次に，上の関係式に現れる数に変化をもたらすのは，多面体を貫通する穴——

いわば両側に開口部のあるトンネルのようなもの —— だけである．道路工事で作業員が掘るような穴は，上の関係式には影響しない．

　最後に，多面体の表面は「穴」の輪郭をある程度は与えているけれども，多面体の表面のどこを探しても穴は開いていないのである．私たちがドーナッツを買うとき，私たちはドーナッツの「穴」も一緒に買っているとは言えるだろう．けれども，ドーナッツの「穴」だけを買おうと思っても，それはできない相談だ．ドーナッツの外表面があってこそ，この「穴」は存在できるのだ．もっとも，この場合，私たちがお金を払って買い求めるのは，ドーナッツの表面だけではなくて内部（食べられる中身）も含むわけだが．

　多面体に「穴が開いていない」ことを定義するほうが，ずっと容易である．もし，ある多面体を連続的に変形して —— 途中で曲がった面や辺を生み出す過程も含まれる —— 球にすることができるならば，その多面体には「穴が開いていない」，と定義できる．こうした多面体については，$F+V-E$ の値は必ず 2 になる．そして，その逆も成り立つ．すなわち，ある多面体について $F+V-E=2$ が成り立つならば，その多面体は連続的に球へと変形できる．

　額縁型の多面体の場合，とても連続的変形で球にできるようには思えない．一つ開いている穴がどこへ行けばいいのか，見当もつかないからだ．球への変形が不可能なことを厳密に証明するのには，この多面体については $F+V-E=0$ であるという事実を押さえておくだけでいい．この関係式は，球に変形可能な多面体については成り立たないからだ．つまり，多面体に関するこの数秘術ふうの式は，その幾何学的な基本特性を表している．この式の値は図形を連続的に変形しても変化しない，トポロジカルな不変量なのである．

　オイラーの関係式は，多面体の面や頂点の数といった組合せ論的な観点と，トポロジカルな観点とを関連づける，有益で重要なヒントであることがわかってきた．じつは，これを逆に辿ることで理解が容易になる．多面体に穴がいくつ開いているかを知るには，この関係式での $F+V-E-2$ の値を 2 で割って，符号を逆転するだけでいい．

$$g = -(F+V-E-2)/2$$

　この結果から，面白いことに気づく．私たちは，「穴」が何を意味するのかを全く定義することなしに，「穴」がいくつ開いているかを定義することが可能なのである．

　こうしたやり方の利点は，これが多面体に内在的な性質だけにもとづいていることだ．多面体を 3 次元空間内に置いて視覚化すること —— 多面体を外から見て穴がいくつ開いているかを私たちの目で判別するには必要なことだが —— を，この

ケーニヒスベルクの橋の問題

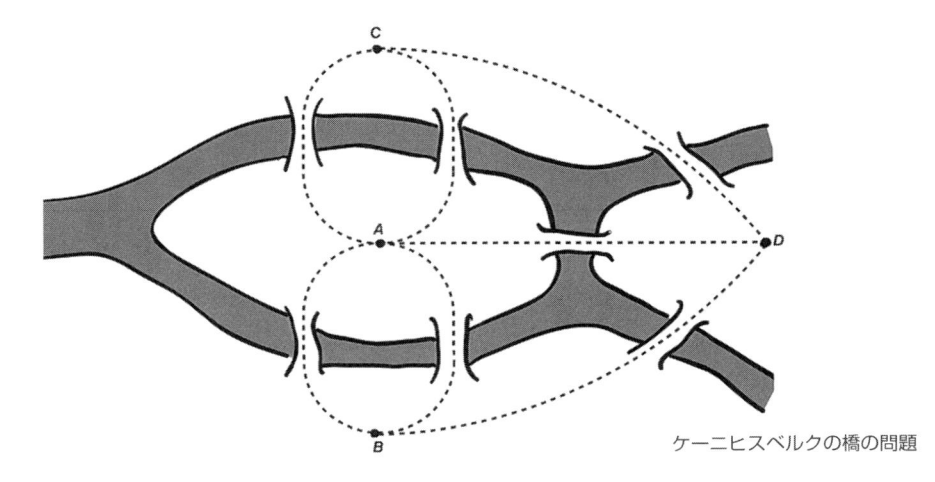

方法では必要としない．十分な知性を持つ蟻が多面体の表面に住んでいて，この蟻には表面しか見えないとしても，この方法を使えば蟻は多面体にいくつ穴が開いているかを知ることができる．この内在的な観点というのは，トポロジーにとって自然なものの見方である．幾何学的対象を何かの一部分として眺めるのではなくて，その対象の性質だけをもとに「形」を研究するのがトポロジーなのである．

ケーニヒスベルクの橋の問題は，ここまでの多面体の構成要素を数え上げる，組合せ論的な幾何学とは，一見何の関連もないように見える．ケーニヒスベルクは当時プロシャ領の都市[訳註2]で，プレーゲル川を挟んで両岸に広がる．プレーゲル川には，中洲の2つの島があり，両岸との間および島同士が合わせて7つの橋で結ばれている．ケーニヒスベルクの住民たちは長い間，これらの橋をちょうど1回ずつ通って日曜日の散策ができるものだろうか，と疑問に思っていたと伝えられる．

1735年に，オイラーはこのパズルの答えを見つけた．より正確に言うと，そんな経路は決してありえないこと，およびその理由を示した．彼の解法は，2つの重要な貢献を含んでいる．まず，彼は問題を単純化して，最も本質的な部分だけを取り出した．次いで，彼はより一般化しやすい形に問題を整理して，類似のパズルすべてを扱うことができるようにした．彼が指摘したのは，中洲の島の形や大きさなどはどうでもよくて，これらの島と両岸や橋の「つながり方」だけが問題だという点だ．そこにさえ気がつけば，この問題は，いくつかのドット（頂点）とそれらを結ぶ線分（辺）とを描いた，簡単なダイアグラムを調べることに帰着される．ここでは，地図の上に重ね描きするやり方で，このダイアグラムを表示してある．

[訳註2] 第二次世界大戦後は旧ソ連に編入され，カリーニングラードと改称された．現在はロシア連邦の最西部の飛び地に位置する．

ダイアグラムを描く最初のステップは，それぞれの地面の塊——川の北岸，南岸，中洲にある 2 つの島——の真ん中に頂点のドットを記すことだ．次いで，その間に橋が架かっている場合に限り，頂点同士を結ぶ線を描く．これで終わりだ．4 つの頂点 A, B, C, D を 7 本の線（橋に対応）でつないだ図形が出来上がる．

このダイアグラムを用いることにより，ケーニヒスベルクの橋のパズルは，数学的に同等な次の問題に帰着される．ダイアグラムの各辺をちょうど一つずつ含む路——辺を順に連結したもの——を見出すことは可能か？

オイラーは，2 種類のこうした路を区別することにした．一つは開路で，始点と終点が異なる頂点となる路だ．他方は閉路で，始点と終点が同じ頂点となる路である．彼は，このダイアグラムの場合は，どちらの種類の路も存在し得ないことを証明した．

問題を解く鍵は，各頂点の結合価（次数）[訳註3]——その頂点を端点とする辺がいくつあるかを表す数——を考えることで得られる．閉路の場合から考えよう．ある一つの頂点に着目する．その頂点を終点とする辺には，必ずその頂点を始点とする別の辺が伴う．路を順に辿る状況を考えると，その頂点に到着した直後に，次の辺がそこから出発することになるからだ．だから，もし閉路が存在すれば，任意の頂点について，それを端点とする辺の総数は偶数でなければならない．すなわち，すべての頂点が偶数の結合価をもつ．しかし，ケーニヒスベルクの橋のダイアグラムを調べてみると，3 つの頂点が結合価 3 を持ち，他に結合価 5 を持つ頂点が一つある．これら奇数の結合価を持つ頂点があることから，この場合は閉路は存在し得ないことがわかる．

開路の場合も，似たような基準をもとに考えることができる．開路の場合は，始点と終点の頂点が奇数の結合価を持つので，全部でちょうど 2 つだけ奇数の結合価を持つ頂点が存在する．しかし，ケーニヒスベルクの橋のダイアグラムでは，奇数の結合価を持つ頂点が全部で 4 つある．ゆえに，開路も存在できない．

オイラーは，さらに一歩進めて，ダイアグラムが連結である（任意の 2 頂点について必ずそれらをつなぐ路が存在する）限り，各辺をちょうど一つずつ含む路が存在するための必要条件として上に述べたものが，十分条件であることも証明した．すなわち，各頂点の結合価が上のどちらかの条件を満たせば，閉路または開路が存在する．こちらの証明は少しやっかいである．オイラーも証明を見出すまでに，だいぶ時間を費やした．現在なら，この証明は数行で書ける．

[訳註3] 原文の "valency" を尊重して，こう訳した．グラフ理論の分野では「次数」という用語がよく使われるので，カッコ内に補った．

面の幾何学的性質

オイラーの2つの発見は全く別々の数学の分野に属しているかのように見えて，よく調べてみると共通する要素もあることに気づく．両方とも，多面体やダイアグラムの要素を数えて，組合せ論的な性質を見出している．片方は面や辺や頂点の個数を数え，他方は各頂点の結合価を数えている．前者の場合は3つの数の一般的な関係を調べ，後者では閉路や開路が存在するために頂点の結合価が満たされなければならない条件を調べている．よく似た精神で研究が進められたことは一目瞭然だ．もっと深い共通性は —— これが的確に認識されるまでには1世紀以上もかかったのだが —— 両者とも連続的な変化のもとでの不変量を調べていた点にある．頂点や辺の位置はどうでもよかったのだ．大事なのは，それらの連接関係なのであった．伸縮変形自在のゴムシートの上に図を描いていたら，2つの問題が同じテーマを扱っていることに，すぐ気づいたに違いない．これらの不変量に違いをもたらす唯一の方法は，ゴムシートを切ったり張り合わせたりすることだが，こうした操作が変形の連続性を破ってしまうことは言うまでもない．

かたちの一般理論のようなものが見え隠れしていることは，ガウスには明らかであった．彼は，組合せ論的なダイアグラムを基本的な幾何学的性質とつなぐ理論が必要だと，しばしば述べている．ガウス自身もトポロジカルな不変量を新たに見つけて研究した．これは，彼が磁気の研究をしている中で出てきたもので，現在では絡み数 (linking number) と呼ばれている．この数は，ある閉曲線が，どのように他の閉曲線に巻き付いているかを示す指標である．ガウスは，閉曲線の解析的表現が与えられたときに，絡み数を計算する公式も与えている．これと似た別の不変量である，巻き数 (winding number) も彼は見つけている．これは閉曲線がある1点の周りを何回まわるかを示す数で，ガウスは彼が何通りもの証明を見つけた代数学の基本定理の証明法の一つの中でそれとなく使っている．

トポロジーの発展史へのガウスの影響は，おもに彼の学生リスティング (Johann Listing) と彼の助手メビウス (Augustus Möbius) を通じてのものである．リスティングは1834年にガウスのもとで博士号を取得，著書『トポロジー序説』(*Vorstudien zur Topologie*) によってトポロジーという用語を数学に導入した．リスティングは当初，この新しい分野を「位置の幾何学」と呼ぶ考えであったが，フォン-シュタウト (Karl von Staudt) が先にその呼称を射影幾何学の意味で使っていたのを知り，別の用語を探したのだという．リスティングは多くの分野で仕事をしたが，多面体についてのオイラーの公式をより一般的な場合に拡張する研究を根気強く続けた．

メビウスの帯

トポロジーには，ちょっとした驚きを与えるものがある．最もよく知られているのは，メビウスの帯だろう．これは，細長い紙の帯を半ひねりして両端をつなぐだけで簡単に作れる．この「半ひねり」を省いて両端をつないだ場合は，ごく短い筒状のものができる．この2つの面の違いは，それらを色塗りしてみると，すぐわかる．筒状になった紙の帯の場合は，外側の面を赤に，内側の面を青に塗り分けるようなことが，わけなくできる．しかし，メビウスの帯の面のどこかを赤で塗り始めて，周りに色塗りを少しずつ広げてゆくと，この赤い面に連なっている領域はどこまでも続いていって，ついには帯の全部が赤で塗られる結果となる．半ひねりして接続されているため，内側にあると思っていた面も，外側に見えた部分と同じ側の面としてつながっているのである．

もう一つの違いは，帯の中央の線に沿ってハサミを入れてゆくとわかる．帯は2つの部分へと切り分けられるが，お互いが絡み合った位置関係になり，別々になって離れ落ちることにはならないのである．

連続的変形に明確な役割を与えたのは，メビウスである．彼は数学者としては多産なほうではないが，すべてを注意深く徹底的に考え抜く人であった．特に面がつねに表裏の両側面を持つとは限らないことに気づき，有名なメビウスの帯を例にそのことを示した．この表と裏を区別できない面（帯）は，1858年にメビウスとリスティングがそれぞれ独立に発見した．リスティングは著書（*Der Census raumlicher Complexe oder Verallgemeinerung des Euler'schen Satzes von den Polyedern*）の中で，メビウスは曲面についての論文の中で，その発見を記している．

長い間，オイラーの多面体に関するアイデアは数学の本流から見ると枝葉の問題のように思われてきたが，何人かの卓越した数学者たちが幾何学への新しいアプローチ——「位置解析」などと彼らは呼んだ——をその方向で開始した．彼らが思い描いていたのは，長さや角度や体積といった伝統的な幾何学の定量的理論を補完する，自立した幾何学の定性的理論であった．こうした見方の必要性は，伝統的に数学の本流と考えられてきた分野の研究から持ち上がってきた．その重要なステップとなったのが，リーマンによる複素解析と曲面幾何学との結びつきの発見だ．

リーマン球面

複素関数fを考える最も明快な方法は，それを一つの複素平面から別の複素平面への写像として解釈することだ．複素関数が$w=f(z)$という式で定義されているとは，任意の複素数zに対してこの関数fを作用させると新しい複素数wが，zに対応する数として決まる，という意味だ．幾何学的にみるとzは複素平面上にあり，wも複素平面上にあるわけだが，実際的には前者とは独立な複素平面のコピーを考えて，wを第二の複素平面上にあると思ったほうがわかりやすい．

しかし，この見方が非常に便利なものだというわけでは，必ずしもない．その理由は，特異点の扱いが困難な点にある．複素関数の世界では，関数が正則性を失って異常なふるまいをする特異点が大事な役割をすることが多い．たとえば関数$f(z)=1/z$は，zがゼロでない限り，ふつうにふるまってくれる．$z=0$の場合を考えて定義式に代入すると$1/0$になってしまい，通常の複素数としては意味をなさない．しかし，想像力を少し広げて無限大（∞の記号で表す）というものを複素数に付け加えてみるやり方がある．zをゼロに近づけると，$1/z$は限りなく大きくなる．無限大は数ではないが，いくらでも大きくできるという操作過程を表す項として考えることができる．ガウスは，この種の無限大を使うと新しいタイプの複素積分をうまく扱えることに気づいていた．意味のある話なのだ．

リーマンは，複素数に∞を含めるのが有用であるだけでなく，幾何学的に美しい表現が可能なことを発見した．複素平面の原点の上に単位球面を置いてみる．極射影によって，複素平面上の各点を単位球面上の点に対応させることができる．これには，複素平面上の点と単位球面の北極とを直線で結び，球面との交点を求めればよい．

こうして構成されたものは，リーマン球面と呼ばれる．無限大という新しい点が，単位球面の北極 —— 複素平面上には対応する点をもたない唯一の点 —— が付け加えられる．この構成物は，標準的な複素解析の計算と，驚くほどうまく適合した．

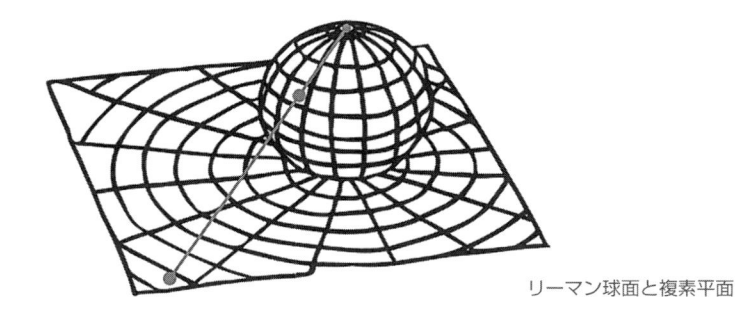

リーマン球面と複素平面

$1/0 = \infty$ のような式さえ，いまや完全に意味のある式として扱えるようになった．複素関数 f が関数値 ∞ をとる点は，極と呼ばれる．そして，極がどこにあるのかを知れば，複素関数 f については相当なことがわかる場合が多いのである．

リーマン球面だけでは，複素解析にトポロジカルなことがらが重要だと関心を惹くには至らなかっただろう．しかし，分岐点と呼ばれる二つ目の特異性は，トポロジーを必要不可欠なものとした．分岐点が出てくる簡単な例は，複素数の平方根 $f(z) = \sqrt{z}$ だ．ほとんどの複素数は，実数の場合と同様に2つの異なる平方根を持つ．そして，2つの平方根の違いは符号が逆になっているだけだ．たとえば，$2i$ の平方根は，$1+i$ と $-1-i$ である．これは，4の平方根が2と-2であるのと同様である．ただし，平方根が一つだけしかない複素数が例外的に存在する．0がそうだ．なぜか？ $+0$ と -0 は等しいからである．

なぜ0が平方根関数の分岐点になるのかを理解するには，z を原点の周りで回転させてみるといい．出発点を1として，その平方根の一方を選ぶ．ここでは，素朴に平方根のほうも1としておこう．そこから，z の値をゆっくり変えてゆく．ここでは，単位円周上をゆっくり反時計周りに動かしてゆく．どちらか一方に決めておけば，平方根のほうも，それに連れてゆっくり動いてゆくはずだ．z をちょうど半周させると -1 までくる．そのとき，平方根のほうはどうかというと，まだ1/4周しかしておらず，複素平面上で $+i$ の位置にくる．$\sqrt{-1} = +i$ または $-i$ なのだから，当然のことだ．再び z の値をゆっくり変えていって，さらに半周させると，ちょうど出発点の1まで戻ってくる．しかし，平方根のほうは半分のスピードでしか動かないので，この時点で -1 の位置にとどまっている．平方根のほうが最初の値にまで戻るためには，z のほうは単位円周上をまるまる2周しなければならない．

リーマンは，この種の特異性を扱うために，面を2層化することを考えた．面は2層になっているが，1周すると別の層に乗り入れる形でつながっている．ただし，0と ∞ の2点を除いては2つの層は互いに区別できる．2つの分岐点0と ∞ においては，2層になっていた面が融合している．逆の見方をすると，2層になった

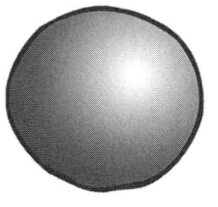

球　　　　　　　トーラス　　　　2つ穴のあるトーラスに似た閉曲面

面はこれらの点 0 および ∞ で分岐して生じたものだと考えることもできる．2 つの特異点付近の幾何学構造は複雑で，特殊な螺旋階段 ── 2 周登ったら元の場所に戻ってくるような螺旋階段 ── を思い浮かべるといいかも知れない．この曲面の幾何学は，複素数の平方根関数の性質について多くのことを教えてくれる．そして，このアイデアは他の多くの複素関数にも適用可能なかたちに拡張できる．

　ここまで説明してきた曲面についての記述は，間接的なものだ．具体的には，どんな形をしているのだろうか？ そこでトポロジーの出番となる．複雑な螺旋階段のようなイメージのものも，連続的な変形によって，よりわかりやすい姿のものにできるからだ．複素解析の研究者たちは，どんな関数のリーマン面もトポロジカルには球面かドーナッツ型の曲面，ドーナッツに似た曲面で穴が 2 つ，3 つ，…開いているもの等々，のいずれかになることを見出した．これらの閉曲面は穴の数 g（曲面の種数と呼ばれる）で区別されるが，この g はオイラーの関係式を一般化したときの g と一致する．

面の向き付け可能性

　種数は，複素解析にとって重要で深い関わりを持つものであることが明らかになっていった．そして，そのことが曲面のトポロジーへの注目を引き寄せる結果となった．そんな中，g 個の穴を持つトーラス（ドーナッツ型の曲面）タイプの閉曲面とは異なる ── しかし密接に関連した ── 別種の曲面群があることが見出された．両者の違いは，面が向き付け可能か否かにある．g 個の穴を持つトーラス様曲面は，すべて向き付け可能な曲面である．面が向き付け可能とは，直観的に言うと，面の表裏（内向き側と外向き側）の区別ができるということだ．リーマン面は，複素平面の向き付け可能だという性質を引き継いでいるのである．平方根関数の分岐点のところでも，面の向きを同じに保って貼り合わせる形でリーマン面が構成されてい

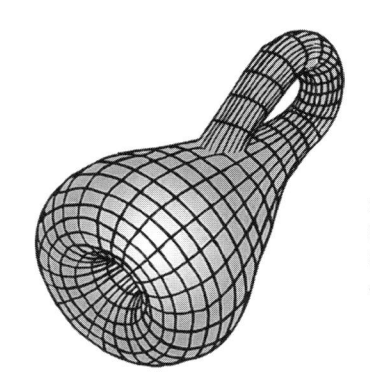

クラインの壺
自らの面と交差してしまうように見えるが，これは 3 次元空間内に表示しようとすることからくる副次効果に過ぎない

る．もし，これを逆向きに貼り合わせるようなことをすると，表面と裏面がつながったような曲面ができてしまう．

こうした貼り合わせによって表裏が区別できない曲面を構成できてしまうことは，メビウスによって最初に強調された．彼が例として用いたメビウスの帯は，片側（いわば表側だけ）しか存在しない面であり，一見すると2つの境界線で挟まれた帯に見えるけれども境界線も一つしかない．クラインは，さらに一歩進めて，メビウスの帯に円盤を貼り付けてしまった．結果として，境界のない向き付け不可能な曲面ができる．この曲面は，冗談めかして「クラインの壺」と，しばしば呼ばれる．この曲面を私たちの見慣れた3次元空間内に描こうとすると，どうしても自分の面を自分で突き抜けてしまう．しかし，抽象的な曲面がそれ自身として存在すると考える限り（あるいは4次元の空間内に置いてやれば），そんなことは起こらない．

g 個の穴を持つトーラス様曲面に関する定理は，少し修正して次のように言い直すことができる．任意の向き付け可能な境界を持たない閉曲面は，球に g 個の把手(とって)をつけたものとトポロジカルに同等である（g は0を含む非負の整数）．向き付け不可能な（表裏を区別できない）曲面については，次の類似の命題が成り立つ．任意の向き付け不可能な境界を持たない閉曲面は，射影平面に g 個の把手をつけたものとトポロジカルに同等である（g は0を含む非負の整数）．クラインの壺は，射影平面に把手を一つ付け加えたものに相当する．

これら2つの結果を合わせたものが「曲面の分類定理」である．この定理は，任意の曲面（ただし広がりが有限で境界を持たないもの）についての，トポロジカルに同等という意味での可能なすべての種類を教えてくれる．この定理に証明を加えると，2次元空間——曲面——のトポロジーは理解できたと考えることができる．もちろん，これは曲面に関する可能なすべての問題が何の苦もなく解けるようになった，ということを意味するわけではない．しかし，より高度な問題を考える上で出発点となる適切な土台が与えられた，と言うことができる．「曲面の分類定理」は2次元トポロジーの強力な道具なのである．

トポロジーでは，考えている空間（幾何学的対象）だけが存在すると想定して扱うことが，しばしば有用である．幾何学的対象を収納する周りの空間を考える必要はないのだ．考えている空間に備わっている性質にだけ注目すればいい．その空間内部に住んでいる小さな生き物の視点から，ものごとを眺めている．でも，周囲の空間を知らない，ちっぽけな虫が，どうやって自分の住んでいる空間全体のかたちを理解することができるのだろうか？ そうした曲面や空間を，どうすれば内在的な性質だけから特徴づけることが可能になるのだろうか？

1900年ころまでには，曲面上の閉曲線を考えて，そのループがどのように連続

変形可能かを調べるのが，そうした問いに答えるための一つの方法であることがわかってきた．たとえば，球面上の任意の閉ループは，連続的な変形で 1 点にまで縮めることが必ずできる．たとえば，赤道を少しずつ北極方向にズラしてみる．等緯度の閉曲線は，少しずつ小さくなって北極点に近づいてゆき，最後は北極点そのものになってしまう．

　ところが，球面とはトポロジカルに同等でない曲面では，こうはゆかない．1 点にまで縮めることのできない閉ループが必ず存在する．そうしたループは，曲面の「穴」が絡まる経路を通っている．ループが 1 点に縮むのを，穴が妨げてしまうのだ．だから，球面は次のように特徴づけることができる．任意の閉ループを 1 点にまで縮めることが可能な（トポロジカルな意味で）唯一の閉曲面が，球面である，と．

3 次元空間のトポロジー

　曲面——2 次元の位相多様体[訳註4]——の次には，3 次元の話が続くのが自然な流れだ．いまや，研究対象はリーマンの言う意味での多様体——ただし，距離は無視しての——となった．1904 年に，稀代の大数学者ポアンカレ（Henri Poincaré）は 3 次元多様体の理解という挑戦に乗り出した．彼は，この目的のために数々のテクニックを導入した．そのうちの一つホモロジーは，多様体の中の領域間の関係や，その境界などを研究する方法を与える．もう一つの道具ホモトピーは，多様体の内部にある閉ループを連続的に変形していったときに何が起きるかを調べる研究方法だ．

　ホモトピーは，曲面を研究する際に威力を発揮した閉ループを変形させる方法の発展型であり，ポアンカレは 3 次元多様体についても同様の成果が得られることを期待した．そして，彼は数学の歴史を通じて最も有名な問いを発することになる．

　彼は，任意の閉ループを 1 点にまで縮めることが可能な唯一の曲面，という球面の特徴付けをよく知っていた．3 次元の場合も同様の特徴付けが可能だろうか？当初ポアンカレは，これをほとんど自明のことだと思っていて，何か特別な数学的主張をしていることにさえ気づかなかった．のちに彼は，この主張をより明確に述べようとしたとき，考えられる定式化の一つを採ると主張が間違いとなることに気づいた．主張を別の形で述べ直すと真になりそうだったが，証明は非常に難しいものになることを悟った．彼が立てた問い——のちにポアンカレ予想と呼ばれるようになったもの——は，次のようなことを主張している．

「もし 3 次元多様体（境界を持たない，広がり有限，等の条件がつく）において，

[訳註4]　原文は "two-dimensional topological spaces" となっているが，「2 次元位相空間」とすると解析学で扱う点集合論のイメージが強くなるので，こう訳した．

トポロジーはどのように使われてきたか

簡単なトポロジカル不変量の一つが，ガウスによって定式化された．電磁場の研究の中で，彼は 2 つの閉ループはどのように絡み合うことができるか，興味を持った．ガウスが考え出した絡み数 (linking number) は，片方のループが他方のループの周りを何回巻いているかを示す整数である．もし絡み数がゼロでなければ，トポロジカルな（連続的な）変形によって，絡んだループを取りはずすことはできない．ただし，この不変量だけで 2 つのループを分離できるか否かを判別することはできない．絡み数がゼロであってもループの絡みを解消できない場合があるからだ．

ガウスは，適切な量をループに沿って線積分することにより，絡み数を解析的に表す方法さえ開発した．ガウスの発見は，現在では巨大な研究分野となっている代数トポロジーの先触れだった，と言っていいだろう．

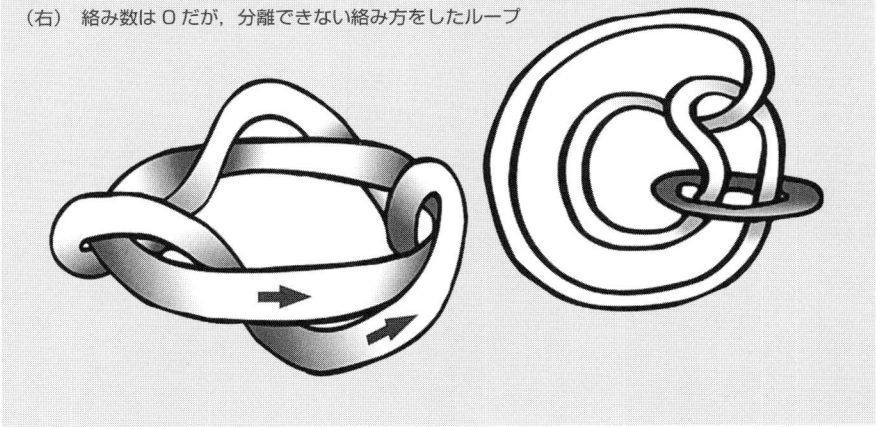

(左) 絡み数 3 のループ
(右) 絡み数は 0 だが，分離できない絡み方をしたループ

その内部の任意の閉ループが連続的変形によって 1 点に縮まるという性質が満たされていれば，その多様体は 3 次元球面（通常の球面の自然な 3 次元への拡張）とトポロジカルに同等である」．

この主張を 4 次元またはそれ以上に拡張した場合については，20 世紀の後半になって証明が得られた．しかし，トポロジストたちは，オリジナルの 3 次元版のポアンカレ予想については証明を見つけられずにいた．

1980 年代になってサーストン (William Thurston) が，ポアンカレ予想の証明に希望を持たせる有望なアイデアを創案した．彼の幾何化予想は，ポアンカレ予想の範囲を超えて —— 任意のループが 1 点に可縮という場合だけでなく —— すべての 3 次元多様体についての命題である．曲面の分類を非ユークリッド幾何学の視

点から解釈してみることが，この着想の出発点である．

　トーラスは，ユークリッド平面上の正方形を持ってきて，向かい合う辺同士を同一視することで得られる．このことからわかるように，曲率はゼロである．一方，球面は一定の正の曲率を持っている．2つ以上の穴が開いたトーラス様曲面の場合は，一定の負の曲率を持った曲面として表現可能である．このように，曲面のトポロジーは3種類の幾何学 —— ユークリッド幾何学，楕円幾何学（正曲率），双曲幾何学（負曲率）—— に分類する視点から解釈し直すことができる．

> **球面は一定の正の曲率を持っている．**

　3次元の場合も，何か似たような結果が得られないだろうか？　サーストンは，ちょっと複雑な事情が絡むことを指摘した．まず，考えるべき幾何学構造は3種類ではなくて8種類になる．しかも，与えられた一つの多様体について一つの幾何学構造を対応させることが，つねに可能とは限らなくなる．その場合は，多様体をいくつかの部分に切り分けて，構成部分ごとに一つの幾何学構造を対応させることが必要になる．サーストンは，彼の幾何化予想を，おおよそ次のように定式化した．「3次元多様体は必ず，各部分が8種類の幾何学構造のいずれかになるように，標準的な方法で分解できる」．

　これが証明できれば，ポアンカレ予想はその帰結として，ただちに導かれる．なぜなら，任意のループが1点にまで縮むという条件は，8種類の幾何学構造のうちの7種類を自動的に却けて，正の定曲率の幾何学 —— すなわち3次元球面だけを残すからだ．

　もう一つのアプローチは，リーマン幾何学のほうから出てきた．1982年に，ハミルトン (Richard Hamilton) はアインシュタインが一般相対論で用いた数学的アイデアをもとに，この分野にリッチフローという新しいテクニックを導入した．アインシュタインによれば，一般相対論でいう時空は曲がっていると考えられ，時空の曲率が重力を記述することになる．時空の曲がりは，曲率テンソルというもので記述される．これと密接に関連した，より簡約された量がリッチ・テンソルで，考案者リッチ-クルバストロ (Gregorio Ricci-Curbastro) にちなんでそう呼ばれる．宇宙の幾何学の時間的変化はアインシュタイン方程式に支配されるが，この方程式はエネルギー・運動量テンソルが曲率に比例することを主張している．このことは，宇宙は重力的曲がりを自ら平坦化してゆく傾向があることを示唆しており，アインシュタイン方程式はその定量的表現を与えている．

　リッチ曲率だけを用いて同様のことを行うのがリッチフローの方程式だが，試してみると同じような挙動になることがわかった．すなわち，リッチフローの方程式

アンリ・ポアンカレ
Jules Henri Poincaré 1854-1912

ポアンカレは，フランスのナンシーに生まれた．父レオンはナンシー大学の医学部教授であった．母の名はウージェニー (Eugénie Launois) である．従弟のレーモンは，第三共和制フランスの首相および第一次世界大戦時の大統領を務めた．アンリは，学校では全科目で成績トップだったが，特に数学には恐るべき才能をみせた．彼は記憶力が抜群で，また，非常に複雑な形のものを3次元的に視覚化する能力にたけていた．この能力は，彼の極度に悪い視力 —— 黒板に書かれたものが判別できない程度の話ではなくて黒板があるのさえ，よく見えなかったという —— を補う助けとなった．

1879年に彼はフランス北西部のカーンの大学に職を得たが，1881年にはより名声の高い地位であるパリ大学教授に就任する．そこで彼は，当時の指導的数学者の一人として活躍した．彼の仕事の仕方は，規則正しいものだった．1日に4時間，午前と午後遅くに各2時間，2回の集中して仕事する時間をとった．しかし，彼の思考はもっと不規則に進んだ．彼は研究論文を，結論がどうなるかわからないまま書き始めることが，しばしばであった．彼は非常に直観的に考える人で，その最上の洞察は何か別のことを考えている途中で閃くことがよくあった．

彼は，複素関数論，微分方程式，非ユークリッド幾何，そして彼が実質的に創設したと言っていいトポロジーと，当時の数学の幅広い分野にわたる研究を行った．彼はまた，数学の応用でも活躍した．数理物理学の研究分野としては，電磁気学，弾性理論，光学，熱力学，相対性理論，量子論，天体力学そして宇宙論にまで至る．

彼は，スウェーデン-ノルウェー国王オスカル2世が1885年に提起した懸賞問題に応募して，メダルを受賞した．懸賞問題のテーマは三体問題 —— 重力で相互作用する3つの天体の運動 —— であった．ところが，提出した論文には重大な誤りがあったことに，彼は気づく．ポアンカレは急いでこれを訂正するのだが，この訂正は現在カオスと呼ばれている現象 —— 複雑で予測不可能な運動が決定論的法則に支配される系で生成されること —— を彼が見出した結果である．ポアンカレは『科学と仮説』(1901)，『科学の価値』(1905)，『科学と方法』(1908) などの科学解説書も著しており，いずれも高い評価を得てロングセラーとなっている．

に従う曲面は，その幾何学的形状を自然に単純化し，曲率の分布を再配分して平等化してゆくのである．ハミルトンは，2次元の場合のポアンカレ予想がリッチフローを用いて証明できることを示した．すべてのループが可縮な曲面はリッチフローの方程式に従う限り，完全な球面にまで自らを単純化してゆくのである．ハミルト

ンは，このアプローチが3次元の場合にまで一般化できることを示唆し，この線に沿って若干の進捗をみたが，まもなく非常に困難な壁にぶつかった．

ペレルマン

　2002年になって，ペレルマンが何本かの論文をアーカイヴ (arXiv) に投稿すると，一大センセーションを巻き起こした．このアーカイヴというのは，査読手続きを省いて現在進行中の研究結果を発表できるようにした非営利の公的ウェブサイトで，物理学や数学はじめ多くの分野の論文が投稿されている．公式の論文公表の場合にしばしば起こるような，査読過程で時間がかかって発表が大幅に遅れるのを避けよう，というのがねらいである．おもに非公式の論文プレプリントを投稿して，研究者たちが情報交換するのに利用されている．ペレルマンの論文は表向きリッチフローに関するものだったが，まもなく明らかになったのは，もしその内容が正しければ幾何化定理そしてポアンカレ予想の証明を意味するということであった．

　ペレルマンの証明は，基本的にハミルトンが示唆した流れに沿うものだ．任意の3次元多様体をとってきて，まず距離を導入してリッチフローが定義できるようにし，多様体がフローを追って自ら単純化してゆくのにまかせる．最も難しいのは，特異性を持った箇所が出現し得るという点だ．そうなると，多様体はそこで詰まってしまい，平坦化することができなくなる．リッチフローを使う方法は，特異点のところで破綻してしまうのだ．ペレルマンが考えた新しい方法は，そんな特異性が持ち上がりそうな部位で「手術」を施し，多様体をいくつかに切り離してしまい，手術のあとを塞いでフローが継続できるようにするというものだ．もし多様体に出現する特異性が有限個だけで，多様体が自らを平坦化する過程を完了できるのであれば，切り離したそれぞれの部分は8種類の幾何学構造のいずれか一つに落ち着く．しかも，切り離された各部分のどこをどう貼り合わせて元の多様体を再構成すればいいのかも，彼の手術の方法だと完全にわかるのだという．

　ポアンカレ予想が有名であるのには，別の理由もある．クレイ数学研究所が各100万ドルの懸賞金をかけた7つのミレニアム懸賞問題のうちの一つになっていたからだ．ところが，ペレルマンはそんな賞など要らないという彼独自の論理を持っていた．どんな報酬も，数学の問題の解そのものを救えるわけではないのだ．だから，彼は自分がアーカイブのサイトに投稿した論文の，しばしば暗号みたいだと評された難解な書き方を，もっと出版に向いたものへと改善する気も特になかった．

　そこで，この分野の専門家たちはペレルマンの考えを読み取って，論証のギャップを埋めたり記述方法を整理したりして，ちゃんとした証明として読むに耐える論文に仕上げる作業を始めた．そうした試みがいくつか公表されて，ようやくペレル

ペレルマン

Grigori Perelman 1966-

ペレルマンは1966年に，当時のソビエト連邦で生まれた．学生時代には国際数学オリンピックにソ連チームの一員として参加，満点のスコアをとって金メダルに輝いた．彼は米国およびサンクトペテルブルクのステクロフ研究所で数学研究をしてきたが，現在はどこのアカデミックなポストにも就いていない．次第に強まっていった彼の隠遁志向は，世間離れした印象を数学のストーリーにまた一つ付け加えた．彼のエピソードが，数学者には変人奇人が多いというステレオタイプな見方を強めてしまうとしたら，ちょっと残念なことである．

マンの証明は完成版へと整備され，トポロジー専門家のコミュニティで受け入れられるようになった．2006年に彼はフィールズ賞を授与されることになった．ところが，ペレルマンは受賞を辞退してしまった．誰もが世俗的な成功を切望するわけではないのである．

トポロジーと現実世界

　トポロジーが生まれたのは，それなしには数学が機能しないからだ．複素解析などの領域で出てきた数学上のいくつかの基礎的な問いが，その誕生を促す刺激となった．トポロジーは「これは，どういう形をしているのか？」という問いに，シンプルだが奥の深い方法で取り組む．長さといった伝統的な幾何学の概念は，トポロジーによって把握された最も基本的な情報に，特別な詳細を追加するものだと理解することができる．

　少数の先駆者はいたが，曲面の分類など2次元の「かたち」の理解が完成する19世紀の半ばまで，トポロジーは数学の一分野としての独自性と威力を持つには至らなかった．より高い次元への拡張は，19世紀末から20世紀初頭にかけて，ポアンカレの探求を先頭に急速に進展する．1920年代にさらなる発展があったが，トポロジーが本当に学問的に離陸したと言えるのは1960年代のことである．皮肉なことに，この時期のトポロジーには応用数理科学との接点がほとんどなかった．
　20世紀純粋数学の抽象化に対する批判とは裏腹に，この時期に生み出された理論が，現在では数理物理学のいくつかの分野では欠かせないものとなっている．トポロジーでの最大の難問とされてきたポアンカレ予想も，ついには解決された．振り返ってみると，トポロジーの発展にとって主要な困難となってきたのは，学問内

トポロジーは現在どのように使われているか

1953年にワトソン (James Watson) とクリック (Francis Crick) は，重要な生命の秘密，DNA 分子の二重螺旋構造——遺伝情報を蓄え，あるいは操作する骨格——を発見した．現在では，遺伝的青写真が生物発生の過程を調節するとき，どのようにして DNA 分子の2本鎖が螺旋構造からほどけるのかを理解するのに，絡み目のトポロジーが使われている．

DNA の螺旋は2本のロープが縒り合わさったようなもので，互いに相手の周りに繰り返し巻き付いた形をしている．細胞が分裂するとき，遺伝情報は娘細胞へと受け渡される必要がある．そのことを実現するため，DNA の2本鎖は別々に分けられ，それぞれに相補的な鎖が合成される方法でコピーされ，2組の新しい2本鎖 DNA が作られる．このそれぞれが娘細胞に渡されるのである．

縒り合わさった長いロープをほどいて別々に離そうとしたことのある人なら誰でも，上のプロセスがいかにきわどいものであるかは理解できるだろう．引っぱって離そうとしたロープが少しもつれると，絡み合った塊になってしまう．じつは，DNA の場合はもっと難しい事情にある．螺旋状の分子鎖は，さらに縒り合わさってスーパーコイルを形成していることが多い．数 km もの長さの細い糸が，テニスボールの中に詰め込まれている様子を想像してみるといい．それが，細胞内に DNA の納まっている状況なのだ．遺伝子の生化学は，この非常に入り組んだ糸を，素早く，繰り返し，誤りなく，ほどいたり縒り合わせたりしなければならない．それに生命の連鎖が懸かっているのだ．この状況を探るために生物学者たちは，特別な酵素を使って DNA の鎖を切り，小片にして詳細を調べてきた．小さな断片にした DNA でも，複雑な分子の絡み目だと言っていい．ほんの少し，つまんだり，ひねったりするだけで，同じ絡み目が全く違って見えたりする．

絡み目の数理を扱う新しいテクニックが，分子遺伝学にこれまでとは別のアプローチの可能性を与えている．絡み目のトポロジーは，もはや単なる純粋数学のオモチャではなくて，生物学での実際的な問題に関わるものとなってきたのだ．最近，DNA 螺旋のねじれの度合いが，スーパーコイル形成の度合いと関連していることなども，発見されている．

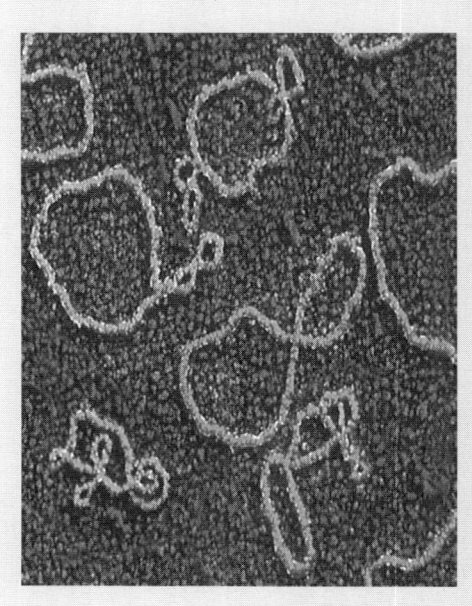

環状 DNA 分子の形状

部から出てきた問題だったと思われる．そうした問題は，抽象的な方法を用いて最もうまく解決できるものであり，現実世界との接点はそうした抽象的なテクニックがきちんと整備されるまで待たなければならなかったのだ．

16

The Fourth Dimension
Geometry out of this world

第 **16** 章
4次元の空間
幾何学と現実世界

H. G. ウェルズ (Herbert George Wells) が彼の有名な SF『タイムマシン』の中で，現在の私たちにとっては常識的とも言える形で，空間と時間が同じ性質のものだという議論を述べたとき，これは当時のヴィクトリア時代の読者にとっては眉を顰めさせる響きを持ったに違いない．「現実に 4 つの次元が存在する．そのうちの 3 つはわれわれが空間と呼んでいるものの 3 つの水準に対応する次元，四つ目の次元は時間にほかならない」[訳註 1]．この議論の背景を，彼は次のような説明で補っている．「それなのに，人はともすれば最初の 3 つの次元と四つ目の次元との間に，ありもしない区別をつけたがる．なぜかというと，たまたま，われわれの意識が四つ目の次元である時間軸に沿って人生の初めから終わりのほうへと断続的に一方向に動いてゆくからなんだ」．「しかし，哲学的に考える何人かの人たちは，なぜ空間をことさら 3 次元に限定して考えなければいけないのか，ずっと疑義を挟んできた．3 つの次元と直交する，もう一つの方向があったっていいではないか，と．そして，すでに 4 次元空間の幾何学を構成することさえ試みているのだ」．ウェルズの主人公は，ここからさらに一歩を進める．人が生きる意識の制約と言われているものに打ち克って，通常の空間を移動するのと全く同様に，四つ目の次元である時間軸に沿って旅するのである．

四つ目の次元

　SF 作家は，ふつうには信じられないことでも読者を判断保留にして読み進める気にさせる技法を使うが，ここでウェルズは次のような記述を巧みに挟み込んでいる．「現にサイモン・ニューコム教授も，ほんのひと月かそこら前，ニューヨーク数学協会でこの 4 次元空間について解説している」．たぶんウェルズは，現実の事件をもとにこれを書いている．ニューコム (Simon Newcomb) は当時の有名な天文学者であり，4 次元空間についての講演をほぼ該当する時期に行ったことが判明しているからだ．ニューコムの講演は，空間は 3 次元でなければならないという伝統的な仮定にとらわれないという点で，数学や科学の考え方について起こりつつあった大きな転換を反映している．このことが，ただちに時間旅行が可能だということを意味するわけでは，もちろんない．けれども，ウェルズが現在の人類の本性についての洞察に満ちた観察を語るために，彼のタイム・トラヴェラーを暗然たる未来社会へと旅行させるという筋書きを用いる言い訳としては十分に違いない．

[訳註 1]『タイムマシン』からの引用は，池央耿訳（光文社古典新訳文庫）と石川年訳（角川文庫）を参考にしたが，ここでの文脈に即して独自に訳した．なお，Time Machine の原作は，Project Gutenberg のアーカイヴからフリーの e-Book として読むことができる．

第 16 章　4 次元の空間

1895 年に出版された『タイムマシン』には，ヴィクトリア時代の人たちが「第 4 次元」に対して抱いていた妄執が反響している．空間にもう一つ加わる見えない次元という観念は，幽霊や人体を離れた霊魂，さら

> 第 4 次元は，
> 物好きな通人たちが
> 好き勝手な議論をしたり，
> 小説家が題材にしたりする
> 恰好のテーマである．

には神さえもが住まう場所というイメージを強く喚起するものだった．第 4 次元は，物好きな通人たちが好き勝手な議論をする恰好のテーマであり，小説家が題材にしたり，科学者たちが憶測をめぐらせたり，数学者たちが構成を試みたりする対象であった．その数十年後になると，数学の世界では 4 次元空間がごく標準的な対象になっただけでなく，5 次元，10 次元，10 億次元といった任意の次元数の空間，さらには無限次元の空間さえもが当たり前のものになった．多次元空間を扱うテクニックと思考方法は，現在では科学のほとんどすべての分野で —— 生物学や経済学まで含めて —— ごく日常的に使われている．

　高次元の空間というものは，数学者や科学者たちのコミュニティの外の人たちにとっては，ほとんど得体の知れない世界でしかない．しかし，日常的な人間活動からはいかに遠く隔たったものであったとしても，これを扱うテクニックなしには，現在の人類の知的活動のほとんどはまともに機能しないと言っていい．相対性理論と量子力学という 2 つの偉大な物理理論を統一しようと試みている科学者たちは，本当の物理的空間はふつう知覚されるような 3 次元の空間ではなくて，9 次元とか 10 次元であるかもしれないと思いめぐらしている．非ユークリッド幾何学をめぐる騒ぎはその発端の一つであり，この結果として，3 次元空間というのは唯一可能な空間なのではなくて，いくつかの可能な空間のうちの一つに過ぎないという見方が次第に強まっていった．

　こうした変化は，空間や次元といった用語が，現在ではより広い意味で理解されるようになったことで，もたらされた．空間や次元という用語は，ふつう辞書に載っている意味やテレビ画面や通常の日常世界で私たちが出会うものとも合致するけれど，新しい可能性に開かれた使い方もできるものとなったのである．数学者たちにとって空間とは，ある種の距離の概念を伴った要素[訳註 2]の集まりに過ぎない．デカルトの座標の考え方の助けを借りると，そんな空間の次元を定義することができて，ある要素を同定するためには数（座標）がいくつ必要となるかを表すのが次

[訳註 2]　原文は"objects"だが，「対象物」等と訳すとかえってわかりにくくなると思われるので，ここでは「要素」と訳した．

元である．要素として，平面上または空間内の点をとってみよう．通常の距離の概念が，そのまま使える．点の位置を決めるのに必要な座標を考えれば，平面は2次元で空間は3次元であるということになる．しかし，もっと別の種類の要素を集めてきたら，要素の種類によっては空間が4次元ということになるかもしれない．

たとえば，3次元空間内にある球すべての集まりを考えてみよう．個々の球を特定するためには，4つの数の組 (x, y, z, r) が必要だ．球の中心位置の座標 (x, y, z) と球の半径 r だ．だから，これら通常の空間内に位置する球の全体からなる「空間」の次元は4である．こうした例からわかるように，ごく自然な数学の問題を記述しようとするとき，高次元の空間は簡単に姿を現すものなのである．

実際，現代数学はさらにその先まで簡単に進んでしまう．抽象的には，4次元の空間を4つの数の組 (x_1, x_2, x_3, x_4) の全体として定義することができる．さらにこれを一般化するのも簡単だ．n 次元の空間であれば，n 個の数の組 $(x_1, x_2, \cdots, x_n)$ の全体として定義すればよい．ある意味で，これで話はすべて終わりだ．好奇心をそそられる謎めいた多次元の空間という概念は，こんな単純きわまりないもの——数が並んだだけのもの——に帰着されてしまう．

現在では全く明快なこうした観点だが，それが確立されるまでには長い歴史的経緯を要した．数学者たちすら，かつては高次元空間の意味と現実性について，強圧的なもの言いをしていたのである．現在のような味も素っ気もない見方が広く受け入れられるまでには，ほぼ1世紀かかった．けれども，そうした空間概念は，付随する幾何学的イメージと合わせて，応用上とてつもなく有用なことが判明した．そして，その数学的身分についても，もはや議論の余地はなくなったのである．

3次元数か4次元数か

皮肉なことに，現在の高次元空間の概念は，幾何学上の問題がきっかけとなって生まれたわけではなかった．実数体上2次元となる複素数と類似の3次元的な数の体系を見出そうとして，失敗に終わった代数学上の試みがきっかけとなった．

2次元と3次元の区別は，ユークリッドの『原論』にまで遡る．『原論』の最初のほうの部分は，平面——つまり2次元の空間——の幾何学に充てられている．空間図形の幾何学——すなわち3次元空間の幾何学——は，そのあとの部分でまとめて扱われている．19世紀に至るまで，「次元」という言葉はこうしたおなじみの文脈に限ってのみ用いられてきた．

古代ギリシャの幾何学は，いわば人間の視覚と触覚——これらのおかげで私たちの脳は外部世界の位置関係を内部モデルに構成できる——の形式化であった．だからこの幾何学は，私たちの知覚と私たちが生活する世界がもたらす限界からの

ハミルトン
William Rowan Hamilton 1805-1865

ハミルトンはおそろしく早熟な数学の天才で，まだ学部学生だった 21 歳のときダブリンのトリニティ・カレッジの天文学の教授に任じられた．これは，アイルランド勅許天文官 (Royal Astronomer of Ireland) に任命されたことをも意味する．

ハミルトンの数学への貢献は多岐にわたるが，彼自身は四元数を創案したことが最も重要な業績だと信じていた．これについては有名な挿話がある．彼の記すところでは，「四元数が（中略）完全な姿で息づき始めたのは，1843 年 10 月 16 日のことであった．妻と一緒に私がダブリン中心街に向かって歩いていて，ブルーム橋 (Brougham Bridge) にさしかかったときのことだ．そのとき，言うなれば私の思考の回路が突然つながって，電流が走り火花が散るような感じを覚えた．このとき以来ずっと私が用いている i, j, k の基本関係式が，突然そのとき思い浮かんだのだ．私はその場で手帳を取り出し —— この手帳は今でも残っているが —— この関係式を書き記しながら，これについて今後 10 年は（いや 15 年かもしれない）研究に費やすに値するのではないかと感じていた．ここまで少なくとも 15 年は考え続けてきた問題が解けたのを知ったこの瞬間，私は自らの知的希求がついにかなえられたのを感じていた」．

ハミルトンは懐からペンナイフを取り出して，この基本関係式，
$$i^2 = j^2 = k^2 = ijk = -1$$
を橋の石面にも刻みつけた．

制約を受けたものであった．古代ギリシャ人たちは，幾何学は私たちが生きる現実の空間を記述するものだと考えていた．そして，彼らは物理的空間がユークリッド的な空間であるはずだと仮定していた．ここで，数学的な問い「概念的な意味で 4 次元の空間は存在し得るか？」は，物理学的な問い「4 次元の現実空間は存在し得るか？」と混同されてしまった．さらに，これらの問いは「私たちの見慣れた空間に 4 つの次元が存在し得るか？」という問いとまで混同されてしまった．最後の問いに対する答えが「ノー」であることは言うまでもない．かくして，4 次元の空間が存在するのは不可能だ，と一般に広く信じられるに至るのである．

幾何学は，ルネサンス期イタリアの代数学者たちが -1 の平方根の存在を認めたことによって，期せずして数概念の拡張という深遠な事態と出会ったとき，それまでの制約から自らを開放し始めた．この結果としてもたらされた複素数というものが，じつは平面上の点として理解できることを，ウォリス (Wallis)，ヴェッセル

(Wessel)，アルガン (Argand)，そしてガウスが見出した．数は，実数直線という1次元の足かせをはずされたのである．1837年にアイルランドの数学者ハミルトン (William Rowan Hamilton) は，複素数 $x + iy$ を実数のペア (x, y) として定義することにより，話をすべて代数的操作に還元してしまった．彼によれば，複素数の足し算と掛け算は次のルールによって定義できてしまう．

$$(x, y) + (u, v) = (x + u,\ y + v)$$
$$(x, y)(u, v) = (xu - yv,\ xv + yu)$$

この方式において，$(x, 0)$ の形のペアは実数 x と全く同じようにふるまい，$(0, 1)$ という特別のペアは虚数単位 i と同じふるまいをする．考え方はシンプルだが，この含意を理解して納得するためには，数学的存在についての洗練されたとらえ方が必要となる．

次いでハミルトンは，もっと野心的な企てに照準を定めた．複素数を使うと数理物理学の問題のうち平面的表示ができるものの多くが，単純かつエレガントな方法によって解けることはよく知られている．似たような仕掛けが3次元空間で使えたら，その価値は計り知れない．そこで，ハミルトンは3次元数の体系を作り出そうと試みたのだ．この企てがうまくいった暁には，この数体系にもとづく解析学を使って，3次元的な数理物理学の重要問題を解くことができるに違いない．彼は，この来るべき数体系が通常の演算規則をすべて満たすだろうと，暗黙のうちに仮定していた．しかし，彼の刻苦精励にもかかわらず，そのような数体系を見出すことはできなかった．

最終的に，彼はその理由を理解した．これは不可能なのであった．

通常は満たされる代数演算の規則の一つに，乗法に関する交換則がある．これは，$ab = ba$ がつねに成り立つことを主張するものだ．ハミルトンは3次元の代数として有効に使えるシステムを構築しようとして，何年も悪戦苦闘した．彼は最終的に四元数 (quaternions) と彼が呼んだ一つの数体系を見つけたのだが，これは4次元の代数系であって，3次元のものではなかった．また，乗法に関する交換則は満たされないタイプの数体系なのであった．

四元数は複素数と似ているが，実数に付け加わる新しい数（単位）が i の一つだけではなくて i, j, k と3つある．ある特定の四元数は，これらの組合せ（実数体上の1次結合）で表される．たとえば，$7 + 8i - 2j + 4k$ のような具合だ．複素数が2つの独立な単位 1 と i を組み合わせて（実数体上）2次元に表すことができるのに対し，四元数の場合は実数体上1次独立な単位 $1, i, j, k$ から組み立てられているので4次元の数体系ということになる．もっと代数的にすっきりした構成法としては，たんに実数4つの組（4次元の数ベクトル）を四元数だと定義して，この

節の前半で紹介したのと似たような方法で加法と乗法のルールを与えればよい．

高次元の空間

　ハミルトンが四元数の発見で突破口を開いたころ，点以外の要素の集まりを考えた場合は物理的にも意味を持つ高次元空間が全く自然に出てくることに，数学者たちはすでに気づいていた．1846 年にプリュッカー (Julius Plücker) は，空間内の直線を特定するためには 4 つの数が必要となることを指摘した．与えられた直線が固定した平面と交わる位置を指定するのに 2 つの数が必要であり，固定した平面に対する直線の向きを指定するのにもう 2 つの数が必要である．だから，私たちが見慣れた空間内にある直線の集まりを考えるだけでも，すでに次元は 3 ではなくて 4 になるのである．しかし，この構成物はちょっと人工的で，4 次元の名に値する空間としては不自然だという感じが伴う．ハミルトンの四元数は，回転の表現として自然な解釈ができるし，見事な代数的構造を備えている．四元数が複素数と同じぐらい自然なものならば，4 次元空間も平面と同じぐらい自然なものに違いない．

　四元数のアイデアは，すぐに 4 次元を超えた次元にまで拡張された．ハミルトンがお気に入りの四元数の理論を発展させていた時期に，グラスマン (Hermann Günther Grassmann) という数学教師が数体系に似た演算を任意の高次元にまで拡張する方法を見出していた．彼はその発見を，1844 年に『線形広延論』(*Die Lineale Ausdehnungslehre*) として発表した．彼の説明は，やや神秘主義めいていて，また抽象的だったので，この発表に注目した人はほとんどいなかった．関心の薄さと闘うため，彼は 1862 年に改訂増補版を発表する．グラスマンはより理解しやすく書く努力をして読者からの反響を期待したのだが，結果は思わしくなかった．

　同時代からの冷淡な反応にもかかわらず，グラスマンの仕事は根本的な重要性をもっている．まず，四元数が $1, i, j, k$ という 4 つの単位から組み立てられていたのに対し，グラスマンは任意の数の単位をもとに同様の演算系を構成できることを見抜いていた．彼は，これらの単位を組み合わせて生成される量を，高次数 (hypernumbers) と呼んだ．グラスマンは，彼のアプローチには制約が伴うことも理解していた．高次数の演算にあまりにも多くのことを期待しないよう，注意深くしなければならない．伝統的な代数演算の規則がすべて満たされるようにと努力してみても，成果は得られないのだ．

　一方，この時期に物理学者たち

> 彼の説明は，やや神秘主義めいていて，また抽象的だった．

> **物理学者たちは，高次元の空間を扱う彼ら独自の概念を開発しつつあった．**

は，高次元の空間を扱う彼ら独自の概念を開発しつつあった．これは，幾何学的な動機からではなかった．電磁気学を記述する，マックスウェル（J.C.Maxwell）の方程式を扱うためである．ここでは，電場も磁場もベクトル量——3次元的な向きと大きさの両方を持つ量——である．もし視覚的に理解したければ，これらのベクトルを電場や磁場に沿って並んでいる無数の矢印だと思えばいい．矢印の長さが場の強さに，矢印の向きが場の方向に対応する．

当時の表記法では，マックスウェル方程式は，全部で8つの方程式として書かなければならなかった．その中には，3つで1組となる方程式のグループが，2つ含まれている．電場と磁場について，3方向の成分ごとに方程式を書かなければならなかったからだ．こうした3つ組グループを，それぞれ一つのベクトル方程式にまとめて表記する形式を工夫できたら，ずいぶん状況がよくなるに違いない．マックスウェル自身は，ハミルトンの四元数を使って改善を試みたが，やり方はぎごちないものであった．

物理学者ギブズ（Josiah Willard Gibbs）と電気技師ヘヴィサイド（Oliver Heaviside）は，ベクトルを代数的にもっとシンプルに表現する方法を，それぞれ独立に見つけた．1881年にギブズは，『ベクトル解析の原理』(*Elements of Vector Analysis*) と題する私的パンフレットを学生たちの助けにするため印刷した．ギブズは，彼のベクトル解析のアイデアは便利さを求めて開発されたもので，数学的エレガンスを求めたものではなかったと説明している．ギブズの講義ノートは若い学生ウィルソン（Edwin Bidwell Wilson）によって整理・編集され，1901年に『ベクトル解析』(*Vector Analysis*) として出版された．ヘヴィサイドもほぼ同様の着想を，1893年に出版された『電磁気の理論』(*Electromagnetic Theory*) の第1巻に書き記している（同書の第2巻と第3巻は1899年と1912年に出た）．

ハミルトンの四元数，グラスマンの高次数，ギブズのベクトル解析——いくつかの少しずつ違った体系は，まもなくベクトルという共通の数学的記述へと収束してゆく．3次元のベクトルであれば，(x, y, z) という3つの数の組で表現できる．250年後に世界の数学者たちや物理学者たちは，デカルトの着想へと戻っていったのである．しかし，座標と同じ表記法というのは，話の一面に過ぎない．ベクトルの成分表示では，3つの数の組は点の位置を示すとは限らない．これらの数字は，向きを持った強さを表現するのだ．ここには，表現形式は同じでも，その含意とりわけ物理的意味に大きな違いがある．

数学者たちのほうは，ベクトルで表せる多元数 (hypercomplex number system) がいくつ存在するかを疑問に思った．この問いは，「それは有用か？」というよりは「それは面白いか？」という種類のものである．だから，数学者たちは任意の n について n 次元の多元数を考えて，その代数的性質を調べることにもっぱら焦点を当てた．これらは，じつのところ n 次元空間に代数演算を定義して付加したものであり，興味を持った数学者たちはみな代数的に考えていて，幾何学的な側面は軽視された．

微分幾何学

幾何学者たちは代数学者たちの領域侵犯に対して，多元数のような世界を幾何学的に解釈することで応えた．ここでの主役はリーマンである．彼はハビリタツィオン（大学教授資格試験）に備えて準備していた．この資格が取れれば，学生に講義をして学費を受け取る権利が与えられる．ハビリタツィオンの志願者は，自分の研究テーマについて特別の講義をしなければならない．通常の手続きに従って，指導教授であったガウスは，リーマンにいくつかのテーマを提示するよう求めた．ガウスが，これらの中から最終的にテーマを選ぶという運びである．リーマンが示したテーマの一つは「幾何学の基礎に横たわる仮説について」であった．これは，ガウスもずっと考え続けてきた問いを取り上げたものだったので，すぐに講義テーマとなることが決まった．

じつのところリーマンは戦々恐々としていた —— 彼は人前で話すのが苦手だったし，理論もまだ完成していなかった．しかし，彼が心の底であたためてきたものが，これを機に一気に開花した．n 次元の幾何学 —— これは彼の考えでは n 個の座標成分 $(x_1, x_2, \cdots, x_n)$ を持つ点からなる系で，近接する点の間の距離を定義する概念装置が備わっているものであった．リーマンは，このような系を多様体 (manifold) と呼んだ．これだけでも画期的な提案だが，さらに革命的な考えが付け加わっていた．多様体は，曲がった空間ですらありうる，という点だ．彼の師ガウスは，平面の曲率をずっと研究してきた成果として，美しい公式を見出していた．ガウスの曲率概念は，曲面そのものの性質だけから定義できるもので，その曲面を収納する空間がどうなっているかは全く考える必要がなかった．

リーマンは，ガウスの曲率公式を拡張して，一般の n 次元多様体に適

> " リーマンは戦々恐々としていた ——彼は人前で話すのが苦手だったし，理論もまだ完成していなかった． "

用できる曲率の定義を与えようと試みた．この曲率概念も，多様体そのものに内在的な定義で与えられるべきものであった．すなわち，多様体を包含する外側の空間の性質に訴えなくても定義できる曲率である．n 次元空間の曲がり方を記述しようとする試みは極度の集中を要し，リーマンを神経衰弱に近い疲労の極に追いつめた．さらに彼はそのころ，ガウスの同僚で電磁気を理解しようと格闘していたヴェーバー (Wilhelm Eduard Weber) の助手を務めていて，そちらの仕事にも追われていた．リーマンは悪戦苦闘を続けることとなったが，電気力と磁気力が相互に絡み合う世界に接したことで，幾何学をもとに力を理解するという新しい着想が芽生えた．リーマンは，数十年後にアインシュタインを一般相対論に導いたのと同じ洞察を得たのである——力の概念は，空間の曲率という概念で置き換えることができる，と．

伝統的な力学では，物体は外力によって曲げられない限り，直線運動を続けるとされている．曲がった幾何学の世界においては，直線は存在するとは限らず，経路は曲がってしまう．空間そのものが曲がっていたとしたら，そのために直線運動からはずれた軌跡を動かざるを得ない場合があり，運動変化を経験した私たちはそれを力の作用のように感じるのではないか．

こうしてリーマンは必要な理解を深め，1854 年の講義に臨んだ．結果は，大成功だった．興味が興味を呼んで，彼の考えは急速に広まっていった．まもなく多くの科学者たちが，新しい幾何学についての一般向けの講演も行うようになった．その中の一人がヘルムホルツ (Hermann von Helmholtz) で，彼は曲面上や曲がった空間内に住む生き物のたとえ話を使って，新しい幾何学を一般向けに説明した．

多様体についてのリーマンの幾何学は，現在では専門家の間では微分幾何学と呼ばれている．リーマンの研究を引き継いで発展させたのは，ベルトラミ (Eugenio Beltrami)，クリストッフェル (Elwin Bruno Christoffel) や，イタリア学派のリッチ - クルバストロ (Gregorio Ricci-Curbastro) とレヴィ - チヴィタ (Tullio Levi-Civita) らである．彼らの成果は，アインシュタインが一般相対論を構築するとき，必要な道具立て一式となっていた．

行列代数

代数学者たちも，n 変数の代数計算を行うテクニックの開発に忙しかった．n 次元空間における操作を表す記号形式の開発だ．そうしたテクニックの代表的なものが，行列——数を縦横の方形に配列したもの——の代数で，1855 年にケイリー (Arthur Cayley) によって導入された．行列の形式は，座標変換を考えるとき自然に出てくる．ある変数 x や y で表された元の式の表現を，これらの 1 次結合，

$$u = ax + by$$

$$v = cx + dy$$

によって変数変換すると式の表現が簡単になることは，いたるところで出てくるので，こうした変換は広く一般に用いられている．なお，上の変数変換の式で a, b, c, d は定数である．ケイリーは変数の組 (x, y) を列ベクトルとして書き，変換の係数を 2×2 に配列した表 —— 行列と呼ばれるもの —— で表現した．これらの掛け算をうまく定義してやると，

$$\begin{bmatrix} u \\ v \end{bmatrix} = \begin{bmatrix} a & b \\ c & d \end{bmatrix} \begin{bmatrix} x \\ y \end{bmatrix}$$

という式で変換を表せることをケイリーは見出した．この方法は，数を並べる縦横の表の大きさを変更して，任意の数の変数を線形変換できるよう，容易に拡張できる．

　行列代数は，n 次元空間での計算操作を可能にした．この新しい考え方が理解されるにつれ，形式的な代数計算方法に支えられて，n 次元空間を幾何学的な言葉で語ることが可能になった．ケイリー自身は，彼の行列計算のアイデアは表記法としての便宜を与える以上のものではないと考えていた．そして，これは何に応用されることもないだろう，とさえ予言していた．ところが現在，行列は統計学をはじめ科学技術のどの分野においても欠かせない道具になっている．たとえば，臨床試験は行列計算の大口ユーザーだ．治療や投薬の事例データから，どの原因とどの結果の関係が統計的に有意であるかを見分けるのに，行列計算が威力を発揮するのである．

　高次元空間を幾何学的に思い描くことで，多くの定理の証明が容易になった．これに対して批判的な人たちは，新手の幾何学はありもしない空間について語っている，と反発した．代数学者たちは，n 変数の代数は確かに存在するではないか，とそれに反撃した．数学のこんなに多様な分野の発展に寄与しているのは，興味深い存在である証だと彼らは考えていた．サーモン (George Salmon) は，そうした立場から次のように書いた．「（連立方程式の解法について）3 変数の 3 つの方程式が与えられた場合については，すでに完全に論じた通りである．いま目にしている問題はこれに対応する p 次元の問題だと述べることも可能だが，われわれは幾何学的な考察からは完全に離れて，これを純粋に代数的な問題として考察するのである．ただし，ほんの少しだけ幾何学的な言語も残しておいたほうがいい（中略）．なぜなら，3 変数の系に対して用いたのと類似の方法が，どのようにして p 変数の系に対しても適用できるかが，より見えやすくなるからである」．

高次元幾何学はどのように使われてきたか

　1907年ころにドイツの数学者ミンコフスキーは，時間の1次元を3次元の空間に統合することで4次元の時空という単一の数学的対象を構成し，アインシュタインの特殊相対性理論を定式化するのに用いた．現在，ミンコフスキー時空（またはたんにミンコフスキー空間）と呼ばれているものだ．

　特殊相対論が必然的にミンコフスキー時空に要請する「距離」は，ピタゴラスの定理で決まる通常の距離とは異なる．後者では点 (x, t) と原点との距離は $x^2 + t^2$ だが，ミンコフスキー時空では $x^2 - c^2 t^2$ に置き換えなければならない．ここで c は光速度である．ここでの重要な違いは，マイナスの符号が出てくることである．その結果，ミンコフスキー時空の中の各事象は，2つの円錐（ここでは空間を1次元に簡略化しているので，三角形として図示されている）を伴うことになる．片方の円錐は，頂点の事象よりも未来に当たる事象の全体を表し，他方の円錐は過去に当たる事象全体を表す．この幾何学的な表現方法は，現在の物理学者がほぼ例外なく使っているものである．

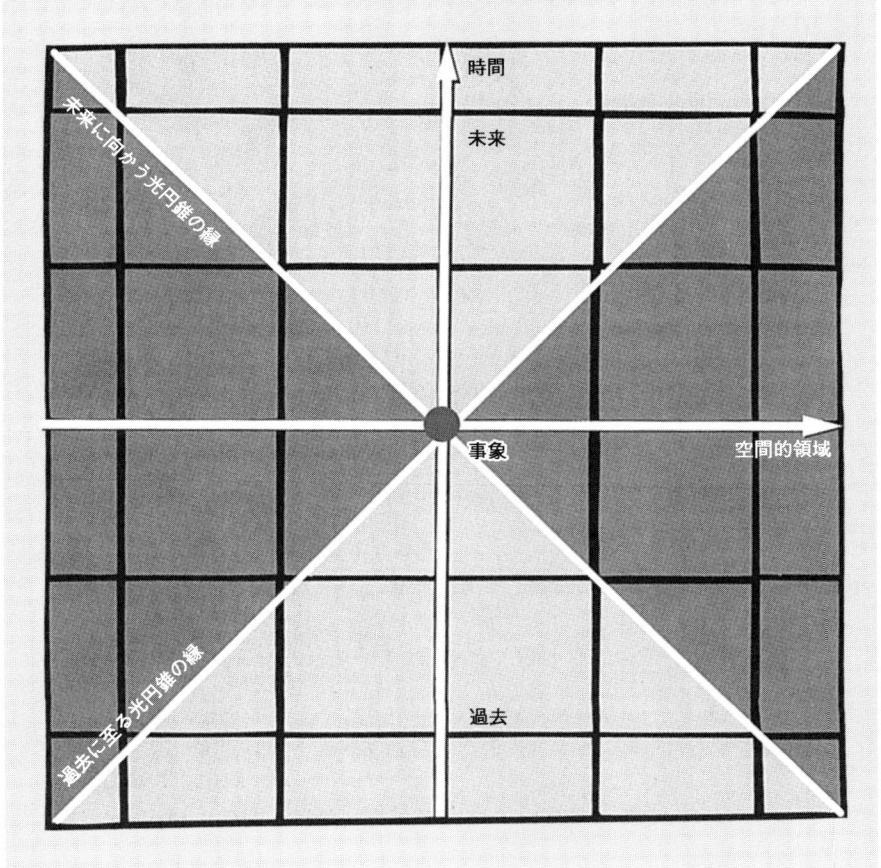

「現実の」空間

　高次元空間は存在するのだろうか？　もちろん，「存在する」をどういう意味で使っているかによって答えは違ってくるのだが，人々はこのことを忘れがちで，特に感情が絡んでくるとなおさらだ．1869年，この「存在」をめぐる衝突は頂点に達した．英国学術協会における有名な演説 —— のちに『数学者の立場への訴え』(*A Plea for the Mathematician*) として印刷された —— の中で数学者シルヴェスター (James Joseph Sylvester) は，一般化を進めることが数学の進歩にとって重要な方法であることを説いた．数学にとって大事なことは，何が物理的経験と直接に対応しているかではなくて，何が概念的に把握可能かである，とシルヴェスターは言う．彼はさらに付け加えて，少し努力してみれば4次元の空間を思い浮かべることは完全に可能なことであり，だから4次元空間は理解可能だと言い切った．

　この発言は，シェークスピア学者のイングルビー (Clement Mansfield Ingleby) を激怒させた．彼は，偉大な哲学者カントの発言を持ち出して，シルヴェスターに嚙みついた．カントは，先験的直観の形式として空間が3次元であることを論証したではないか，と．彼は，シルヴェスターの論点を完全に見落としてしまっていた．シルヴェスターが指摘したのは，現実の空間の性質がどうなっているかは数学が扱っているのとは全く別の問題である，という点だったのだから．にもかかわらず，当時の英国の数学者たちの大半はイングルビーの意見に同意した．大陸ヨーロッパの数学者たちはそうでもなかった．グラスマンは「拡大積計算[訳註3]についての定理は，端的に幾何学的な結果を抽象的な言語に翻訳したものである．これは，はるかに一般的性のある意味内容を持っている．なぜなら，通常の幾何学は3次元の（物理的）空間に限定されているが，抽象的な科学はこの制約にはとらわれないからだ」と書いている．

　シルヴェスターも自分の立場を弁護する．「一般化された高次元空間と言われているものは，仮面をかぶった代数的形式の見せかけの姿に過ぎないとみなす人たちがたくさんいる．しかし，そんなことを言うなら，われわれが持っている無限の概念や，角度ゼロで交わる区別できないはずの"2直線"など，それを使うことの有用性が誰にとっても疑問の余地のないものについて

> **現実の空間の性質が どうなっているかは 数学が扱っているのとは 全く別の問題である．**

［訳註3］　原文は"Calculus of Extension"．これはグラスマンの1862年改訂版の英訳で使われた用語で，現代的には外積代数の計算法を示すものと思われる．

も，同じことが当てはまる．サーモン博士によるシャールの平面指標定理の拡張，クリフォード (Clifford) 氏の確率研究，そして私自身の整分割の理論 (theory of partitions) や重心射影 (barycentric projection) に関する論文，これらはすべて 4 次元空間を目に見える空間であるかのように扱うことの実用性を根拠づけているように思われる」．

多次元空間の開花

　この論争に歴史が軍配を上げたのは，シルヴェスターのほうである．現在の数学者は，もし何かが論理的矛盾なしに定義できれば，数学的対象として存在すると考える．この対象は，物理的な経験とは食い違うものかもしれないが，数学的な実在性はその点とは無関係なのである．この意味で，高次元の空間は，私たちの見慣れた 3 次元の空間と全く同じ資格で，実在するのである．なぜなら，きちんとした定義を容易に与えることができるからだ．多次元空間の数学として現在理解されているものは，低次元の空間の自明な一般化として，純代数的に定義できる．平面（2 次元空間）上の任意の点は 2 つの座標で特定でき，空間内の任意の点は 3 つの座標で特定できる．これらを一般化するのは，わずかのステップで完了する．4 次元空間であれば，4 つの座標を持つ点の集まりだと定義すればいい．n 次元空間であれば，n 個の座標を持つ点の集まりだと定義すればいい．

　n 次元空間内の 2 点間の距離を定義したり，2 つの直線がなす角度を定義することも，同じようなトリックを使って簡単にできる．そこから先も，想像力さえ働かせれば特に苦労することはない．2 次元や 3 次元の世界で理解できている幾何学的図形のほとんどは，そのまま自然に拡張できて，n 次元空間での対応物を持つ．見慣れた図形のほうを座標成分が満たすべき方程式の形で表し，その方程式を n 変数の式に変更してやればいい．

　たとえば，平面上の円周や空間内の球の表面は，ある固定した 1 点（中心）から一定の距離（半径）だけ離れた点の全体から成る．これを n 次元空間に拡張する方法は自明で，固定した 1 点を選んで，そこから等距離にある点の全体とすればいい．この条件は純粋に代数的なもので，距離を計算する公式から簡単に得られる．この方程式で表される図形が，$(n-1)$ 次元の（超）球面である．超球面の次元が n でなくて $(n-1)$ と 1 次元下がっている理由は，平面（2 次元空間）内にある円周が 1 次元の図形であり，3 次元空間内にある球面が 2 次元の図形であることを思い出せば，容易に理解できよう．中身まで詰まった図形を考えると n 次元の図形となり，n 次元超球体などと呼ばれる．地球のような図形が 3 次元球体，地球表面のような図形は 2 次元球面ということになる．

> 行列が応用をもたないと考えた
> ケイリーは激しく予測を
> 誤っていた.

現在では，こうした視点から図形を記述したり変換操作を表すのに，線形代数というものが使われる．線形代数は，いまや数学と科学技術のほとんどの分野で常套手段として使われている．統計学でもよく使われるし，経済学の標準的な技法にもなっている．ケイリーは彼が導入した行列という道具について，実際的な応用は考えにくいと言っていたが，これほど激しく予測を誤った例は他に見当たるまい．1900年ころまでには，シルヴェスターの予言通りに多次元空間の概念が数学と物理学に深いインパクトを与え，その成果が爆発的に開花していった．その代表的な例がアインシュタインの特殊相対性理論で，これは時間・空間を特殊な4次元の幾何学で表すものだった．

1907年にミンコフスキー (Hermann Minkowski) は，通常の空間を表す3つの座標に時間を表す特別な座標を加えて，4次元の時間 - 空間（時空）の幾何学が作れることを見出した．ここで時空の任意の点は，事象 (event) と呼ばれる．これは，点粒子がある瞬間だけ存在したという出来事に相当し，点粒子が一瞬ウィンクするように現れて次の瞬間には消えてしまうようなイメージだ．相対性理論は，じつのところ事象の物理学になっている．伝統的な力学では，空間の中を動く粒子が各時刻 t において空間内のある位置 $(x(t), y(t), z(t))$ を占め，この位置の変化によって運動が表される．ミンコフスキーの時間空間の幾何学の視点で眺めると，事象を表す点の集まりが時空の中で一定の曲線を描くという描像になる．各点は4つの座標成分を持つが，相対論では四つ目の座標が時間として解釈される．

これに重力を組み入れる試みから，次の一般相対論が生まれた．ここでは，リーマンの革命的な幾何学がたっぷり使われることになる．ただし，時空が平坦な場合——これは重力をもたらす物質が存在しない場合の時空のふるまいに相当する

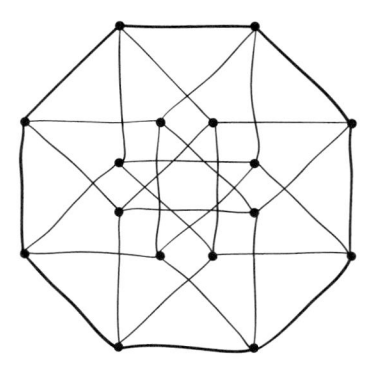

平面上に投影された
4次元の超立方体

――の幾何学は，ミンコフスキーが特殊相対論を記述するのに使ったものと一致する．物質が存在するときは重力をもたらす時空の曲がりが生み出され，時空は平坦ではなくなる．これを，アインシュタインは曲率を持つ時空としてモデル化したわけである．

数学者たちは次元や空間についてのよりフレキシブルな概念を好むようになっていった．19世紀末から20世紀初頭に時代が突入するころには，数学の中身そのものが多次元空間の受け入れを強く求めるようになってきた．複素解析の自然な拡張として複素2変数の関数が研究されるようになると，実2次元の複素平面を2つセットにしたものが関数の定義域になるから，好むと好まざるとにかかわらず4次元の空間を扱わなければならない．リーマン多様体や多変数の代数の研究も，多次元の空間を受け入れる動機づけとなった．

一般化座標

多次元の幾何学への流れを促したものは，さらにもう一つある．一般化座標を用いて力学方程式を再定式化する手法で，これはラグランジュが1788年に著した『解析力学』によって始まった．この章の前半に出てきた四元数の発見者ハミルトンは，1835年にさらにエレガントな形に解析力学を定式化する方法を見出した．

力学の系は，質点や物体が3次元空間の中を動くとしても，複数の質点や物体の配置状態はもっと多くの座標で記述され，動くことのできる多くの自由度がある．力学の系の状態は，各自由度に割り振った変数の値によって指定できるが，この自由度の数とは仮面をかぶった次元の数にほかならない．

身近なところで自転車を例にとって，独立に動ける各部分の向きを指定することによって，自転車の姿勢（配置状態）を記述することを考えてみよう．まずハンドルバーの向きを表す角度，前輪と後輪の向き（フレームに相対的な角度），ペダル車軸の角度位置，両足が触れているペダルそれぞれの向き（角度），少なくとも6つの向きの自由度がある．これら6つの角度が，最も単純な構造の自転車の姿勢（配置状態）を記述する一般化座標だということになる．自転車はもちろん3次元空間内の物体だけれども，各部分の配置によって変更可能な「物体の姿勢」としては6次元の自由度を持っているのである．

このことは，自転車を乗りこなすことに習熟するのが，なぜコツをつかむまでは難しいのか，その理由の一つを説明してくれる．私たちの脳は，これら6つの変数がどのようにして相互に絡みあっているのかを表現する内部モデルを構成しなければならない．いわば6次元の自転車状態空間の幾何学を習得し，その中を適切にナビゲーションする方法を学ばなければならないのだ．実際に自転車に乗る場合

は，自転車は走っているのだから，状況はさらに複雑になる．これら6つの変数について時間変化（角速度）の度合を調節する必要もあるから，それらを考慮に入れるだけでも運転に用いる状態空間は少なくとも12次元ということになるのである．

1920年ころまでには，多変数の問題を幾何学的な言葉を使って解く方法が，物理学，数学，力学で同期して大きな成果をもたらした．多次元の幾何学を使うことに眉をひそめる人は —— 少数の哲学者などを除いて —— 誰もいなくなった．1950年ころまでには，数学者たちは何ごとも最初からn次元で定式化するのが自然だと感じるようになっていた．理論を2次元や3次元だけに限定するのは，ちょっと古風なやり方で制約が多すぎるというのが，一般的な受け止め方になったのである．

多次元空間の言語は，科学のあらゆる分野へと急速に広がっていった．経済学とか，遺伝学のような分野でも使われるようになった．現在のウィルス学者たちは，たとえばウィルスDNAの配列を数百次元の空間にプロットするようなことを行う．各変異株が，この空間内の1点で表される．数百次元というのは，ウィルスのゲノムサイズが数百塩基対だった場合に対応する．この幾何学的なイメージは，単なる比喩のためのものではない．ウィルス学の実際的な問題を効果的に扱う方法を与えているのだ．

しかし，これらの話すべては，隠れた次元に霊魂の世界が存在するとか，これで幽霊が棲める公認の場所が可能になる，といったことを意味するものでは全くない．あるいは，エドウィン・アボット・アボット(Edwin Abbott Abbott)の『フラットランド』のストーリーのように，突然ある日，私たちが4次元の世界に住む高次元人の訪問を受けて，彼らの姿が不思議な伸び縮みを見せるのに困惑するかもしれない，というような話とも全く関わりがない．もっとも，超弦理論を研究している物理学者たちは，現実の宇宙は4次元ではなくて10次元かもしれないと考えている．彼らによれば，余剰の6次元は極度に微小な空間に畳み込まれているので，私たちには通常検出できないのだという．

多次元空間の幾何学は，数学が現実世界から切り離された姿を最もドラマティックに見せた例だと言っていい．現実の物理的空間が3次元だとしたら，どうして4次元とかさらに高次元の空間が存在できるのか？ もし仮に数学的に定義することが可能だったとしても，どうしてそんな抽象空間が役に立った

" 多次元空間の言語は，経済学や遺伝学の分野でも使われるようになった．"

りするのか？

　こうした問いは，数学の役割に対する誤解——数学者たちに現実世界の文字通りの直接的で自明な翻訳を期待するという誤り——から出てくるものだ．私たちは実際には，非常に多くの変数で記述するほうが適切だという事物に取り囲まれている．たとえば，ヒトの姿勢を骨格の配置で近似しようとすると，関節などの自由度が少なくとも100あるから，100以上の変数の値を指定しなければならない．こうした事物を数学的に最も自然に記述できるのは，各次元にこれらの変数を一つずつ割り振った高次元空間を考えて，それらを座標に持つ点として状態を指定する方法である．

　数学者たちがこうした記述法を定式化するまでには長い時間を要したが，これが有用であることを誰にでも納得できるようにするまでには，もっと長い時間がかかった．しかし現在では，これは科学的思考方法として深く根づいていて，研究者たちはほとんど反射的にこれを援用するほどだ．多次元の変量を扱う方法は経済学，生物学，物理学，工学，天文学，…あらゆる分野で標準的となっている．

　高次元空間の幾何学を用いる利点は，最初は全く視覚化できない問題でもやがて直観できるようになるという人間の視覚的理解能力を持ち込んでいる点にあるだろう．ヒトの脳は視覚的思考法に長けており，この定式化は他の方法ではとても予期できないような洞察を生むことがあるからだ．現実世界と直接つながりを持たない数学上の概念は，しばしば現実との間接的だがより深い結びつきを持っている．この直接は目に見えないリンクこそが，数学をこれだけ強力にしているのだ．

高次元空間は現在どのように使われているか

　私たちの携帯電話は高次元空間の技術的応用の賜物と言っていい．

　インターネットへのアクセス，衛星放送やケーブルテレビ，さらには実質的に他のすべての情報通信機器についても，同じことが言える．現代の通信は，すべてデジタル技術を用いているからだ．通信メッセージは，通話音声も含め，すべて0と1からなる記号の列に変換されて送受信される．

　情報通信は，信頼度の高い送受信ができるものでなくては役に立たない．送り手が送信するメッセージと基本的に同じものを，受け手が受信できなくてはならない．通信に用いられるハードウェアは，必ずしも完全な正確さを保証してくれるものではない．信号は途中で干渉を受けることがありうるし，宇宙線が回線や送受信機器をヒットしてもエラーの元になる．だから，電子工学の技術者たちは，数学的テクニックを上手に使ってデータを符号化し，もし通信の途中でエラーが発生したらそれを検出さらには訂正で

きるよう，工夫を重ねてきている．こうした符号化の理論的基礎には，高次元の空間がある．

この空間は，デジタル記号列からなる空間だ．たとえば，10ビットの記号列を考えてみよう．1001011100といった記号列の集まりは，10次元の空間をなすと考えることができる．ただし，ここでの座標は0または1に限定されている．誤り検出ないし誤り訂正が可能な符号化を設計する上で重要な問題を考える際には，こうした空間の幾何学が見通しのいい枠組みを与える．

たとえば，エラーの検出ができる（訂正まではできない）最も簡単な符号化の方法を考えてみよう．メッセージ中の各ビットを，0は00に，1は11へと，すべて重複させた記号列へと冗長化する．110100が元の記号列だとしたら，これで符号化したものは111100110000となる．これを送信したところ，通信の途中で4番目のビットにエラーが生じて，111000110000となって受信されたとする．受信者は，太字の10の部分がおかしい，と気づく．このブロックは00か11でなければならないからだ．ただし，元のブロックが00か11のどちらであったかは判定がつかないので，誤り訂正まではできない．

この状況は，2ビットのブロックの記号列を2次元の格子点（一つ目と二つ目のビットが2次元の座標となる）として描いてみると，わかりやすく理解できる．正しく符号化されたもの（00または11）が正方形の向かい合う格子点に位置することがわかる．誤りのビットがあると，他の2つの格子点のどちらかに位置がズレる．ただし，元の正しい信号のどちらに1ビットのエラーが生じた場合でも，これらの格子点に変わるので区別はつかない．

冗長性を高めることで，誤り訂正可能な符号化ができることを，簡単な例で見ておこう．こんどは，各ビットを0なら000に，1なら111というふうに，3重に符号化する．記号列のブロックは，今回は3次元の格子点で表される．正しく符号化された格子点は000と111だけである．エラーが1ビットだけであれば，近いほうの格子点を正解として誤り訂正の処理を行えば高い精度で元の信号を復元できる．

デジタル信号を高信頼度で符号化するための，このような考え方は，1947年にハミング (Richard Hamming) によって創案された．

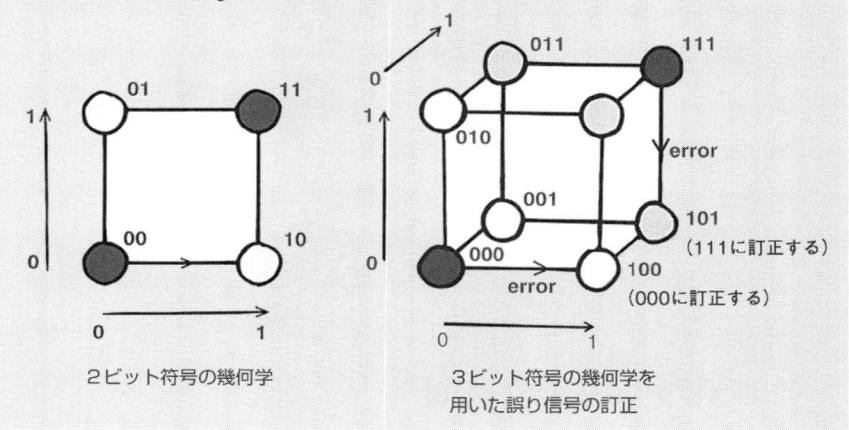

2ビット符号の幾何学

3ビット符号の幾何学を用いた誤り信号の訂正

Ch. 17

The Shape of Logic
Putting mathematics on fairly firm foundations

第 17 章
論理のかたち
数学の基礎を求めて

数学という建物の上部の構造がどんどん成長してゆく中で，少数の数学者たちは建物の重さを支える土台が十分かどうかを気にかけ始めた．数学の基礎が危機に瀕していることを告げる事件が，いくつか起きていた．微積分学の基礎概念をめぐる論争や，フーリエ級数をめぐる混乱は，特に深刻なものだった．数学で使われるそれぞれの概念を，論理的な落とし穴がいっさい残らないように，注意深く正確に定義しなければならないことは明白だった．さもないと，演繹プロセスを塔のように積み重ねて立派な理論を作っても，基礎概念の曖昧さや混乱から論理的矛盾が出てきて，すべてが崩壊しかねないからだ．

そうした懸念は，最初はフーリエ級数のような，複雑で高尚な理論に関して持ち上がった．しかし，より基礎的な概念にも疑いの目を向けなければならないことを，数学界は次第に認識するに至った．極めつけは，数の概念そのものだった．数学者たちは数が持つ深淵な性質を発見することに献身してきたのに，そもそも数とは何かと問うことを忘れていたというのが，恐るべき真実なのだった．論理的にきちんとした数の定義を与える必要にぶちあたったとき，数学者たちは，誰も答えを知らないことに気づいた．

デデキント切断

1858 年，微積分学のコースを教えていて，デデキント (Dedekind) は微積分学の基礎があやふやなのを気に病んだ．と言っても，極限操作の定式化といった話ではない．実数そのものが，ちゃんと定義できていないのが問題なのだ．実数の体系について考え続けた彼は，1872 年になって『連続性と無理数』(Stetigkeit und Irrationale Zahlen) を出版し，彼の考えを示した．慣れ親しんだ実数のごく当たり前の性質が，はじめて厳密に証明されたのだ．$\sqrt{2}\sqrt{3} = \sqrt{6}$ が彼の挙げている例だが，これまで誰もデデキントのように厳密に証明したことはなかったのである．明らかに，この等式は両辺を平方すれば直ちに確認できる —— ただし，無理数同士の積がちゃんと定義されたとしての話だ．そして，その定義は，これまで誰も与えたことがなかった．1888 年に出版された『数とは何か，何であるべきか』(Was Sind und was Sollen die Zahlen?)[訳註1] の中で，彼は実数の

> " 実数が存在することを，誰もちゃんと証明したことがないのだ！ "

[訳註 1] 邦訳は，デーデキント『数について —— 連続性と数の本質』(河野伊三郎訳，岩波文庫，1961) およびリヒャルト・デデキント『数とは何かそして何であるべきか』(渕野昌訳・解説，ちくま学芸文庫，2013)．

体系を論理的に基礎づける上で，まだ深刻なギャップが残っていることを示した．実数が存在することを，誰もちゃんと証明したことがないのだ！

デデキントは，こうしたギャップを埋める方法も提案した．現在，私たちが「デデキント切断」と呼んでいる構成法だ．彼のアイデアは，有理数の体系をすでに確立されたものとして用い，そこから出発してより豊かな実数の体系へと拡張する，というものだ．拡張に当たっては，まず実数の体系に求められる性質をはっきりさせ，そうした性質を有理数の体系だけを使って記述し直す，というアプローチを採る．次いで，逆向きの手順をとる．すなわち，これら有理数の言葉で表した性質を，実数の定義であると読み換えるのだ．新しい数学概念を，従来使われてきた概念をもとに定義する，こうした逆行的な構成法は，その後，広く使われるようになった．

まず，とりあえず実数というものが存在すると仮定して，話を始める．これら実数が，有理数とどういう関係にあるかを，次に考える．実数のうちには有理数でないものが当然ある．わかりやすい例が $\sqrt{2}$ だ．この数は，分数の形では表すことはできない．しかし，有理数を用いて，いくらでも詳しく近似できる．とすると，有理数全体を大小関係にもとづいて並べた稠密な列を考えると，それらにサンドイッチのように挟まれた特定の位置をとると考えることができる．

この位置を，どうやって指定できるだろうか？ デデキントは，$\sqrt{2}$ が有理数全体の集合をぴったりと2つの帯に切断することに気づいていた．$\sqrt{2}$ より小さい有理数の全体と，$\sqrt{2}$ より大きい有理数の全体とに分離する．ある意味で，この分離（切断）の仕方が，$\sqrt{2}$ という数を定義している．ちょっと困るのは，有理数の言葉だけでは定義できていない点だ．切断を定義するのに，$\sqrt{2}$ という有理数ではないものを使っているからだ．でも，少し考えると，いい方法があるのに気づく．$\sqrt{2}$ より大きい有理数の全体は，平方すると2より大きい正の有理数の全体とぴったり一致する．$\sqrt{2}$ より小さい有理数の全体は，それ以外の有理数全体になる．このように切断を定義してやれば，$\sqrt{2}$ という無理数を直接使うことなしに，有理数の言葉だけで数直線上にこの実数の位置を指定することができる．

デデキントは，議論のスタート地点として実数の存在をとりあえず仮定したとき，与えられた任意の実数について，このような有理数の切断ができることを示した．その実数よりも大きい有理数全体の集合 R と，その実数よりも小さいか等しい有理数全体の集合 L とに，有理数の集合を分離することができる（集合 L のほうを「小さいか等しい」としてあるのは，与えられた実数が有理数であった場合への対策で

ある．実数が有理数を含まないのでは困るから）．与えられた実数によって，有理数の集合を分離（切断）したときの位置関係を数直線上に図示すると，前ページの図のような感じになる．

切断によって決まる2つの集合LとRは，次の各条件を満たす．まず，任意の有理数はLかRのどちらかに（一方にだけ）含まれる．次に，Rに含まれる任意の有理数は，Lに含まれるどの有理数よりも大きい．最後に，Lには最大の有理数が存在する場合と存在しない場合があるが，Rには最小の有理数は存在しない（Lに最大の有理数が存在するのは，有理数による切断の場合である）．こうした各条件を満たす有理数の部分集合のペアを，改めて「有理数の切断」と定義することにしよう．

ここからは，もう実数の存在を仮定する必要はない．私たちは，そのかわりに，上のように定義された有理数の切断が，じつは実数の働きをすることを示すことができる．そして，有理数の切断が実数である，と定義してしまうのである．私たちは，ふつう実数をそのようなものだとは思っていないが，デデキントの洞察の要点は，こうすれば実数の定義が可能であることを見抜いた点にある．有理数の切断が実数と同じ働きをすることを示すための主な作業は，2つの切断について足し算や掛け算ができるのを示すことである．これは，意外と簡単にできる．

2つの切断(L_1, R_1)と(L_2, R_2)の足し算をするには，L_1に含まれる数とL_2に含まれる数の和すべてからなる有理数の集合として$L_1 + L_2$を定義し，同様にして$R_1 + R_2$を定義すればよい．$(L_1 + L_2, R_1 + R_2)$が有理数の切断になることは明らかで，これを2つの切断(L_1, R_1)と(L_2, R_2)の和と定義することができる．2つの切断の掛け算も同様のやり方で定義できる．ただし，正の数と負の数のふるまいが少し違うので，若干の工夫は必要である．

最後に，有理数の切断について定義された演算が，実数に私たちが期待している性質すべてを満たすことを証明しなければならない．実数上の標準的な代数演算規則については，有理数についての類似の代数演算規則から自然に導かれる．とても重要なのは，一定の条件を満たす切断の無限列が極限を持つと言う性質である．これは，有理数には備わっていない実数に特有の性質だ．これと基本的に同等な性質に，任意の無限小数表現に対応する有理数の切断が必ず存在するというものがある．これらも，単刀直入なやり方で比較的容易に示すことができる．

これらが全部うまくいったとして，デデキントによる$\sqrt{2}\sqrt{3} = \sqrt{6}$の証明を見ておこう．私たちは，$\sqrt{2}$が有理数の切断$(L_1, R_1)$に対応することを，すでに見てきた．ここで，$R_1$は平方すると2より大きくなる正の有理数の全体である．同様に，$\sqrt{3}$は切断(L_2, R_2)に対応させることができ，R_2は平方すると3より大きくなる

正の有理数の全体である．これらの切断の積を (L_3, R_3) とするとき，R_3 が平方すると 6 より大きくなる正の有理数の全体であることは明らか．これは，(L_3, R_3) が $\sqrt{6}$ に対応することをも意味する．証明終わり！

　デデキントの手法の美しさは，有理数の部分集合のペア（切断）を考えることにより，実数に関することがら全部を有理数に関することがらに帰着させた点にある．これにより実数を，有理数とその操作だけを用いて定義することが可能になった．その成果として，実数の存在（数学的な意味で）が，有理数の存在を前提に保証された．

　このことの代償も少しある．いまや実数は「有理数の切断」として定義され，存在が保証されたが，これは私たちがふだん実数だと思っているものとは少し趣が異なる．この言い方には，けげんな思いを抱く人もおられるかもしれない．もしそうなら，0‒9 の数字が無限に続く小数としての通常の実数の表現を思い浮かべてほしい．この表現も，じつは概念的にはデデキント切断と同程度に謎めいたものなのである．私たちは，ふだん 2 つの無限小数を足したり掛けたりするのは何の不思議もないことだと錯覚しているが，じつは非常にトリッキーな話なのである．なぜなら，有限小数同士の足し算や掛け算であれば右端の桁から計算を始めて 1 桁ずつ左に進んでゆけばいいのだが，真の無限小数であれば右端の桁というものが存在しない（！）からだ．

自然数の公理系

　デデキントの本は，出発点の作業としては非常に優れたものだった．しかし，数学用語の定義を一般的な視点から考える立場が理解されてくるにつれ，じつは実数の問題を有理数の問題へとシフトさせたに過ぎないという限界が認識されることになる．では，私たちは有理数の存在をどうやって知っているのか？　整数の存在が保証されてさえいれば，わけもないことだ．整数の対 (p, q) として有理数 p/q を定義して，あとは足し算や掛け算の公式を導いてやればいい．整数が存在すれば，整数のペアが存在するのは当たり前のことだ．

　よろしい．では，整数の存在を私たちは，どうやって知っているのか？　プラスとマイナスの符号は別として，整数とは通常の自然数と同じようなものだ．符号の扱いを整理するのは簡単

> 整数が存在すれば，
> 整数のペアが存在するのは
> 当たり前のことだ．
> よろしい．では，整数の
> 存在を私たちは，
> どうやって知っているのか？

なことだ．だから，自然数の存在を前提にすれば，整数は存在する．

上出来だ！けれども，まだ話は終わっていない．私たちにとって自然数はあまりにも慣れ親しんだ存在なので，0, 1, 2, 3 等々という数が本当に存在するのか，などという問いはとてもではないが浮かんでこない．よかろう，これらが存在するとして，自然数って，いったい何なのだ？

1889 年，ペアノ (Giuseppe Peano) はユークリッドの著書にならって，存在については問わずに自然数の問題を考えた．点や線や三角形などが存在するかどうかを議論するかわりに，ユークリッドはたんにこれらについての公理——これ以上は問うことなしに前提される性質——のリストを書き下したのである．点が存在するかどうかを問題にするにはおよばない．もっと興味深い問いは「もし存在するとしたら，それがどんな性質を持つことになるのか」である，と．それにならって，ペアノは自然数が満たすべき公理のリストを書き下してみた．柱となったのは，

・0 なる数が存在する．
・すべての数 n に対して，その次の数 $s(n)$（ふつう $n+1$ と記されるもの）が存在する．
・$P(n)$ を自然数についての命題とし，$P(0)$ が成り立ち，$P(n)$ が成り立つならば必ず $P(s(n))$ が成り立つのであれば，すべての自然数 n について $P(n)$ が成り立つ（数学的帰納法の原理）．

次いでペアノは，この公理系にもとづいて 1, 2 等々を定義していった．これは本質的には，次のような書き換え，
$$1 = s(0)$$
$$2 = s(1)$$
等々を続けてゆく操作にほかならない．彼は，基本的な算術演算も定義し，それらが通常の演算規則に従うことを示した．彼の体系において，たとえば $2+2=4$ は次のようにして証明できる定理である．
$$s(s(0)) + s(s(0)) = s(s(s(s(0))))$$

この公理的方法の大きな利点は，自然数がかくかくしかじかの意味合いで存在することを示したかったら，何を証明しなければならないかを明確にしてくれることだ．私たちは，ペアノの公理系を満たすものを構成しさえすればいいのだ．

ここに横たわっているのは，数学的な「存在」の意味をめぐる深い問いだ．現実世界であれば，もしあなたが何かを観測できたら，それは存在する．あるいは，そのものとしては観測できなかったとしても，他に観測できることがらをもとに存在するはずだと推論する．重力そのものを見た人は誰もいないが，私たちは重力の効果を観測できる．だから，私たちは重力が存在するのを知っているわけだ．

現実世界であれば，2匹の猫，2台の自転車，2山の食パンなどの存在について，ちゃんとした意味を持つ話を私たちはできる．ところが，2という数については，そんなふうに語ることはできない．2は，事物ではなくて，概念的な構成物なのだ．私たちは，現実世界の中で2という数と出会い頭に衝突したりはしない．私たちは，紙の上に印刷されたりコンピュータ画面上に表示された2という記号となら，現実世界の中で出会う．しかし，ある記号と，それが指示する事物とが同じだとは誰も考えない．紙の上の「猫」という文字を表示している印刷インクは，鳴いたり走ったりする猫ではない．同様に，2と表示された記号は，2という数ではない．

「数」が何を意味するかは，とてつもなく難しい概念的かつ哲学的な問題なのである．私たちは数をどのように使えばいいかを完璧に知っているだけに，じつに悩ましい問題だ．私たちは数がどのようにふるまうかをよく知っているが，相手が何者なのかを知らないのだ．

集合とクラス

1880年代に，フレーゲ (Gottlob Frege) が，数の概念をめぐるこの難問を解決しようと試みた．フレーゲは，自然数をさらに単純なもの —— すなわち集合あるいは彼がクラスと呼んだもの —— から構成しようとした．彼は，数がふつう伴っている「かぞえる」ということを出発点にした．フレーゲによれば2とは，標準的な集合 $\{a, b\}$ と1対1に対応できるような集合が持つ性質だということになる．ここで，a と b は互いに区別される集合の要素である．たとえば，

$$\{1匹の猫，別の猫\}$$
$$\{ある自転車，別の自転車\}$$
$$\{1山の食パン，別のもう1山の食パン\}$$

などは，いずれも上の標準的な集合と1対1に対応できるので，同じ数 —— その意味が何であれ —— を決めている．

困ったことに，このような標準的集合のリストを数として使おうとすると，記号とそれが指示している事物を混同しているのではないか，という疑問が当然出てくる．それに，「標準的集合と1対1に対応できるという性質」を，どのようにして私たちは特徴づけることができるのだろうか？　そもそも性質とは何なのか？　フレーゲは驚くべき洞察力で，こうした疑問に答えた．

集合を定義するのに，「…の性質を満たすもの全体」として指定する方法がある．任意の性質に対して，そのような集合はただ一つ決まる．たとえば，「素数である」という性質に対しては「すべての素数からなる集合」が決まり，「3辺が相等しい」という性質に対しては「すべての正三角形の集合」が決まる，等々．

フレーゲは，このやり方を推し進めて，2という数は，標準的な集合 $\{a, b\}$ と 1 対 1 に対応できるような集合の全体だと定義することを提案した．もっと一般的には，数とは任意の与えられた一つの集合に対して決まり，「その集合と 1 対 1 に対応できるような集合の全体」として定義できると言うのだ．たとえば，3 という数は，

$$\{\cdots, \{a, b, c\}, \{1 匹の猫，別の猫，さらに別の猫\}, \{X, Y, Z\}, \cdots\}$$

といった集合の集合だということになる．

　こうした考えにもとづいて，フレーゲは自然数の算術演算をすべて論理学の基盤に置き直す方法を見出した．すべては，集合論の明白な性質へと還元される．

　彼は，これらの考えを全部まとめた労作『算術の基礎』(*Die Grundlagen der Arithmetik*) を，1884 年に出版した．しかし，当時の指導的な数理論理学者であったカントル (Georg Cantor) は，これを無価値だと却けた．フレーゲは，苦い失望を味わったに違いない．彼はくじけずに，1893 年に次の著書『算術の基本法則』(*Die Grundgesetze der Arithmetik*) の第 1 巻を出版する．この中でフレーゲは，直観的にはもっともらしく見える算術の公理系も与えている．ペアノが論評したのを除くと，この本も全く無視された．

　さらに 10 年後になって，フレーゲはようやく同書の第 2 巻を出版する用意ができた．しかし，この時点で，彼はその論理的基盤に根本的な弱点があることに気づいていた．そして，論理的欠陥に気づいたのは，彼だけではなかった．第 2 巻が印刷にまわっていたとき，決定的な災厄が襲う．フレーゲは，哲学者で数学者でもあるバートランド・ラッセル (Bertrand Russell) から，1 通の手紙を受け取った．彼は，ラッセルに出版前の別刷りを送っていたのだ．手紙に書いてあったのは，簡略に言い換えると次のような内容である．「拝啓　フレーゲさん，『自分を要素として含まない集合すべての全体からなる集合』を考えてみてください．敬具　ラッセル」．

　卓越した論理学者であったフレーゲは，直ちにラッセルが指摘している問題点を理解した．フレーゲ自身も，その論理に危うさがあることには気づいていたのだ．彼のアプローチの全体は，きちんと記述された性質であれば，「その性質を満たす対象の全体」として集合を定義できるということを，証明抜きに前提として用いていた．しかし，ラッセルが手紙に書いてきたのは「それ自身を要素として含まない」という明確な記述を持つ性質だが，明らかにその性質に対応する集合は定義できないのである．

　打ちのめされたフレーゲは，この彼の代表作に付録をつけて，ラッセルから寄せられた異論について論じた．フレーゲの暫定的な処方は，自らを要素として含むようなものを，集合の範囲から除外するという問題回避策だった．しかし，彼自身こ

ラッセルのパラドックス

これを一般向けに少し変形したものに，床屋のパラドックスがある．村の床屋を，「自分で髭(ひげ)を剃(そ)らないすべての人の，かつそういう人たちだけの，髭を剃る男」と定義する，というものだ．すると，誰がこの床屋の髭を剃るのだろうか？ もし床屋が自分で剃るのだと仮定すると，「自分の髭を剃らない人の髭だけを剃る」という床屋の定義に反することになる．もし床屋が自分で髭を剃らないのだと仮定すると，定義よりその人物の髭は剃ることになるから，仮定と矛盾する．この定義に該当する人物は存在し得ないのである．

本来のラッセルのパラドックスは，集合の定義として，これに似た自家撞着(じかどうちゃく)を含んでしまう例である．集合 X を「自らを要素としては含まない集合の全体」として定義する．この X は，自分自身を要素として含むであろうか？ もし，自分自身は要素として含まないと仮定すると，定義により X は自分自身に含まれることになり，仮定と矛盾する．もし，自分自身も要素として含むと仮定すると，定義により X の要素ではあり得ないことになり，この場合も仮定と矛盾する．どちらの場合も，矛盾に導かれてしまうのである．

の解決策に満足することは終生なかった．

ラッセルはラッセルのほうで，自然数を集合論を土台にして構成するという，フレーゲの試みに見つかった論理的欠陥を埋める努力を続けた．ラッセルが考えたのは，集合を定義するのに使える性質の種類を限定するという方針であった．もちろん，彼はこの限定された性質だけで集合を構成していったときに，決して矛盾が導かれないことを示す必要があった．ホワイトヘッド (Alfred North Whitehead) と協力して研究を続けた彼は，技巧的で込み入った「階型の理論」(theory of types) を作り上げ，この目標を達成した．いや，少なくとも彼らが満足できる程度には，目標を達成したと言うべきだろう．

ラッセルとホワイトヘッドの3巻からなる大部の労作『数学原理』(*Principia Mathematica*) は，1910-13 年に刊行された．2 という数の定義は，第 1 巻の終わり近くになって，ようやく出てくる．$1+1=2$ という定理は，第 2 巻の 86 ページになって証明される．『数学原理』はそれほどの力作ではあったが，数学の基礎をめぐる論争に終止符を打つことはできなかった．煩雑な「階型の理論」は，論難の的であった．数学者たちは，もっとシンプルで直観的なものを求めていた．

カントルの集合論

数概念の基礎を「かぞえる」ことに求める分析の流れからは，数学の歴史を通じて最も大胆な発見が導かれた．カントル (Georg Cantor) による実無限あるいは超

限数 (transfinite numbers) の導入，そして異なった大きさの無限が存在するという発見である．

さまざまな顔を見せながら現れる無限というものは，数学にとって避けられないものだと思われる．たとえば，最大の自然数というものは存在しない．なぜなら，その数に 1 を足してさらに大きい数を作るという操作は，いくらでも続けることができるからだ．したがって，無限に多くの自然数が存在する．ユークリッドの幾何学は，無限に広がる平面を舞台に展開される．ユークリッドは，無限に多くの素数が存在することも証明した．微積分学の前史に，何人かの人たち，なかんずくアルキメデスは，面積や体積を考える際に図形を限りなく多数の限りなく細く薄い断片に分けて和をとる操作が役立つことを見出した．微積分学の成立後も，最後の証明のところでは違う言い方をするにせよ，アルキメデスらと同じような操作を思い描いて発見法的に面積や体積を考えることは行われてきた．

このように頻繁に現れてくる無限を，哲学的に難しい問題を避けるために，有限のものについてだけ語る言い方に直すこともできる．たとえば，「無限に多くの自然数が存在する」と言うかわりに，「最大の自然数は存在しない」と言うことができる．後者は明からさまに無限について述べることを避けた言い方だが，言っていることは論理的には前者と同じである．基本的に後者のような言い方では，限界のない過程 —— しかし実際には完了することのない過程 —— として無限を考えている．哲学者たちは，こうした扱いをする場合の無限を，仮無限（潜在的無限）と呼んでいる．これに対し，無限を実際の数学的対象として明示的に使う場合は，実無限と呼ばれる．

実無限がパラドキシカルな性質を持つことは，カントルに先立つ数学者たちも気づいていた．ガリレオ・ガリレイの『新科学対話』[訳註2]には，実無限を仮定すると生じるパラドックスが議論されている箇所がある．対話に登場する人物の一人は，自然数の大部分は平方数でないから「平方数よりも自然数のほうが多い」と言っていいのではないか，と問う．別の登場人物は，すべての自然数はそれに対応する平方数を持ち，以下のように，

$$\begin{array}{ccccccc} 1 & 2 & 3 & 4 & 5 & 6 & 7 & \cdots \\ \downarrow & \downarrow & \downarrow & \downarrow & \downarrow & \downarrow & \downarrow \\ 1 & 4 & 9 & 16 & 25 & 36 & 49 & \cdots \end{array}$$

1 対 1 の対応がつくから，多さは同じではないかと応ずる．

カントルは，こうした議論の中で「より多くの」という表現が 2 通りの異なる

[訳註2] 原著では『天文対話』となっていたが，これは単純な勘違いだと思われるので，これに続く関連記述箇所と合わせて訳者の判断で訂正した．

意味で使われていることを認識していた．前者は，平方数全体の集合が，自然数全体の集合の真部分集合になっていることを指摘している．後者は，平方数全体の集合と自然数全体の集合との間に1対1の対応がつく，という事実を指摘している．これらの主張は，それぞれ別々のことを述べているのである．だから，両方とも真であり得るし，そうであったとしても矛盾でも何でもない．

こうした方向で考えを推し進め，カントルは実無限の算法を創案した．彼の無限算法はそれまで逆説だと言われてきたものを解決したが，新しい逆説も生み出した．こうした仕事は，集合論 (Mengenlehre) という包括的な研究プログラムの一部になってゆく．カントル自身は，フーリエ解析をめぐる難問に取り組む中で集合論について考え始めた．だから，集合論のアイデアは，伝統的な数学に起源を持つ．しかし，カントルが発見した結果のいくつかはあまりにも奇異に見えるものであったので，当時の数学者の多くはそれを端から拒絶した．しかし，彼の集合論の真価を理解した数学者たちもいた．特にヒルベルト (David Hilbert) は「カントルが創設した楽園からわれわれを追放することは，誰にもできない」と述べて，カントル集合論の成果を賞賛した．

集合の大きさ

カントルの出発点は，対象物の集まりという素朴な集合の概念であった．集合を特定する方法の一つは，その要素を列挙するやり方で，中括弧の中に要素を並べて記す慣習になっている．たとえば，1から6までの自然数すべての集合は，

$$\{1, 2, 3, 4, 5, 6\}$$

と記述される．もう一つのやり方は，要素が満たすべき条件を記す方法だ．

$$\{n : 1 \leq n \leq 6 \text{ かつ } n \text{ は自然数}\}$$

これら2通りの方法で指定された集合は同じものである．最初の記法は，要素が有限個の集合の場合にしか使えないが，2番目の方法にはそういう制約はない．たとえば，

$$\{n : n \text{ は自然数}\}$$

や

$$\{n : n \text{ は平方数}\}$$

は，ともに無限に多くの要素を含む集合だが，これで正確に指定できている．

まず最初にやってみたいのは，集合の要素をかぞえることだ．これにより，その集合の大きさを調べてみる．たとえば集合 $\{1, 2, 3, 4, 5, 6\}$ は，6つの要素を含む．対応する平方数を集めた集合 $\{1, 4, 9, 16, 25, 36\}$ も，6つの要素を含む．要素の個数は同じだ．

こうした状況について，集合論では，2つの集合の濃度 (cardinality) はともに6だ，という言い方をする．そして，この場合の6は基数 (cardinal number) と呼ばれる（基数の概念は，順番をつけて数えていくときのように順序関係を含む順序数の概念とは区別される）．むろん，自然数全体からなる集合のような場合は，同じ方法ではかぞえることはできないが，カントルは1対1対応のマッチング原理を使えばよいことに気づいた．自然数の全体からなる集合と平方数の全体からなる集合とを比較すると，かつてガリレオが示唆したように，1対1対応をつけることができる．

カントルは，2つの集合の間に1対1対応が存在するとき，これらの集合は等濃度（または対等，equinumerous）であると定義した．有限集合の場合，これは要素の個数が等しいというのと同じことである．無限集合の場合，「要素の個数」を数え終えるのは不可能だが，にもかかわらず等濃度の概念はきちんとした意味を持つ．カントルはさらに進んで，超限基数のシステムを導入し，無限集合の濃度が等級づけられるようにした．このシステムでは，2つの無限集合が同じ超限基数を持つとき，またそのときに限り，等濃度（対等）になることが示される．

新しい種類の数の出発点となる最初の超限基数を，カントルは $\aleph_0$ と表記した．これはヘブライ文字のアレフに添字0を右下に付けたもので，ドイツ語ではアレフ・ヌル (aleph-null)，英語圏ではアレフ・ゼロ (aleph-zero) と読む．この基数は，自然数全体の集合の濃度として定義される．等濃度の集合は同じ基数を持たなければならないから，カントルは自然数全体の集合と1対1対応がつく集合はすべて $\aleph_0$ の基数を持つと主張する．たとえば，偶数全体の集合は，自然数の全体と以下の1対1対応がつくから，基数は $\aleph_0$ である．

$$
\begin{array}{ccccccc}
1 & 2 & 3 & 4 & 5 & 6 & 7 \cdots \\
\downarrow & \downarrow & \downarrow & \downarrow & \downarrow & \downarrow & \downarrow \\
2 & 4 & 6 & 8 & 10 & 12 & 14 \cdots
\end{array}
$$

奇数全体の集合も，基数は $\aleph_0$ である．

$$
\begin{array}{ccccccc}
1 & 2 & 3 & 4 & 5 & 6 & 7 \cdots \\
\downarrow & \downarrow & \downarrow & \downarrow & \downarrow & \downarrow & \downarrow \\
1 & 3 & 5 & 7 & 9 & 11 & 13 \cdots
\end{array}
$$

こうした例から見て取れるように，無限集合の場合は，その真部分集合が元の集合と同じ濃度を持つ場合があり得る．しかし，包含関係での大小と濃度の大小が一致しないということは，カントルの定義した体系の中で論理的に何らの矛盾をも意味しない．カントルは，この不一致は彼の構成に伴う自然な帰結であり，当然支払うべき対価だと考えていた．無限基数のふるまいは有限基数とは違う，という点にだけ気をつけておけばいいのだ．でも，なぜ無限基数は奇妙なふるまいを見せるの

か？ 有限ではないからだ！

　整数全体の集合は，自然数の全体よりも大きい濃度を持つだろうか？ そんなことはない．次のような対応をつけることができるからだ．

$$
\begin{array}{ccccccc}
1 & 2 & 3 & 4 & 5 & 6 & 7 & \cdots \\
\downarrow & \downarrow & \downarrow & \downarrow & \downarrow & \downarrow & \downarrow \\
0 & 1 & -1 & 2 & -2 & 3 & -3 & \cdots
\end{array}
$$

　超限基数の算術も，奇妙な結果を導く．私たちは，偶数全体の集合と奇数全体の集合が，ともに基数 $\aleph_0$ を持つことを見てきた．これら 2 つの集合は共通の要素を持たないから，合併集合の基数は，有限集合からの類推で考えると $\aleph_0 + \aleph_0$ と書いてよさそうだ．しかし，私たちは合併集合——自然数の全体——が基数 $\aleph_0$ を持つことを知っている．すると，

$$\aleph_0 + \aleph_0 = \aleph_0$$

となってしまう．しかし，これでよいのである[訳註3]．何の矛盾も出てこない．忘れてならないのは，両辺を $\aleph_0$ で割って $1 + 1 = 1$ を導くわけにはいかない，という点だ．$\aleph_0$ は自然数ではないのであり，割り算は定義されていないのだ．この算術演算の奇妙さも，進歩が支払うべき対価なのである．

　たいへん素晴らしい！ しかし，この $\aleph_0$ というのは古き良き ∞ という記号を，お洒落な新しい記号で置き換えただけのようにも見える．実質的に新しいことは，まだ何も示されていないではないか．どの無限集合も同じ基数 $\aleph_0$ になってしまうのであれば，古い記号 ∞ だけで間に合わせるほうが，よほどいい！

　$\aleph_0$ よりも大きい基数となりそうな集合の候補としては，有理数の全体 Q が考えられる．整数と次の整数との間隙には，つねに無数の有理数が点在している．整数の全体と自然数の全体を 1 対 1 に対応させるときに使ったようなトリックは，もう使えないのではないか？

　ところが，カントルは 1873 年に，この有理数の全体 Q も自然数全体と同じ基数 $\aleph_0$ を持つことを証明してしまった．順序関係はずたずたになってしまうが，確かに完全な 1 対 1 対応をつけることができる．すべての無限集合の基数が $\aleph_0$ になってしまうのだろうか？

　しかし，同じ年にカントルは画期的な達成を成し遂げた．彼は，実数全体からなる集合は基数 $\aleph_0$ を持たないことを証明した．驚くべき定理は，翌年に論文として発表された．この結果により，カントルの言う濃度の意味でも，実数の集合が自然数の集合よりも大きい，実数のほうが自然数よりも「たくさん」あることが明らか

[訳註3] 定義そのものは省略されているが，超限基数の和・積・ベキの演算が，論理整合的に定義できる，という意味である．これらの定義は，集合論の教科書にたいてい載っている．

になった．ある無限集合が別の無限集合よりもサイズが大きいという場合が，確かに存在するのである．

では，実数全体の集合は，どのぐらい大きいのだろうか？ カントルは，実数の集合が基数 $\aleph_1$ —— $\aleph_0$ の次に大きい基数 —— であってほしいと思った．しかし，彼はそのことを証明できなかったので，この新しい連続体の基数を，cと名付けた．そして，彼が成り立ってほしいと思った方程式 $c = \aleph_1$ を，連続体仮説と呼んだ．

ようやく基数 c と $\aleph_1$ の関係が明らかになったのは，1960年になってコーヘン (Paul Cohen) が連続体仮説の問題に解決を与えたときである．コーヘンは，連続体仮説は，標準的な集合論の公理系の一つ (ZFC) とは独立であることを示した．これは，この集合論の公理系に，「連続体仮説が成り立つ」という命題を公理として付け加えても，「連続体仮説は成り立たない」という命題を公理として付け加えても矛盾を生じない，ということを言っている．別の言い方をすると，標準的な集合論の公理系からは，連続体仮説が「成り立つ」とも「成り立たない」とも証明できないということになる．

連続体仮説の真偽については，どちらを公理として選ぶかという話になってしまうのだが，カントルはこれに付随して $c = 2^{\aleph_0}$ という式を証明しており，こちらは問題なく正しい．任意の基数 A に対して，私たちは 2^A を元の集合の部分集合全体の基数として定義できる．そして，2^A がつねに A よりも大きいことを，私たちは容易に証明できる．このことから，ある一つの無限基数が別の無限基数より大きいだけではないことがわかる．順に，いくらでも大きい無限基数を作ることができる．だから，最大の無限基数というものは存在しない．

矛盾

数学の基礎づけにおいて最もたいへんな作業は，数学的概念の存在を証明することではなかった．数学が論理的に整合的であることを証明することだった．なぜなら，数学者たちの誰もが知っているように，一箇所にだけでも矛盾が隠れていると，すべての論理のステップを正しく進めても，とんでもなく馬鹿げた結論に導かれてしまうからだ．

些細な矛盾だったら，被害は限定的で済みそうに思われるかも知れない．日常世界なら，ちょっとした矛盾を犯しても大したことにならず済むことが多い．ある瞬間は地球温暖化の危機を訴え，別の機会には低コスト航空路線は偉大な発明だから拡大すべきだと言っているような人がいる[訳註4]．日常の会話は，論理規則だけで遂行されるわけではないから，多少矛盾したことを言っていても大したことにはな

[訳註4] ちょっとピンとこない例だが，低コスト航空路線が地球温暖化に寄与することを言っているものと思われる．

らないのだ．しかし，数学の世界だとそうはゆかない．もし $1 = 0$ が証明されたりしたら，極度にたちの悪いことが起こる．たとえば，すべての数が等しいことが証明できてしまう．任意の数 x を $1 = 0$ の両辺に掛ければ，$x = 0$．同様に y を両辺に掛けて，$y = 0$．だから，任意の 2 数 x と y について，$x = y$ が証明できてしまうのである．

じつは，もっとひどいことが導かれる．背理法という標準的な数学の証明法を使うと，もし $1 = 0$ が証明されたりすると，どんな命題も証明できてしまうのだ．たとえば，フェルマーの最終定理を証明してみよう．

仮に，フェルマーの最終定理が偽だと仮定する．
$1 = 0$ が証明された．
ここから矛盾が導かれる[訳註5]．
ゆえに，最初の仮定が正しいことは，あり得ない．
よって，フェルマーの最終定理は真である（証明終わり）．

困ったことに，同じ証明法が，フェルマーの最終定理の否定を証明するのにも使える．

仮に，フェルマーの最終定理が真だと仮定する．
$1 = 0$ が証明された．
ここから矛盾が導かれる．
ゆえに，最初の仮定が正しいことは，あり得ない．
よって，フェルマーの最終定理は偽である（証明終わり）．

すべての命題が真でかつ偽であるということは，意味のあることは何も言えないというのに等しい．矛盾が一つでも含まれる体系は，そこで展開される数学をすべて無内容な馬鹿げたゲームへと崩壊させてしまうのである．

ヒルベルトの企て

数学の基礎づけに向けての次の大きなステップは，たぶん当時最大の数学者と言っていいヒルベルト (David Hilbert) によって推進される．ヒルベルトは，ある数学分野での研究を 10 年ほど続けては成果をまとめて公表し，次に別の分野に移ってゆくのを習わしとしていた．彼は，数学を適切に構成すれば，そこからは決して論理的矛盾が導かれないと証明することが可能に違いない，と確信した．ヒルベルトは，そんな企てにとって，物理的直観は役に立たないだろうことも認識していた．

もしも数学体系が矛盾を含んでいたら，$1 = 0$ のような命題も証明できるはずだ．

[訳註5] ていねいな読者に向けての蛇足を付け加えておくと，$1 = 0$ それ自身は矛盾とは言えない．しかし，通常の数学では $1 \neq 0$ が仮定されているので，「1 は 0 と等しい」と，その否定「1 は 0 と等しくない」とが互いに矛盾する命題として導かれる．

ヒルベルト
David Hilbert 1862-1943

ヒルベルトは，1885 年にケーニヒスベルク大学を卒業，不変式論で学位をとった．1895 年にゲッチンゲン大学の教授職を得るまではスタッフとして母校に残り，不変式論の研究を続けた．1888 年には，有限基底定理を証明する．彼の方法は当時の主流の代数学のやり方よりも抽象的で，この分野で指導的位置にいたゴルダン (Paul Gordan) はヒルベルトの証明法に満足できなかった．そこで彼は証明を改訂し，学術誌アナーレン (Annalen) に投稿し，掲載された．クラインは，これを「この学術誌で発表された一般代数学の論文としては，創刊以来で最も重要なものだ」と評した．

1893 年にヒルベルトは，数論についての包括的レポート (Zahlbericht) を執筆する作業を開始する．この仕事は，数論分野で当時知られている内容を要約する目的のものだったが，ヒルベルトは独自の成果をたくさん盛り込み，私たちが現在「類体論」と呼んでいるものの基礎を与えるものとなった．

1899 年までに彼は再び研究分野を変え，ユークリッド幾何学を公理論的に再構成する仕事を行った．1900 年にパリで開催された第 2 回国際数学者会議で有名な 23 の数学で未解決の重要問題のリストを発表する．これらは「ヒルベルトの問題」と呼ばれ，その後の数学研究の方向に大きな影響を与えた．

1909 年ころに，彼は積分方程式の研究から現在ヒルベルト空間として知られているものを定式化し，その後の量子力学の数学的基礎を用意した．彼はまた，アインシュタインが 1915 年に発見した一般相対論の方程式にごく近い結果も得ていた．そして，証明の脚注に「この結果はアインシュタインの方程式と符合する」と記した．これは，一部に彼がアインシュタインに先んじていたとの誤った印象さえ与えることともなった．

1930 年にゲッチンゲン大学を退官したとき，彼はケーニヒスベルクから名誉市民の称号を与えられた．称号の受諾を語るスピーチは，「われわれは知らねばならない．そして知ることであろう」という言葉で結ばれていた．数学の力への信頼と，どんな難しい問題でも解き明かそうとする彼の決意を，見事に要約している．

では，その物理的解釈は，どうなるだろうか．1 匹の牛 = 0 匹の牛となって，牛が煙のように消えしまう，といったことになろう．確かに，ありそうにない状況だ．しかし，自然数の数理が牛の物理と本当に対応しているという保証はない．そして，牛が突然ぱっと煙のように消えるという状況も，全く想像できないというものではない（量子力学で考えると，きわめて確率は低いが起こり得る状況かもしれない）．それに，この宇宙には限られた頭数の牛しか存在できないだろう．しかし，自然数

数理論理学はどのように使われてきたか

ルイス・キャロル (Lewis Carroll) のペンネームのほうがよく知られている数学者チャールズ・ドジソン (Charles Lutwidge Dodgson) は，数理論理学のうち命題論理と現在呼ばれている分野で論理パズルを作り，謎解きと解説をしている．1896年に刊行された彼の『記号論理』にある典型的な例は，こんな感じのものだ．

- ベートーベンの音楽がわかる者はみな，月光ソナタが演奏されている間，沈黙を守って聴いていることができる．
- モルモットは，救いようもなく音楽がわからない．
- 音楽がわからない者はみな，月光ソナタが演奏されている間も沈黙を守っていることができない．

ここからは，「モルモットはみな，ベートーベンの音楽がわからない」を結論として著者は演繹している．この形の論理的推論は三段論法と呼ばれるもので，古代ギリシャにまで遡る．

には上限はない．物理的直観は誤りに導かれやすいものなので，こうした目的では無視したほうがいい．

　ヒルベルトは，ユークリッド幾何学の公理論的基礎を研究した仕事を通じて，こうした立場に到達した．彼は，ユークリッド自身の公理系には論理的欠陥があることを見つけ，そうした欠陥はユークリッドが視覚的直観に誤って導かれた場合に生まれたものであることを知った．直線が細く長いものであり，円は丸く点は小さなドットである，といった視覚的イメージだけから導かれた性質を，ユークリッドは公理的に明示することなしに不用意に使っている場合があった．何度かの試みののちに，ヒルベルトは21の公理を選び出し，それらのユークリッド幾何学における役割を1899年の『幾何学の基礎』(*Grundlagen der Geometrie*) の中で論じた．

　ヒルベルトは，論理的な演繹は，その内容的な解釈からは独立に確実に実行できるものでなければならない，という立場を堅持した．公理系の特定の解釈に依存し，他の解釈のもとでは維持できないような推論は，論理的な誤りを含んでいると考えた．幾何学という特別な分野への適用に限定せず，この公理主義の立場を数学全体に推進しようとしたことで，ヒルベルトは数学基礎論に大きな影響をもたらした．じつは，同じ見方が数学の内容にも大きな影響を与えたと言うべきだろう．新しい数学的概念が，それに対する公理群を列挙するだけで定式化できるようになり，数学的対象をより容易にかつ立派な姿で創案できるようになった．20世紀数学の抽象化のかなりの部分が，ヒルベルトのこうした立場に根ざして開花したと見ること

> 幾何学の基礎で成功を
> おさめたあと，ヒルベルトは
> はるかに野心的な
> プロジェクトに目を向けた．

もできよう．

しばしば，ヒルベルトは数学は意味を持たない記号を操作するゲームだという見方を信奉していたと言われることがあるが，これは彼の立場を過度に誇張した誤解だ．彼の立場は，数学の主題を堅固な論理の土台に乗せようとしたら，その検証作業は意味のない記号のゲームを行うようにして遂行しなければならない，というものだ．その際に，論理の構造以外のものは無関係なのだから．しかし，ヒルベルトの数々の数学的発見や各テーマへの献身ぶりをよく知っている人は誰も，彼が数学を無意味な記号のゲームだと思っていたなどという見解をまともに受け取ることは，まずありえない．

幾何学の基礎で成功をおさめたあと，ヒルベルトはすべての数学を健全な論理的基盤の上に乗せるという，はるかに野心的なプロジェクトに目を向けた．彼は，それまでの数理論理学者たちの達成の上に立って，数学の基礎の問題を一度に完全に解決するための計画を明確な形で示した．数学の無矛盾性を証明することが可能だと考えていただけではなく，彼はすべての数学の問題が原理的には解ける —— すべての数学的命題は証明可能か，その否定が証明可能だ —— と信じていた．それまでの数学的成功もあって，彼は正しい方向を目指していると確信していたし，それが成功するのはそう遠い日のことではないと信じていた．

ゲーデル

しかし，数学の論理整合性を証明するというヒルベルトの提案に，納得していない一人の論理学者がいた．ゲーデル (Kurt Gödel) という名の人物である．そして，ヒルベルトの計画に彼が抱いた懸念は，数学的真理についての私たちの見方を永久に変えてしまった．

ゲーデル以前，数学で主張されていることは単純に真だと考えられていた．そして，最も高度な種類の真理だと思われていた．$2+2=4$ のような命題の正しさは，物理世界からは独立な，純粋な思考の領域で明証されるものだからである．数学的真理は，のちの実験結果によって反証されるようなものではないから，物理法則の正しさよりも高級なのであった．ニュートンによる重力の逆2乗則は，太陽近傍での水星運動の観測結果から却けられ，アインシュタインの新しい重力理論が支持されるようになった．

ゲーデル以後，このような素朴な数学の真理への信念には，思い違いが含まれて

ゲーデル

Kurt Gödel 1906-78

1923年にゲーデルがウィーン大学に入学したとき，彼はまだ数学と物理のどちらを専攻するべきか，決めかねていた．ゲーデルの選択に影響を与えたのは，重い身体障害を持った数学者フルトヴェングラー (Philipp Furtwängler, 有名な指揮者のまたいとこ) の講義であった．ゲーデルも身体的に病弱であったので，障害に打ち克って講義するフルトヴェングラーの姿は，強烈な印象を与えた．ゲーデルは，シュリック (Moritz Schlick) が主宰するセミナーに参加したとき，ラッセルの『数理哲学序説』(*Introduction to Mathematical Philosophy*) に触れ，自分の進むべき途が数理論理学であることを確信した．

1929年にゲーデルは博士論文で「完全性定理」を証明した．これは，1階の述語論理が完全 ── 論理的に真（妥当）な論理式は必ず証明可能 ── であることを証明したものであった．彼を有名にした「ゲーデルの不完全性定理」のほうは，1931年に「プリンキピア・マテマティカおよび関連する体系における形式的に決定できない命題について I」(*Über formal unentscheidbare Sätze der Principia Mathematica und verwandter Systeme I*) と題する論文として発表された．この中でゲーデルは，数学体系を展開できる程度に豊かな（算術の公理を含む）公理系は，つねに体系内で真偽を証明できない論理式を含むことを証明した．1931年に彼は，この論文について議論するため，論理学者のツェルメロ (Ernst Zermelo) と会ったが，ひどい結果に終わった．苦い会合に終わったのは，ツェルメロも同様のことを発見していたのに，公表の機会を逃したためかも知れない．

1936年になると，ウィーンの論理実証主義サークルの指導者シュリックが，狂信的なナチ同調者の学生に暗殺され，ゲーデル自身は神経衰弱で倒れる（2度目）．精神状態が回復したあと，彼はプリンストンを訪問した．

1938年に彼は，母親の意思に逆らって，アデーレ・ポルケルトという女性と結婚した．その直後に，オーストリアはドイツに併合された．第二次世界大戦が勃発すると，ドイツ軍に招集されることを恐れたゲーデルは，妻とともにソヴィエト・ロシアと日本を経由して米国に渡った．1940年に彼は，もう一つの画期的な業績を挙げる．カントルの連続体仮説が通常の数学の公理系（ZFやZFC）と整合的（連続体仮説の否定はこれらの公理系からは証明不可能）であることを，ゲーデルは証明した．

1948年に彼は米国の市民権を取得し，終生プリンストンで過ごした．晩年は次第に心身を害し，ついには誰かが食事に毒を入れようとしているという被害妄想に取り憑かれるに至った．食事を拒否するようになり，収容された病院で亡くなった．生涯の終わりに至るまで，彼は来客と哲学の議論をするのが大好きであった．

> **ゲーデル以後,このような素朴な数学の真理への信念には,思い違いが含まれているということになった.**

いるということになった.それまで数学の証明には,完全無欠な論理が内在していると思われていたが,基礎的な数学を含む広範な文脈において,そのような保証は存在しないことが明らかになった.ゲーデルはたんにこうしたことを言っただけではなく,証明したのだった.ゲーデルは2つのことを明らかにし,これらはヒルベルトが注意深くかつ楽観的に推進しようとしたプログラムを,完全に破綻させる結果をもたらした.

ゲーデルは,もし数学理論の体系が論理的に矛盾を含まない(無矛盾)のであれば,その体系の中で無矛盾性を証明することは不可能であることを証明した.彼が無矛盾性の証明を見つけられなかった,という意味ではない.その体系の中には無矛盾性の証明は存在できない,という事実をゲーデルは証明したのだ.驚くべき彼の証明法により,そのような無矛盾性の証明が仮にその体系内で得られたとしたら,そこから直ちにその否定も証明できることが導かれてしまうのだ.

彼はまた数学理論の体系内には,証明もできないし,その否定も証明できないような命題が,必ず含まれていることも証明した.これもまた,彼がある命題について証明を見つけられず命題の否定も証明できなかった,という意味ではない.その命題が正しいか正しくないかを決定する証明が,端的に存在しないのである.こうした命題は,決定不能命題と呼ばれる.

ゲーデルは,当初これらの結果を,ラッセルとホワイトヘッドが『数学原理』(*Principia Mathematica*)で示したような,特定の論理形式の数学体系を前提に証明した.ヒルベルトは,別の形式体系を基礎にすれば逃げ道があるかもしれない,という淡い期待を抱いた.まもなく,ゲーデルの証明を点検した論理学者たちは,その期待を却けた.算術演算ができる程度に強力な数学を形式化した論理体系はすべて,ゲーデルが最初に証明した結果を導くことが明らかになった.

ゲーデルの発見から導かれる興味深い帰結は,どんな数学の公理系を用意しても,その公理系は必ず不完全だということである.私たちは,その体系内の任意の命題の真偽を必ず証明によって決定できるような,有限個の公理のリストを用意することは決してできないのだ.ここには逃げ道はない.ヒルベルトの計画は,うまくゆかないのである.ヒルベルトは,ゲーデルの結果を最初に聞いたとき,激しい怒りにかられたと言われている.彼の怒りは,自分自身に向けられたものかも知れない.なぜなら,ゲーデルの証明の流れはきわめて単刀直入なものであり,ヒルベルトは

自分でこの結果を予見できていたはずだと思ったに違いないからだ．
　ラッセルは，論理的パラドックスを示すことにより，フレーゲの労作を葬り去った．ここでは，自分で髭を剃らない人の髭を剃る床屋，自分自身を含まない集合の全体を考えると，論理的パラドックスに導かれた．ゲーデルも，別種の論理的パラドックスを示すことによって，ヒルベルトの計画を葬り去ったと言えるかも知れない．こちらのパラドックスは，「この言明は嘘である」といった種類の自己言及的パラドックスである．なぜなら，ゲーデルが証明に使った決定不能命題 T は，「この論理式は体系内で証明できない」という内容的な意味を表しているからだ．
　この命題 T が体系内で証明されても，その否定 $\neg T$ が体系内で証明されても，ともに矛盾に導かれる．仮に命題 T が証明できるとしてみよう．「T は証明できない」という内容を意味する論理式が証明できることになり，「T が証明できる」という仮定との矛盾に導かれる．一方，命題 $\neg T$ が証明できると仮定してみよう．T の否定つまり「T は証明できる」という内容を意味する論理式が証明されることになり，$\neg T$ と T の両方が導かれてしまう[訳註6]．この命題は証明もできず，その否定も証明できないのである．

私たちはどこへきたのか？

　ゲーデルの定理は，数学の論理的基盤についての私たちの見方を根本的に変えた．いま未解決の数学の問題に，いつか正解が見つかるという保証はない．ある仮説なり予想が，真だとも偽だとも証明できない問題だったと判明するかもしれない．そして，多くの興味深い問題が，じつは決定不可能なことが証明されてもいる．
　しかし，ゲーデルの結果が数学の基礎以外の実際的な数学の現場に与えている影響は，かなり限定的だと言うべきだろう．なんだかんだと言っても，ポアンカレ予想とかリーマン予想などに関わっている数学者たちは，その証明かその否定の証明を目指す努力にほとんどの時間を費やしているのである．彼らは，もちろん問題が決定不可能かも知れないことを承知しているし，決定不可能性の証明を探すべき場合があることも知っている．ただ，決定不可能だとわかった問題の多くは自己言及性の感じを伴っているし，そういうものを内在し

> **ゲーデルの定理は，数学の論理的基盤についての私たちの見方を根本的に変えた．**

[訳註6]　ここの説明はかなりショート・カットで，形式的な証明のレベルと内容的な真偽のレベルとの区別はあまり明示的にせずに済ませてある．ゲーデルの証明をより正確に理解したい人は，以下のような書物を読まれるといい．ゲーデル『不完全性定理』（林晋・八杉満利子　訳・解説），前原昭二『数学基礎論入門』（朝倉書店），広瀬健・横田一正『ゲーデルの世界 ― 完全性定理と不完全性定理』（海鳴社）など．

数理論理学は現在どのように使われているか

ゲーデルの不完全性定理の別表現とも言える定理が，チューリング (Alan Turing) によって発見されている．計算可能性についての分析を進めて，決定問題 (Entscheidungsproblem) への応用を図った 1936 年の論文「計算可能な数について」(On Computable Numbers) の中で示された定理である．チューリングは，決められた手続き（アルゴリズム）に従って遂行される計算という概念を，理想モデル計算機 —— 現在チューリング機械と呼ばれているもの —— を考えることで定式化した．チューリング機械は，テープ上の文字の読み取り書き込みとテープの移動とを一定の規則に従って行う装置を，無限長テープと一緒に考えて，数学的にモデル化したものである．チューリングは，任意のプログラムとデータを与えたときに，有限ステップで計算が終了するか否かという問題を考え，この「停止問題」が決定不能であることを証明した．任意の与えられた計算プログラムが停止するか否かを，あらかじめ判定できるようなアルゴリズムは存在しないのである．

チューリングは，仮にそのような判定アルゴリズムが存在すると仮定すると，その判定を実行するチューリング機械が作れ，その動作を少し変更することで矛盾が導かれることを示した．停止するプログラムを入力したときは計算機が停止せず，停止しないプログラムを入力したら計算機が停止するようなものを構成できてしまう．このように構成された計算機が実行するプログラムを，データとして自分自身に入力することを考えてみよう．この計算機の動作は停止するだろうか？ 停止しないであろうか？ どちらと考えても，矛盾に導かれるのは明らかである．こうした計算機は構成できないのである．

このチューリングの結果は，計算可能な範囲には限界があることを示している．哲学者たちの中には，これが合理的な思考の限界を決めるものだと考えたり，自己意識を持つ心の働きはアルゴリズム的なものではないことを示唆するものだと考える人たちもいる．とはいえ，これは簡単に決着がつくような議論ではあるまい．人間の脳が現代のコンピュータと同じように動作するといった考え方が，あまりにも素朴に過ぎるという点では説得力はあるが，コンピュータが人間の脳を模倣できないという結論までは含意していないのではないだろうか．

ていないような問題だと，決定不可能性の証明はどのみち無理なのである．

数学という建物の上部に次々と込み入った理論が建て増されていくにつれて，全体の構造を支える基礎は十分なのかという問いかけが始まった．点検作業は，数の本性をたずねるところから始まり，複素数から実数，実数から有理数，整数そして自然数へと遡っていった．しかし，プロセスはそこでは止まらず，数の体系をさらに単純な素材すなわち集合を元にして解釈し直す試みが開始された．

集合論は，数学に大きな進歩をもたらした．正統的ではなかったが，ちゃんとした意味のある超限数の体系が生み出された．その一方で，集合の概念をめぐっては

深刻なパラドックスも発見された．この危機を，ヒルベルトは数学を公理論的に組み立てて無矛盾性を証明することで，一挙に解決する計画を提案したが，その希望はかなわなかった．逆に，数学の論理には根本的な限界があることが証明された．そして，数学的な命題のうちには決定不可能なものも存在することがわかった．結果として，私たちの数学的真理と確実性についての理解は，深く変化することとなった．しかし，自分たちの限界を自覚できたというのは，愚者の楽園に安住しているより，ずっとよいことであるに違いない．

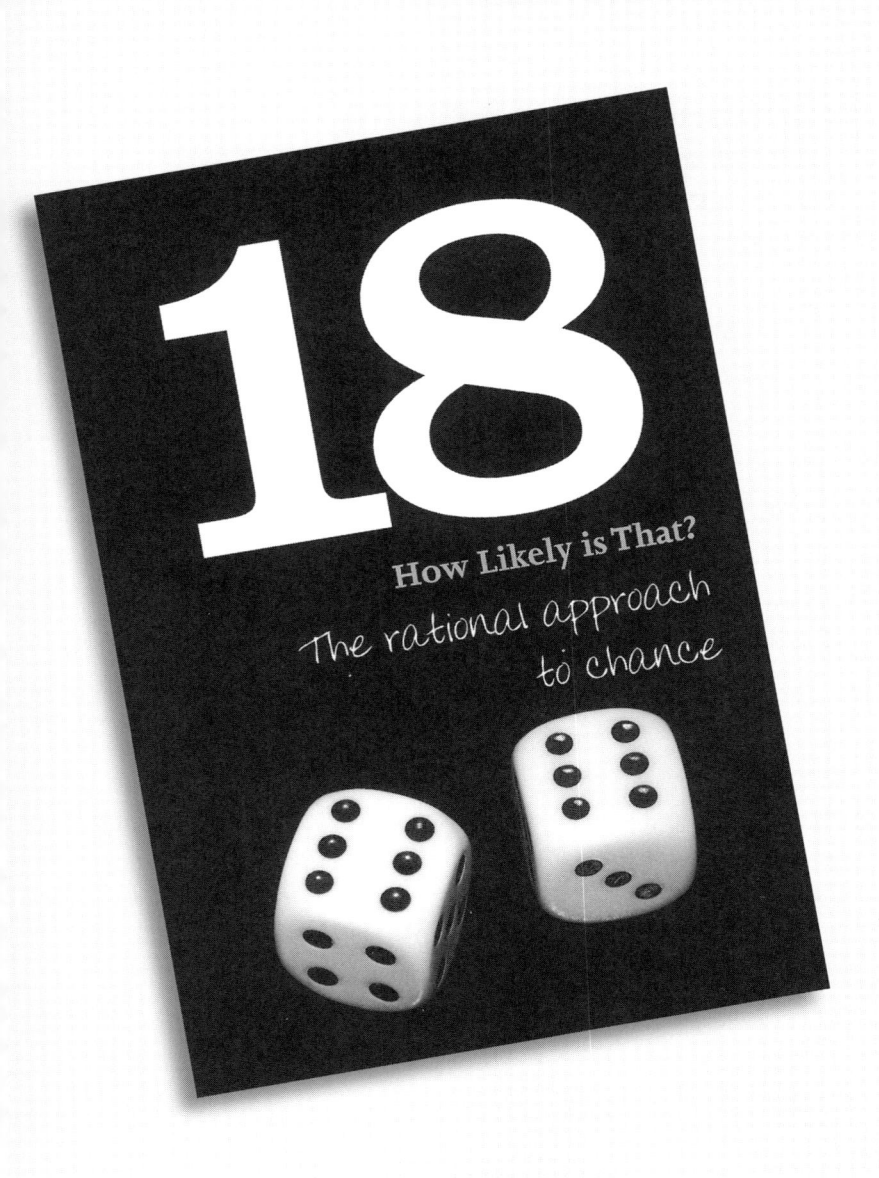

18

How Likely is That?
The rational approach to chance

第 **18** 章
どのくらい確かなの？
偶然性の合理的な扱い方

20世紀から21世紀にかけての数学の発展は爆発的なものだった．過去100年間に新しく発見された数学的知識が，それ以前の全人類史で発見された数学的知識を上回る．これらの発見を簡単にスケッチするだけでも，数千ページになってしまう．ここでは，膨大な材料からほんの少しのテーマを取り出して眺める以上のことはできないが，ご諒解お願いしたい．

特に新しい数学の分野として確率論を取り上げないわけにはゆかないだろう．これはランダムに起こる出来事について，どの程度起こる可能性があるかを研究する学問だ．不確定性を数学的に扱う理論だと言ってもいい．確率を考える初期の試みは，ギャンブルの賭け率を組合せ計算で求めたり，誤差が伴う天体観測データからできるだけ正確な情報を見出そうとしたり，断片的に表面を引っ掻いているような感じがあった．確率論がそれ自体で独自の数学分野としての地位を確立したのは，ようやく20世紀初期になってのことである．

確率と統計

現在では，確率論は数学の重要な一分野となっており，その応用とも言える統計学は私たちの日常生活に大きな影響を与えている．おそらく，数学の他のどんな分野よりも，統計学の実用的な影響力は大きいだろう．統計学は，医学における大切な分析手法の一つとなっている．どんな新薬も，臨床試験で十分な安全性と効果が確かめられるまでは，薬局で市販されたり病院で治療に使われることはない．ここでの「安全性」とは，相対的な概念である．ある治療法の安全性は，それなしには命が助からないような重症患者に適用される場合と，ずっと軽い病状の患者に適用される場合とでは，基準が違ってくる．

確率論はまた，一般の人々に最もよく誤解され，世の中で悪用・誤用されることの多い数学分野でもある．しかし，適切かつ明瞭に使われさえすれば，確率と統計は人類の福祉に大きく貢献できるし，実際に貢献しているのである．

偶然性のゲーム

蓋然性（がいぜんせい）に関わるいくつかの問いは，古代に遡（さかのぼ）る．中世になると，2つのサイコロを振ったときに，どの数の目がどれくらい出やすいかといった議論も見出される．手始めに，こうした議論の流れを，サイコロ一つの場合について見てみよう．まず，サイコロは公正なもので出る目に偏りはない —— じつはこれは明確に理解するのが思いのほか難しい概念であることが判明するのだが —— と仮定しよう．1, 2, 3,

4, 5, 6 それぞれの目は，サイコロをたくさん振った場合，同程度の頻度で出る．振った回数が少ない場合は，同等の頻度で目が出るということには必ずしもならない．これはサイコロを1回だけ振った場合を考えてみれば，すぐわかる．結果は，どれか特定の目が一つだけ出て（頻度100％），他の目は出ないからだ．サイコロを6回振った場合でも，6種類の目が均等に1回ずつ出ることは，実際にはむしろ稀にしか起こらない．にもかかわらず，繰り返し繰り返し，長い時間かけて非常に多数の回数サイコロを振り続けたら，どの目もだいたい6回に1回の頻度で――1/6の確からしさで――出ると予想できる．もしそうならなかったら，サイコロはいかさま，ないし偏りがあるということになる．

起こりやすさを見積もろうとしている出来事（事象）の確率が1であるとは，それが必ず起こることを，その確率が0であるとは，起こるのは不可能だということを意味する．任意の事象について，その確率は（確率が与えられる限り）0から1の範囲の値をとる．この確率は，問題にしている出来事が，何回も何回も試行したときに生起する割合（頻度）を表す．

中世に議論された問題に戻ろう．サイコロ2つを同時に振って行うゲーム（クラップス[訳註1] から商標登録されているモノポリーまで）をやっているとしよう．2つのサイコロで出た数の合計が5になる確率は，どれだけか？ いろんな議論が起き，実験も行われた結果，最終の結論は1/9ということになっている．なぜか？ 2つのサイコロが区別できる状況で考えたほうがわかりやすいので，片方が青，もう一方は赤に塗ってあると仮定しよう．それぞれのサイコロは独立に6種類の目のいずれかを出すと考えてよいから，両者の組合せは合計36通りで，どの数字のペアも同程度に出やすいと考えられる．合計が5になる数字の組合せ（青＋赤）は，1＋4，2＋3，3＋2，4＋1 の4通りだ（サイコロを青と赤の色で区別していることに注意）．全部で36通りの場合のうち，出た目の合計が5になるのは4通りだから，たくさん繰り返したとき当該の結果となる確率は 4/36 ＝ 1/9 となる．

もう一つの古くからある問題は，偶然性のゲームが何らかの理由で中途で打ち切りになってしまった場合，賭け金をどう分けたらいいか，というものだ．パチョーリ (Pacioli)，カルダーノ (Cardano)，タルタリア (Tartaglia) といったルネサンス期の代数学者たちが，この問題について論じている．17世紀に入って，通称メレの騎士 (Chevalier de Méré)[訳註2] が同様の問題をパスカル (Blaise Pascal) に質問したと

[訳註1] カジノなどで行われる，2個のサイコロを振って進めるゲーム．プレイヤーは，ディーラーと勝負する．最初に7か11が出たらプレイヤーの勝ち，2，3，12が出たら負けとなる．それ以外ならばプレイヤーはサイコロを投げ続け，初回と同じ数が出たら勝ち，7が出たら負けとなる．

[訳註2] 本名 Antoine Gombaud で，貴族だというのは詐称であるが，シュバリエ・ド・メレで通っていた．いくつかの著書のある教養人で，メルセンヌ神父を中心とする哲学者・数学者たちのサークルとも知遇を得ていた．

いう話は有名である．パスカルは，この問題についてフェルマー (Pierre de Fermat) と何通か手紙をやりとりしている．

こうした初期の試みから，確率をどのように考え，計算したらいいかについて，ある程度の理解が生まれてきた．しかし，明確な理解というにはほど遠い，曖昧な知識にとどまっていた．

組合せ計算法

ある出来事が起こる確率を実効的に求めるには，その出来事が生じるには何通りの場合があるかを数えて，すべての起こりうる出来事に対する割合を計算するという素朴な方法がある．たとえば，サイコロを転がす場合，6つの面のどれが上を向くかは同等に確からしいと考えれば，この方法が使える．等確率の6つの場合のうち一つの場合が起こるのだから，どの目が出る確率も 1/6 である．初期の確率計算の多くは，ある事象が起こる場合の数を，任意の出来事に対して考えられる場合の数で割るという方法にもとづいていた．ここでは，組合せ算法が計算の基本になる．たとえば，6枚で1組になったカードが与えられたとしよう．ここから4枚のカードを抜き出す方法は，全部で何通りあるだろうか？ 最も素朴なやり方は，4枚のカードからなる組合せを全部リストアップする方法だ．各カードには，1–6の数字のいずれかが印刷されているとしよう．カード4枚の組合せは，

$$
\begin{array}{ccccc}
1234 & 1235 & 1236 & 1245 & 1246 \\
1256 & 1345 & 1346 & 1356 & 1456 \\
2345 & 2346 & 2356 & 2456 & 3456
\end{array}
$$

の15通りであることが確認できる．ただし，この方法はカードの枚数が増えてくると，途方もなく面倒なことになり，実用的ではない．もっと系統的な方法が必要だ．

1枚ずつカードを選んで，4枚揃うまで順番に並べてゆく方法を考えてみよう．最初の1枚目のカードを選ぶ方法は，6通りある．次のカードを選ぶ方法は，残りのカードが5種類だから，5通りある．3枚目のカードを選ぶ方法は4通り，4枚目のカードを選ぶ方法は3通りだ．だから順序をつけて4枚のカードを選び出す方法は，全部で $6 \times 5 \times 4 \times 3 = 360$ 通りとなる．このやり方だと，1234と1243，2134のように集まりとしては同じものがダブって数えられてしまうが，どの組合せについても重複してカウントされる回数は24回ずつだ．4枚のカードを何通りの順序で並べられるかという問題だから，$4 \times 3 \times 2 \times 1 = 24$ 通りになる

のである．したがって正しい答えは 360/24 で，最初の方法と同じ 15 通りになる．

後者の方法のいい点は一般化ができることである．一般に，n 個のもののうち m 個を選び出す方法は，上に述べた考え方を用いれば全部で，

$$\binom{n}{m} = \frac{n(n-1)\cdots(n-m+1)}{1 \times 2 \times 3 \times \cdots \times m}$$

通りあることが容易にわかる．この表現は，2 項係数と呼ばれている．2 項からなる因子をベキ乗した式を展開する代数計算をしたときに，係数として出てくるからだ．2 項係数を三角形状の表に並べて，上から $n+1$ 番目の行には，

$$\binom{n}{0}, \binom{n}{1}, \binom{n}{2}, \cdots \binom{n}{n}$$

の各項が横に並ぶようにすることができる．たとえば，下の図のような具合だ．

7 行目を見ると，1, 6, 15, 20, 15, 6, 1, という各項が並んでいる．これを次の式の展開，

$$(x+1)^6 = x^6 + 6x^5 + 15x^4 + 20x^3 + 15x^2 + 6x + 1$$

と比べてみよう．代数計算の展開式で各次数の項の係数として出てくるのが，全く同じ数の並びになっていることがわかる．これは，偶然ではない．

右図のような数の並びは，パスカルの三角形と呼ばれている．1653 年にパスカルがこれを論じたことに因む呼称だが，実際にはずっと以前から知られていた．『チャンダス・シャーストラ』(*Chandas Shastra*) という聖典に対して 950 年ころにインドで書かれた注釈書の中で，すでにパスカルの三角形と同じものが出てくる．ペルシャの数学者アル - カラジ (al-Karaji) やオマル・ハイヤーム (Omar Khayyám) もこれを知っていた[訳註3]．現代のイランでは，これは「ハイヤームの三角形」と呼ばれている．

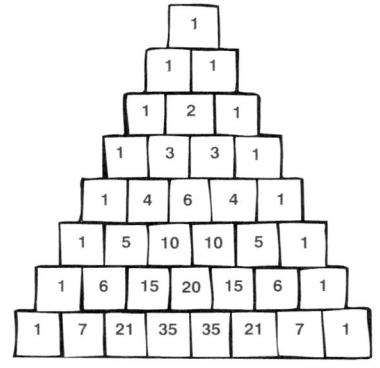

パスカルの三角形

[訳註3] 彼らが活動したのは，10 世紀末から 12 世紀初頭あたりである．

確率の理論

 2項係数の考え方は，ヤコブ・ベルヌーイ (Jakob Bernoulli) によって1713年に著された確率論の最初の書物といえる『推測の技法』(Ars Conjectandi)[訳註4]の中でも，効果的に用いられた．この少し変わった書名の含意は，次のように説明されている．

 「本書で，推量の技法あるいは偶然量を扱う技法と呼ぶのは，次のような方法論を指す．すなわち，ものごとが起こる確率を可能な限り正確に評価し，われわれの行動選択の判断がつねに最善で最適で最も確実で推奨できるものとなるように，判断の基盤を与えるように活用するための技法である．これこそは，哲学者の知恵や宰相の慎重な判断が求めてきた目的にかなう唯一のものである」．

 書名を意訳して『当て推量の技法』としたほうが，わかりやすいかもしれない．

 ベルヌーイは，試行の数を増やせば増やすほど，確率の見積りが正確なものになってゆくことを，自明の前提とみなしていた．

 「3000個の白い小石と2000個の黒い小石が壺に入っているとしよう．この知識は持たずに，壺から小石を一つずつ試しに抜き出しては元に戻すことを繰り返し，その結果をもとに白と黒の小石が何個入っているかの判断を試みる状況を考えよう．あなたは，白石がどれくらいの頻度で，また黒石はどれくらいの頻度で出てくるかを，観察しようとするはずだ．この抜き出し調査の試行は，十回，百回あるいは千回と続けることができるが，白石と黒石が取り出される頻度は試行回数が増えれば増えるほど，3：2の比すなわち壺に実際に入っている石の数の比に近づき，信頼度が高いものとなるに違いない．別の比に近づくなどということが考えられるだろうか？」．

 ここでベルヌーイは，確率論にとって最も基本的な問いを発するとともに，壺に入った石という標準的なモデルを創案している．彼は，思慮ある推論が3：2という比を導くことを確信していたが，実際の試行実験の結果はこの比と近似的にしか一致しないという事実もよく認識していた．けれども，試行の回数を十分に大きくしてゆくとき，結果はどんどんよい近似になってゆく ── そうベルヌーイは信じたのである．

 ここには，難しい問題が残る．この分野全体を，ずっと長くにわたって悩ませてきた難問だ．上のような試行において，取り出した小石が毎回毎回ずっと続いて白石になることが，全くの偶然で起こる可能性は確かに存在する．だから，試行回数を増やしてゆけば必ず頻度の比が3：2に近づくという，絶対に確かな保証はない．

[訳註4] 出版されたのは，ヤコブ・ベルヌーイ (1654-1705) の没後である．邦訳はない．

せいぜい私たちが言えるのは，試行回数を大きくしてゆけば，「非常に高い確率で」当該の比率に近づくという主張にとどまる．ところが，ここに論理的な危うさが内在する．私たちは確率を，試行実験で観察される頻度から推定するという操作的定義を使った．けれども，この推定を正当化するために，こんどは確率の概念に訴えているのである．試行を続けてずっと白石が出てくる確率が非常に小さいと言うとき，この確率はどうやって決めたらいいのだろうか？ この場合の確率も多数の試行の結果として意味づけようとしたら，やはり同様の理由で，同じ問題にぶち当たる．例外的な偶然の結果として，「試行結果が想定した比に近づかない」という極端な事例に頻繁に出会ってしまう可能性を，完全には否定し切れない．それが極端にありそうもない事態であることを示そうとしても，また同じことだ．私たちは，論理的な無限後退という罠に囚われてしまい，容易には抜け出せそうもないのだ．

幸いなことに，初期の確率論の探求者たちは，この論理的な困難があるからと言

確率論はどのように使われてきたか

アーバスノット (John Arbuthnot) は 1710 年，ロイヤル・ソサイエティに論文を発表し，神が存在する証拠について確率論を使って論じた．彼は，1629 年から 1710 年までの各年に洗礼を受けた男児の数と女児の数を調べて分析した．その結果，男児の数が女児よりもほんの少し多いこと，しかもその差が毎年ほとんど同じであることを，彼は見出した．これらはすでによく知られていたことであったが，アーバスノットは一歩進めて，男女比が毎年同じ一定値になる確率を計算した．彼の考えでは，そういう結果になる確率は非常に小さく，2^{-82} しかない．もし同じ結果がすべての国で，あらゆる時代を通じて見出されるとするならば，その確率はさらに極度に小さいものになる，と彼は論じた．これは偶然の結果だとは到底考えることができず，神の恩寵に帰するほかの説明は考えられない，というのがアーバスノットの結論である．

一方，1872 年にゴルトンは，毎日，膨大な数の人々が英国ロイヤル・ファミリーの健勝祈念を唱えていることを指摘し，祈りの効力がどの程度あるのか確率論を使って見積もった．彼は，上流各階層の男性が平均して何歳まで生きたかを調べ，1758 年から 1843 年までのデータを集め，表にした．ここでは 30 歳まで生きた男性のみをデータに含め，不慮の事故で亡くなった人たちはデータから除外された．比較に用いられたのは，いずれも高い社会的地位の男性たちで，王室メンバーのほか，聖職者，法律家，医師，貴族，紳士 (gentry)，貿易商，海軍将校，文学者と科学者，陸軍将校，芸術家の各グループである．ゴルトンが見出した結果は，次のようなものであった．「君主らは，地位の高い裕福な各階層の中で，事実上最も短寿命なグループであった．したがって，健勝祈念を唱えることの効力は見出されない．王室メンバーの元々の寿命がさらに短くて，祈りがそれを少し改善しているという疑問の多い仮説を置くのであれば話は別だが，その場合でも祈りの効果は部分的なものにとどまる」．

って，探求をやめはしなかった．確率計算に関してならば，彼らは何を求めればいいかを知っていたし，どうすれば計算できるかも知っていた．概念の哲学的な正当化よりは，具体的な問題について答えを見出すことに彼らはより興味があったのだ．

ベルヌーイの本は，重要な着想や結果を数多く含んでいる．その一つが，大数の法則である．これは，試行を多くの回数繰り返した結果としての頻度と，その事象（1回ごとの試行）に割り振られる確率とが，どのような意味で関連しているのかを整理して述べたものと言っていい．基本的にベルヌーイが証明したのは，多数回数試行の結果として現れる頻度が真の確率の値と非常に近くはならないような場合が生じる確率は，試行の回数がどんどん大きくなるとき，限りなくゼロに近づくという主張だ．

もう一つの基本的な定理は，一般化された2項定理である．これは，偏りのあるコインを繰り返し投げたときの，各結果の確率を与えるものだ．たとえば，コインの表が出る確率を p，裏が出る確率を $q = 1 - p$ として，この偏りのあるコインを2回投げた結果がどうなるかを考えてみよう．コインの表が2回，1回，そして0回出る確率は，それぞれどれだけになるだろうか？ ベルヌーイの答えは，それぞれ p^2, $2pq$, q^2 である．これらは，$(p+q)^2$ を展開した式 $p^2 + 2pq + q^2$ の各項に対応している．このコインを3回投げたときに，表が3回，2回，1回，0回出る確率を求める問題も，同様にして3次の場合の展開式 $(p+q)^3 = p^3 + 3p^2q + 3pq^2 + q^3$ の各項として求めることができる．

もっと一般的に，コインを n 回投げて，そのうちの m 回が表になる確率は，

$$\binom{n}{m} p^m q^{n-m}$$

で与えられる．これは $(p+q)^n$ を展開したときに出てくる項に対応している．

1730年から1738年にかけて，ド・モアブル (Abraham de Moivre) は，ベルヌーイの偏りのあるコイン投げの理論をさらに拡張した．m と n が非常に大きい場合2項係数を厳密に計算するのはたいへんだが，ド・モアブルはよい近似式を導き，ベルヌーイの2項分布の式を現在われわれが誤差関数ないし正規分布と呼んでいるもの，

$$\frac{1}{\sqrt{\pi}} e^{-x^2}$$

と関連づけることができるのを見出した．ド・モアブルは，この関連を明確に示した，おそらく最初の人物である．これは，やがて確率論と統計学の両方が発展してゆく中で，最も基本的な関数であることが明らかになっていった．

確率をきちんと定義する

　確率の理論で概念的に重要な大問題は，確率とは何であるかを定義することだ．最も単純な，誰でもが答えを知っているような問題においてさえ，論理的な困難が顔を見せる．たとえば，通常のコイン投げ．もし多数回これを行ったら，私たちは表の出る回数と裏の出る回数がほぼ同じになるだろうと予想する．どちらが出る確率も 1/2 だと考える．ただし厳密に言うと，この確率になるのは，コインが偏りのない公正なものである場合だ．偏りのあるコインの場合，投げるたびに表ばかり出るかもしれない．しかし，ここでコインが「公正」と言っているのは，どういう意味なのだろうか？　表が出ることと裏が出ることが同等に確からしい，と答えたくなる．でも，「同等に確からしい」と言うときに，すでに確率の概念を使っている．「表の出る確率と裏の出る確率が同等である場合に，両者の確率が等しいと定義する」と言うのでは，論理循環的な堂々巡りであり，定義にはなっていない．

　この袋小路から抜け出すヒントを得るには，ユークリッドまで遡ってみることだ．あるいは，19 世紀末から 20 世紀初頭の代数学者たちが，どんな工夫をしたかを思い出してみることだ．公理化！　確率がいったい何であるかを思い悩むのは，やめてしまおう．確率というものが満たしてほしい性質が何と何と何かを，リストアップしてみる．そして，これらを公理として要請する．すべては，それらから演繹されて出てくるはずだ．

　このように考えると，問いは「どのような公理系が確率の理論には適切か？」というものに絞られてくる．考える事象の数が有限の場合は，この問いに答えを見つけるのは比較的たやすい．しかし，確率論が応用を想定している範囲には，生起可能な事象が無限個あるという場合がしばしば存在する．たとえば 2 つの恒星の方角を観測して角度の差を出すという場合，角度差は原理的には 0° から 180° までの間の任意の実数値をとり得る．可能な実数は，無限個ある．あるいは，ダートをボードに向けて投げ，多数回の試行でボードのどの点にも同程度に当たるように試みたとしよう．この場合，ダートボードのある区画にダートが当たる確率は，その区画の面積をダートボード全体の面積で割ったものになるはずだ．しかし，ボードには無限個の点があり，考え得る区画の数も無限個ある．

　こうした状況は，いろいろ難しい問題をもたらし，やっかいなパラドックスさえ引き起こし得る．この困難は，解析学から出てきた新しい考え方，測度の概念を用いて，最終的に解決された．

　積分の理論を研究していた解析学者たちは，ニュートン時代の微積分学の理論を乗り越える必要性を見出していた．そして，関数の積分可能性や積分の定義そのも

のについて，きわめて洗練された概念を構築していった．さまざまな数学者の試みのあと，ルベーグ (Henri Lebesgue) が広範な一般性を持つ積分概念——現在ルベーグ積分と呼ばれているもの——を定義することに成功した．ルベーグ積分は，解析学にとって好ましく有用な性質をいろいろ備えている．

彼による積分あるいは積分可能性の定義のキーとなったのは，現在ルベーグ測度と呼ばれているものだ．これは，非常に込み入った数直線の部分集合に対しても「長さ」を決める仕掛けを用意している．たとえば，長さが 1, 1/2, 1/4, 1/8, …の互いに重ならない区間を合併した集合があったとしよう．各区間の長さを足していくと，2 に収束する無限級数になる．こうした線分の集まりにも「長さ」がちゃんと定義できて，この場合であれば 2 になるとルベーグは主張した．ルベーグの測度は，可算加法性（σ 加法性）という新しい性質を備えている．これは，無限個の互いに重ならない区間や領域が与えられた場合にも，もし個数が可算無限——カントルの言う意味で可算無限すなわち基数が $\aleph_0$ ——である限り，合併集合の測度がもとの各集合の測度の無限級数和になるという性質だ[訳註 5]．

測度の考え方は，もともとの目標であった積分の定義だけでなく，それ以外の場合にも重要な役割を果たすものであった．特に，確率の尺度は測度論を用いて完全なものとなる．この性質を明確な形で用いたのがコルモゴロフ (Andrei Kolmogorov) で，1930 年代に測度論を基礎に確率論を公理化した．より正確に言うと，彼は確率空間を定義したのである．コルモゴロフの確率空間は，集合 X と，事象と呼ばれる X の部分集合の族 B，そして B 上の測度 m からなる．確率論の公理群は，この確率空間についての命題として述べられる．まず，m は B 上の測度であり，特に $m(X) = 1$ である（これは，全体事象については確率が 1 となる，という約束事に対応する）．また，集合族 B はそれに属する集合に対して必ず測度が決まるようにするため，集合演算に関する一定の性質を満たさなければならない，等々．これらが，確率空間が満たすべき公理となる．

サイコロを 1 回投げる場合について説明しよう．X はサイコロを振って出る目として 1–6 のすべての数が含まれる集合，B は X の任意の部分集合からなる集合族である．B に含まれる集合 Y の測度 $m(Y)$ は，Y の要素の数を 6 で割った値として与えられる．この測度の定義は，サイコロのどの目が出る確率も 1/6 であるという直観と一致する．しかし，測度はそれぞれの目が出るという事象に対してだけ定義されるのではなくて，それらの事象を合併したような場合に対しても定義される．1–6 の数のうちのいくつかを含むような集合 Y に対する測度は，Y に含まれる数

[訳註 5] 合併集合が有界であれば，この無限級数和は必ず収束する．長さや面積は必ず正またはゼロなので，無限級数の部分和は上に有界な広義単調増加数列になるから．

のどれかがサイコロを振ったとき現れる確率に対応する．これがYに含まれる要素の数を6で割った値になることは，直観的に理解できる．

これは基本的には，いたってシンプルな考え方だと言っていい．コルモゴロフは，この考え方にもとづいて，何世紀にもわたって続いてきた激しい論争に解決を与え，厳密に基礎づけられた確率論を創出したのである．

統計データの解析

確率論の応用部門として重要なのが統計学で，これは実世界のデータを，確率論を使って解析する．統計解析の方法論は，18世紀天文学の観測誤差を考慮に入れてデータを扱う試みから出発した．経験的にも理論的にも，こうした観測誤差の分布は，誤差関数あるいは正規分布——しばしばグラフの形状から釣鐘型カーブ (bell curve) とも呼ばれる——に従うことが知られている．誤差関数のグラフでは，誤差ゼロを中央に水平軸に誤差の大きさが，それぞれの誤差が生じる確率の大きさが縦軸に表示される．小さな誤差は比較的生じやすい一方，非常に大きな誤差はあまり起こりそうにないことが，この釣鐘型の曲線で示されている．

1835年，ケトレー (Adolphe Quetelet) は正規分布曲線を用いて社会科学のデータ——出生・死亡・離婚・犯罪・自殺などの分布——をモデル化することを提唱した．彼が見出したのは，これらの出来事は個人のレベルでは予測不可能であるにもかかわらず，大きな人口集団のレベルで眺めると一定の統計的パターンを持つ，という事実である．彼はこの統計的性質を人格化して，あらゆる性質について平均値を持つ架空の「平均的人物」に象徴させて説明した．ケトレーにとって，この平均的人物は単なる数学的概念ではなく，社会的公平性を考える上での目標を与えるものであった．

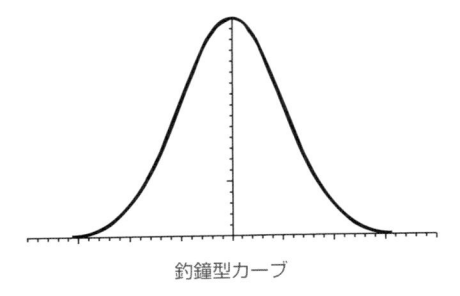

釣鐘型カーブ

身長の分布を表したケトレーのグラフ：身長は水平軸の目盛りで表示され，それぞれの身長を持つ人たちの人数が棒グラフの高さで表示される

確率論は現在どのように使われているか

確率論の応用として非常に重要なものに，新薬の臨床試験がある．こうした試験では，その医薬の効果 —— それが何らかの疾患を治癒する働きを持つか，好ましくない副作用を持つことはないか，など —— についてのデータが集められる．それらの数字がどんな傾向を示すように見えたとしても，最重要の検討項目は，データから読み取られた傾向が統計的に有意なものか否かである．つまり，データが示す内容がその医薬の真の効果であるのか，たまたま偶然に見かけの傾向が示されたものに過ぎないのか，その判別が必要なのである．この問題は，仮説検定（統計的仮説検定）と呼ばれる統計学の手法を用いることで解決される．この手法は，データを統計モデルと比較することによって，たまたまの偶然によって一定の仮説が満たされる確率を見積もる．たとえばその確率が 0.01 以下だったとしたら，そのデータが示す内容（データと仮説の一致）は 0.99 以上の確率で偶然の結果ではない，と結論できる．すなわち，その医薬には 99% の水準で統計的に有意な効果が見出された，ということになる．こうした手法のおかげで，ある治療法に効果があるか否か，副作用があって使用を控えるべきか否か，といった判断をかなりの信頼度をもって行うことが可能になっているのである．

1880 年ころから，社会科学は統計学 —— 特に正規分布の考え方 —— を積極的に取り入れ，実験の代替として統計データの分析を行うようになっていった．1865 年には，ゴルトン (Francis Galton) が人類遺伝学の研究を開始した．子供の身長は，両親の身長と，どのように関連しているのか？ 体重についてはどうか，知能についてはどうなのか？ 彼は，ケトレーの正規分布のモデルを取り入れたが，それはあるべき姿を見出すためではなく，異なる集団を区別するための方法としてであった．もしデータが，正規分布曲線のような単一のピークを示さずに，2 つのピークを持っていたら，母集団は 2 つの部分集団の寄せ集めになっているに違いない，というわけである．1877 年までにゴルトンは研究をさらに発展させて，回帰分析の手法を創案した．これは，データに現れる一つの性質（変数）が他の変数によって説明できるかどうかを調べ，もし説明できるとしたら最も確からしい変数間の依存関係は何かを見出す方法だ．

統計学創生期の別の立役者は，エッジワース (Francis Ysidoro Edgeworth) だ．エッジワースは，ゴルトンのように大きな構想を描くタイプではなかったが，数理的な技量ははるかに上で，野心的なゴルトンの着想を健全な数学的土台に乗せた．3 番目の人物はピアソン (Karl Pearson) である．彼も，統計学の数理を発展させるのに，かなり貢献した．でも，ピアソンの活躍で最も目立つのは，統計学の見事なセールスマンとしての役割だ．彼は，統計学が役に立つ学問だということを，首尾よく外

の世界の人たちに理解させたのである．

　ニュートンとその後継者たちは，自然現象の規則性を理解するのに数学がきわめて有効な方法であることを証明した．確率論とその応用といえる統計学の創案は，自然界の不規則的な現象に対しても，数学が役立つことを証明した．驚くべきことに，偶然として起こる出来事にも，数で表されるパターンが存在するのである．しかし，これらのパターンは，多数の出来事をまとめた傾向を，長期的あるいは平均的に示すだけである．このパターンから予測はできるけれども，何らかの出来事がどのくらい起こりやすいか起こりにくいか，だけを予測する．個々の出来事がいつ起こるかを予測することはできない．

　この制約にもかかわらず，確率論は現在，科学技術や医学で最も広範に使われている数学的手法の一つである．実データにもとづく推論が，本当に意味のあるものなのか，単なる偶然が重なって生じた見かけの傾向に過ぎないのかを判別するには，確率の理論が欠かせないからである．

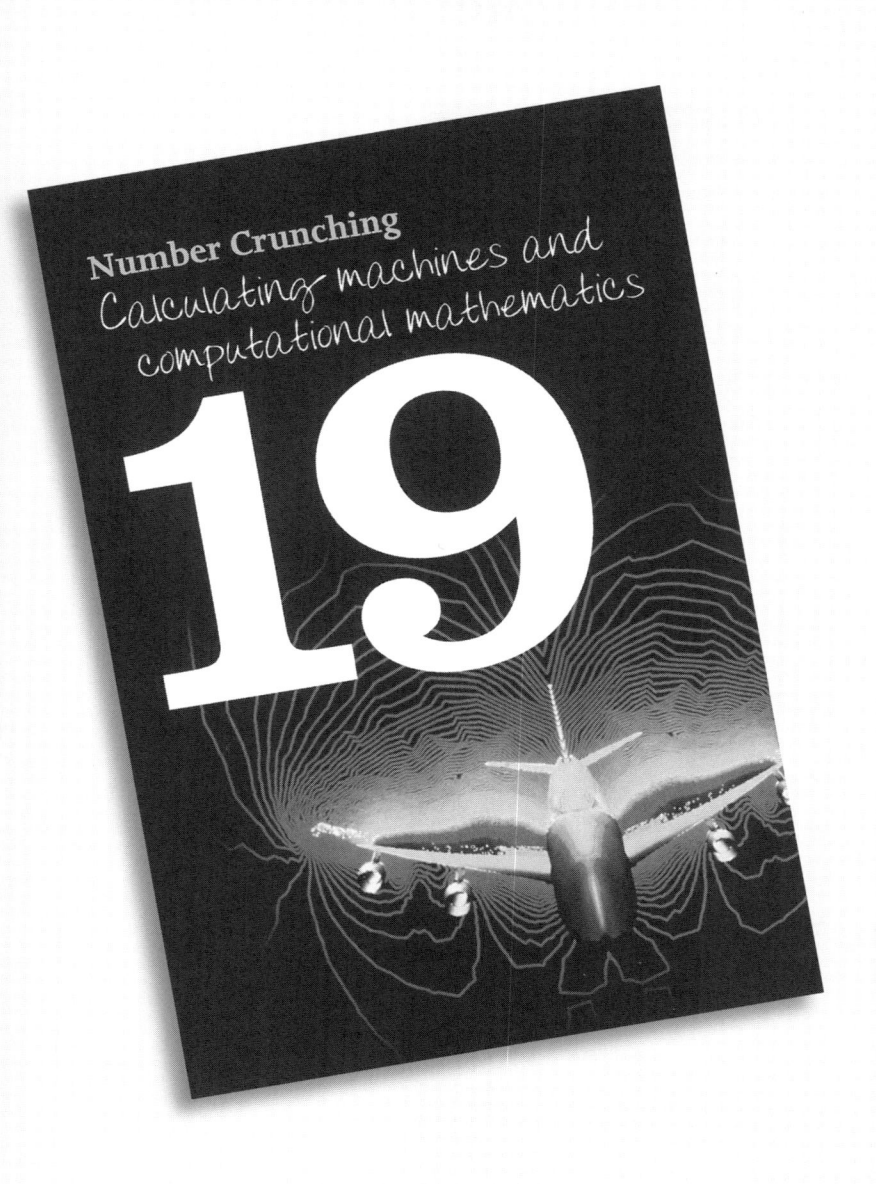

第 19 章
高速計算の時代
計算機の発展と計算数学

Number Crunching
Calculating machines and computational mathematics

数学者たちは長い間ずっと，退屈な単純計算を続ける面倒な作業を減らしてくれる機械を夢見てきた．機械的な計算に割かなければならない時間が減れば減るほど，より多くの時間を創造的な思考に使える．有史以前から棒や石ころがものを数える助けとして使われてきたし，石ころの積み重ねからついには計算盤(アバカス)が生み出され，軸に沿って滑る玉によって各桁の数字を表現できるようになった．とりわけ計算盤(アバカス)の系譜の中で最も完成された計算用具といえる日本の算盤(そろばん)は，その達人たちの手技にかかると基本的な算術計算を驚異的な速度と正確さで遂行することができた．1950年ころ，日本の算盤は手回しの機械式計算機を凌駕していた．

まるで夢のよう？

　21世紀に入るころまでには，電子計算機の登場と集積回路（チップ）のおかげで，計算機は長足の進歩をとげた．電子計算機は，人間の脳や機械式の計算機よりも，はるかに高速な処理ができるようになった．1秒間に何億回さらには何兆回もの算術演算をこなせるマシンが，今ではそこらじゅうに転がっている．この章を執筆している時点で世界最高速のマシンはIBMのBlue Gene/Lで，毎秒1000兆回の計算（浮動小数点演算）ができる[訳註1]．今日の計算機は膨大なメモリも備えていて，何百冊もの本に相当する情報を瞬時のうちに保存したり読み出したりできる．さらには，画面表示に使われるカラー・グラフィックスは最高度に洗練されている．

計算機の勃興

　草創期の計算機ははるかに質素なものだったが，それでも計算の手間をずいぶん省いてくれた．計算盤(アバカス)の次の発展は，おそらくネイピアの計算棒（ネイピアの骨）であろう．これは，ネイピアが対数概念を見出す前に考案した道具で，棒の上に数字が記してある．数字は，掛け算を従来の位取り算法の手順で行えるように並んでいる．この計算棒は，紙と鉛筆を使って行う筆算のかわりをすることができ，数字を書き記す手間を省くことができた．いわば，筆算で行う掛け算を模倣する道具だった．

　1642年になって，パスカル (Blaise Pascal) が最初の機械式計算機とされる「算術機械」を，父親の会計計算の仕事を助ける目的で考案した[訳註2]．この計算機は，

[訳註1]　この箇所を翻訳している時点（2013年3月）で，世界最高速マシンはクレイ社のTitanで毎秒1.76京回（1京は10,000兆）の浮動小数点演算ができる．翻訳作業の遅れをお詫びするとともに，わずか数年での20倍近い高速化に驚きを新たにする次第である．

[訳註2]　1623年ころに，チュービンゲン大学教授だったシッカート (Wilhelm Schickard) が計算時計というものを作成したとケプラーに宛てて書いた手紙が残っており，彼を最初の機械式計算機の発明者とする説もある．ただし，20世紀後半にレプリカを復元した同大学の関係者は，残された図面のデザインは必要な歯車をいくつか欠いていたと述べている．元の機械は未完のものだった可能性が高い．

足し算と引き算ができたが，掛け算や割り算はできなかった．最大のもので8つの回転するダイヤルがあり，8桁の計算ができた．続く十年ほどにわたって，パスカルは同様の機械を全部で50台ほども作った．その多くは，各地の博物館に現在も保存されている．

1671年ころに，掛け算もできる機械をライプニッツが設計した．ただし，実作機が完成したのは1694年になってからである．ライプニッツは次のように述べている．「すぐれた人間は，単純計算作業の奴隷となって何時間も失うべきではない．計算機械が使えるのであれば，そんな作業は安心して誰にでも代行させることができる」．彼は，この機械を段階計算機 (Staffelwalze) と名付けた．ライプニッツが考えた仕組みの基本は，続く時代の後継機に広く使われることとなった．

計算機の歴史の中で最も野心的な計画を提案したのは，バベッジ (Charles Babbage) であろう．1812年，彼は次のように語った．「私は，ケンブリッジの解析協会の部屋に座っていた．対数表を広げたテーブル向かって，頭を前にかがめ，少し夢見がちにまどろんでいた．そこへ，解析協会の他の会員が入ってきた．私が部屋で半ば眠っているのを見て，大きな声をかけた．『バベッジさん，いったい何の夢を見ているんですか？』．私は，こう答えた．『ここにあるような数表はね（私は前に置いた対数表を指さした），すべて機械で計算できるんじゃないか，と考えていたんだよ』」．

バベッジは，その後の全人生にわたって，この夢を追い求めた．まず，階差機関 (difference engine) と彼が呼んだ原型機を設計し，その実作をめざした．さらに，それを格段に改良した計算機を開発するための出資を，英国政府に求めた．バベッジの途方もなく野心的なプロジェクトとは，解析機関 (analytical engine) —— 実質的にプログラミング可能な機械式の計算機 —— を開発することだった．これらの機械は，部分的に試作されたものがいくつかあるものの，バベッジの生存中に完成できたものは一つもなかった．彼の死後1世紀以上経ってから，当時の技術による復元が試みられ，うち1台がロンドンのサイエンス・ミュージアムに展示されている[訳註3]．この復元機は，その場で活字を鋳造して結果を印字する「プリンタ」部分を含め，実際に動く．オーガスタ・エイダ・ラヴレース (Augusta Ada Lovelace) は，バベッジの仕事に協力して，世界で最初のプログラムとされているもの（解析機関が完成したら動くはずのソース・コード）を書いた．

[訳註3] 復元されたのは，バベッジが1847－49年に設計した階差機関の第2号機である．サイエンス・ミュージアムの技師でキューレーターであったスウェード (Doron Swade) が率いるチームの奮闘により，付属のプリンタ（その場で活字を鋳造し出力結果を印刷する）を含めて，2002年に完成した．部品数は8000，全長3.4メートル，重量は5トンある．この復元機は，ミルボールド (Nathan Myhrvold) の依頼でもう1台が製作され，カリフォルニアのコンピュータ歴史博物館で展示された．解析機関を10年がかりで復元させようと呼びかけている人たちもいる．

最初に量産された計算機はアリスモメートル (Arithmomètre) で，コルマー (Thomas de Colmar) が 1820 年に特許を得て生産を開始した．これは，段付き歯車ドラムを使うもので，1920 年まで製造された．次の革新は，スウェーデンの発明家オドネル (Willgodt T.Odhner) によるピン歯車メカニズムの活用である．彼は設計を公開したため，オドネルの方式を踏襲した類似の計算機が何百とまではいかないとしても，何十ものメーカーによって商品化された．これらの計算機は人力駆動方式であり，ユーザがハンドルを手回しすることによって，各桁に表示される数字を乗せた多数の円盤がそれぞれに回転する．ユーザが熟練してくると，かなり複雑な計算も相当な高速で行うことができる．第二次世界大戦中に原爆を開発したマンハッタン計画の科学技術計算は，こうした手回し式計算機を使う計算作業者——おもに若い女性たちからなる集団——が遂行した．1980 年代に安価な高性能の電子計算機が登場すると機械式計算機は完全に時代遅れとなったが，実際には商用あるいは科学技術用の計算においては電子計算機がだいぶ前から普及していた．

　計算機は，むろん単純な算術計算にだけ貢献したのではない．多くの科学技術計算は，算術演算を膨大な回数繰り返すことによって，数値的に結果を得ることができるからである．こうした数値的解法の最も初期のものとして，ニュートン法がある．これは，方程式（一般には多変数の非線形方程式）の解を，限りなく高い精度で求めることのできる方法で，その名の通りニュートン (Isaac Newton) が創案した[訳註4]．これは方程式 $f(x) = 0$ の近似解を順に，直前の近似解をもとに求めてゆく方法で，繰り返しの操作によって近似の精度を上げてゆく．まず，当て推量で適当な初期値 x_1 を選ぶ．これから，以下の公式を反復適用することによって，順に

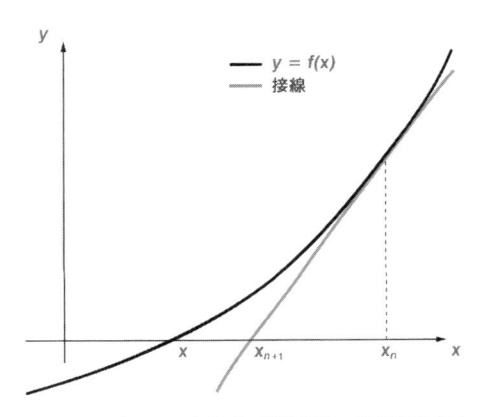

ニュートン法による方程式の数値解法の幾何学的意味

[訳註4]　じつは最初にこの方法を発表したのは，ラフソン (Joseph Raphson) という英国の数学者で，正式にはニュートン・ラフソン法と呼ばれる．ニュートンのほうが先に見つけたが，それが出版されたのは彼の死後のことである．

エイダ（ラブレース伯爵夫人）
Augusta Ada King, Countess of Lovelace 1815-52

オーガスタ・エイダは，ロマン派詩人のバイロン (Lord Byron) とアン・ミルバンク (Anne Milbanke) の娘として生まれた．両親は彼女の誕生 1 か月後に別れ，エイダは二度と父親と会うことはなかった．子供時代から数学の才能を示し，また母親のバイロン夫人は当時には珍しく，娘が数学を学ぶのは精神を鍛えるのによいとして奨励した．1833 年にエイダはパーティでバベッジと会い，何日か後に階差機関の試作機を見せてもらう．エイダは階差機関に魅せられ，どのように動作するかをすぐに理解した．彼女は結婚の少しあと，夫のウィリアムが 1838 年伯爵に叙せられたのに伴い，ラブレース伯爵夫人 (Countess of Lovelace) となった．

彼女は，イタリアの数学者メナブレア (Luigi Menabrea) が書いた『チャールズ・バベッジ氏の解析機関の概念について』(*Notions sur la Machine Analytique de Charles Babbage*) を 1843 年に英訳した．エイダはそれに膨大な注釈を付け，さらに彼女の作とされる実質的なサンプル・プログラムも添えた．彼女の注釈には，次のような表現もある．「この計算機に，ジャカードが考案した，パンチカードを用いて望みのままに最も複雑なパターンも浮織りできるという原理を導入

（中略）ジャカード織機が花や葉の模様を織り込んでいくのと同じように，解析機関は代数的なパターンを織り込んでいくのだ，と言っていいかもしれない」．

エイダは，激痛を伴う進行した子宮ガンを病み，最後は主治医が施した瀉血術による出血過多で，36 歳の若さで亡くなった．

近似が改良された値 $x_2, x_3, \cdots, x_n, x_{n+1}$ を求めてゆく．

$$x_{n+1} = x_n - \frac{f(x_n)}{f'(x_n)}$$

ここで f' は，f の導関数を示す．この方法を幾何学的に見ると $f(x) = 0$ の解の近くで曲線 $y = f(x)$ の接線を順に求めながら，x 軸と曲線との交点に近づけてゆく操作になっている．点 x_{n+1} は，曲線の x_n における接線が x 軸と交わる位置になっている．ここに示した図のように，これは真の解の位置 x により近くなっている[訳註5]．

数値計算法のもう一つの重要な利用分野が，微分方程式だ．たとえば，次のような微分方程式を解きたかったとしよう．

[訳註5] 多くの場合は，この図のようにうまくゆくのだが，ニュートン法による逐次近似が必ず収束するという保証はない．数値解析法では，がむしゃらにプログラムを走らせるだけではダメで，近似法のアルゴリズムがうまく働くための数学的条件をよく調べることも重要となる．

$$\frac{dx}{dt} = f(x)$$

初期条件として，$t=0$ での関数 $x(t)$ の値を $x = x_0$ としよう．最も単純素朴な方法は，微分で与えられた値 $\frac{dx}{dt}$ を差分比 $\frac{x(t+\varepsilon) - x(t)}{\varepsilon}$ によって近似するもので，オイラー (Euler) が考案した．ここで，刻み幅 ε は非常に小さい値とする．この場合は，次の式に従って差分を順次足してゆくことによって，微分方程式の近似解が得られる．

$$x(t+\varepsilon) = x(t) + \varepsilon f(x(t))$$

すなわち，初期値 $x(0) = x_0$ からスタートして，私たちは順に $x(\varepsilon)$, $x(2\varepsilon)$, $x(3\varepsilon)$ そして一般に任意の整数 $n > 0$ に対する値 $x(n\varepsilon)$ を求めてゆくことができる．刻み幅 ε の値としては，たとえば 10^{-6} ぐらいの値がよく使われる．その場合だと，上の逐次操作を 100 万回反復することによって，私たちは $x(1)$ の値を，さらに 100 万回反復することによって $x(2)$ の値を求めることができるわけだ．今日のコンピュータにとって 100 万回の演算というのは容易い仕事なので，このやり方で十分に実用に供することができる．

しかし，このオイラー法はあまりにも単純過ぎて，十分に満足できるものとは言い難い．微分方程式の数値解法として，その後たくさんの改良版が考案されてきた．最もよく知られているのが，ルンゲ-クッタ法 (Runge-Kutta methods) だ．いくつかのやり方があるが，この手法の最初のものを 1901 年に 2 人のドイツの数学者ルンゲ (Carl Runge) とクッタ (Martin Kutta) が創案したので，この名がある．科学技術や数理科学の分野で幅広く使われているのが，そのうちの 4 次のルンゲ-クッタ法と呼ばれるものである．

現在の非線形力学は精度の高い数値計算を必要としているので，それに応じて巧妙な手法が数多く生み出されてきた．長い時間先の状態を求める際に起こりがちな計算誤差の累積を避けるため，正しい解が保存するはずの力学構造なり保存量を拘束条件として数値計算を進めるといった方法だ．たとえば，摩擦や抵抗のない力学では，エネルギーが保存される．このことを考慮に入れて，数値計算の各ステップでエネルギーが厳密に保存されるような計算式を用いることができる．こういう計算手法を使うことで，数値解が少しずつ真の解からずれていって，振り子の振動がエネルギー散逸のため最後には止まってしまうのと似たような状況を避けることができる．

その中でも特に洗練された手法として，シンプレクティック数値積分法 (symplectic integrators) がある．これは，ハミルトン形式の力学方程式が，シンプ

レクティック構造と呼ばれるものを厳密に保存する時間変化を与えることを利用して，数値計算を行う方法だ．シンプレクティック構造（シンプレクティック形式）というのは，ハミルトン力学において位置と運動量に当たる変数で表現される量で，この力学に付随する風変わりだが非常に重要な幾何学的性質を与えるものだ．

シンプレクティック数値積分法は，天体力学で重要な役割を担っている．天文学者たちは，たとえば太陽系の惑星運動を，何十億年も先まで追いかけたいと思ったりする．シンプレクティック数値積分法を用いることにより，ウィズダム (Jack Wisdom) やラスカル (Jacques Laskar) その他の天体物理学者たちは，太陽系の惑星運動が非常に長期的に見るとカオス的になることを示した．天王星と海王星はかつて現在よりもずっと太陽に近い軌道を回っていたし，火星軌道は離心率が大きくなって，やがて金星のほうまで達する可能性がある．どれかの惑星が，場合によっては他の惑星も巻き添えにして，太陽系の外側まではじき飛ばされてしまうことも十分に考えられる．何十億年にもわたる軌道を正確に追って信頼できる結果を得ることは，シンプレクティック数値積分法なしにはとても不可能であった．

計算機が求める数学

コンピュータの活用が数学を助けるのと同時に，数学の活用はコンピュータを大いに助けている．実際，初期のコンピュータの設計では，コンセプトの正しさを証明する上でも，何が設計の要となるかを考える上でも，数学的な原理が大切であった．

現在のデジタル・コンピュータは，すべて 2 進数 (binary) の概念をもとに動いている．ここでは，0 と 1 の 2 つの数字だけを並べて，数値その他の情報が表現される．2 進数を採用することの利点は，まず回路のスイッチングと直結していることだ．0 はオフ，1 はオンに対応する．あるいは，0 は電圧なし，1 はたとえば 5 ボルトの電圧 —— または回路設計で基準として選んだ電圧であれば何ボルトでもいい —— を加えていることに対応する．また，0 と 1 の記号は数理論理学の観点からも解釈することができる．すなわち，1 は真，0 は偽という真偽値に対応させることができる．したがって，コンピュータは算術演算とともに論理演算も行うことができる．実際のところ，論理演算のほうがより基本的であり，算術演算は複数の論理演算を順に実行する操作として理解したほうが首尾一貫する．ブールが『思考の法則』(*The Laws of Thought*) の中で展開した 0 と 1 からなる論理代数のアプローチが，コンピュータの論理演算へのちょうどいい定式化を提供する．インターネットの検索エンジンは，ブール演算子検索の機能を備えている．これは，複数の検索語を論理演算子で組み合わせたものを検索する機能である．たとえば，「タイトル

に『猫』を含むが『犬』を含まない記事」を検索するようなことを，検索エンジンがやってくれる．

アルゴリズムと計算量の理論

　数学は，計算機科学を手助けした．一方，計算機科学のほうも逆に数学を刺激して，魅力的な数学の新分野を生み出すきっかけを与えた．アルゴリズム —— 問題を解くための系統的な手順 —— の概念は，その一つだ．アルゴリズムという用語は，アラビアの数学者アル‐フワーリズミー (al-Khwarizmi) の名にちなむ．アルゴリズムに関して特に興味深いのは，解に辿り着くまでに要する時間が，入力データのサイズに対してどうなるかという問題だ．

　たとえば，2つの正の整数 m と n（$m \leq n$ とする）が与えられたとき，これらの最大公約数を求めるアルゴリズムとして，ユークリッドの互除法がよく知られている．このアルゴリズムは，次のような手順で進んでゆく．

- n を m で割って，その余りを r とせよ．
- もし $r = 0$ であれば，最大公約数は m である：終了．
- もし $r > 0$ であれば，n を m で，m を r で置き換えた上で，最初のステップに戻って同じ手順を繰り返せ．

　これについては，小さい方の整数 m の桁数を d とするとき[訳註6]（これがアルゴリズムに入力されるデータの大きさの目安となる），アルゴリズムは高々 $5d$ ステップで終了することがわかっている．たとえば，私たちに十進法で1000桁の整数が2つ与えられたとして，これらの最大公約数を計算するには5000ステップ見ておけば十分なのである．現代のコンピュータであれば，1秒の何分の1しか要さないであろう．

　ユークリッドの互除法は，入力データのサイズ（桁数で計ったとして）に比例する線形計算時間のアルゴリズムだと考えることができる[訳註7]．一般にあるアルゴリズムは，入力データのサイズのベキ乗（2次とか3次とか．ただし次数を固定できることが必要）に比例する計算時間内で答えを出せるとき，多項式時間のアルゴリズムと呼ばれる．ある問題は，それを解くことのできる多項式時間のアルゴリズムが存在するとき，クラスPに属するという[訳註8]．これに対し，ある与えられた正の整数の素因数分解を見出す問題は，これより難しいと考えられている．現在ま

[訳註6] ここでは，d が m の十進法での桁数であるものとして説明されている．
[訳註7] 与えられた数の大きさ m を問題のサイズだと考えると，計算時間は $O(\log m)$ のオーダーになるが，これは線刻のような表記法をした場合の話である．十進法であっても2進法であっても，この場合の入力データの大きさは m の対数（底は別として）となるので，アルゴリズムは入力桁数の線形時間で終了する．

数値解析はどのように使われてきたか

ニュートンは自然の中に規則的パターンを見つけただけでなく、効率的な計算の方法を見つけることにも熱心だった。彼は、関数をベキ級数で表す手法を多用した。なぜなら、彼にとってベキ級数を項別に微分したり項別に積分する計算は、お手のものだったからである。彼はまた、関数の値を求めるのにもベキ級数を用いた。これは最も初期の数値計算法と言えるが、今も使われている方法である。1665年のものとされる草稿の1ページには、双曲線の下の部分の面積 —— 私たちは現在これが対数関数で表されることを知っているが —— を彼が数値計算で求めた様子が示されている。彼は、これを無限級数の和を数値的に求める方法で解いており、なんと各項を小数点以下55桁まで出して足し合わせている。

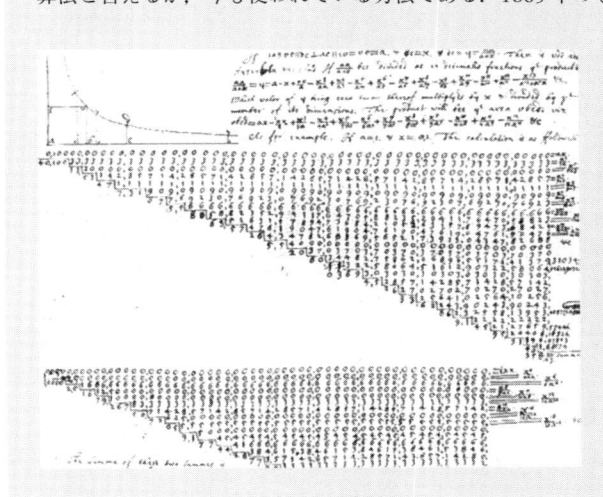

ニュートンの草稿に示されている双曲線の下の部分の面積の数値計算

で知られているアルゴリズムは、いずれも計算時間が入力データのサイズの指数関数になってしまう。入力サイズを n としたとき、a^n に相当する計算時間がかかってしまう（ここで a は固定した1より大きい定数[訳註9]）。これが、RSA暗号方式が安全だろうと（絶対に安全だという証明は得られていないが）信じられている理由である。

大ざっぱに言って、多項式時間のアルゴリズムは現在のコンピュータで実際的に計算できるが、指数関数時間のアルゴリズムの場合は実際的な計算が困難になる —— 入力データのサイズがちょっと大きくなってくると計算量が爆発的に増大して手に負えなくなる —— と考えられる。ただし、これは経験則的な目安であって、

[訳註8] 原文は、多項式時間のアルゴリズムがクラスPに属するという書き方になっていたが、誤解を与えやすいと判断して、訳者の責任で表現を変えた。

[訳註9] 原文では式を使っていないが、言葉による説明だけではかえって難しくなってしまうので、式を補った。n が大きくなってゆくとき、a^n のほうが n^a よりずっと急速に増大してゆくことに注意。たとえば $a=2$ として、$n=10$ のとき $2^{10}=1024$、$10^2=100$ だが、$n=20$ のときは $2^{20}=1048576$、$20^2=400$ である。

> **クラス P には属さない
> 実際的な問題が
> 存在するかどうかに
> ついて私たちはまだ答えを
> 持っていないのだ．**

多項式時間のアルゴリズムでも次数が非常に高くて実用的でないものがあるし，多項式時間より効率が悪いアルゴリズムでも役に立つ場合はある．

ここから，理論的な難しさが持ち上がってくる．個々の特定のアルゴリズムが与えられた場合には，それが入力データのサイズの多項式時間で計算できるかどうかは，比較的容易に判定できることが多い．しかし，それよりも効率のよいアルゴリズム，与えられた問題をより高速で計算できるアルゴリズムが存在するか否かを判断するのは，おそろしく難しいことなのである．だから，多くの問題に対して多項式時間で解を与えるアルゴリズムが存在して，その問題がクラス P に属することを私たちは知っているが，クラス P には属さない実際的な問題が存在するかどうかについて私たちはまだ答えを持っていないのだ．

ここでの「実際的な問題」という表現は，専門的な意味を持たせて使っている．クラス P に属さない問題そのものなら，確かに存在する．答えそのものが多項式時間で出力できないという場合は，当然ながら多項式時間では処理が終わらない．たとえば，n 種類の記号を順序をつけて並べる方法を全部見つけよ，といった問題がそうだ[訳註10]．そういう自明で面白味のあまりない問題を除外するためには別の概念が必要で，非決定性多項式時間で解ける問題のクラス NP というものが考えられている．非決定性多項式時間での決定アルゴリズムとは，その問題に対する当て推量の答えが任意に与えられたとき，それが正しい解になっているか否かを必ず多項式時間内に決定できる手続きをいう．ある問題に対して，非決定性多項式時間での決定アルゴリズムが存在するとき，その問題はクラス NP に属するという．たとえば，非常に大きな整数について，その数の素因数分解の候補が与えられたとしよう．それが本当に素因数分解になっているか否かは，与えられた因数が素数であるかどうか，掛け算して元の数と等しくなるかどうかだけを確認すれば十分だから，必ず多項式時間内に判定できる．すなわち，素因数分解という問題はクラス NP に属する．

クラス P に属する問題は，明らかにクラス NP に属する問題でもある．一方，多項式時間で答えを出すアルゴリズムが見つかっていない重要な問題の多くは，クラ

[訳註10]　並べ方が $n!$ 通りになることは，高校数学で習う話であるが，実際に答えを全部プリント・アウトするのはたいへんである．n が大きくなるにつれて，$n!$ は指数関数 e^n よりもさらに急速に大きくなる．$n=70$ ぐらいで，全宇宙に存在する素粒子の数を超える．

数値解析は現在どのように使われているか

　現在の航空機設計では，数値解析が中心的な役割を担っている．そう遠くない以前の航空機開発では，設計に携わるエンジニアたちは，翼や胴体の周囲を通る空気の流れ方を知るために，風洞と呼ばれる装置を用いる実験を行っていた．彼らは，航空機の模型を風洞というトンネル状の装置の中に置き，巨大なファンで送風して空気の流れ方を観察した．流体力学の基礎方程式であるナヴィエ-ストークス方程式は理論的な洞察は与えてくれるが，実際の航空機の形状は非常に複雑で，方程式を解くのは不可能だったからだ．

　しかし，現在ではコンピュータの処理能力がものすごく強力になり，また偏微分方程式を数値的に解く手法も洗練され非常に効果的になったので，風洞実験なしで済むようになってきた．数値計算による風洞実験シミュレーション —— 航空機のコンピュータ・モデルに仮想的な気流を送り込む計算機実験 —— が，その代用となった．ナヴィエ-ストークス方程式は流体現象を非常に正確に表現しているので，この方法が安心して使えるのだ．コンピュータ・シミュレーションのほうが有利なのは，風洞実験では試すことのできないような任意の気流をぶつけて解析できること，さらには，きめ細かい可視化が容易にできるという点だ．

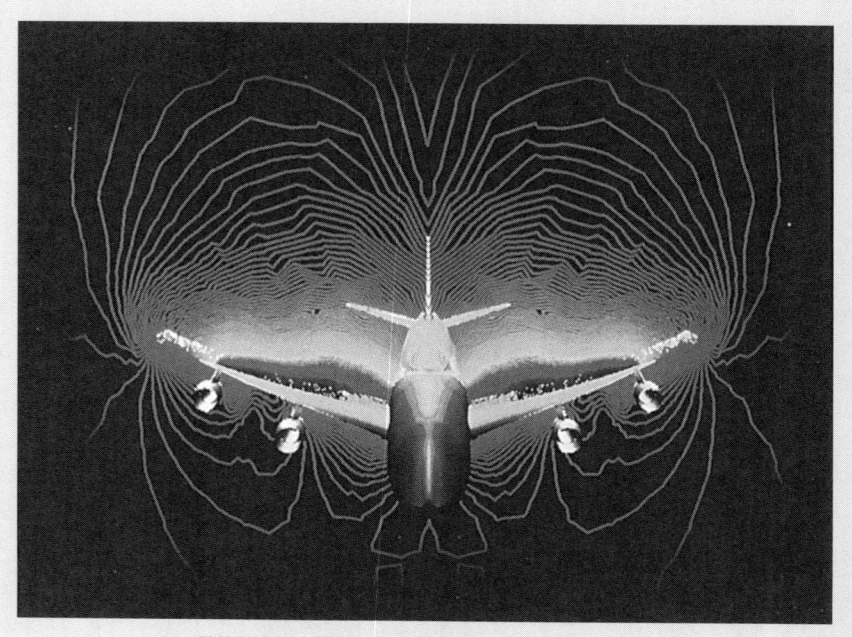

数値計算による航空機周辺気流シミュレーションの例

> **100万ドルの懸賞をかけている未解決問題.**

スNPに属する問題であることがわかっている．ここで私たちは，この分野の最も深淵で難しい問題——クレイ数学研究所が100万ドルの懸賞をかけている未解決問題——に出会う．果たして，クラスPとクラスNPは同じものであろうか？「P = NP？問題」と通称されるこの問題に対して，多くの人たちが直観的に抱いている答えはノーである．なぜなら，もしP = NPだったとすると，見たところ非常に難しいと思える多数の問題が，本当は易しいということになる．今は長い計算時間がかかっている問題のいくつかについて，いつか近道が見つかって高速計算可能になるという話はあり得るにしても，すべての問題に対して未知の近道が必ず存在するとは考えにくい．

「P = NP？問題」は，それに関連するさらに難しく，魅力的でもある現象，「NP完全問題」を伴っている．クラスNPに属する問題の多くは，「もし仮にその問題がクラスPに属すると証明されたなら，クラスNPに属するすべての問題がクラスPに属することが証明できる」という性質を持っている．この性質を備えた問題を，NP完全問題という．もしも，どれか特定のNP完全問題について，多項式時間で答えを見つけるアルゴリズムが一つでも発見されたら，そのとたんP = NPが証明されたことになる．一方，もしも特定のNP完全問題が多項式時間では解けないことが証明されたら，P ≠ NPが証明されたことになる．

最近注目を集めたNP完全問題は，マインスイーパ(Minesweeper)というコンピュータ・ゲームに関する問題であった．より数学的に定式化されたNP完全問題が，ブール関数の充足可能性問題(Boolean Satisfiability Problem)である．これは，真偽値をとる各変数をブールの論理演算子で結合した任意の論理関数が与えられたとき，その関数の値を真とするように各変数の真偽値を割り当てる（その論理関数を充足する）ことが可能か否かを判別する，という決定問題である．

数値解析から証明支援まで

数学は，単なる計算以上のものを含む営みである．しかし，数学がより高度な概念的探求を行う上でも，計算ということが必ず付いてまわる．最も初期の時代から，数学者たちは面倒な計算の手間から彼らを解放してくれる機械的補助手段を探し求め，より正確な結果を得る見込みを高めようとしてきた．自由に電子計算機を利用する私たちを過去の数学者たちが見たら，どれほど羨ましがり，計算速度と正確さに驚くことだろうか．

計算機は，しかし数学の召使以上のことをしてくれた．計算機の設計や機能を考

える中で，数学者たちは多数の新しい理論的な問題に直面した．新しい問題は，方程式の数値解法で用いられる近似の妥当性を裏付けるようなことから，計算理論の基礎まで，多岐にわたる．

21世紀に入って数学者たちは，たんに数値計算を遂行するだけではなくて，代数的あるいは解析的な数式処理にまでおよぶ，強力なソフトウェアを利用できるようになった．こうしたツールは，新しい分野を開発したり，長い時代にわたって解決できなかった問題を解決するのを助けたり，概念的な思索をするための時間を空けてくれたりした．その結果として数学はより豊かになり，たくさんの実用的な問題にも成果を適用できるようになった．オイラーは，複雑な形状の物体の周りの流体の流れを研究する概念的ツールを考え出していた．当時まだ航空機は発明されていなかったが，水の中を動く船体に関する興味深い問題はたくさん存在していた．しかし，この理論的な道具を，オイラーは実用に供するための手段を持っていなかった．

ここまで述べる機会のなかった新しい展開の一つに，コンピュータを数学的証明の支援に使う試みがある．ここ最近に証明された重要な定理のいくつかは，証明の一部に膨大な単純計算を必要としており，その部分はコンピュータを用いて計算された．これをめぐっては，コンピュータ支援を用いた証明は，数学的証明の基本的性質を変えてしまったのではないか，という議論が起こった．数学の証明は，人間の心の働きによって最終確認されなければならない，という要請をスキップしてしまっているからだ．この要請をどう考えるかについては，立場が分かれるところだ．しかし，人間による証明の最終確認という要請を認めるとしても，コンピュータの登場が人間の思考を数学が手助けする力をさらに強大にする進展であることには，疑いの余地がない．

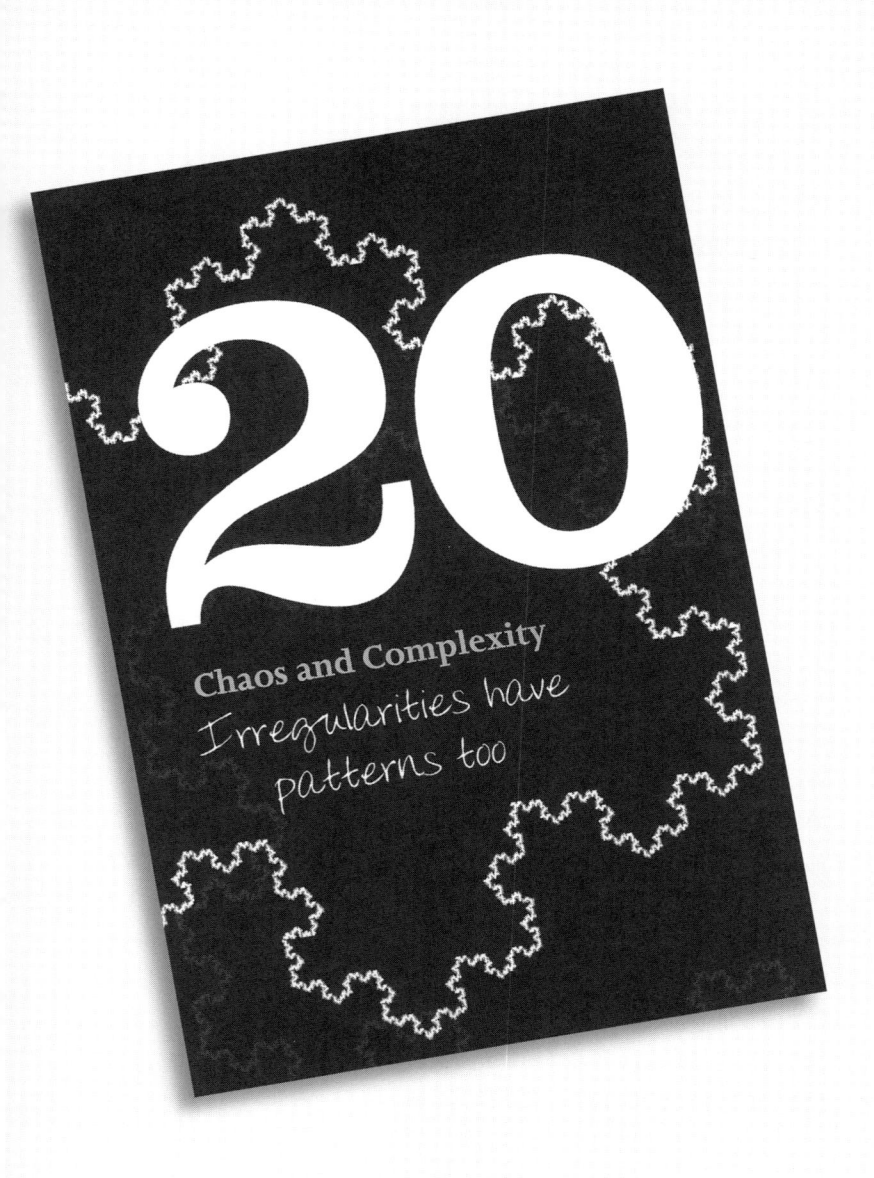

20

Chaos and Complexity
Irregularities have patterns too

第 **20** 章
カオスと複雑系
不規則な現象にもパターンがある

20世紀の半ばころまでに数学は，幅広い応用分野から刺激を受けて，また強力な新手法を開発しながら，急速に発展する時代を迎えた．現代の数学をある程度まとまった形で紹介しようとしたら，少なくとも前章までの全部と同じぐらいのスペースが必要になってしまう．最善のやり方は，数学の独創性や創意工夫が現在進行形で息づいている代表的な例を選んで紹介することであろう．そんな例の一つが，1970年代から1980年代にかけて目覚ましい形で世に現れたカオス理論 ── これは一般向けメディアが非線形力学に付けた名前と言ってもいいが ── がある．これは，微分方程式を用いる古典力学モデルから，自然に発展してきたものだ．もう一つが，複雑系だ．こちらは，より非伝統的な考え方を使う世界で，新しい数学や新しい科学を活気づけている．

カオス

1960年代までは，カオスという言葉には「形のない無秩序」という以外の意味はなかった．しかし，科学と数学の中で根本的な発見があった結果，その後この言葉はいわく言いがたい不思議な第二の意味 ── ある観点からは無秩序でありながら別の観点からは形を持った変化の様子を表す意味 ── をも持つようになった．

ニュートンの『プリンキピア』(*Mathematical Principles of Natural Philosophy*：自然哲学の数学的諸原理) は，世界の体系を決定論的力学の微分方程式に還元した．決定論的とは，初期条件がいったん与えられると，その後の時間変化がずっと先の未来まで完全に一意的に決まってしまう，という意味である．ニュートンが思い描いたのは，時計仕掛けの世界である．創造主が最初の一撃をセットしたあとは，すべてのものは必然的な単一の軌道に沿って動いてゆく[訳註1]．これは，自由意志などの入り込む余地のない世界像だ．そして，このことが科学は冷たい非人間的なものだという見方が生まれる源の一つとなっている．その一方で，私たちにラジオやテレビ，レーダー，携帯電話，商用ジェット機，通信衛星，合成繊維，プラスチックそしてコンピュータといった利器を提供してくれたのも，この世界像なのであった．

科学上の決定論が発展してゆくとともに，それに付随して，ある漠然とした信念が深く定着していった．それは，複雑さは一定に保たれるという信念だ．これは，単純な原因は必ず単純な結果をもたらすと仮定する考え方だ．したがって，複雑な現象は必ず複雑な原因を持つと仮定することになる．この信念は，私たちが複雑な

[訳註1] 『プリンキピア』の第2版以降に付け加えられた「一般的注解」(General Scholium) において，ニュートンは絶対空間，絶対時間の概念や真空中を瞬時に伝わる形になっている重力の遠隔力的な性質などに対する当時の批判に反駁を試みている．ここでニュートンは，偏在する神の介在を示唆するなど，機械論的な世界像とは少し趣の異なる哲学を展開している．時計仕掛けの世界像は，ニュートン自身のものと言うよりは，その後に解析学的に整備された「ニュートン力学」のものだと科学史家の多くは述べている．だから，ここでの話は，いわゆる「ニュートン力学」についてのものとして理解したほうがいい．

対象物や複雑なシステムを眺める際に，こうした複雑さはいったいどこからきたのだろうか，という戸惑いを引き起こす．たとえば，無生物的な惑星からの生命の起源を仮定するとしたら，どこからどうやって生命が持つ複雑さは，もたらされたのだろうか？　複雑さはおのずと生まれてくる，といった考えが私たちに思い浮かぶことは，めったにない．しかし，ひとりでに複雑さが生み出されるというのは，少なくとも数学理論的には十分に起こり得ると示されている話なのである．

唯一究極の解？

　物理法則の決定論的性格は，単純な数学的事実からの帰結である．ごく通常の条件が満たされている限り，微分方程式は与えられた初期条件のもとで一つの解だけを持つ，という数学的事実である．

　ダグラス・アダムス (Douglas Adams) のSF『銀河ヒッチハイク・ガイド』の中には，ディープ・ソートというスーパーコンピュータが「生命と宇宙と万物についての究極の問い」を750万年かけて解くという話が出てくる．そして，ディープ・ソートは，有名な「42」という，人を小馬鹿にしたような答えを吐き出す．このエピソードは，決定論的世界の数学的性質を簡潔に要約した，ラプラス (Pierre-Simon Laplace) の以下の有名な言明のパロディになっている．

　「ある与えられた瞬間に宇宙に働くすべての力と構成物質の位置関係を完全に知り，かつそのデータを解析して宇宙の最大の物体から最も微小な原子に至るまでを単一の方程式に凝縮して解くことのできる知的存在があったとすれば，その知性にとって不確かなことは何もないに違いない．どんな未来の出来事も過去の出来事も，その目には現前して見えているであろう」．

　ラプラスはそれに付け加え，一転して地上の現実へと読者の目を向ける．

　「人間の心は，この知性なら完全に見通してきたような天文現象の中に，ようやくこの知性の働きについての朧気なスケッチを思い描くことができる」．

　皮肉なことに，ラプラス的な決定論が始末に負えないような困難に出会ったのは，物理の中でも最も明白に決定論的な分野といえる天体力学においてであった．1885年に，スウェーデン国王（ノルウェーの国王も兼ねていた）のオスカル2世が，太陽系の安定性問題に懸賞をつけた．私たちの住む太陽系という，時計仕掛けの宇宙の片隅の小さな部分は，果たして永遠にチクタクと動き続けるのであろうか？　それとも，ある惑星が太陽と衝突するようなことが起こり得るのだろうか？　あるいは，ある惑星が太陽系外の宇宙空間まで飛び出してしまうことが起こったりするのだろうか？　驚くべきことに，エネルギーと運動量が保存されるという物理学の法則は，いずれの場合になることをも妨げはしないのである．しかし，太陽系につ

ポアンカレの失策

ストックホルム郊外のミッタク-レフラー研究所の史料館を調査していたバロウ-グリーン (June Barrow-Green) は，それまで表に出されることのなかった，少しばつの悪い事実を最近になって発見した．ポアンカレ (Poincaré) が賞をとった論文は，重大な間違いを含んでいたのだ．カオスを発見したと言われてきたものとは全く違う内容になっていて，そんな現象が起こらないことを証明した，とポアンカレは主張していたのだった．彼が最初に提出した論文には，三体問題で生じ得るすべての運動は規則的な，おだやかな動きだけであることを「証明」してしまっていた．

受賞が決まったあとになって，ポアンカレはある誤りに気づき，それが彼の証明を完全に葬り去るものであることを発見した．しかし，アクタ・マテマティカの特別号として出版される受賞論文は，すでに発送されていた．懸賞事業の責任者ミッタク-レフラーは，配布された号を回収し，訂正論文に印刷し直す費用はポアンカレが全額負担した．この改訂論文にこそ，ホモクリニック軌道の絡み合い —— 現在カオスと呼ばれている力学構造 —— の発見が含まれていたのである．回収再印刷の費用は，彼が間違った論文によって受け取った懸賞金をずっと上回る額になった．間違いを含んだ冊子の大部分はうまく回収され，廃棄されたのだが，主催者側によって収蔵された号は，この回収の網から漏れてしまっていたのである．

いてのより詳しい力学的解析を行うことで，新しい洞察が得られるかも知れない．

懸賞金は，ポアンカレ (Henri Poincaré) に与えられた．彼は，太陽系全体の力学への取っかかりとして，より単純な系 —— 3つの天体からなる系[訳註2] —— を詳しく調べる方法を採った．三体系の運動方程式は，二体系の運動方程式とほとんど同じ形をしており，特に状況が悪くなるようには見えない．しかし，ポアンカレが導入として扱った三体問題は，驚くほど難しいものであることが判明し，彼は何か危険な匂いのするものを発見したのである．三体問題の解は，二体問題の場合とは様子が全く違っていた．

実際，解は非常に複雑な形をしており，解析的な式では書き下すことができなかった[訳註3]．それだけではない．ポアンカレは解曲線の束が作る幾何学（トポロジー）を調べ，三体系の運動がときに極度に無秩序あるいは不規則と言っていい挙動を見せ得ることを，疑う余地のない事実として洞察した．ポアンカレは「この図形の複雑さ —— 私自身それを描いてみようとすら思わないほどの複雑さ —— に人は驚嘆させられる．この図形以上に，三体問題の複雑さをよく理解させてくれるものはあ

[訳註2] このような系を扱う問題を三体問題と言う．ポアンカレが扱ったのは，一般の場合の三体問題に，さらに三つ目の天体の質量が無視できるという条件を付け加えた，制限三体問題と呼ばれるものである．

[訳註3] ポアンカレは，三体問題が求積できないことを明らかにした．より正確に言うと，制限三体問題の第一積分（保存量）は，摂動パラメータに関して解析的な表現を持たないことを示した．

るまい」と書いている．この複雑さは，現在ではカオスの古典的な例とみなされている．

ポアンカレが応募した論文は，オスカル2世が懸賞をかけた問題を完全に解いたわけではなかったが，賞を獲得した．そして60年ほど経って，宇宙とその数学との関係についての見方が革命的に変化するとき，ポアンカレの洞察はその起点となった．

> "この複雑さは，現在ではカオスの古典的な例とみなされている．"

1926—7年ころにオランダの電気工学者ファン・デル・ポール (Balthazar van der Pol) は，自励発振する電子回路——心臓の拍動とも共通する数学モデルで記述できるもの——を組み立て，それが一定の条件下では健常な心臓のようには周期的に拍動せず，不規則な出力を生み出すことを報告している．彼の仕事は，第二次世界大戦中にリトルウッド (John Littlewood) とカートライト (Mary Cartwright) がレーダーの電子工学に触発されて行った研究によって，数学的な基礎づけを与えられた．こうした研究が注目され，より広い意味付けが与えられたのは，さらに何十年かあとのことである．

非線形力学

1960年代に米国の数学者スメール (Stephen Smale) は，電子回路の典型的な挙動の完全分類を求めることを通じて，力学系の理論を新時代へと導いた．スメールは最初，この問題は周期的な挙動の組合せで解けると思っていた．しかし，まもなく彼は，はるかに複雑な挙動も可能なことに気づいた．彼は，ポアンカレが制限三体問題において発見した複雑さと共通するものが，より広範な力学系においても存在し得ることを見抜き，その幾何学的なエッセンスを見通しのいい形で単純化して取り出して見せた．それが，「スメールの馬蹄形写像」と呼ばれるものである．彼は，この馬蹄形写像を用いて，力学が決定論的であっても，ある種のランダムな性質が生じ得ることを証明した．こうした現象の別のいくつかの例が，米国やロシアの力学系の学派によって明らかにされてきていた．シャルコフスキー (Oleksandr Sharkovskii) やアーノルド (Vladimir Arnold) は，特に目立った貢献をしている．そして，一般化された理論も姿を見せ始めていった．

「カオス」という用語は，リー（Tien-Yien Li；李天岩）とヨーク (James Yorke) が1975年に発表した短い論文のタイトルに使われたのが最初である．彼らが証明したのは，ロシア学派が「シャルコフスキーの定理」として1964年にすでに見出していた結果の特別な場合であったことが，まもなく判明する．これらの結果は，離散力学系——連続的な時間ではなくて離散的なステップでの状態変化を記述す

カートライト
Mary Lucy Cartwright 1900-98

メアリー・カートライトは，5人だけいた数学専攻の女性の一人として，1923年にオックスフォード大学を卒業した．少しだけ教員をしたあと，彼女はケンブリッジ大学で博士号を取得した．名目上の指導教授はハーディ(Godfrey Hardy)だったが，彼は当時プリンストンに行っており，実際に指導を受けたのはティッチマーシュ(Edward Titchmarsh)である．彼女の博士論文のテーマは，複素解析に関するものであった．1934年にはケンブリッジの助教(assistant lecturer)に任じられ，1936年にはガートン・カレッジの教学主任(director of studies)となった．

1938年から彼女はリトルウッド(John Littlewood)と協同して，科学技術研究庁(DSIR)のレーダー関連の微分方程式研究プロジェクトに乗り出す．彼らは，これらの方程式の解が，きわめて複雑な大域構造を持つことを発見した．これは，カオス現象を予期するものであった．この業績により，1947年に彼女は王立協会フェローに選ばれた．女性の数学者としては最初のフェローである．

1948年には，ガートン・カレッジの学監(Mistress)となる．1959年から1968年までは，ケンブリッジ大学の准教授(reader)であった．彼女は数々の表彰を受けており，1969年には大英帝国勲章(Dame Commander of British Empire)を授与られた．

るモデル——における周期解出現についての興味深いパターンを見出したものであった．

これと並行して，応用的な科学の文献の中にもカオス的な現象を報告するものが散発的に現れていたが，一般の科学コミュニティに認められることはほとんどなかった[訳註4]．こうした仕事のうち特によく知られているのが，気象学者ローレンツ(Edward Lorenz)が1963年に発表した結果だ．彼は大気の対流という，本来はものすごく複雑な方程式で表される現象を近似して，わずか3変数にまで単純化したモデルを用意した．このモデル方程式系をコンピュータで数値的に解いて，ローレンツは解がほとんどランダムと言っていいほど不規則な振動を示すことを見出した．彼はまた，同じ方程式でも初期値がお互いにほんの少しだけ異なる2通りの場合について解くと，最初はほとんど重なっていた軌道が次第に初期値の違いを増幅してズレてゆき，ついには全く別々のところへ行ってしまうことも発見した．こ

[訳註4] 日本では上田睆亮が1961年にアナログ計算機実験により，世界で初めてカオス・アトラクタを見出していたが，広く知られるようになったのは1970年代の後半になってからである．

の現象を説明するのに彼がのちの講演で使った喩えは,「バタフライ効果」という一般向けの表現となって普及していった．1匹の蝶々の羽ばたきが，1か月後には地球の遠く離れた地のハリケーン発生につながる可能性もある，という意味である．

　この奇怪なシナリオは真正のものだが，かなり微妙な意味で成り立つものだ．あなたが，全地球の気象を2回走らせるという状況を思い浮かべてほしい．片方は蝶々の羽ばたきがあり，もう片方はない．すると，何か月後かには両者の違いは非常に大きなものになり，片方にはハリケーンが発生し他方には発生しないという可能性も十分あり得る，というのがここで言われていることである．この効果は，天気予報に用いられる通常の数値計算用のモデル方程式をコンピュータで走らせたときに，ごくふつうに生じる．そして，数値計算による天気予報がずっと先の長期予報には使えないという問題を引き起こす．しかし，1匹の蝶々の羽ばたきが原因となってハリケーンを引き起こすのだと思ったら，それは誤解である．現実世界において，長期間先の天気は確かに1匹の蝶々の影響を受けるが，それと全く同様に何兆匹もの他の蝶々からも，膨大な数の他の小さな擾乱の一つ一つからも影響を受ける．これらすべてが組み合わさって，ハリケーンが生じるか生じないかというほど巨大な影響が帰結されるのである．

　スメールやアーノルドと彼らの共同研究者たちはトポロジカルな方法を用いて，力学の方程式が「奇妙なアトラクタ」を持つ場合には，その避けられない帰結としてポアンカレが見出したような奇怪な解の挙動が必ず生じることを証明した．奇妙なアトラクタとは，力学系の解が必ずそこへ辿り着いて，複雑な動きを取り続ける場所である．これは，力学系の各変数で記述される状態空間（相空間）の中の図形として可視化できる．たとえば，ローレンツのアトラクタは，この方法でローレン

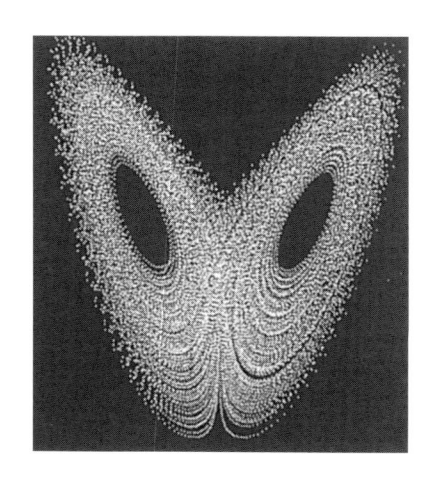

ローレンツのアトラクタ

ツの方程式の解軌道の棲家(すみか)の形を表したものだ．ローン・レンジャーの仮面に少し似ている．ただし，それぞれの面に見える形は，じつは無限個の層を持つ構造になっている．

　奇妙なアトラクタが備えている構造は，カオス力学系が持つ不思議な性質をよく説明してくれる．解のふるまいは，サイコロをふるような場合とは異なり，短期的には予測可能である．それでいて，長時間先のことは全く予測できないのだ．なぜ，予測可能な短期の軌道をつなぎ合わせて，長時間先まで予測することができないのだろうか？　それは，カオス的な力学系では，状態記述の正確さが時間とともに劣化し，誤差がどんどん大きくなってしまうからだ．そのため，ここから先はもう進めないという予測可能性の地平線[訳註5]といったものが存在する．にもかかわらず，系の状態は「奇妙なアトラクタ」内にとどまり続ける．もちろん，少しでも初期値が異なる場合には軌道が全く別々になってゆくのだけれども，アトラクタ内を辿る軌道であることに違いはない．

　このように考えると，バタフライ効果を少し違った眺め方で理解できる．どの蝶々も，変化のきっかけを与えることができるのは，同じ奇妙なアトラクタの範囲内の天気変化だけである．だから，いつも結果は，起こって不思議のない天気なのである．蝶々の羽ばたきがあってもなくても，当たり前の天気が，ちょっと別の当たり前の天気に変わるだけのことだ，という眺め方もできる．

　リュエール (David Ruelle) とターケンス (Floris Takens) は，この奇妙なアトラクタという考え方が，物理学をずっと悩ませてきた乱流という難問に適用できそうだと，いち早く気づいた．流体力学の標準的な方程式であるナヴィエ-ストークス方程式は，決定論的な偏微分方程式である．よくある流体の動きは，層流と呼ばれる，滑らかで規則的な流れである．これは私たちが決定論的な方程式から，期待する通りのものだ．しかし，別のタイプの流体の動きである乱流は，泡立つかのように細部まで時間的にも空間的にも不規則で，ほとんどランダムと言っていい流れになっている．これまで，乱流は個々にはシンプルで規則的な流れのパターンが極度に複雑に組み合わさったものだとする理論か，乱流状態に入るともはやナヴィエ-ストークス方程式は使えなくなるとする理論しかなかった．しかし，リュエールとターケンスは，第三の理論を提案した．彼らは，奇妙なアトラクタが流体力学に現れた例が乱流だ，と示唆したのである．

　当初この理論は，疑いの目で見られていた．しかし現在，細部には疑問の残る点があるとしても，彼らの議論が大筋では正しかったことを私たちは知っている．他

[訳註5]　原著の表現は"prediction horizon"．相対論的宇宙論でブラックホールなどを記述するときに使われる用語「事象の地平線 (event horizon)」のアナロジーである．

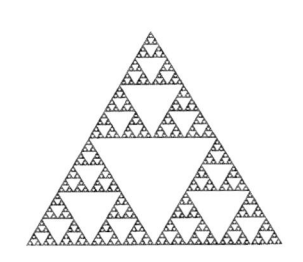

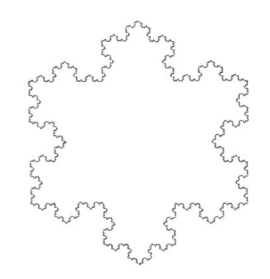

ヒルベルトによる平面を埋めつくす曲線の作り方（左），シェルピンスキーのギャスケット（中央），雪片曲線（右）

にも，奇妙なアトラクタの考え方が適用できた成功例がいくつも続き，そうした現象を表現する簡便な用語としてカオスという言葉が定着していった．

集合論のモンスター

　二つ目の話題に入ろう．1870年ころから1930年ころにかけて，一匹狼的な何人かの数学者たちが数々の奇怪な図形のコレクションを作り出していった．これらの図形は，もっぱら古典的な解析学の限界を例示する目的で考案された．微分積分学が発展途上であった時代の数学者たちは，連続的に変化するどんな量も，明確に定義された変化率というものを，ほとんどいたるところで持つと仮定していた．たとえば，空間内を連続的に動く点は，明確に定義された速度を持つのが当たり前——ときに不連続的に速度が変わることが例外的にあるとしても——と思われていた．

　しかし，1872年にワイエルシュトラス (Weierstrass) は，この長年続いてきた素朴な信念が間違いであることを示した．どの瞬間においても速度がジャンプする——つまりいたるところで速度が定義できない——不規則な動きをしながらも，質点が連続的に動くことは可能なのである．他にも，変則的図形の例が次々に出てきて，集合論的モンスターが集う奇怪な動物園が出来上がっていった．一つ目は平面や空間のある領域を埋め尽くしてしまう曲線で，1890年にペアノ (Peano) によって，別の例がヒルベルト (Hilbert) によって発見された．別種の奇怪な曲線は，すべての点で自分自身と交差するというもので，シェルピンスキー (Wacław Sierpiński) によって1915年に発見された．

　1906年にコッホ (Helge von Koch) が考案した奇妙な幾何学の例は，無限の長さを持つ曲線なのだが，面積が有限の領域を囲むようになっている．コッホの雪片曲線と呼ばれるこの図形は，次のようにして作られる．まず，正三角形を一つ持ってくる．その各辺の中央に小さな正三角形の岬を取り付けて，6つの突起を持った星

形にする．次に，この星形図形の 12 個ある各辺それぞれの中央に，さらに小さな正三角形の岬を取り付ける．以下，図形のすべての辺の中央により小さな岬を取り付ける操作を，無限に繰り返してゆく．こうして作られた図形は六方晶の対称性を持っているため，繊細な雪片の形に見える．実際の雪の結晶はこれとは異なる成長規則によって生成されるのだが，それはまた別の話だ．

　当時の本流の数学者たちは，こうした例を「数学の病理学標本室」ないし「モンスター展示ギャラリー」のものだと言って，切り捨てた．しかし年が経って，ばつの悪い失敗をいくつも数学者たちが目にしてゆくと，モンスターにこだわった偏屈数学者たちの言い分も受け入れられていった．解析学の背後にあるロジックはとても微妙なものなので，見た目だけの結論にすぐ飛んでしまうのは危ない —— それをモンスターたちは警告してくれているのだ．というわけで，20 世紀に入るころには一般の数学者たちも，偏屈数学者たちが集めた新奇で珍妙な標本を，厳密な理論を保つための展示室の品々として，気軽に眺めに行くようになった．しかし，これらの標本が実世界で何かの役に立つようには，とても見えなかった．1900 年ころにヒルベルトは，このへんの領域を，口論を起こすことはない珍奇な楽園だと呼んでいた．

　ところが 1960 年代になると，こうした予想を完全に裏切って，標本室の純理論的モンスターたちは，応用科学の分野で大活躍する機会を与えられた．こうしたモンスターの曲線や何やの集団こそ，自然界の不規則さを扱う遠大な理論への鍵を握っていることに気づいたのが，マンデルブロ (Benoit Mandelbrot) であった．彼は，こうした奇怪な図形を「フラクタル」と新たに命名した．それまでの科学は，長方形や球といった伝統的な幾何学的形状を相手にするだけで満足していた．マンデルブロは，そうしたアプローチは狭すぎると主張した．自然界は，複雑で不規則な構造で溢れている．海岸線や山の地形，雲や樹の形，銀河，河川の形状，海洋上の波浪，月や惑星のクレーター，カリフラワー —— これらの構造を伝統的な幾何学では語ることができない．新しい「自然の幾何学」が必要だ．

　現在の科学者にはフラクタルの考え方はすっかり浸透しており，ごく当たり前のものとなってきている．1926 年にリチャードソン (Lewis Fry Richardson) が発表した論文「距離 - 近傍数グラフからの大気拡散の考察」[訳註6]には，「風は速度を持つと言えるのか？」と問う節見出しが出てくる．これが全くまっとうな疑問である

[訳註 6] 英国王立協会ウェブサイトの以下の URL から論文全文がダウンロードできる．http://rspa.royalsocietypublishing.org/content/110/756/709.full.pdf+html リチャードソン (1881-1953) は数値的な天気予報を最初に構想した英国の卓越した数理科学者で，フラクタル理論の先駆者である．また，彼の数理統計的な戦争研究は，スティーヴン・ピンカーが暴力の人類史を考察した大部の問題作『我らの内なるよき本性』(The Better Angels of Our Nature, 2011) を書くきっかけともなった．

ことは，今日では十分よく理解されている．大気の流れには乱流的な性質があり，乱流はフラクタル性を持っている．つまり，ワイエルシュトラスの怪物的関数のグラフのようなものだ．連続的に動いているけれども，どこでも速度を明確に定義することができない流れとなり得る．マンデルブロは，自然科学の内側と外側の世界から数多くのフラクタル事例を見つけ出した．樹木の形状，河川の本流・支流の枝分かれ，株式市場の価格変動のパターンなどなど．

いたるところにカオス！

　力学系の研究で見つかった奇妙なアトラクタも，幾何学的に眺めてみるとフラクタルになっていることが判明した．2つの方向から進んできた着想がここで出会い，互いに密接に絡み合うようになった．これが，世間一般でカオス理論とで呼ばれているものだ．

　カオスは，科学のほとんどすべての分野で見出される．前章でも述べたように，ウィズダムやラスカルは太陽系の天体力学がカオス的であることを発見した．私たちは，太陽系の惑星運行の様子を永遠の未来まで予言するのに必要なことは，全部知っている．運動方程式も，各天体の質量や速度も，みんなわかっている．しかし，力学的カオスのため，およそ1000万年先のところに予測可能性の地平線が存在している．だから，冥王星[訳註7]が西暦1000万年に太陽のどちら側に位置しているかを問うても，それは無駄というものである．これらの天文学者たちは，月が地球におよぼす潮汐力が，地球の軌道を安定させていることも示した．月がなかったら，地球は軌道がカオス的になる影響をより強く受け，氷河期と間氷期の移り変わりのような気候変動がもっと急速に起きて，今よりもずっと住みにくい場所になっていたかもしれない．

　カオスは，生物種の個体数変動を記述する数理モデルにおいても，頻繁に現れる．これは，実験室系（カブトムシのような昆虫を含む被食捕食系を制御された条件で飼育する）でも，実際に観察されている．生態系は通常，自然の静的バランスに落ち着くことはない．均衡状態にとどまるのではなくて，奇妙なアトラクタに沿っての状態変化を続けていると見たほうがいい．すなわち，全体としては似たような相の範囲内で，状態が彷徨い続け，変動は絶えることがない．こうした生態系の微妙でとらえにくい動力学を理解しそこなっていることが，世界レベルの漁業を破滅の危機近くに追い込んでいるのかもしれない．

　[訳註7]　冥王星は最近になって惑星ではなくて準惑星ということになったが，ここでの天体力学の話の本筋には関係ない．

非線形力学はどのように使われてきたか

非線形力学が科学技術のモデリングにおいて重きを置かれる以前には，その役割はおもに理論的なものに限られていた．そのうちでも最も深遠な仕事は，ポアンカレによる天体力学の三体問題に関する研究だ．彼の研究結果は，三体問題において極度に複雑な軌道が存在することを予言していたが，実際の軌道がどのようなものになるのかについては，あまり詳しく教えてくれるものではなかった．ポアンカレの仕事で重要な点は，簡単な方程式が生み出す軌道が簡単なものとは限らないということだ．複雑さは保存されない．簡単な仕組みが起源となって，複雑さが生成されることがあり得るのだ．

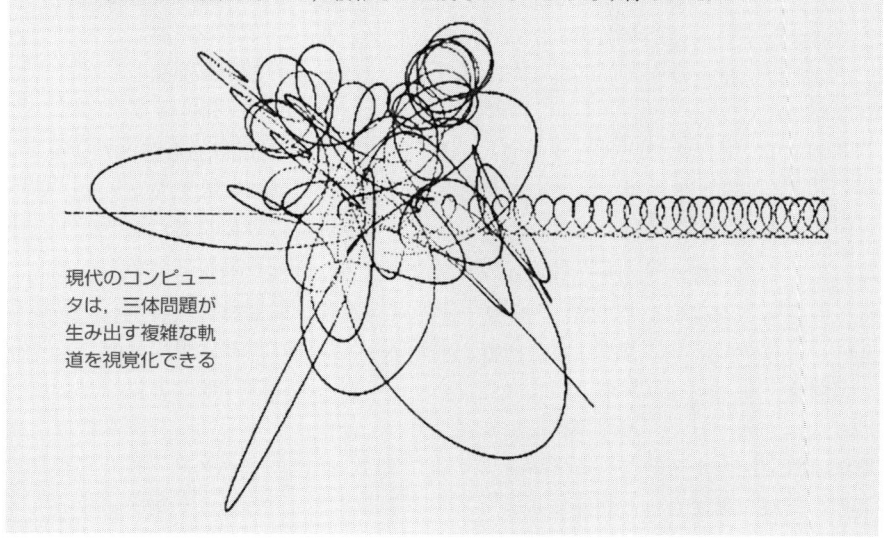

現代のコンピュータは，三体問題が生み出す複雑な軌道を視覚化できる

複雑系

カオス理論の先に，複雑系の話をしなければならない．現在の科学が直面している問題の多くは，おそろしく複雑なものばかりである．サンゴ礁や森林の保全や漁業の資源管理などを考えようとしたら，非常に複雑な生態系を理解しなければならない．こうした複雑な系では，見たところ何の害もないようなちょっとした変化が，予測もつかない深刻な問題の引き金になってしまうことがある．現実世界は非常に複雑で，計測も難しい．従来のモデル化の手法で現象を記述したり，モデルの正当性を検証するのは，容易なことではない．こうした困難に立ち向かうには，現実世界をモデル化する方法を根本的に変革する必要がある，と次第に多くの科学者たちが考えるようになった．

1980年代の初頭に，ロスアラモス国立研究所で物理化学部門などを率いてきたコーワン (George Cowan) は，非線形力学理論の発展がきわめて重要だと考えるに至った．この理論モデルでは，小さなきっかけが大きな変化の引き金となり，堅固なルールが無秩序に導かれたり，構成要素には原始的な形でも存在しなかった性質を系の全体が生み出す（創発する），といったことが起きる．一般的に言って，これらの特性こそ，現実世界で観察されているものではないか．しかも，これは単なる類似にはとどまらず，深い真正な理解をもたらしてくれる可能性がある，と彼は考えた．

　コーワンは，非線形力学の発展とその学際的な応用をめざす，新しい研究所を作ることを思いついた．彼は，素粒子物理学でノーベル賞をとったゲル-マン (Murray Gell-Mann) と一緒にこの構想を推進し，1984年に当時リオ・グランデ研究所と呼ばれたものを創設した．これは，その後サンタ・フェ研究所と改名し，国際的な複雑系研究のセンターとなって現在に至っている．複雑系の理論は，コンピュータを用いた自然のデジタル・モデルを構成しつつ，新しい数学的方法と視点を生み出すのに貢献してきた．この新しい手法は，コンピュータの威力を駆使してモデルの解析を行い，複雑な系のとらえにくい微妙な性質を理解しようとする．そして，コンピュータが出力した結果を理解するために，非線形力学をはじめとする数学理論が積極的に用いられる．

セル・オートマトン

　複雑系で用いられる新しい数理モデルの一つに，セル・オートマトンがある．このモデルでは，樹々や鳥やリスなどが，多数の色つきの小さな正方形の集団で具現化される．小さな各正方形（セル）の一つ一つは，隣接する正方形（セル）たちと競争したり協力したりの，数理的なコンピュータ・ゲームを各自で行うことになる．ルールや構成は単純なものである．しかし，この単純さは，見かけに過ぎない．このゲームから生み出される複雑さは，科学の最先端に位置している．

　セル・オートマトンは，フォン-ノイマン (John von Neumann) が自分のコピーを複製できるという生命の能力を理解しようと試みた1950年代に，最初の隆盛をみた．彼にセル・オートマトンを用いたアプローチを示唆したのはウラム (Stanislaw Ulam) で，ドイツの計算機パイオニアであるツーゼ (Konrad Zuse) が1940年代に創案した格子状時空のモデルを知っていたのだった．多数の正方形（セル）が格子状に並んだ宇宙を考える．いわば，巨大なチェス盤のようなものだ．各時間ステップにおいて，各セルは何らかの状態（通常は有限個の可能な状態のうちの一つ）をとって存在する．そして，このチェス盤の宇宙は，その「自然法則」を持つ．これ

は，時間が次のステップに進んだとき各セルがどのように状態遷移するかを決める規則である．セルの状態は，カラーで表現すると便利である．状態遷移の規則とは，たとえば「もし自分のセルが赤で，隣接するセルのうちに青いセルが2つあったら，そのセルは次の時刻には黄色になる」といった感じのものだ．こうしたシステムが，セル・オートマトンである．全体が格子状のセルから成っており，そして各セルが盲目的に規則に従う自動機械(オートマトン)として動作することから，この名がある．

生命の最も基本的な特徴をモデル化するため，フォン-ノイマンはセル配列パターンが複製されるものを構成した．この系は20万ものセルから成り，それぞれのセルは29種類の色（＝内部状態）のいずれかを持つようになっている．セルの並び方と色によって，複製を行うための司令と複製される配列パターンの情報の両方がコードされる仕組みである．各セル自身は，すべて同じ状態遷移の規則に盲目的に従う．それでいて，自己複製機械の「青写真」が結果として完全な形でコピーされるのである．フォン-ノイマンの仕事が公表されたのは1966年になってから[訳註8]で，その時点までにはクリック (Francis Crick) とワトソン (James Watson) によるDNA分子構造の解明をもとに，生命がその構造をどのように利用して遺伝情報を複製してゆくのかが，ほぼ理解されていた．セル・オートマトンはほとんど無視されたまま，という時代が続いた．

1次元セル・オートマトンの時間発展パターンの例（上から下に時間が流れる）

しかし1980年代になると，膨大な数の単純な部分から成る系で，部分間の相互作用によって複雑な全体が生み出されるタイプのものが，次第に注目を集めるようになった．数理モデルについて従来は，できるだけ細部まで実際の姿を取り入れようとする考え方があり，現実に近づけたモデリングほどよいとされる傾向があった．しかし，この細部に忠実なモデル化というアプローチは，ほかならぬ複雑系において破綻してしまう．たとえば，ウサギの個体数変動を理解したかったとしよう．このとき，ウサギの羽毛の長さとか，耳の長さとか，免疫系の仕組みをモデルに含め

[訳註8] 原文では，フォン-ノイマンは1966年まで結果を公表しなかったという表現になっていたが，彼が亡くなったのは1957年のことであり，これは没後出版である．遺稿をバークス (A.W.Burks) が整理・編集したものが，1966年に出版された．

る必要はない．個体数変動にとって本質的な要因だけをモデルに含めたほうがいい．それぞれのウサギの年齢，性，妊娠中かどうか，程度がわかれば十分だ．そして，計算機のメモリや変数割り当てや計算ルーチンを効率的に考えて，モデルを走らせてやるのがよい．

そうした考え方で計算モデルを組み立てる場合，セル・オートマトンが効果的であることが多い．個々の要素について不要な詳細については無視し，そのかわり要素間の相互作用がどのように働くかに焦点を当ててモデル化し，解析する．この方法は，どの要因が重要なのかを見分けるのに適しており，系の複雑さがなぜ生まれ，何がどのようにして全体を動作させているのかを理解し，基本的な仕組みを洞察するのに役立つ．

地質学と生物学

伝統的なモデリングの手法による解析を寄せ付けなかった複雑な系に，河川パターンや三角州地形などの形成がある．バーロー (Peter Burrough) は，自然界の地形がなぜ現在見られるような形状になるかを説明するのに，セル・オートマトンを使った．彼は，流水と土と堆積物との間の相互作用を，セル・オートマトンによってモデル化した．シミュレーションの結果は，土壌浸食速度の違いがどのようにして河川の形状に影響し，川の流れが削り取った土壌をどこに運んでゆくかを，的確に説明してくれた．これらは，河川工学や治水にとって有用な知見を与えてくれるものだ．また，こうした研究方法は，石油会社の興味にも沿うものだろう．石油や天然ガスは，もともと堆積物から形成された地層に埋蔵されていることが多いからだ．

セル・オートマトンのもう一つの見事な応用を，生物学の分野に見出すことができる．マインハルト (Hans Meinhardt) は，貝殻からシマウマの縞々まで動物界に見られるパターン形成をモデル化するのに，セル・オートマトンを用いた．ここで鍵となる要因は，細胞の性質に影響を与える何種類かの化学物質である．細胞内で起こるこれらの物質間の化学反応と，近接する細胞間に化学物質が拡散する過程を考えることによって，相互作用をモデル化できる．これらの相互作用が組み合わさった効果を，セルの状態遷移の規則として与える．セル・オートマトンを走らせた結果は，動物が成長する過程で色素生成遺伝子のスイッチがどのような相互作用にもとづいて活性化や抑制のシグナルを受けるか，パターン形成のダイナミックな仕組みを洞察するための有用な情報を与えてくれる．

カウフマン (Stuart Kauffman) は，生物学のもう一つの大きな謎，生物の形づくりのメカニズムを探求するために，複雑系のさまざまな理論的手法を援用している．生物発生の中で生き物の形が作られてくるときには，DNA の遺伝情報を転写・翻

> **複雑系の研究は，十分に入り組んだ化学の基盤があれば，生命は自然に生み出されるという見方を支持している．**

訳するといった分子レベルの過程だけではなくて，さまざまなダイナミクスが深く関与しているはずである．それを理解するには，複雑な非線形の力学を用いた定式化が有力な方法であろう．

セル・オートマトンは，一回りして自己複製機械の構成にも戻ってきている．ただし，こんどは生命の起源の問題に新たな光を投げかけるものだ．フォン-ノイマンによる自己複製機械の構成は，ひどく特殊なものだった．複雑な初期配置がコピーされるよう，注意深く組み立てられた，ドミノの名人の作品のようなものだ．この作品，自己複製するオートマトンとして典型的なものなのだろうか？　それとも，特殊な初期配置を用意しなくても，ひとりでに自己複製のサイクルを生み出してくれるものなのだろうか？　1993年にチュー (Hui-Hsien Chou) とレッジア (James Reggia) は，フォン-ノイマンの29状態セル・オートマトンを，ランダムな初期配置から走らせてみるタイプの計算機実験を試みた．これは，生命の起源論で言う「原始スープ」から始めることに相当する．彼らの結果は，98％以上の場合において，系が自己複製する構造を生み出すというものであった[訳註9]．この系において自己複製という特性は，ほぼ確実に出現する本質的なものだということになる．

複雑系の研究は，生命のない惑星に十分に入り組んだ化学の基盤があれば，生命は自然に生み出され，よく複雑で洗練された構造へと向かってゆくという見方を支持している．解明すべきこととして残されているのは，私たちの宇宙に自己複製する構造を創発させるのは，どのような規則かという問題だ．つまり，生命の誕生を可能にするだけでなく必然的にするような最初の決定的なステップをもたらしたのは，いかなる物理法則だったのか，という問題である．

数学はどのようにして創られてきたか

数学が創られてきたストーリーは，長く，込み入ったものだ．目覚ましいブレークスルーがいくつもあっただけでなく，新分野のパイオニアたちの仕事が袋小路に入り込んでしまい，何世紀も抜け出せないような事態さえしばしば起こってきた．しかし，これはパイオニアには避けられないことだ．次にどこへ行けばいいのかが

[訳註9]　ただし，フォン-ノイマンのドミノをでたらめに並べ直すだけで自己複製する倒れ方が出てくるということではない．遺伝的アルゴリズムなどの進化機構を組み込み，かつセレクションの方法を上手にチューニングすると，このような結果になるというものだ．

非線形力学は現在どのように使われているか

　カオスが不規則で予測不可能で，わずかな擾乱に鋭敏だと聞けば，実際的な応用は考えにくいと思われることだろう．しかし，カオスは決定論的法則に従っているので，まさにこの点から有用な性質を引き出すことが可能なのである．

　潜在的に最も重要な応用は，カオスを利用したコントロール手法である．1950年ころフォン-ノイマンは，気象現象における不安定性が，いつの日か有用な性質となり得ることを示唆している．なぜなら，非常にわずかな擾乱を的確に与えることで，望みの大きな効果を生み出せる可能性があるからだ．1979年にベルブルーノ（Edward Belbruno）は，こうした効果が宇宙航行法にも使えて，わずかな燃料によって宇宙探査機を長距離動かすことが可能であることに気づいた．ただし，そういう軌道を採ると非常に長い航行時間——たとえば地球から月まで到達するのに2年とか——を要する．このため，やがてNASAは彼のアイデアに興味を失っていった[訳註10]．

　1990年に日本の宇宙科学研究所（当時：現JAXA宇宙科学研究所）は，ひてん・はごろも実験機を打ち上げた．はごろも小型機は中継機ひてんから切り離され，月周回軌道に入ることになっていた．ところが，はごろもは故障して交信が絶たれ，地球周回軌道上のひてんには何もすることがないという状況に陥ってしまった．ひてんには燃料が残り10%しかなく，従来の方法では月にまで到達できそうになかった．この窮状を脱する方法を探っていた技術者の一人がベルブルーノのアイデアを思い出し，彼にコンタクトをとった．ベルブルーノの助言で軌道制御の方法を変更した結果，ひてんは10か月で月の近くに到達し，月スイング・バイを繰り返して月よりずっと遠方まで飛行し，微小宇宙塵の採集も行った．しかも，残りわずかになっていた燃料の半分しか使っていなかった[訳註11]．この最初の成功のあと，このテクニックは繰り返し使われるようになった．太陽風サンプル採取を試みたNASAのGenesis探査機や，ESAのSMARTONEミッションなどが，その例である．

　カオス理論を用いた制御は，地上の世界にも応用できる．1990年に，オット（Edward Ott），グレボギ（Celso Grebogi），ヨーク（James Yorke）の3人は，バタフライ効果を援用してカオス的なシステムを制御する一般理論の枠組みを発表した．彼らの手法は，レーザーの集団を同期させたり，心拍の不規則さを制御するよりインテリジェントなペースメーカーの可能性を探ったり，てんかん発作を抑えるのに役立つ可能性のある脳波の制御方法を研究したり，乱流を静める制御方法を見つけて航空機の燃料効率を向上させる，などの応用を視野に入れている．

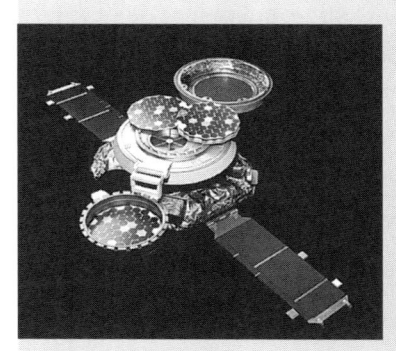

Genesis探査機（NASA提供）

[訳註10] ベルブルーノは，1985年から1990年までNASAのジェット推進研究所（JPL）に，軌道解析の専門家として勤務し，ガリレオ探査機やカッシーニ探査機などのミッションなどに参加する一方，低エネルギー宇宙航行法を提案していた．

[訳註11] ひてんは1993年に最終的に月面に衝突してミッションを終えた．

見えているのだったら，誰でも前へ進める．そして，4000年もの時間をかけ，さまざまな紆余曲折を経て，いま私たちが数学と呼んでいる精巧でエレガントな構造が作られるに至った．それまでの歩みは，不規則で断続的なものだった．創造的活動が爆発的に進む時代があったかと思うと，長い停滞期が続いたりした．数学創造活動の中心地は，諸文明の興亡とともに世界の各地域を巡り動いていった．その文明の実用的な必要性に沿って数学が発展することもあったし，数学がそれ自身の指向する方向を目指して進展することもあった．後者の場合には，その数学を実践している人たちの活動は，部外者には単なる知的遊戯にしか見えなかった．しかし驚くべきことに，純粋な知的ゲームだと思われてきたものが，やがて新しい技術の発展を刺激したり，世界を理解する新しい視点となったり，いつしか現実世界で役立つものになっていたという事例に私たちは事欠かないのである．

　数学の発展は，立ち止まることがなかった．新しい応用が数学に対する新しい需要を生み出し，数学はそれに応えてきた．現在では，とりわけ生物学が新しい数学的モデリングと数学的理解という，チャレンジングな課題を提示してくれている．もちろん，数学それ自身の内在的な要求も，新しい着想や新しい理論の出現を刺激し続けている．多くの未解決の重要問題が残されているが，数学者たちはそれらの問題に取り組んでいる．

　長い歴史を通じて数学は，現実の世界と人間の想像力の世界という，2つの源からインスピレーションを得てきた．では，この2つのどちらが，より重要なのだろうか？　どちらでもない，というのが答えだ．大事なのは，両者の組合せなのである．数学史の研究は，数学がその威力と華麗さを両方の源から引き出してきたことを明確にしている．古代ギリシャ時代は，歴史の中での黄金時代だったと言われることがある．論理学や数学そして哲学が，人間の条件そのものに向けられていた．しかし，古代ギリシャの達成は，現在進行中のストーリーの一部に過ぎない．数学はいま，歴史上かつてないほど活発で，かつてないほど多様で，かつてないほど社会にとって不可欠なものとなっている．だから，この数学の歴史をめぐるストーリーは，次の結語で締め括らなければならない．

　みなさん，ようこそ数学の黄金時代へ！

さらに詳しく知るために

書籍と雑誌記事[訳註1]

エドワード・ベルブルーノ，北村 陽子（訳），『私を月に連れてって 宇宙旅行の新たな科学』，英治出版，2008.

E.T. ベル，田中 勇・銀林 浩（訳），『数学をつくった人びと（上・下）』，東京図書，1997. 同書文庫版，『数学をつくった人びと（Ⅰ・Ⅱ・Ⅲ）』，（ハヤカワ文庫NF），早川書房，2003.

E.T. Bell, *The Development of Mathemdtics* (reprint), Dover, NewYork 2000.

R. Bourgne and J.-P. Azra, *Écrits et Mémoires Mathématiques d'Évariste Galois*, Gauthier-Villars, Paris 1962.

C.B. ボイヤー，加賀美 鉄雄・浦野 由有（訳），『ボイヤー 数学の歴史 1-5』，朝倉書店，1983-85，（新装版）2008.

W.K. Bühler, *Gauss: a Biographical Study*, Springer, Berlin 1981.

G. カルダーノ，青木 靖三・榎本 恵美子（訳），『わが人生の書──ルネサンス人間の数奇な生涯』[訳註2]（現代教養文庫），社会思想社，1989.

ジェローラモ カルダーノ，清瀬 卓・沢井 繁男（訳），『カルダーノ自伝（──ルネサンス万能人の生涯）』[訳註2]（平凡社ライブラリー），平凡社，1995.

G. Cardano, The Great Art Or the Rules of Algebra (translated [by] T. Richard Witmer), MIT Press, Cambridge, MA 1968.

J. Coolidge, *The Mathematics of Great Amateurs*, Dover, New York 1963.

T. Dantzig, *Number ─ the Language of Science* (ed. [by] J. Mazur), Pi Press, New York 2005.

ユークリッド，中村 幸四郎・寺阪 英孝・伊東 俊太郎・池田 美恵（訳），『ユークリッド原論 追補版』，共立出版，2011.

I. Fauvel and J. Gray, *The History of Mathematics ─ a Reader*, Macmillan Education, Basingstoke 1987.

D.H. Fowler, *The Mathematics of Plato's Academy*, Clarendon Press, Oxford 1987.

カール・フリードリヒ ガウス，高瀬 正仁（訳），『ガウス 整数論』（数学史叢書），朝倉書店，1995.

[訳註1] 日本語訳があるものについては，翻訳出版の書誌情報のみを記した．
[訳註2] 同じ書物の別訳である．

A. Hyman, *Charles Babbage*, Oxford University Press, Oxford 1984.

G.G. Joseph, *The Crest of the Peacock — non-European Roots of Mathematics*, Penguin, Harmondsworth 2000.

ヴィクター・J. カッツ，上野 健爾・中根 美知代・林 知宏・佐藤 賢一・中沢 聡・三浦 伸夫・高橋 秀裕・大谷 卓史・東 慎一郎（訳），『カッツ 数学の歴史』，共立出版，2005.

M. Kline, *Mathematical Thought from Ancient to Modern Times*, Oxford University Press, Oxford 1972.

A.H. Koblitz, *A Convergence of Lives — Sofia Kovalevskaia*, Birkhäuser, Boston 1983.

N. Koblitz, *A Course in Number Theory and Cryptography* (2nd edn.), Springer, New York 1994.

マリオ リヴィオ，斉藤 隆央（訳），『黄金比はすべてを美しくするか？―最も謎めいた「比率」をめぐる数学物語』，早川書房，2005.（同ハヤカワ文庫 NF 版，2012.）

マリオ リヴィオ，斉藤 隆央（訳），『なぜこの方程式は解けないか？―天才数学者が見出した「シンメトリー」の秘密』，早川書房，2007.

E. Maior, *e — the Story of a Number*, Princeton University Press, Princeton 1994.

E. Maior, *Trigonometric Delights*, Princeton University Press, Princeton 1998.

D. McHale, *George Boole*, Boole Press, Dublin 1985.

O. Neugebauer, *A History of Ancient Mathematical Astronomy* (3 vols.) Springer, New York 1975.

O. オア，辻 雄一（訳），『アーベルの生涯―数学に燃える青春の彷徨』（新装版），東京図書，1985.

C. リード，彌永 健一（訳），『ヒルベルト――現代数学の巨峰』（岩波現代文庫），岩波書店，2010.

T. ロスマン，藤原 正彦・藤原 美子（訳），「ガロアの短い生涯」（『日経サイエンス』1982 年 6 月号所収），日経サイエンス社，1982.

トニー ロスマン，山下 純一（訳編），『ガロアの神話』，現代数学社，1990.

デーヴァ ソベル，藤井 留美（訳），『経度への挑戦―一秒にかけた四百年』，翔泳社，1997.

イアン スチュアート，須田 不二夫・三村 和男（訳），『カオス的世界像―神はサイコロ遊びをするか?』，白揚社，1992.

イアン・スチュアート，水谷 淳（訳），『もっとも美しい対称性』，日経 BP 社，2008.

S.M. Stigler, *The History of Statistics*, Harvard University Press, Cambridge, MA 1986.

ファン・デル・ヴェルデン，加藤 明史（訳），『代数学の歴史―アル・クワリズミからエミー・ネーターへ』，現代数学社，1994．

D. Welsh, *Codes and Cryptography*, Oxford University Press, Oxford 1988.

インターネット

　本書に出てくる話題のほとんどについての詳細情報を，検索エンジンを使えば容易に見つけることができるはずである．全般について非常に有用なサイトを3つだけ挙げておく．

　The MacTutor-History of Mathematics archive:
http://www-groups.dcs.st-and.ac.uk/~history/index.html

　Wolfram MathWorld, a compendium of information on mathematical topics:
http://mathworld.wolfram.com

　Wikipedia, the free online encyclopaedia:
http://en.wikipedia.org/wiki/Main_Page

訳者あとがき

　本書は，Ian Stewart, *Taming the Infinite: The Story of Mathematics* (Quercus Pub., 2008) の全訳である．タイトルにある "taming" には，「飼いならす」「手なずける」といった意味のほか，牧畜が文化の核にあったユダヤ・キリスト教やイスラムの伝統からくる宗教的なニュアンスを微妙に帯びる場合もあると聞く．数学者たちが「無限」という暴れ馬を，どのようにして馴致してきたか，というのが本書の主題である．邦訳タイトルは素直でわかりやすいものをということで，編集サイドと話し合い，いまのものに落ち着いた．

　本書は，数学の歴史を扱っているけれども，いわゆる数学史の本ではない．著者まえがきにもあるように，虚数とかトポロジーとか対称性とか，数学的アイデアごとに切り口を決めて，考え方の発展の歴史を章ごとに辿るという趣向の本である．数学の歴史を読む視点・切り口を示してみせる，というのが狙いと言っていいだろう．著者のように，博覧強記で，かつ遊び心のある人にしか書けない読み物である．原著はビジュアル的にお洒落な造りとなっているが，斬新なレイアウトの原著の雰囲気を生かす本作りを見事に完成させてくれた編集部の腕前には感心している．本文は原著に忠実に翻訳を進めたが，できるだけ広範な読者の便宜を考えて少し多めの訳註をつけ，ときにお節介な数学的補足説明を行った．原著にちらほら散見された単純な誤記は，いちいち断らずに訂正した．

　本訳書は，私にとって初めての翻訳の機会となった．翻訳の仕事がこんなにも楽しく，かつ死ぬほど苦しいものだとは，うかつにもこの歳になるまで知らなかった．周囲の何人もの方々の励ましがなければ，この翻訳はとても終わらなかっただろう．とりわけ，いまの職場の元同僚であった齊藤郁夫氏は，翻訳草稿にも目を通して有益なアドバイスをしてくれた．特に記して感謝したい．また，この仕事のお話を最初にいただいた近代科学社の千葉秀一前社長，辛抱強く原稿催促してくれた冨高塚磨氏，編集作業で助けていただいた高山哲司・石井沙知の両氏，そして出版の最終決断をした小山透現社長，それぞれに謝意を表したい．

　本書の刊行が，数学文化を愛好する人々に，少しでも意義あるものになることを祈念して，筆を擱くことにしたい．

2013 年 8 月　函館にて　訳者

索 引

数字・欧文

『1000 までの対数』（ブリッグス）　92
2 次方程式における対称性　219
2 進数　337
3 次方程式　68, 171
4 次元空間　275
CD　249
DNA　271
DVD　249
e（ネイピアの数，自然対数の底）　93
GPS　13
RSA 暗号　127

あ

アインシュタイン (Einstein, Albert)　211, 244, 267, 282, 287, 308
アダムス，ダグラス (Adams, Douglas)　347
『新しい対数』（シュピーデル）　93
アーノルド (Arnold, Vladimir)　349
アバカス（計算盤）　49, 332
アーバスノット (Arbuthnot, John)　323
アーベル (Abel, Niels)　184, 189, 222-224
アボット，エドウィン (Abbott, Edwin Abbott)　289
アポロニウス (Apollonius)　17, 34, 86, 98
『あらゆる不備が取り除かれたユークリッド』（サッケーリ）　205
アリスタルコス (Aristarchus)　82
アーリヤバタ (Aryabhata)　46
アル - カラジ (al-Karaji)　321
アルガン (Argand, Jean-Robert)　174, 278
アルキメデス (Archimedes)　17, 29-34, 98
アルキメデスの螺旋　104
アル - キンディ (al-Kindi)　49
アルゴリズム　338
『アルス・マグナ』（カルダーノ）　72
アル - フワーリズミー (al-Khwalizmi)　49, 67, 338
アルベルティ (Alberti, Leone Battista)　200
『アルマゲスト』（プトレマイオス）　84, 85, 133
一般相対性理論　211, 212, 267
インド記数法　48
ヴァラーハミヒラ (Varahamihira)　86
ヴィエート，フランソワ (Viète, François)　75, 78, 91
ウィズダム (Wisdom, Jack)　337, 355
『ウィットの砥石』（レコード）　75
ウィルキンソン・マイクロ波異方性探査機　213
ヴェッセル (Wessel, Caspar)　174, 277
ウェルズ (Wells, Herbert George)　274
ウォリス，ジョン (Wallis, John)　173, 277
宇宙の形　213
『宇宙の神秘』（ケプラー）　136
衛星カーナビ　13
エイダ (King, Angusta Ada)　333, 335
エウドクソス (Eudoxus)　17, 21, 82, 86
エッシャー (Escher, Maurits)　211
エッジワース (Edgeworth, Francis Ysidoro)　328
エラトステネス (Eratosthenes)　35
エルランゲン・プログラム　211
エンゲル (Engel, Friedrich)　238
円周率　31, 193
円錐曲線　34, 68, 217
オイラー (Euler, Leonhard)　110, 154, 176, 186, 192-195, 254-260, 336
黄金比　27, 28
オット (Ott, Edward)　361
オドネル (Odhner, Willgodt T.)　334
オマル・ハイヤーム (Khayyám, Omar)　69, 217, 321
音楽　156

か

『絵画論』（アルベルティ）　200
『解析屋：罰当りな数学者に向けての論難』（バークリー主教）　144
『解析力学』（ラグランジュ）　288
ガウス (Gauss, Carl Friedrich)　110, 119-126,

206-209, 212, 220, 221, 241, 259, 261, 266, 281
ガウス数体　241
ガウス整数　241
カウフマン (Kauffman, Stuart)　359
カオス理論　346-362
『科学と仮説』(ポアンカレ)　268
『科学と方法』(ポアンカレ)　268
『科学の価値』(ポアンカレ)　268
拡大積計算 (Calculus of Extention)　285
確率　316-329
確率論　322
仮説検定　328
カートライト，メアリー (Cartwright, Mary Lucy)　349, 350
ガリレオ・ガリレイ (Galileo Galilei)　138, 139, 148, 302, 304
カルダーノ，ジェロラモ (Cardano, Girolamo)　70-73, 171, 217, 319
ガロア，エヴァリスト (Galois, Évariste)　216, 225-231, 237, 240, 245, 247, 249
環　243
関数　104, 187
カント (Kant, Immanuel)　208, 211, 285
カントル，ゲオルク (Cantor, Georg)　300-306, 326
幾何学　16-40, 80-95, 198-214, 252-272
「幾何学」(デカルト)　100
『幾何学の基礎』(ヒルベルト)　309
『記号論理』(ドジソン)　309
ギブズ (Gibbs, Josiah Willard)　280
キャロル，ルイス (Carroll, Lewis)　309
『球および円柱について』(アルキメデス)　31
『驚異の対数表構成法』(ネイピア)　92
行列代数　282
極限　189
曲面の分類定理　264
虚数　170-182
キリング (Killing, Wilhelm)　238, 239, 244
『銀河ヒッチハイク・ガイド』(アダムス)　347
偶然性のゲーム　319
楔形文字　7, 17
クッタ (Kutta, Martin)　336

組合せ計算法　320
グライス (Griess, Robert)　245
クライン，フェリックス (Klein, Felix)　211, 234-236, 247, 264
クラインの壺　263
クラス　299
グラスマン (Grassmann, Hermann Günther)　279
クリストッフェル (Christoffel, Elwin Bruno)　282
クリック (Crick, Francis)　271, 358
クリューゲル (Klügel, Georg Simon)　207, 211
クレイグ，ジェイムズ (Craig, James)　91
クレイ数学研究所　269, 342
グレボギ (Grebogi, Celso)　361
クンマー (Kummer, Ernst Eduard)　242
群論　216-232
計算機　332
計算数学　330-343
計算盤 → アバカス
『計算必携対数』(ブリッグス)　93
『計算棒の原理』(ネイピア)　92
経度　107
ケイリー (Cayley, Arthur)　240, 282, 287
ゲーデル (Gödel, Kurt)　310-313
ゲーデルの不完全性定理　→不完全性定理
ケトレー (Quetelet, Adolphe)　327
ケーニヒスベルクの橋の問題　257
ケプラー (Kepler, Johannes)　135-137
ゲル - マン (Gell-Mann, Murray)　357
原爆　334
『原論』(ユークリッド)　22-29, 112, 276
高次元幾何学　284
コクセター (Coxeter, Harold Scott MacDonald)　211, 239
コクセター・ダイアグラム　239
コーシー，オーギュスタン - ルイ (Cauchy, Augustin-Louis)　178-181, 184, 189, 255
コーシーの積分定理　178, 180
コーシー - リーマンの関係式　177, 181
古代ギリシャの数字表記　42
コーツ，ロジャー (Cotes, Roger)　176
ゴッドフリー，トーマス (Godfrey, Thomas)　107

コペルニクス (Copernicus, Nicholas)　134, 135, 148
コーヘン (Cohen, Paul)　306
ゴルダン (Gordan, Paul)　244, 308
ゴールドバッハ (Goldbach, Christian)　117
ゴルトン (Galton, Francis)　323, 328
コルマー (Colmar, Thomas de)　334
コルモゴロフ (Kolmogorov, Andrei)　326
ゴレンシュタイン (Gorenstein, Daniel)　245
コワレフスカヤ (Kovalevskaya, Sofia Vasilyevna)　165
コーワン (Cowan, George)　357
コンウェイ (Conway, John)　245

さ

サーストン (Thurston, William)　266
サッケーリ (Saccheri, Giovanni Girolamo)　205-207
座標　98-108, 288
サーモン (Salmon, George)　283
三角形　80-95, 198-214
『三角形に応用された数学的諸法則』（ヴィエート）　89
『三角法』（レギオモンタヌス）　88
三角法　80-95
算術　42-57, 300, 311, 312
『算術』（ディオファントス）　74, 117
『算術研究』（ガウス）　119
『算術の基礎』（フレーゲ）　300
『算術の基本法則』（フレーゲ）　300
『算術の書』（フィボナッチ）　49, 61
三段論法　309
シェルピンスキー (Sierpiński, Wacław)　353
ジェルマン，ソフィ (Germain, Marie-Sophie)　125
シェーンフリース (Schönflies, Arthur)　227
四元数　278
『思考の法則』（ブール）　248, 337
『自然哲学の数学的諸原理』（ニュートン）　130
自然な無理性付加系列の存在定理　224
『四辺形に関する論稿』（ナシル・エッディン）　87
シャルコフスキー (Sharkovskii, Oleksandr)　349

シャルコフスキーの定理　349
集合論　301, 303
集合　295-306
重力　157
シュケ，ニコラ (Chuquet, Nicolas)　76
シュピーデル，ジョン (Speidell, John)　93
シュマント - ベッセラ (Schmandt-Besserat, Denise)　4
シュリック (Schlick, Moritz)　311
常用対数　92
ジョルダン (Jordan, Camille)　228-230, 234
ジョルダン - ヘルダーの定理　230
シルヴェスター (Sylvester, James Joseph)　285
『新科学対話』（ガリレオ）　138, 139, 302
『推測の技法』（ヤコブ・ベルヌーイ）　105, 322
数　2-14, 42-57, 170, 294-306
『数学原理』（ラッセル，ホワイトヘッド）　301, 312
『数学者の立場への訴え』（シルヴェスター）　285
『数学全書』（プトレマイオス）　84
「数学評論」　2
数字　2-14, 42-57
数値解析　332-343
『数とは何か，何であるべきか』（デデキント）　294
『数理哲学序説』（ラッセル）　311
数論（整数論）　110-127, 241-247
ステヴィン，シモン (Stevin, Simon)　51, 52
ストークス (Stokes, George Gabriel)　162
スメール (Smale, Stephen)　349
整数　170, 297
正多面体　24, 135-137, 254
生物学　359
雪片曲線　353
セル・オートマトン　357
『線形広延論』（グラスマン）　279
線刻　5
全地球測位システム　13
双曲線　34, 99, 339
素数　111-117, 195, 223, 230
ソロモン (Solomon, Gustave)　249

た

体　243
対称性　216-232
対数　89-94
代数学　60-78, 234-250
『代数学』（ボンベリ）　172
代数学的記号表記　73
代数学の基本定理　259
大数の法則　324
『タイムマシン』（ウェルズ）　274
『太陽と月の大きさと距離について』（アリスタルコス）　82
楕円　34, 99
ターケンス (Takens, Floris)　352
多次元空間　286
谷山 - 志村予想　247
多面体　254
ダランベール (d'Alembert, Jean le Rond)　154-155
タルタリア (Tartaglia, 本名 Fontana, Niccolo)　71, 171, 217, 319
『置換と代数方程式概論』（ジョルダン）　228
地質学　359
『チャールズ・バベッジ氏の解析機関の概念について』（メナブレア, エイダ）　335
『チャンダス・シャーストラ』　321
チュー (Chou, Hui-Hsien)　360
抽象群　240
抽象代数学　234-250
チューリング (Turing, Alan)　231, 314
ツェルメロ (Zermelo, Ernst)　311
ツーゼ (Zuse, Konrad)　357
ディオファントス (Diophantus)　54, 74, 110, 114
テイラー (Taylor, Brook)　202
テイラー (Taylor, Richard)　248
ディリクレ (Dirichlet, Peter Gustav Lejeune)　184, 187, 242
ディンキン (Dynkin, Eugene Borisovich)　239
ディンキン図形　239
デカルト, ルネ (Descartes, René)　75, 76, 100-104, 139, 172, 254, 275, 280
デカルト - オイラーの関係式　255
デカルト座標　102
デサルグ, ジラール (Desargues, Girard)　202
デサルグの定理　202
デデキント (Dedekind, Richard)　240, 294
デデキント切断　294, 295
デル・フェッロ, スキピオ (Del Ferro, Scipio)　73, 171, 217
電磁気学　280
電磁波　156
『天体の回転について』（コペルニクス）　134
天文学　83
『天文対話』（ガリレオ）　138
統計学　318-329
『篤学の若者のための基礎数学試論』（ボヤイ）　209
ドジソン, チャールズ (Dodgson, Charles Lutwidge)　309
閉じた宇宙　212
トポロジー　252-272
『トポロジー序説』（リスティング）　259
ド・モアブル (de Moivre, Abraham)　324
ド・モルガン (de Morgan, Augustus)　27

な

ナヴィエ - ストークス方程式　163, 341, 352
ナシル・エッディン (Nasîr-Eddin)　87
ニュートン (Newton, Isaac)　103, 130, 141-148, 334, 339
ネイピア, ジョン (Napier, John)　90
ネイピアの対数　91
ネイピアの計算棒　90
ネーター, エミー (Noether, Emmy Amalie)　243, 244
ネーターの定理　244
熱　159
『熱の解析的理論』（フーリエ）　159, 186

は

ハイベーア, ヨハン (Heiberg, J.L.)　31
ハイヤーム　→　オマル・ハイヤーム
バイロン (Lord Byron)　335
バークリー主教 (Berkeley, George)　144, 184
バースカラ (Bhaskara)　46-48, 54, 86

パスカル (Pascal, Blaise)　319, 332
パスカルの三角形　321
パチョーリ (Pacioli)　319
波動方程式　154-157
ハドリー，ジョン (Hadley, John)　107
バビロニアの数記号体系　7
バベッジ (Babbage, Charles)　333
ハミルトン，ウィリアム・ローワン (Hamilton, William Rowan)　166, 277, 278
ハミルトン (Hamilton, Richard)　267
ハミルトン関数(ハミルトニアン)　166
ハミング (Hamming, Richard)　291
ハリソン，ジョン (Harrison, John)　107
バーロー (Burrough, Peter)　359
バーロウ (Barlow, William)　227
バロウ (Barrow, Isaac)　139, 147
ハンティントン (Huntingdon, Edward Vermilye)　241
ピアソン (Pearson, Karl)　328
ピサのレオナルド (Leonardo of Pisa)　49, 50
美術　199
微積分法　130-149, 184-196
非線形力学　349, 356, 361
ピタゴラス (Pythagoras)　17, 18
ピタゴラス数　115
ピタゴラスの定理　17, 23, 81, 102, 192, 284
ヒッパソス (Hippasus)　19
ヒッパルコス (Hipparchus)　82, 86, 133
微分幾何学　281
微分方程式　147, 152-167, 346-353
非ユークリッド幾何学　198-214, 252-272
ヒュパティア (Hypatia)　37
ビュルギ，ヨスト (Bürgi, Jobst)　93
開いた宇宙　212
ヒルベルト (Hilbert, David)　307-310
ヒルベルトの問題　308
ヒンドゥー・アラビア数字　44
ファウラー，デヴィッド (Fowler, David)　28
ファラデー (Faraday, Michael)　167
ファン・デル・ポル (van der Pol, Balthazar)　349
フィオール，アントニオ (Fior, Antonio)　71, 217
フィッシャー (Fischer, Bernd)　245
フィディアス (Phidias)　82

フィボナッチ (Fibonacci)　49
フィボナッチ数列　61
フェラーリ，ルドヴィコ (Ferrari, Lodovico)　73, 217
フェルマー (Fermat, Pierre de)　98, 99, 103, 110, 116-119, 248, 249, 320
フェルマーの最終定理　110, 118, 221, 234, 246, 247
フェルマーの小定理　117, 127
フォン-シュタウト (von Staudt, Karl)　259
フォン-ダイク (von Dyck, Walther)　241
フォン-ノイマン (von Neumann, John)　357
フォン-ポイルバッハ，ゲオルク (von Peuerbach, George)　88
不完全性定理　311, 313, 314
複雑系　356-360
複素解析　174
複素数　170-182
『物理数学考察』(メルセンヌ)　114
プトレマイオス (Ptolemy)　84-86, 133-135
プトレマイオスの定理　84
負の数　52
フョードロフ (Fedorov, Evgraf)　227
フライ (Frey, Gerhard)　247
ブラヴェ (Bravais, Auguste)　228
ブラーエ，ティコ (Brahe, Tycho)　135
『フラットランド』(アボット)　289
『プラトンのアカデミーの数学』(ファウラー)　28
ブラーマグプタ (Brahmagupta)　46
フランス科学アカデミー紀要　179
フーリエ (Fourier, Joseph)　159-162, 184-186
フーリエ解析　184-196
フーリエ級数　161, 184-187
ブリッグス，ヘンリー (Briggs, Henry)　92
プリュッカー (Plücker, Julius)　234, 279
『プリンキピア』(ニュートン)　130, 142, 143, 152, 346
「プリンキピア・マテマティカおよび関連する体系における形式的に決定できない命題について I」(ゲーデル)　311
ブール (Boole, George)　248, 337
ブール代数　248
フルトヴェングラー (Furtwängler, Philipp)　311

ブルネレスキ (Brunelleschi, Filippo)　199
プレイフェアー (Playfair, John)　204
フレーゲ (Frege, Gottlob)　299-301, 313
積和変換法（プロサフェイレシス）　91
ペアノ (Peano, Giuseppe)　298
平坦宇宙　212
平面三角法　88
『平面上と空間内の軌跡について』（フェルマー）　99
『平面上に描かれる軌跡について』（アポロニウス）　98
ヘヴィサイド (Heaviside, Oliver)　280
ベキ級数　192
『ベクトル解析の原理』（ギブズ）　280
ベッセル (Bessel, Friedrich)　178, 208
ベッセル関数　191
ベッセルの方程式　191
ヘルダー (Hölder, Otto)　230
ヘルツ (Hertz, Heinrich)　167
ベルトラミ (Beltrami, Eugenio)　282
ベルヌーイ，ダニエル (Bernoulli, Danie)　105, 191
ベルヌーイ，ヤコブ (Bernoulli, Jakob I)　104, 105, 322
ベルヌーイ，ヨハン (Bernoulli, Johann I)　105, 154, 175
ベルヌーイ家　105
ベルブルーノ (Belbruno, Edward)　361
ヘルムホルツ (Helmholtz, Hermann von)　282
ヘルメス (Hermes, Johann Gustav)　124
ペレルマン (Perelman, Grigori)　269, 270
『変換群の理論』（エンゲル，リー）　238
ポアンカレ，アンリ (Poincaré, Jules Henri)　216, 268, 348, 356
ポアンカレ予想　265-269, 313
ホイヘンス (Huygens, Christiaan)　146
方程式　62, 217
『方程式の一般理論』（ルフィニ）　221
放物線　34
『方法序説』（デカルト）　100
ボーチャズ (Borcherds, Richard)　246
ポーツマス文書　130
ボヤイ，ヴォルフガング (Bolyai, Farkas Wolfgang)　208

ボヤイ，ヤーノシュ (Bolyai, János)　209
ボルツァノ，ベルナルト (Bolzano, Bernard)　184, 188, 194
ホワイトヘッド (Whitehead, Alfred North)　301
ボンベリ，ラファエル (Bombelli, Rafael)　172, 173

ま

マインハルト (Meinhardt, Hans)　359
マクローリン (Maclaurin, Colin)　158
マックスウェル (Maxwell, James Clark)　157, 167, 280
マックスウェル方程式　167, 280
マハーヴィラ (Mahavira)　46
マヤ文明の記数法　55
マルコーニ (Marconi, Guglielmo)　167
マンデルブロ (Mandelbrot, Benoit)　354
ミューラー，ヨハネス (Müller, Johannes)　88
ミリマノフ (Mirimanoff, Dimitri)　242
ミレニアム懸賞問題　195, 269
ミンコフスキー (Minkowski, Hermann)　284, 287
ミンコフスキー時空　284
ムーア (Moore, Eliakim Hastings)　241
無限　184-195, 261, 301-306
無限小　140, 184-194
無理数　20, 294-297
ムーンシャイン予想　245
メビウス (Möbius, Augustus)　259
メビウスの帯　260
メビウス変換　211
メルセンヌ素数　114
メレの騎士 (Chevalier de Méré)　319
木星天文データ表　9

や

ユークリッド (Euclid)　17, 22-26, 37, 98, 110, 112-114, 198, 338
ユークリッド幾何学　16-40, 80-95
ユークリッド『原論』の第五公準　199
ヨーク (Yorke, James)　349, 361

ら

ライプニッツ (Leibniz, Gottfried Wilhelm) 130, 140-147, 254, 333
ラカーユ，ニコラ・ルイ・ド (Lacaille, Abbe Nicolas Louis de) 95
ラグランジアン（ラグランジュ関数） 166
ラグランジュ (Lagrange, Joseph-Louis) 110, 116, 119, 163-166, 218-221, 228, 288
ラスカル (Laskar, Jaques) 337, 355
ラッセル，バートランド (Russell, Bertrand) 300, 301, 311-313
ラッセルのパラドックス 301
ラプラス方程式 159, 160
ラメ (Lamé, Gabriel) 242
ランベルト (Lambert, Johann Heinrich) 29, 202, 207-209
リー，ソフス (Lie, Sophus) 234, 237
リー（李天岩）(Li, Tien-Yien) 349
『力学的理論の方法』（アルキメデス） 30, 33
リー群 236-240
リスティング (Listing, Johann) 259, 260
リチャードソン (Richardson, Lewis Fry) 354
リッチ-クルバストロ (Ricci-Curbastro, Gregorio) 267, 282
リッチ・テンソル 267
リード (Reed, Irving) 249
リード・ソロモン符号 249
リトルウッド (Littlewood, John) 349
リヒェロット (Richelot, F.J.) 124
リベット (Ribet, Kenneth Alan) 247
リーマン (Riemann, Georg Bernhard) 195, 261, 281, 282
リーマン予想 195
流体力学 162
『流率の方法と無限級数』（ニュートン） 143
『流率法』（ニュートン） 130
リュエール (Ruelle, David) 352
ルジャンドル (Legendre, Adrien-Marie) 158, 204, 205
ルフィニ (Ruffini, Paolo) 221, 225
ルベーグ (Lebesgue, Henri) 326
ルベーグ測度 326
ルミネ (Luminet, Jean-Pierre) 213
ルンゲ (Runge, Carl) 336
ルンゲ-クッタ法 336
レヴィ-チヴィタ (Levi-Civita, Tullio) 282
レギオモンタヌス (Regiomontanus) 88, 89
レコード，ロバート (Recorde, Robert) 75
レーザー 94, 191
レッジア (Reggia, James) 360
レティクス，ゲオルク・ヨアヒム (Rhaeticus, George Joachim) 89
連続関数 187-189
『連続性と無理数』（デデキント） 294
ロバチェフスキー (Lobachevsky, Nikolai Ivanovich) 209
ローマ数字 42
ローレンツ (Lorenz, Edward) 350
論理 294-315

わ

ワイエルシュトラス (Weierstrass, Karl) 165, 184, 192-194, 353
ワイルズ，アンドリュー (Wiles, Andrew) 119, 246
惑星運動 134-137
惑星運動に関するケプラーの法則 137
ワトソン (Watson, James) 271, 358
ワルサー，ベルンハルト (Walther, Bernard) 89
ワンツェル (Wantzel, Pierre) 221

謝　辞

本書に掲載した写真・画像については，下記の著作権者の許諾をいただいた．

p.vi ©Tetra Images/Corbis; p.6 ©ベルギー王立自然史博物館; p.9 ©Visual Arts Library (London) /Alamy; p.15 ©The Print Collector/Alamy; p.16 ©Bin Casselman 教授，粘土書字板 BC7289 の所持者であるイェール大学バビロニア・コレクションの好意による; p.25 Justus von Ghent 描画によるユークリッド像 /©Bettman/Corbis; p.30 上 ©Hulton-Deutsch Collection/Corbis, 下 ©Time Iife Pictures/ Getty Images; p.32 ©Maiman Rick/Corbis Sygma; p.36 ©Charles Bowman/Alamy: p.37 ©Bettmann/Corbis, p.39 ©RubberBall/Alamy; p.41 ©Tetra Images/Corbis; p.48 ©Hulton-Deutsch/Corbis; p.50 ©Bettmann/Corbis; p.56 ©iStockphoto/Alija p.59 ©Bettmann/Corbis; p.63 ©David Lees/Corbis; p.69 ©Bettmann/Corbis; p.70 ©Science Source/Science Photo Library; p.79 ©Sheila Terry/Science Photo Library; p.97 ©Comstock Select/Corbis; p.101 左 ©Bettmann/Corbis, 右はリーズ大学図書館所蔵の Brotherton コレクションより許可を得て複製; p.109 ©アテネ国立考古学博物館; p.118 ©Bettmann/Corbis; p.121 ©Bettmann/Corbis; p.123 ©アテネ国立考古学博物館; p.125 Credit: Auguste Leray が 1880 年ころに描いたソフィ・ジェルマン (1776-1831) の挿絵，個人蔵 / Archives Charmet/ The Bridgeman Art Library p.129 ジェット推進研究所 (NASA/JPL-Caltech) の好意による; p.136 ©Bettmam/Corbis, p.137 ©Bettmann/Corbis; p.138 ©Bettmann/Corbis; p.142 ©Bettmann/Corbis; p.146 上 ©Burke/Triolo Productions/Brand X/Corbis, 下 ©Martyn Goddard/Corbis; p.149 ジェット推進研究所 (NASA/JPL-Caltech) の好意による; p.151 ©nagelestock.com/Alamy; p.164 ©Jack Newton/Phototake Inc/Alamy; p.165 ©Bettmann/Corbis; p.169 ©Werner H. Muller/Corbis; p.177 ©Werner H. Muller/Corbis; p.180 ©Bettmann/Corbis; p.197 Paolo Uccello (1397-1475) による聖餐杯の透視図法描画の試行，1430-40 年ころ (紙にペンとインクで描画)，フィレンツェのウフィツィ美術館素描版画室所蔵 / Alinari/ The Bridgeman Art Library Nationality; p.200 ©Stapleton Collection/Corbis; p.215 ©Robert Yin/Corbis; p.226 ©Bettmann/Corbis; p.227 J-L Charmet/Science Photo Library; p.232 上 ©ロスアラモス国立研究所 /Science Photo Library，下 ©Robert Yin/Corbis; p.235 ©Science Photo Library; p.244 ©Science Photo Library; p.246 ©C. J. Mozzochi, Princeton N.J.; p.251 M.C.

エッシャーの「メビウスⅡ」© 2008 The M.C. Escher Company-Holland. All rights reserved. www.mcescher.com; p.268 ©Hulton-Deutsch Collection/Corbis; p.270 ©epa/Corbis; p.271 Phototake Inc./Alamy; p.277 ©Hulton-Deutsch Collection/Corbis; p.293 ©Jost Amman (1539-91) の「床屋」，パリのフランス国立図書館所蔵 / Giraudon/ The Bridgeman Art Library; p.308 ©Bettman/Corbis; p.311 ©Alfred Eisenstaedt/Time Life Pictures/Getty Images; p.317 ©ImageBroker/Alamy; p.331 NASA/Science Photo Library; p.335 ©Science Photo Library; p.339 © ケンブリッジ大学図書館; p.341 NASA/Science Photo Library; p.350 ケンブリッジ大学ガートン・カレッジの好意により提供された; p.351 ©Prof. E. Lorenz, Peter Arnold Inc., Science Photo Library.; p.361 アーティストによる概念図，ジェット推進研究所の好意による．

　本書のイラストレーションは，すべて Tim Oliver 氏の手になるものである．
　原書デザインと組版・レイアウトは，ケンブリッジの Hart McLeod 社が担当してくれた．

原著者

イアン・スチュアート(Ian Stewart)

英国コヴェントリーのウォーリック大学教授．第一線で活躍する数学者でありながら，数学や科学を普及させるための書籍を多数執筆．こうした業績により，マイケル・ファラデー・メダル（英国王立協会）など数多くの賞を受賞している．その名は世界中に知られており，日本でも『若き数学者への手紙』（日経BP），『自然の中に隠された数学』（草思社），『分ける・詰め込む・塗り分ける』（早川書房）など，数多くの著書が翻訳出版されている．New ScientistやScientific Americanといった世界屈指の科学雑誌に寄稿し，ブリタニカ百科事典のコンサルタントも務める．英国王立協会フェロー（2001年）．

訳者

沼田　寛（ぬまた ひろし）

公立はこだて未来大学講師．京都大学理学部卒．出版社勤務，フリーのサイエンスライターを経て，2000年より現職．著書に，『科学はどこまで謎を解いたか?』（共著: 宝島社），『ヒジョーシキな科学』（ジャストシステム），『図解「複雑系」がわかる本』（中経出版），『バクテリアと生物革命』（人類文化社）など．

イアン・スチュアートの数学物語
無限をつかむ

© 2013 Hiroshi Numata
Printed in Japan

2013年8月31日　初版1刷発行

原著者	イアン・スチュアート
訳者	沼田　寛
発行者	小山　透
発行所	株式会社 近代科学社

〒162-0843　東京都新宿区市谷田町2-7-15
電話 03-3260-6161　振替 00160-5-7625
http://www.kindaikagaku.co.jp

藤原印刷　　　　ISBN978-4-7649-5017-7
定価はカバーに表示してあります．